有机化学实验

（第二版）

主　编　何树华　朱　晔　张向阳

副主编　谭晓平　冯海燕　徐翠莲　王欢欢

　　　　张东京　苟　铨

参　编　刘　伟　吴璐璐　王海潮　陈锦杨

　　　　吕利平　曹团武　李娅琮　袁斌芳

　　　　贾会珍　陈　硕　孙耀冉　蒋　勇

华中科技大学出版社

中国·武汉

内 容 提 要

本书主要介绍有机化学实验的基本知识、基本技术和操作技能，同时关注学生学习需求，引入了新技术、新反应和新方法。全书由九部分组成，包括有机化学实验的基本知识、有机化学实验基本操作、天然有机化合物的提取、基础有机合成、多步合成与综合实验、特殊技术与合成、有机化合物性质实验、研究创新实验及附录，共包括130余个典型实验。本书内容丰富，对实验的难点、关键点也有较详细的注释，每个实验后均有思考题。附录列出了各类实验参考数据，以便查阅。

本书可供高等学校化学、应用化学、药学、化工、生物、材料等专业的学生用作教材，也可供相关科技人员参考。

图书在版编目(CIP)数据

有机化学实验/何树华，朱晔，张向阳主编．—2版．—武汉：华中科技大学出版社，2021.4（2023.8重印）

ISBN 978-7-5680-6876-5

Ⅰ.①有… Ⅱ.①何… ②朱… ③张… Ⅲ.①有机化学-化学实验-高等学校-教材 Ⅳ.①O62-33

中国版本图书馆CIP数据核字(2021)第063646号

有机化学实验(第二版)
Youji Huaxue Shiyan(Di-er Ban)

何树华　朱　晔　张向阳　主编

策划编辑：王新华
责任编辑：王新华
封面设计：秦　茹
责任校对：阮　敏
责任监印：周治超

出版发行：华中科技大学出版社(中国·武汉)　　电话：(027)81321913
武汉市东湖新技术开发区华工科技园　　邮编：430223

录　排：武汉正风天下文化发展有限公司
印　刷：武汉市洪林印务有限公司
开　本：710mm×1000mm　1/16
印　张：20
字　数：420千字
版　次：2023年8月第2版第2次印刷
定　价：42.00元

第二版前言

从 2012 年本教材第一版面世至今已过了 8 年，现根据教学需要进行修订。参与修订本教材的老师于 2019 年 12 月进行了研讨，一致认为此次修订的目标是提高教材的质量，使内容更系统、丰富，尽可能引入新技术、新方法，体现学科的发展，使之更加适合教学的需要。为此，主要在以下几方面进行了修订。

（1）基本保留了原教材的总体框架，增加了“有机化合物性质实验”一章。

（2）增补了部分综合与研究创新实验。

（3）对第一版的部分文字表述进行了精炼，对个别错误进行了修正。

本教材的修订得到了“重庆市化学一流专业建设项目”和“重庆市教改项目——新工科背景下化工专业《有机化学实验》的教学内容改革与实践”的资助，同时也得了长江师范学院领导和化学化工学院有机化学教研室老师们的支持与鼓励，在此一并表示衷心的感谢。

参加本教材修订工作的是长江师范学院、石家庄学院、湖南文理学院、河南农业大学、新疆农业大学、河南城建学院和宿州学院多年从事有机化学实验教学的教师。何树华（长江师范学院）、朱晔（石家庄学院）和张向阳（湖南文理学院）任主编，何树华负责组织、统稿和定稿。其他参与修订的人员有长江师范学院谭晓平、苟铨、陈锦杨、吕利平、曹团武、蒋勇、李娅琼和袁斌芳，石家庄学院冯海燕、贾会珍、陈硕和孙耀冉，河南农业大学徐翠莲和吴璐璐，新疆农业大学王欢欢，宿州学院张东京和王海潮，河南城建学院刘伟。

限于编者的水平和时间，书中的不足之处在所难免，恳请读者批评指正，以利于下次修订时进行补充完善。

何树华
2020 年 10 月

第一版前言

有机化学实验是高等院校理工科化学、应用化学、药学、化工、生物和材料等专业开设的一门专业课，具有很强的实践性，它在创新型人才培养中的地位和作用是有机化学理论课所不能替代的。

随着有机化学实验技术的不断发展以及现代分析方法在有机化学领域的广泛应用，有机化学实验的教学内容、实验方法和手段已经发生了较大变化。而且社会对人才培养的要求越来越高，原有的有机化学实验教材已远远不能满足和适应新世纪人才培养的需要。因此，我们根据教育部关于化学、应用化学、药学、化工、生物和材料等专业“有机化学”教学大纲中对“有机化学实验”部分的要求，组织编写了本教材。在编写过程中，我们参考了国内外出版的同类教材，吸收了多所院校近年来有机化学实验教学与教改的经验和成果，对教学内容进行了精选、整合和创新，强调对学生的动手能力、创新思维、科学素养等综合素质的全面培养。

本书共分为7章。

第1章为有机化学实验的基本知识，较为系统和详细地介绍必需的有机化学实验和进行有机化学研究的基本知识。

第2章为有机化学实验基本操作，对近代有机化合物的分离、分析、鉴定手段进行较详细的介绍。

第3章为有机化合物的制备，以典型有机反应为基础，融入一些应用及影响面广、内容较新的反应及新的合成方法。在制备实验中，有的给出了不同的制备方法。在合成实验中，还融入了一些化合物的典型性质。

第4章为天然有机化合物的提取，介绍多种天然产物的分离提纯方法。

第5章为综合与应用实验，主要介绍一些常用有机物的制备，其中包括多个系列化实验，在取材上突出综合训练和应用性。

第6章为特殊技术与合成，对微波技术、超声波辐射技术、有机电解合成、有机光化学合成、相转移催化合成和高压反应进行较为详细的介绍。

第7章为设计性实验。给出了不同层次的11个题目，并列出了实验要求和提示。

在保留经典的重要实验内容并吸收同类教材优点的同时，本教材突出以下特色。

(1)注重基础，内容丰富，具有较广泛的适用范围。全书立足于加强基本实验技术操作及基础训练，对重要的基本操作单独安排训练，并在后续多个实验中加以运用和巩固。教材共包含18个基本操作实验、69个合成实验、14个天然有机化合物的提取实验和11个设计实验，同时把性质实验融入到合成实验中。因此，本教材具有较广泛的适用范围，可作为化学、应用化学、化工、药学、生物和材料等专业的有机化学实验教材，也可作为化学及其他相关专业工作者的参考书。

(2)教材内容具有实用性和先进性。本教材精选了一些具有知识性、趣味性、实用性的实验内容，使实验内容贴近生产、生活和科研实践；引入了微波、超声波合成技术；剔除了陈旧、过时和重复性差的实验。

(3)教材中编排了微量和半微量实验。在不影响实验效果的前提下，本教材中很多实验的药品用量改为以往教材的1/2、1/3、1/5乃至1/10。

(4)增加了设计性实验。设计性实验能够锻炼学生将已有的知识运用到实践中的能力，为学生的探索式学习提供了有效的舞台，有利于培养学生独立分析问题、解决问题和创新的能力。

本教材由长江师范学院的何树华、张淑琼、徐建华、杨琼、蒋勇，石家庄学院的朱云云、朱晔，湖南文理学院的陈贞干，陕西理工学院的田光辉，济宁学院的田春良，河南农业大学的徐翠莲、赵士举，兰州理工大学的张应鹏、李红霞，东华理工大学的乐长高，河北经贸大学的陈连文等9所高等院校的16位教师共同编写。教材的初稿经主编、副主编审阅、修改，大纲的拟订、统稿和定稿工作由何树华负责完成。

本书在编写过程中得到了华中科技大学出版社和各编者所在学校的大力支持，长江师范学院化学化工学院对本书的编写给予了资助。在编写过程中，我们参考了多种国内外教材，并引用了其中的一些图、表和数据等，在此谨向他们表示衷心的感谢。

限于编者的水平和时间，书中的不足之处在所难免，恳请读者批评指正，以利于再版时进行补充、完善。

编　者

2012年2月

目　录

第1章 有机化学实验的基本知识

有机化学是一门以实验为基础的学科，有机化学实验是有机化学教学的重要组成部分，学习有机化学必须认真做好有机化学实验。有机化学实验教学的目的和任务是使学生掌握有机化学实验的基本操作技术，培养学生正确地进行制备实验、性质实验、提取实验、综合设计和创新实验，分离和鉴定产品，以及分析问题和解决问题的能力；使学生形成良好的实验工作方法和工作习惯，以及实事求是和严谨的科学态度。

1.1 有机化学实验室规则

为了保证有机化学实验课正常、安全地进行，培养良好的实验习惯，并保证实验课的教学质量，学生必须遵守有机化学实验室的下列规则。

（1）必须遵守实验室的各项规章制度，听从教师的指导。

（2）实验前，认真预习有关实验内容及相关的参考资料。了解每一步操作的目的、意义，实验中的关键步骤及难点，以及所用试剂的性质和应注意的安全问题，并写好实验预习报告。做综合设计和创新实验时，必须在教师的指导下拟定出可行的实验方案。

（3）实验中须严格按操作规程操作，如要改变，必须经指导教师同意。实验中要认真、仔细观察实验现象，如实做好记录，积极思考。若发生意外事故，要镇静，及时采取应急措施，并立即报告指导教师。

（4）在实验过程中，不得喧哗、打闹，不得擅自离开实验室，不能穿拖鞋、背心等暴露过多的服装进入实验室，实验室内不能吸烟和吃食物。

（5）应经常保持实验室的整洁，做到仪器、桌面、地面和水槽"四净"。实验装置摆放要规范、美观。固体废弃物及废液应倒入指定容器，收集后统一处理。

（6）要爱护公物。公用仪器和试剂应在指定地点使用，用完后及时放回原处，并保持其整洁。节约水、电及试剂。如损坏仪器，要登记申请补发，并按制度赔偿。

（7）实验结束后，将个人实验台面打扫干净，清洗、整理仪器。学生轮流值日，值日生应负责整理公用仪器、试剂和器材，打扫实验室卫生，离开实验室前应检查水、电、气是否关闭。

1.2　有机化学实验室的安全知识

因为有机化学实验所用的试剂多数是有毒、可燃、有腐蚀性或爆炸性的，所用的仪器大部分是玻璃制品，所以在有机化学实验室中较易发生割伤、烧伤、火灾、中毒和爆炸等安全事故。因此，实验人员要有安全意识，严格遵守操作规程和实验室守则，加强安全措施。下面介绍实验室的安全守则以及实验室事故的预防和处理办法。

1.2.1　实验室的安全守则

(1) 实验开始前应检查仪器是否完整无损，装置是否正确，在征得指导教师同意之后，才可进行实验。

(2) 实验进行时，不得离开岗位，要注意反应进行的情况和有无装置漏气、破裂等现象。

(3) 当进行可能发生危险的实验时，要根据实验情况采取必要的安全措施，如戴防护眼镜、面罩或橡皮手套等。

(4) 使用易燃、易爆试剂时，应远离火源。实验试剂不得随意散失、遗弃和入口，实验结束后要仔细洗手。

(5) 熟悉安全用具，如灭火器材、砂箱以及急救药箱的放置地点和使用方法，并妥善爱护。安全用具和急救药品不准移作他用。

1.2.2　实验室事故的预防

1. 火灾的预防

实验室中使用的有机溶剂大多数是易燃的，着火是有机化学实验室常见的事故之一。为了防止着火，在实验室内应注意以下几点。

(1) 不能用敞口容器加热和放置易燃、易挥发的化学试剂。应根据实验要求和物质的性质，选择正确的加热方法。如蒸馏沸点低于 80 ℃的液体，应采用水浴，不能直接加热。

(2) 尽量防止或减少易燃气体的外逸。处理和使用易燃物时，应远离火源，注意室内通风，及时将蒸气排出。

(3) 易引起燃烧、易挥发的废物，不得倒入废液缸和垃圾桶中。应专门回收存放或处理。例如，因钠与水发生剧烈反应，金属钠残渣要用无水乙醇销毁。

(4) 用油浴加热蒸馏或回流时，特别要注意避免冷凝用水溅入热油浴中致使油外溅到热源上而引起火灾的危险。产生这种危险的原因主要是橡皮管连接冷凝管不紧密，开动水阀过快，水流过猛，把橡皮管冲脱，或者由于套不紧而漏水。所以，橡皮管连接冷凝管侧管时要紧密，开动水阀时动作要慢，使水流慢慢通入冷凝管内。

（5）不得将燃着或者带有火星的火柴梗或纸条等乱抛乱掷，也不得丢入废物缸中，否则，会发生危险。

2. 爆炸的预防

在有机化学实验中，预防爆炸的措施通常如下。

（1）蒸馏、回流等装置必须正确，不能造成密闭体系，应使装置与大气相连通；减压蒸馏时，不能用三角烧瓶、平底烧瓶、锥形瓶、薄壁试管等不耐压容器作为接收瓶或蒸馏瓶，否则，易发生爆炸，应选用圆底烧瓶作为接收瓶或反应瓶。无论是常压蒸馏还是减压蒸馏，均不能将液体蒸干，以免局部过热或产生过氧化物而发生爆炸。

（2）切勿使易燃、易爆的气体接近火源，有机溶剂（如醚类和汽油一类物质）的蒸气与空气相混时极为危险，一个热的表面或者一个火星、电火花都可能引起爆炸。

（3）使用乙醚等醚类时，必须检查有无过氧化物存在。如果发现有过氧化物存在，必须用硫酸亚铁除去过氧化物，方能使用。另外，使用乙醚时应在通风较好的地方或在通风橱内进行。

（4）对于一些性质不稳定，遇热、摩擦、撞击或重压时容易爆炸的物质（如多硝基化合物、硝酸酯类、叠氮化合物、干燥的重氮盐、重金属乙炔化物和有机过氧酸等），使用前应先查阅使用指南或注意事项，操作时使用防爆安全装置。

（5）卤代烷勿与金属钠、钾接触，因反应剧烈易发生爆炸。

3. 中毒的预防

大多数化学试剂具有一定的毒性。中毒主要是通过呼吸道和皮肤接触有毒物品而对人体造成危害。因此预防中毒应做到以下几点。

（1）称量试剂时应使用工具，不得直接用手接触，尤其是有毒试剂。做完实验后，应先洗手再吃东西。任何试剂都不能用嘴尝。

（2）剧毒试剂应妥善保管，不许乱放，实验中所用的剧毒物质应由专人负责收发，并向使用毒物者提出必须遵守的操作规程。实验后的有毒残渣必须作妥善而有效的处理，不准乱丢。

（3）有些剧毒物质会渗入皮肤，因此，接触这些物质时必须戴橡皮手套，操作后应立即洗手，切勿让五官或伤口沾到有毒试剂。例如，氰化钠沾及伤口后就会随血液循环至全身，严重时会造成中毒甚至死伤事故。

（4）取用有毒且易挥发的液体试剂时，应在通风橱内进行。在反应过程中可能生成有毒或有腐蚀性气体的实验也应在通风橱内进行，使用后的器皿应及时清洗。在使用通风橱时，实验开始后不要把头伸入橱内。

4. 触电的预防

使用电器时，应防止人体与电器导电部分直接接触，不能用湿手或用手握湿的物体接触电插头。为了防止触电,装置和设备的金属外壳等都应连接地线,实验后应切断电源,再将连接电源的插头拔下。

1.2.3　事故的处理和急救

1. 火灾

实验室一旦发生火灾,室内全体人员应积极而有秩序地参加灭火,一般采用如下措施:首先,防止火势扩展。立即关闭煤气灯,熄灭附近所有火源,切断电源,搬开易燃物质;然后,立即灭火。有机化学实验室灭火,常采用使燃着的物质隔绝空气的办法,通常不能用水,否则,会引起更大的火灾。在失火初期,不能用口吹,必须使用灭火器、砂、毛毡等。若火势小,可用数层湿布把着火的仪器包裹起来。如在小器皿内着火(如烧杯或烧瓶内),可盖上石棉板或瓷片等,使之隔绝空气而灭火。火较大时,应根据具体情况采用灭火器灭火。

(1) 四氯化碳灭火器:用以扑灭电器内或电器附近之火,但不能在狭小和通风不良的实验室中使用,因为四氯化碳在高温时生成剧毒的光气;此外,四氯化碳与钠接触时会发生爆炸。使用时只需连续抽动唧筒,四氯化碳即会由喷嘴喷出。

(2) 二氧化碳灭火器:这是有机化学实验室中最常用的一种灭火器。它的钢筒内装有液态二氧化碳,使用时打开开关,即会喷出二氧化碳气体,用以扑灭有机物及电器设备火灾。使用时应注意,一手提灭火器,另一手握在喷二氧化碳喇叭筒的把手上。因喷出的二氧化碳压力骤降,温度也骤降,手若握在喇叭筒上易被冻伤。但锂、钠、钾、铯、锶等活泼金属,能夺取二氧化碳中的氧起化学反应而加剧燃烧。这类物品起火后,不能使用二氧化碳灭火器扑灭,须用干砂土扑救,也可以用 1211 灭火器扑救。使用易燃固体闪光粉、镁粉、铝粉、铝镍合金氢化催化剂等遇到失火时,也不能用二氧化碳灭火器灭火。

(3) 泡沫灭火器:内部分别装有含发泡剂的碳酸氢钠溶液和硫酸铝溶液,使用时将筒身颠倒,两种溶液即反应生成硫酸氢钠、氢氧化铝及大量二氧化碳。灭火筒内压力突然增大,大量二氧化碳泡沫喷出。非大火一般不用泡沫灭火器,因后处理麻烦。一部分毒害品如氰化钠、氰化钾以及其他氰化物等,遇泡沫灭火器中的酸性物质能生成剧毒气体氰化氢,因此不能用泡沫灭火器,可用水及砂土扑救。因为泡沫能导电,所以泡沫灭火器也不能用于扑灭电器设备火灾。

(4) 水基型灭火器:这是一种新型灭火器。灭火剂主要由碳氢表面活性剂、氟碳表面活性剂、阻燃剂和助剂组成。水基型灭火器在喷射后,呈水雾状,瞬间蒸发,吸收火场大量的热量,火场温度迅速降低,表面活性剂在可燃物表面迅速形成一层水膜,隔离氧气,从而达到快速灭火的目的。灭火后药剂可全部生物降解,不会对周围设备、空间造成污染。它还具有高效阻燃、抗复燃性强、灭火速度快、渗透性极强等特点。

如果油类着火，要用砂或灭火器灭火，也可撒上干燥的固体碳酸氢钠粉末；如果电器着火，首先应切断电源，然后用二氧化碳灭火器或四氯化碳灭火器灭火（注意：四氯化碳蒸气有毒，若在空气不流通的地方使用会有危险！），绝不能用水和泡沫灭火器灭火，因为水和泡沫能导电，会使人触电甚至死亡；如果衣服着火，切勿奔跑，应立即用灭火毯或棉胎一类东西盖在身上，隔绝空气而灭火。

总之，失火时，应根据起火的原因和火场周围的情况，采取不同的方法灭火。无论使用哪一种灭火器材，都应从火的四周开始向中心扑灭，把灭火器的喷出口对准火焰的底部。在抢救过程中切勿犹豫。

2. 玻璃割伤

玻璃割伤是常见的事故，受伤后要仔细观察伤口有无玻璃碎粒，如有，应先把伤口处的玻璃碎粒取出。若伤势不重，先进行简单的急救处理，如涂上万花油，再用纱布包扎；若伤口严重、流血不止，可在伤口上部约 10 cm 处用纱布扎紧，减慢流血，压迫止血，并随即到医院就诊。

3. 试剂的灼伤

皮肤接触到腐蚀性物质后可能被灼伤。为避免灼伤，在接触这些物质时，最好戴橡胶手套和防护眼镜。发生灼伤时应按下列要求处理。

1）酸灼伤

（1）皮肤上：立即用大量水冲洗，然后用5%碳酸氢钠溶液洗涤，最后用水洗。严重时要消毒，拭干后涂上烫伤膏，并将伤口包扎好。

（2）眼睛上：抹去溅在眼睛外面的酸液，立即用洗眼杯或将橡皮管套上水龙头用水对准眼睛冲洗，随后到医院就诊，或者再用稀碳酸氢钠溶液洗涤，最后滴入少许蓖麻油。

（3）衣服上：依次用水、稀氨水和水冲洗。

（4）地板上：先撒上石灰粉，再用水冲洗。

2）碱灼伤

（1）皮肤上：先用水冲洗，然后用1%乙酸溶液或饱和硼酸溶液洗涤，最后用水洗。再涂上烫伤膏，并将伤口包扎好。

（2）眼睛上：先抹去溅在眼睛外面的碱，用水冲洗，再用饱和硼酸溶液洗涤，并滴入蓖麻油。

（3）衣服上：先用水洗，再用10%乙酸溶液洗涤，然后用氨水中和多余的乙酸，最后用水冲洗。

3）溴灼伤

如溴溅到皮肤上，应立即用水冲洗，再用酒精擦洗或用2%硫代硫酸钠溶液洗至烧伤处呈白色,然后涂上甘油或鱼肝油软膏加以按摩,最后敷上烫伤油膏,将伤处包扎好。当眼睛受到溴的蒸气刺激,暂时不能睁开时,可对着盛有酒精的瓶口注视片刻。

4) 钠灼伤

可见的小块钠用镊子移去,其余与碱灼伤处理方式相同。

上述各种急救方法仅为暂时减轻疼痛的措施。若伤势较重,在急救之后,应立即送医院诊治。

4. 烫伤

轻伤者涂以玉树油或鞣酸油膏,重伤者涂以烫伤膏后立即送医院诊治。

5. 中毒

溅入口中而尚未咽下的毒物应立即吐出来,并用大量水冲洗口腔;如已吞下,应根据毒物的性质服解毒剂,并立即送医院急救。

1) 腐蚀性毒物

对于强酸,先饮大量的水,再服氢氧化铝膏、鸡蛋白;对于强碱,也要先饮大量的水,然后服用醋、酸果汁、鸡蛋白。不论酸或碱中毒都需灌注牛奶,不要吃呕吐剂。

2) 刺激性及神经性中毒

先服牛奶或鸡蛋白使之缓和,再服用硫酸铜溶液(约 30 g 硫酸铜溶于一杯水中)催吐,有时也可以用手指伸入喉部催吐,并立即到医院就诊。

3) 吸入气体中毒

将中毒者移至室外,解开衣领及纽扣。吸入大量氯气或溴气者,可用碳酸氢钠溶液漱口。

1.2.4 急救用具

(1) 消防器材:泡沫灭火器、四氯化碳灭火器(弹)、二氧化碳灭火器、水基型灭火器、砂、石棉布、灭火毯、棉胎和淋浴用的水龙头。

(2) 急救药箱:碘酒、双氧水、2%～5%硼酸溶液、1%乙酸溶液、5%碳酸氢钠溶液、70%酒精、玉树油、烫伤油膏、万花油、药用蓖麻油、硼酸膏或凡士林、磺胺药粉、洗眼杯、消毒棉花、纱布、胶布、绷带、剪刀、镊子、橡皮管等。

1.3 有机化学实验常用的仪器和装置

了解有机化学实验中所用仪器的性能、选用合适的仪器并正确地使用仪器是对每一个实验者最基本的要求。

1.3.1　有机化学实验常用的玻璃仪器

玻璃仪器一般是由软质或硬质玻璃制作而成的。软质玻璃耐温、耐腐蚀性较差，但是价格便宜，用它制作的仪器均不耐温，如普通漏斗、量筒、吸滤瓶、干燥器等。硬质玻璃具有较好的耐温和耐腐蚀性，制成的仪器可在温度变化较大的情况下使用，如烧瓶、烧杯、冷凝管等。

玻璃仪器一般分为普通玻璃仪器和标准磨口玻璃仪器两种。实验室里常用的普通玻璃仪器有非磨口锥形瓶、烧杯、布氏漏斗、吸滤瓶、普通漏斗等，如图 1-1 所示。常用标准磨口玻璃仪器有磨口锥形瓶、圆底烧瓶、三口烧瓶、蒸馏头、冷凝管、接收管等，如图 1-2 所示。

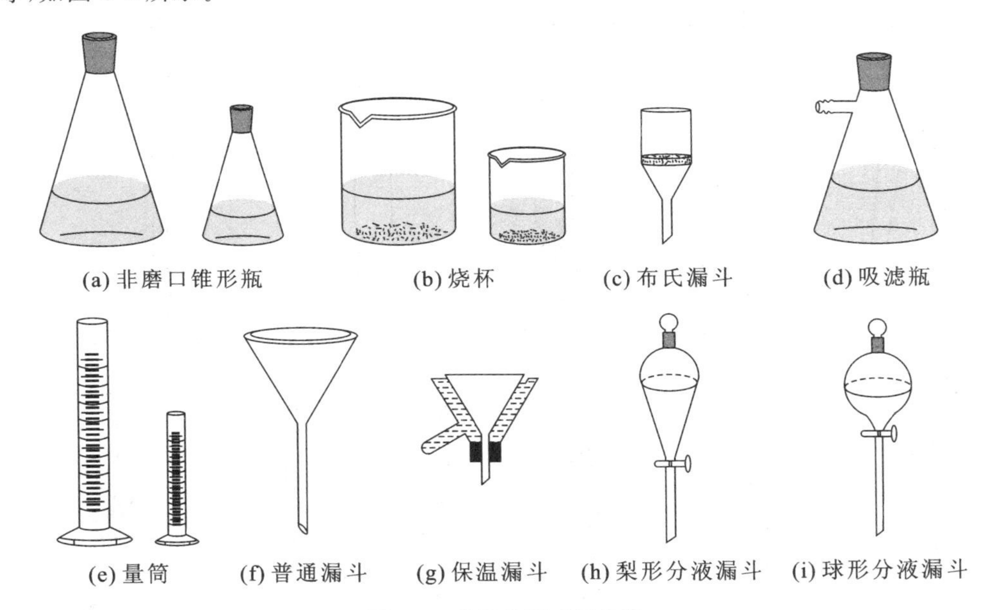

图 1-1　常用普通玻璃仪器

标准磨口玻璃仪器是具有标准磨口或磨塞的玻璃仪器。由于口塞尺寸的标准化、系统化，磨砂密合，凡属于同类规格的接口，均可任意互换，各部件能组装成各种配套仪器。当不同类型规格的部件无法直接组装时，可使用变接头将之连接起来。使用标准磨口玻璃仪器既可免去配塞子的麻烦，又能避免反应物或产物被塞子沾污；口塞磨砂性能良好，使玻璃仪器密合度较高，对蒸馏尤其是减压蒸馏有利，对有毒物或挥发性液体的实验较为安全。

标准磨口玻璃仪器均按国际通用的技术标准制造。当某个部件损坏时，可以单独选购。

标准磨口仪器的每个部件在其口、塞的上或下显著部位均具有烤印的白色标志，

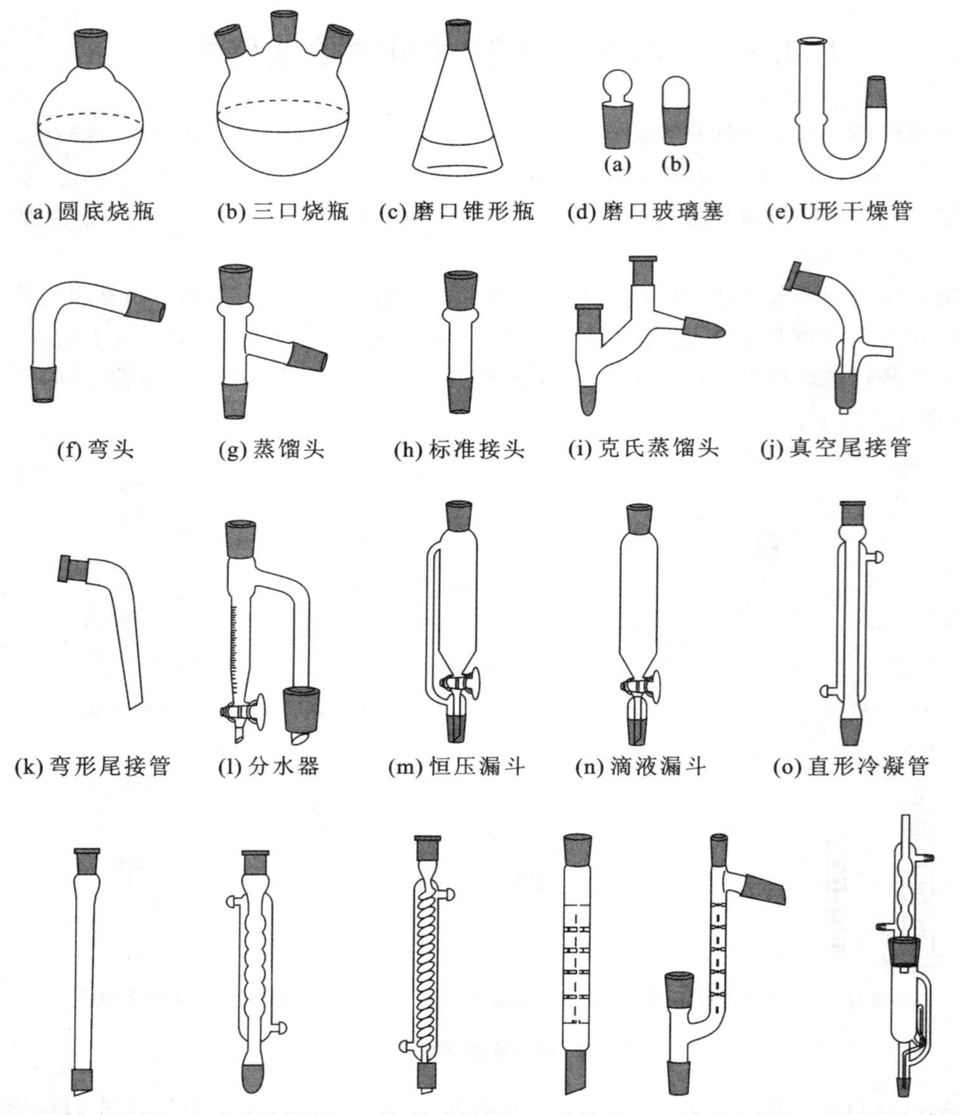

图 1-2　常用标准磨口玻璃仪器

标明规格。常用的有 10、12、14、16、19、24、29、34、40 等。

标准磨口玻璃仪器的编号与大端直径如下：

编号	10	12	14	16	19	24	29	34	40
大端直径/mm	10	12.5	14.5	16	18.8	24	29.2	34.5	40

有的标准磨口玻璃仪器有两个数字，如 10/30，10 表示磨口大端的直径为 10 mm，30 表示磨口的高度为 30 mm。

学生使用的常量仪器一般是 19 号的磨口仪器，半微量实验中采用的是 14 号的磨口仪器。

使用玻璃仪器时应注意以下几点。

(1) 使用时，应轻拿轻放。

(2) 不能用明火直接加热玻璃仪器（试管除外），加热时应垫以石棉网。

(3) 不能用高温加热不耐热的玻璃仪器，如吸滤瓶、普通漏斗、量筒。

(4) 玻璃仪器使用完后应及时拆卸清洗，特别是标准磨口仪器，若放置时间太长，对接磨口处容易黏结在一起，很难拆开。如果发生此情况，可用热水煮黏结处或用电吹风吹磨口处，使其膨胀而脱落，还可用木槌轻轻敲打黏结处。

(5) 带旋塞或具塞的仪器清洗后，应在塞子和磨口的接触处夹放纸片，以防黏结。

(6) 标准磨口仪器磨口处要干净，不得粘有固体物质。清洗时，应避免用去污粉擦洗磨口，否则，会使磨口连接不紧密，甚至会损坏磨口。

(7) 安装仪器时，应做到“横平竖直”，磨口连接处不应受歪斜的应力，以免仪器破裂。

(8) 一般使用时，磨口处无须涂润滑剂，以免沾污反应物或产物。但是反应中使用强碱时，则要涂润滑剂，以免磨口连接处因碱腐蚀而黏结在一起，无法拆开。减压蒸馏时，应在磨口连接处涂润滑剂，以保证装置密封性较好。

(9) 使用温度计时，应注意不要用冷水冲洗热的温度计，尤其是水银球部位，应冷却至室温后再冲洗。不能用温度计搅拌液体或固体物质，以免损坏温度计，且损坏后因为有汞或其他有机液体而不好处理。

1.3.2　有机化学实验常用装置

有机化学实验中常见的实验装置如图 1-3 至图 1-13 所示。

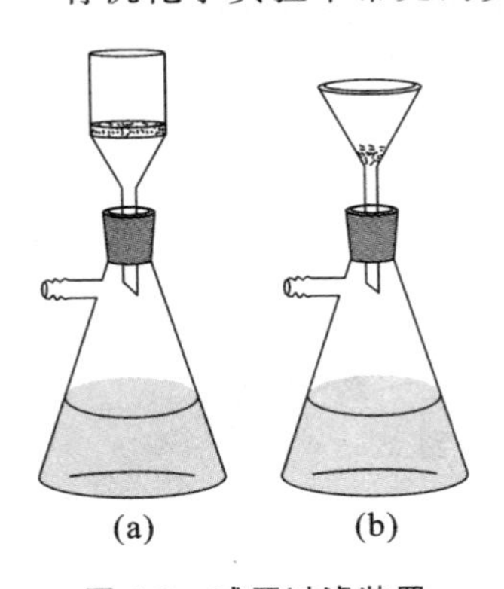

图 1-3　减压过滤装置

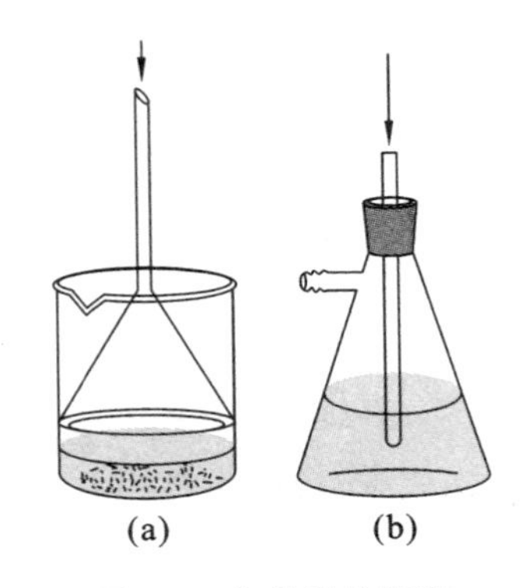

图 1-4　气体吸收装置

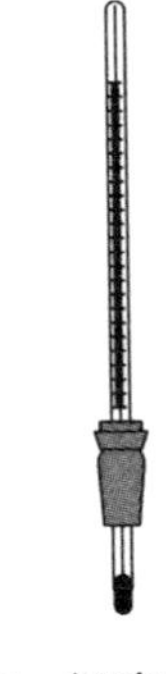

图 1-5　温度计及套管

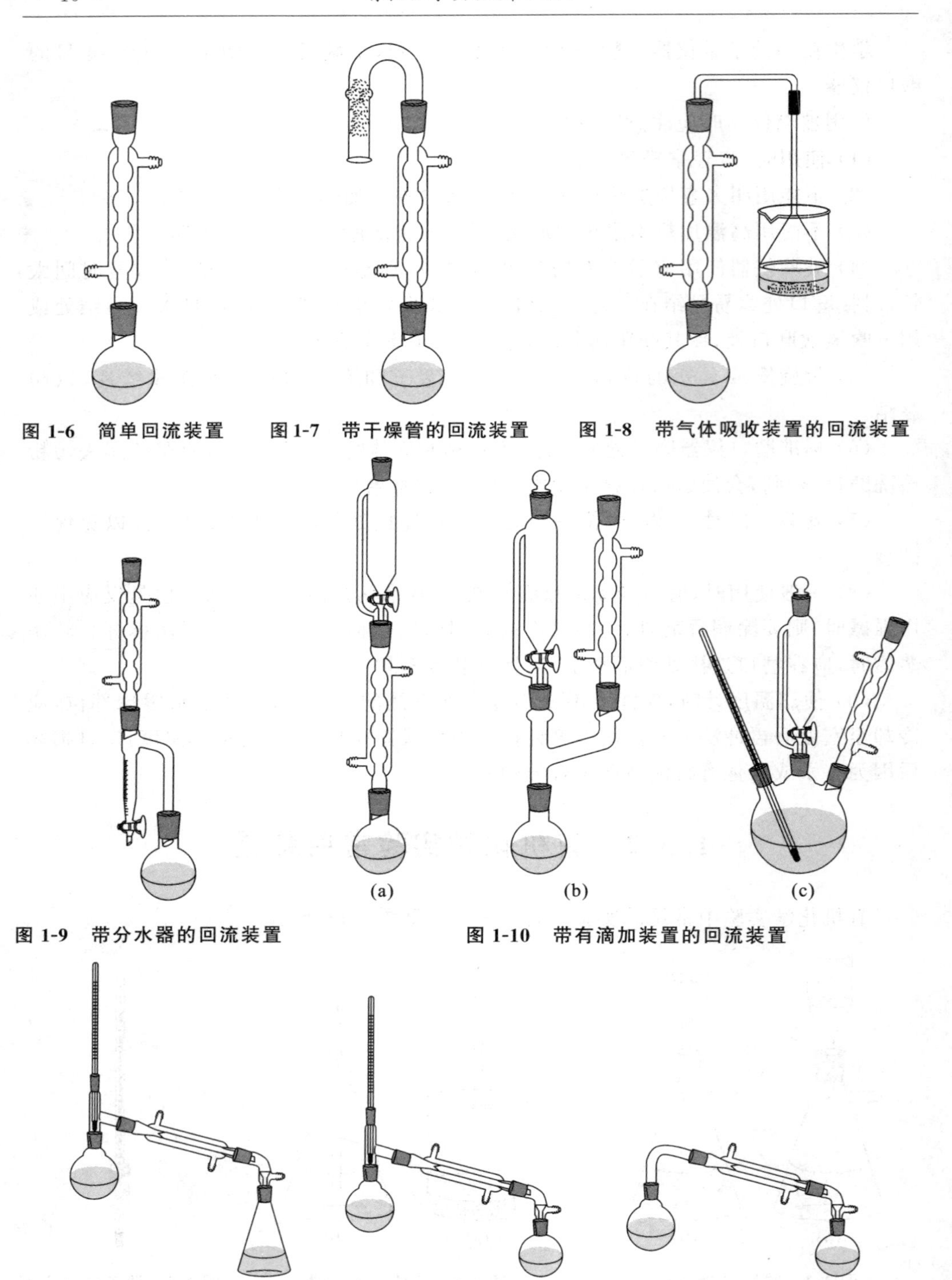

图 1-6　简单回流装置

图 1-7　带干燥管的回流装置

图 1-8　带气体吸收装置的回流装置

图 1-9　带分水器的回流装置

图 1-10　带有滴加装置的回流装置

图 1-11　普通蒸馏装置

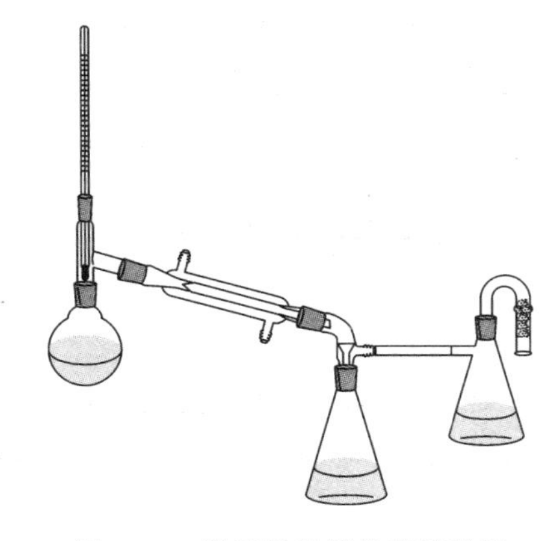

图 1-12　带干燥装置的蒸馏装置

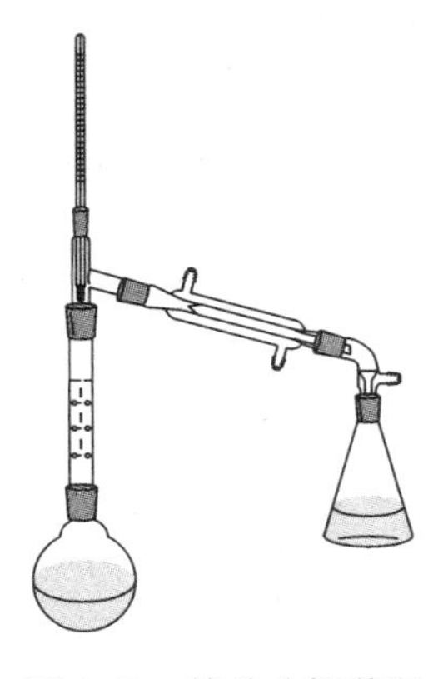

图 1-13　简单分馏装置

1.3.3　仪器的选择、装配与拆卸

有机化学实验的各种反应装置都是由一件件玻璃仪器组装而成的，实验中应根据实验要求选择合适的仪器。选择仪器的一般原则如下。

(1) 烧瓶的选择。根据液体的体积而定，一般液体的体积应占容器容积的 1/3～1/2。进行水蒸气蒸馏和减压蒸馏时，液体体积不应超过烧瓶容积的 1/3。

(2) 冷凝管的选择。一般情况下，回流用球形冷凝管，蒸馏用直形冷凝管。但是当蒸馏温度超过 130 ℃时，应改用空气冷凝管，以防温差较大时，由于仪器受热不均匀而造成冷凝管断裂。当蒸馏沸点很低的液体有机物时，应使用蛇形冷凝管。

(3) 温度计的选择。实验室一般备有 100 ℃和 200 ℃两种温度计，根据所测温度可选用不同的温度计。一般选用的温度计要高于被测温度 10～20 ℃。

有机化学实验中仪器装配得正确与否，对于实验的成败有很大的影响。

首先，在装配一套装置时，所选用的玻璃仪器和配件都要干净。否则，往往会影响产物的产量和质量。

其次，所选用的器材要恰当。例如，在需要加热的实验中，如需选用圆底烧瓶，应选用质量好的，其容积应以所盛反应物占其容积的 1/2 左右为好，不应超过 2/3。

最后，安装仪器时，应选好主要仪器的位置，要先下后上，先左后右，逐个将仪器边固定边组装。拆卸的顺序则与组装相反。拆卸前，应先停止加热，移走热源，待稍微冷却后，先取下产物，然后将仪器逐个拆掉。拆冷凝管时注意不要将水洒到电热套上。

总之，仪器装配要求做到严密、正确、整齐和稳妥。在常压下进行反应的装置应与大气相通。铁夹的双钳内侧贴有橡皮或绒布，或缠上石棉绳、布条等，否则，容易将仪器损坏。

使用玻璃仪器时,最基本的原则是切忌对玻璃仪器的任何部分施加过度的压力或使仪器扭歪,马虎安装的实验装置不仅看上去使人感觉不舒服,而且存在潜在的危险。因为扭歪的玻璃仪器在加热时会破裂,有时甚至在放置时也会崩裂。

1.3.4　常用玻璃器皿的洗涤和干燥

1. 玻璃器皿的洗涤

进行化学实验必须使用清洁的玻璃仪器。对于实验用的玻璃器皿必须养成用后立即洗涤的习惯。因为污垢的性质在当时是清楚的,用适当的方法进行洗涤容易办到。若放久了,会增加洗涤的困难。

洗涤的一般方法是用水、洗衣粉、去污粉刷洗。刷子是特制的,如瓶刷、烧杯刷、冷凝管刷等,但用腐蚀性洗液时则不用刷子。洗涤玻璃器皿时不应该用沙子,它会擦伤玻璃乃至造成龟裂。若难以洗净,则可根据污垢的性质选用适当的洗液进行洗涤。酸性(或碱性)的污垢用碱性(或酸性)洗液洗涤,有机污垢用碱性洗液或有机溶剂洗涤。但不要盲目使用酸、碱或各种有机溶剂清洗仪器,因为不仅造成浪费,更重要的是加入的溶剂可能与性质不明的残留物发生反应而造成危险,例如,硝酸容易与许多有机物发生激烈反应而可能导致意外事故。下面介绍几种常用洗液。

1) 铬酸洗液

铬酸洗液氧化性很强,对有机污垢破坏力也很强。当使用铬酸洗液洗涤玻璃器皿时,应先倒去器皿内的水,慢慢倒入洗液,转动器皿,使洗液充分浸润不干净的器壁,数分钟后把洗液倒回洗液瓶中,用自来水冲洗。若壁上粘有少量炭化残渣,可加入少量洗液,浸泡一段时间后在小火上加热,直至冒出气泡,炭化残渣可被除去。当洗液颜色变绿时,表示失效,应该弃去,不能倒回洗液瓶中。

2) 酸、碱洗液

直接用浓盐酸、浓硫酸或浓硝酸浸泡,可以洗去附着在器壁上的二氧化锰或碳酸盐等污垢。

碱洗液:多采用 10%以上的氢氧化钠、氢氧化钾或碳酸钠溶液浸泡或浸煮器皿。

3) 合成洗涤剂

当需洗涤油脂和一些有机物时,可用合成洗涤剂,如肥皂、去污粉、洗衣粉,配成溶液即可使用。

4) 有机溶剂洗涤液

当胶状或焦油状的有机污垢用上述方法不能洗去时,可选用丙酮、乙醚、苯浸泡,要加盖以免溶剂挥发,用 NaOH 的乙醇溶液亦可。若用有机溶剂作洗涤剂,使用后可回收重复使用。

5) 超声波清洗器清洗

利用声波的振动和能量清洗仪器,既省时又方便,还能有效地清洗焦油状物。特别是对一些手工无法清洗的物品，以及粘有污垢的物品，其清洗效果是人工清洗无法代替的。

对于用于精制或有机分析用的器皿，除用上述方法处理外，还须用蒸馏水冲洗。

器皿清洁的判断标准如下：加水倒置，水顺着器壁流下，内壁被水均匀润湿形成一层既薄又匀的水膜，不挂水珠。

2. 玻璃仪器的干燥

有机化学实验经常要使用干燥的玻璃仪器，故要养成在每次实验后马上把玻璃仪器洗净和倒置使之干燥的习惯，以便下次实验时使用。干燥玻璃仪器的方法有下列几种。

1）自然风干

自然风干是指把已洗净的仪器放在干燥架上，让水分自然蒸发，这是常用和简单的方法。但必须注意，当玻璃仪器洗得不够干净时，水珠便不易流下，干燥就会较为缓慢。

2）烘干

把玻璃器皿依序从上层往下层放入烘箱烘干，放入烘箱中干燥的玻璃仪器，一般要求不带水珠。器皿口向上，带有磨砂口玻璃塞的仪器，必须取出活塞后，才能烘干，烘箱内的温度保持100～105 ℃，约0.5 h，待烘箱内的温度降至室温时才能取出。切不可把很热的玻璃仪器取出，以免破裂。当烘箱工作时，不能往上层放入湿的器皿，以免水滴下落，使热的器皿骤冷而破裂。

3）吹干

有时仪器洗涤后需立即使用，可采用吹干方法，即用气流干燥器或电吹风把仪器吹干。首先将水尽量沥干后，加入少量丙酮或乙醇摇洗并倾出，先通入冷风吹1～2 min，待大部分溶剂挥发后，吹入热风至完全干燥为止，最后吹入冷风使仪器逐渐冷却。（注意：洗涤仪器所用的溶剂应倒回洗涤用溶剂的回收瓶中。）

1.3.5　常用电器设备

1. 电子天平

实验室中常使用的药物台秤最大称量为100 g，可准确到0.1 g。若要称准至0.001 g，需使用电子天平。电子天平是实验室常用的称量设备，在微型实验中更是必备的称量设备。它能快速准确称量，最大称量为200 g。在使用前应仔细阅读使用说明书或认真听取指导教师的讲解。

2. 电热套

电热套是有机化学实验中常用的间接加热设备，分可调和不可调两种。电热套是用玻璃纤维丝与电热丝编织成半圆形的内套，外边加上金属外壳，中间填上保温材料，根据内套直径的大小分为50 mL、250 mL、500 mL等规格，最大的可达3000 mL。

此设备使用较安全,用完后应放于干燥处。

3. 电动搅拌机

电动搅拌机一般用于常量的非均相反应时液体反应物的搅拌。使用时要注意以下几点:

(1) 应先将搅拌棒与电动搅拌机连接好;

(2) 再将搅拌棒用套管或塞子与反应瓶固定好;

(3) 在开动搅拌机前,应先用手空试搅拌机转动是否灵活,如不灵活,应找出摩擦点,进行调整,直至转动灵活;

(4) 如电机长期不用,应向电机的加油孔中加入一些机油,以保证电机以后能正常运转。

4. 磁力搅拌加热器

实验室中常用的磁力搅拌加热器可以同时进行加热和搅拌,特别适合于微型实验和反应液不黏稠的反应。使用时将聚四氟乙烯搅拌子放入反应容器内,根据容器大小选择合适尺寸的搅拌子,通过调速器调节搅拌速度。实验室使用的磁力搅拌加热器的一般性能如下。

搅拌转速:0~1200 r/min。

控温范围:室温至 300 ℃(集热式磁力搅拌加热器)。

搅拌容量:20~3000 mL。

电炉功率:300~1000 W,可连续工作。

使用过程中严禁有机溶剂及强酸、强碱等腐蚀性试剂侵蚀搅拌器。使用完毕,应擦拭干净。

5. 烘箱

实验室一般使用带有自动控温系统的电热鼓风干燥箱,使用温度为 50~300 ℃,主要用于干燥玻璃仪器或无腐蚀性、热稳定性好的试剂。刚洗好的仪器,应先将水沥干后再放入烘箱中;带旋塞或具塞的仪器,应取下塞子后再放入烘箱中。要先放上层,以免湿仪器上的水滴到热仪器上造成炸裂。取出烘干的仪器时,应用干布垫手,以免烫伤。热仪器取出后,不要马上接触冷物体,如水、金属用具等。玻璃仪器的烘干温度一般控制在 100~110 ℃。干燥固体有机试剂时,一般控制温度比其熔点低 20 ℃以上,以免熔化。

6. 循环水多用真空泵

循环水多用真空泵是以循环水作为流体,利用射流产生负压的原理而设计的一种减压设备。它广泛应用于蒸发、蒸馏和过滤等操作中。由于水可循环使用,节水效果明显,且避免了使用普通水泵时因高楼水压低或停水而无法使用的烦恼,因此,它是实验室理想的减压设备,一般用于对真空度要求不高的减压体系中。

使用循环水多用真空泵时应注意以下几点。

(1) 真空泵抽气口最好接一缓冲瓶,以免停泵时倒吸。

(2) 开泵前,检查是否与体系接好,然后打开缓冲瓶上的旋塞。开泵后,用旋塞调至所需真空度。关泵时,要先打开缓冲瓶上的旋塞,拆掉与体系的接口,再关泵。切忌相反操作。

(3) 有机溶剂对水泵的塑料外壳有溶解作用,应经常更换水泵中的水,以保持水泵的清洁完好和真空度。

7. 油泵

油泵是实验室中常用的减压设备。它多用于对真空度要求较高的反应中。其效能取决于泵的结构及油的好坏(油的蒸气压越低越好),性能好的油泵能抽到 10～100 Pa。为了保护泵和油,使用时应注意:定期换油;当干燥塔中的氢氧化钠、无水氯化钙已结块时应及时更换。

8. 旋转蒸发仪

旋转蒸发仪是由电机带动可旋转的蒸发器(圆底烧瓶)、冷凝器和接收器组成的,如图 1-14 所示。可在常压或减压下操作,可一次进料,也可分批加入蒸发液。

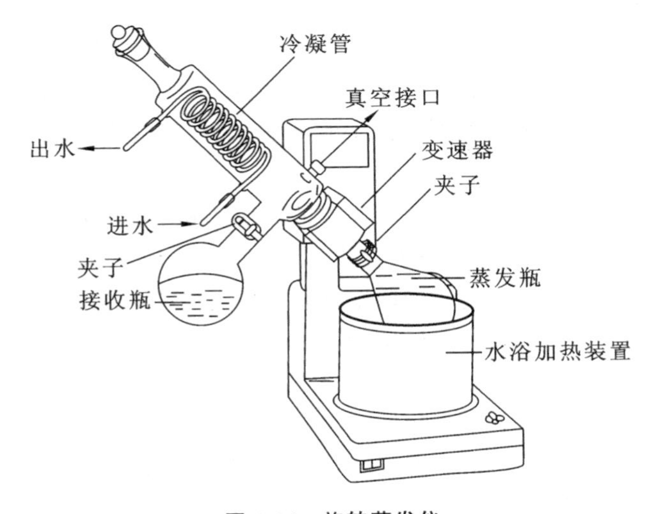

图 1-14　旋转蒸发仪

由于蒸发器不断旋转,可免加沸石而不会暴沸。蒸发器旋转时,液体附于壁上形成一层薄膜,加大蒸发面积,从而使蒸发速率加大。因此,它是快速、方便地浓缩溶液和回收溶剂的装置。

1.3.6　常用仪器的保养

有机化学实验中常用的各种玻璃仪器的性能是不同的,只有掌握它们的性能、保养和洗涤方法,才能正确使用,提高实验效果,避免不必要的损失。下面介绍几种常用的玻璃仪器的保养和清洗方法。

1. 温度计

温度计水银球部位的玻璃很薄,容易破损。使用温度计时要特别小心,注意以下几点:①不能将温度计当搅拌棒使用;②不能测定超过温度计最高刻度的温度;③不能把温度计长时间放在高温的溶剂中,否则,会使水银球变形,读数不准。

温度计用后要让它慢慢冷却,特别是在测量高温之后,不可立即用水冲洗。否则,水银球会破裂,或水银柱断裂。应将温度计悬挂在铁架台上,待冷却后把它洗净抹干,放回温度计盒内,盒底要垫上一小块棉花。如果是纸盒,放回温度计时要检查盒底是否完好。

2. 冷凝管

冷凝管通水后较重,所以安装冷凝管时应将夹子夹在冷凝管的重心位置,以免翻倒。洗刷冷凝管时要用特制的长毛刷,如用洗涤液或有机溶液洗涤,则用软木塞塞住一端,不用时,应直立放置,使之易干。

3. 滴液漏斗和分液漏斗

滴液漏斗是合成实验中向反应体系中滴加某种试剂的常用仪器。

萃取是分离、提纯有机化合物常用的方法,液体的萃取常用分液漏斗。分液漏斗主要应用于:①分离两种分层而不起作用的液体;②从溶液中萃取某种成分;③用酸或碱洗涤产品。

使用分液漏斗前必须检查:①分液漏斗的玻璃塞和活塞有没有用棉线绑住;②玻璃塞和活塞是否紧密,如漏水,则不能使用;③活塞转动是否灵活,如不灵活,则须取下活塞,用纸擦净活塞及活塞孔道的内壁,然后,用玻璃棒蘸取少量凡士林,在活塞两边抹上一圈凡士林,注意不要抹在活塞的孔中,插上活塞,反时针旋转至透明时,即可使用。

使用分液漏斗时应注意:①不能把活塞上附有凡士林的分液漏斗放在烘箱内烘干;②不能用手拿住分液漏斗的下端;③不能用手拿住分液漏斗分离液体;④上口玻璃塞打开后才能开启活塞;⑤上层的液体不能由分液漏斗下口放出。

4. 砂芯漏斗

砂芯漏斗在使用后应立即用水冲洗,否则难以洗净。滤板不太密的漏斗可用强烈的水流冲洗;如果是较密的,则用抽滤的方法冲洗。必要时用有机溶剂洗涤。

5. 旋转蒸发仪

旋转蒸发仪的许多部件都是玻璃材质,因此在实验操作时应特别小心。其基本操作步骤如下:装配好单口圆底烧瓶,活塞通大气;打开旋转蒸发仪旋转开关,置于合适的转速,连接真空系统,慢慢关闭通大气的活塞,然后加热;蒸馏完毕后,先慢慢开启活塞通大气,待内、外压力一致时,关闭真空系统,拆去热源,待温度降低至室温后,停止旋转,取下单口圆底烧瓶;整理、清洗仪器。

1.4　常用试剂及某些溶剂的纯化处理方法

大多数有机试剂(含溶剂)性质不稳定,久贮易变色、变质,而化学试剂的纯度直接关系到反应速率、反应产率及产物的纯度。有机化学实验中需要选择适当规格的试剂,有时还必须对试剂进行纯化处理。下面介绍常用试剂和某些溶剂在实验室条件下的纯化方法以及相关性质。

1. 石油醚(petroleum)

石油醚为轻质石油产品,是低相对分子质量烃类(主要是戊烷和己烷)的混合物,为无色透明液体,有煤油气味。实验室使用的石油醚沸程为 30～150 ℃,依据沸点的高低常分为 30～60 ℃(d_4^{15} 0.59～0.63)、60～90 ℃(d_4^{15} 0.64～0.66)、90～120 ℃(d_4^{15} 0.67～0.71)和 120～150 ℃(d_4^{15} 0.72～0.75)等馏分。石油醚中含有少量不饱和烃杂质,其沸点与烷烃相近,用蒸馏方法是不能分离的,通常可用浓硫酸和高锰酸钾溶液将其洗去。首先将石油醚用相当于其体积 10%的浓硫酸洗涤 2～3 次,再用 10%硫酸加入高锰酸钾配成的饱和溶液洗涤,直至水层中的紫色不再消失为止。然后用水洗,经无水氯化钙干燥后蒸馏。如要绝对干燥的石油醚,则加入钠丝(见无水乙醚处理)。

石油醚为一级易燃液体,大量吸入石油醚蒸气有麻醉症状。使用石油醚作溶剂时,由于轻组分挥发快,溶解能力降低,通常在其中加入苯、氯仿、乙醚等以增加其溶解能力。

2. 环己烷(cyclohexane)

分子式 C_6H_{12},沸点 80.7 ℃,折射率 n_D^{20} 1.4262,相对密度 d_4^{20} 0.7785。

环己烷为有汽油气味的无色液体,不溶于水,能与无水乙醇、苯、乙醚、丙酮和苯等混溶。25 ℃时,在甲醇中的溶解度为 100 份甲醇可溶解 57 份环己烷。环己烷中含有的杂质主要是苯。作为一般溶剂用,并不需要特殊处理。若要除去苯,可用冷的浓硫酸与浓硝酸的混合液洗涤数次,使苯硝化后溶于酸层而除去,然后用水洗,干燥分馏,加入钠丝保存。

3. 正己烷(*n*-hexane)

分子式 $CH_3(CH_2)_4CH_3$,沸点 68.7 ℃,折射率 n_D^{20} 1.3748,相对密度 d_4^{20} 0.6593。

正己烷为无色挥发性液体,有微弱的特殊气味。能与乙醇、乙醚和三氯甲烷混合,不溶于水。在 60～70 ℃沸程的石油醚中,主要为正己烷,因此在许多方面可以用该沸程的石油醚代替正己烷作溶剂。

正己烷中主要的杂质为己-1-烯,其纯化方法为:先用浓硫酸洗涤数次,然后以 0.5 mol/L高锰酸钾的 10%硫酸溶液洗涤,再以 0.5 mol/L 高锰酸钾的 10% NaOH 溶液洗涤,最后用水洗,干燥,蒸馏。

4. 苯(benzene)

分子式 C_6H_6,沸点 80.1 ℃,折射率 n_D^{20} 1.5011,相对密度 d_4^{20} 0.8786。

普通苯常含有少量水(可达 0.02%)和噻吩(沸点为 84 ℃),它们沸点与苯接近,不能用蒸馏或分步结晶等方法除去。

噻吩的检验:取 5 滴苯于试管中,加入 5 滴浓硫酸及 1～2 滴 1%靛红(吲哚醌)的浓硫酸溶液,振荡片刻,若酸层呈深绿色或蓝色,即表示有噻吩存在。

噻吩和水的除去:将苯装入分液漏斗中,加入 $\frac{1}{7}$ 苯体积的浓硫酸,振摇使噻吩磺化,弃去酸液,再加入新的浓硫酸,重复操作几次,直到酸层呈现无色或淡黄色,且检验无噻吩存在。将上述无噻吩的苯依次用水、10%碳酸钠溶液和水洗至中性,再经氯化钙干燥后蒸馏,收集 80 ℃的馏分,最后压入钠丝除去微量的水,得到无水苯。

苯为一级易燃品。苯的蒸气对人体有强烈的毒性,以损害造血器官与神经系统最为显著。

5. 甲苯(toluene)

分子式 $C_6H_5CH_3$,沸点 110.6 ℃,折射率 n_D^{20} 1.4967,相对密度 d_4^{20} 0.8669。

甲苯为无色澄清液体,与苯一样有芳香气味,不溶于水,可与乙醇、乙醚、丙酮、氯仿、二硫化碳、冰乙酸及石油醚等混溶。

甲苯中可能含有少量甲基噻吩,欲除去甲基噻吩,可以用浓硫酸(甲苯与浓硫酸体积比为 10∶1)振摇 30 min(温度不能超过 30 ℃),除去酸层,然后依次用水、10%碳酸钠溶液和水洗至中性,用无水氯化钙干燥,进行蒸馏,收集 110 ℃的馏分。

6. 二甲苯(xylenes)

分子式 $C_6H_5(CH_3)_2$,沸点 137～140 ℃,折射率 n_D^{20} 1.497,相对密度 d_4^{20} 0.8611～0.8802。

二甲苯为无色透明、有芳香气味的液体,是苯环上两个氢被甲基取代的产物,相对分子质量 106.17。二甲苯根据两个甲基的位置不同分为邻-二甲苯、对-二甲苯、间-二甲苯三种异构体。能与乙醇、乙醚、三氯甲烷等有机溶剂任意混合,不溶于水。

二甲苯易燃,应远离火种。吸入或接触皮肤有害,对皮肤有刺激性。

7. 吡啶(pyridine)

分子式 C_5H_5N,沸点 115.5 ℃,折射率 n_D^{20} 1.5095,相对密度 d_4^{20} 0.9819。

吡啶吸水性强,能与水、醇和醚任意混合。与水形成恒沸溶液(含 57%吡啶,沸点为 94 ℃)。

工业吡啶中除含杂质水和胺外,还有甲基吡啶或二甲基吡啶。分析纯中吡啶含量为 99%(含有少量水分),可供一般实验用。如要制得无水吡啶,可将吡啶与粒状氢氧化钾或氢氧化钠一同加热回流,然后隔绝潮气蒸出。干燥的吡啶吸水性很强,保存时应将容器口用石蜡封好。

8. 碘甲烷(iodomethane)

分子式 CH_3I，沸点 42～42.5 ℃，折射率 n_D^{20} 1.5304，相对密度 d_4^{20} 2.279。

碘甲烷为无色易燃液体，见光游离出碘变褐色，能与乙醇、乙醚混溶，溶于丙酮和苯，微溶于水。碘甲烷是有机合成中常用的甲基化试剂，纯化时可用硫代硫酸钠或亚硫酸钠的稀溶液反复洗至无色，然后用水洗，用无水氯化钙干燥，蒸馏。碘甲烷应盛于棕色瓶中，避光保存。

9. 二氯甲烷(dichloromethane)

分子式 CH_2Cl_2，沸点 39.75 ℃，折射率 n_D^{20} 1.4242，相对密度 d_4^{20} 1.3266。

二氯甲烷为无色挥发性液体，微溶于水，能与醇、醚混合，其蒸气不燃烧，与空气混合不发生爆炸。二氯甲烷中含有氯甲烷、三氯甲烷和四氯甲烷等杂质。

二氯甲烷比氯仿安全，因此常用它代替氯仿作为比水重的萃取剂。普通的二氯甲烷一般能直接作萃取剂用。如需纯化，可用5%碳酸钠溶液洗涤，再用水洗涤，然后用无水氯化钙干燥，蒸馏收集 39.5～41 ℃的馏分，保存在棕色瓶中。

10. 氯仿(chloroform)

分子式 $CHCl_3$，沸点 61.7 ℃，折射率 n_D^{20} 1.4459，相对密度 d_4^{20} 1.4832。

氯仿在日光下易氧化成氯气、氯化氢和光气(剧毒)，故氯仿应贮于棕色瓶中。市场上供应的氯仿多用1%乙醇做稳定剂，以消除产生的光气。氯仿中乙醇的检验可用碘仿反应，游离氯化氢的检验可用硝酸银的醇溶液。

为了除去乙醇，可将氯仿与为其一半体积的水在分液漏斗中振荡数次，然后分出下层氯仿，用无水氯化钙或无水碳酸钾干燥 24 h，然后蒸馏。另一种纯化方法是将氯仿与少量浓硫酸一起振荡 2～3 次。每 500 mL 氯仿约用 25 mL 浓硫酸洗涤，分去酸层后，用水洗涤，干燥后蒸馏。

除去乙醇的无水氯仿必须保存于棕色瓶中，并放于柜中，以免在光的照射下分解产生光气。氯仿绝对不能用金属钠来干燥，否则会发生爆炸。

11. 四氯化碳(carbon tetrachloride)

分子式 CCl_4，沸点 76.8 ℃，折射率 n_D^{20} 1.4603，相对密度 d_4^{20} 1.5942。

四氯化碳为无色、易挥发、不易燃的液体，具有氯仿的微甜气味。目前四氯化碳主要由二硫化碳经氯化制得，因此普通四氯化碳中含有二硫化碳(含量约 4%)及微量乙醇。

纯化方法：在 1000 mL 四氯化碳中，加入 60 g 氢氧化钾和 60 mL 水，再加 100 mL 乙醇，剧烈振摇半小时(温度 50～60 ℃)。然后分出四氯化碳，先用水洗(用水洗后可减半量重复振荡一次)，再用少量浓硫酸洗至无色，最后再以水洗，用无水氯化钙干燥后蒸馏。四氯化碳不能用金属钠干燥，否则会发生爆炸。

12. 1,2-二氯乙烷(1,2-dichloroethane)

分子式 $C_2H_4Cl_2$，沸点 83.4 ℃，折射率 n_D^{20} 1.4448，相对密度 d_4^{20} 1.2351。

1,2-二氯乙烷为无色油状液体,具有芳香气味,与水可形成共沸物(沸点 72 ℃,1,2-二氯乙烷含量为 81.5%)。可与乙醇、乙醚和三氯甲烷相混溶,是重结晶和提取的常用溶剂。

一般纯化可依次用浓硫酸、水、稀碱溶液和水洗涤,利用无水氯化钙干燥或加入五氧化二磷分馏即可。

13. 无水乙醇(absolute ethanol)

分子式 C_2H_5OH,沸点 78.5 ℃,折射率 n_D^{20} 1.3611,相对密度 d_4^{20} 0.7893。

市售的无水乙醇一般只能达到 99.5%的纯度,在许多反应中要用纯度更高的绝对乙醇,需自己制备。

(1) 纯度 98%~99%乙醇的纯化。

① 利用苯、水和乙醇形成低共沸混合物的性质,将苯加入乙醇中,进行分馏,在 64.9 ℃下蒸出苯、水、乙醇的三元恒沸混合物,多余的苯在 68.3 ℃与乙醇形成二元恒沸混合物被蒸出,最后蒸出乙醇。工业上多采用此法。

② 用生石灰脱水。在 100 mL 95%乙醇中加入新鲜的块状生石灰 20 g,回流 3~5 h,然后进行蒸馏。

(2) 纯度 99%以上乙醇的纯化。

① 在 100 mL 99%乙醇中,加入 7 g 金属钠,待反应完毕,再加入 27.5 g 邻苯二甲酸二乙酯或 25 g 草酸二乙酯,回流 2~3 h,然后进行蒸馏。金属钠虽能与乙醇作用,产生氢气和醇钠,但所生成的醇钠又与水发生反应,这是一个可逆反应:

$$2Na + 2C_2H_5OH \longrightarrow 2C_2H_5ONa + H_2\uparrow$$

$$C_2H_5ONa + H_2O \rightleftharpoons NaOH + C_2H_5OH$$

因此单独使用金属钠不能完全除去乙醇中的水,须加入过量的高沸点酯,如邻苯二甲酸二乙酯与生成的 NaOH 作用,抑制上述逆反应,从而达到进一步脱水的目的。

② 在 60 mL 99%乙醇中,加入 5 g 镁和 0.5 g 碘,待镁溶解生成醇镁后,再加入 900 mL 99%乙醇,回流 5 h 后,蒸馏,可得到 99.9%乙醇。

检验乙醇是否含有水分常用的方法有:①在一支干净试管中加入制得的无水乙醇,随即加入少量的无水硫酸铜粉末,如果变为蓝色,则表明乙醇中含有水分;②在另一支干净试管中加入制得的无水乙醇,随即加入几粒干燥的高锰酸钾,如果呈现紫红色,则表明乙醇中含有水分。由于乙醇具有非常强的吸湿性,因此在操作时,动作要迅速,尽量减少转移次数以防止空气中的水分进入。同时所用仪器必须在实验前干燥好。

乙醇为一级易燃液体,应储存于阴凉通风处,远离火源。乙醇可通过空腔、胃壁黏膜吸收,对人体产生刺激作用,引起酩酊、睡眠和麻醉作用。严重时引起恶心、呕吐甚至昏迷。

14. 甲醇(methanol)

分子式 CH_3OH,沸点 64.9 ℃,折射率 n_D^{20} 1.3288,相对密度 d_4^{20} 0.7914。

普通未精制的甲醇含有0.02%丙酮和0.1%水。而工业甲醇中这些杂质的含量达0.5%～1%。

为了制得纯度达99.9%以上的甲醇,可将甲醇用分馏柱分馏,收集64 ℃的馏分,再用镁去水(与制备无水乙醇相同)。甲醇有毒,处理时应在通风柜内进行,防止吸入其蒸气。

甲醇为一级易燃液体,应储存于阴凉通风处,注意防火。甲醇可经皮肤进入人体,饮用或吸入蒸气会刺激视神经及视网膜,导致眼睛失明直到死亡。

15. 正丁醇(*n*-butanol)

分子式$CH_3CH_2CH_2CH_2OH$,沸点117.7 ℃,折射率n_D^{20} 1.3993,相对密度d_4^{20} 0.8098。

正丁醇是一种无色、有酒气味的液体,溶于乙醇、乙醚、苯,微溶于水,与水可形成共沸物,共沸点92 ℃(含水量37%)。正丁醇易燃,空气中爆炸极限1.4%～11.2%,空气中容许浓度150 mg/m^3。

16. 甘油(glycerol)

分子式$HOCH_2CH(OH)CH_2OH$,沸点290 ℃,折射率n_D^{20} 1.4746,相对密度d_4^{20} 1.2613。

甘油即丙三醇(1,2,3-trihydroxypropane),相对分子质量92.09,为无色、无臭、有甜味、黏稠液体。能与水、乙醇相混溶,1份甘油能溶于11份乙酸乙酯、500份乙醚,不溶于苯、二硫化碳、三氯甲烷、四氯化碳、石油醚等。无水甘油有强烈的吸湿性,能吸收硫化氢、氢氰酸、二氧化硫。甘油具有微弱酸性,能与碱性氢氧化物作用。易脱水,失水生成双甘油和聚甘油等,氧化生成甘油和甘油酸等。在0 ℃下凝固形成闪光的斜方结晶。与铬酸酐、氯酸钾、高锰酸钾等强氧化剂接触能引起燃烧或爆炸。

17. 聚乙二醇(polyethylene glycol,PEG)

分子式$HOCH_2(CH_2OCH_2)_nCH_2OH$。聚乙二醇400:熔点4～8 ℃,相对密度$d_4^{20}$ 1.128,折射率n_D^{20} 1.467;聚乙二醇600:熔点20～25 ℃,相对密度d_4^{20} 1.128,折射率n_D^{20} 1.469。聚乙二醇是乙二醇分子间脱水缩合而成的高分子化合物,平均相对分子质量200～7000。商品聚乙二醇后的数字表示平均相对分子质量。聚乙二醇溶于水、乙醇和许多有机溶剂,与许多化学品不起作用,有良好的吸湿性、润滑性、黏结性。

18. 无水乙醚(diethyl ether)

分子式$(C_2H_5)_2O$,沸点34.5 ℃,折射率n_D^{20} 1.3526,相对密度d_4^{20} 0.7138。

普通乙醚中常含有2%的乙醇、0.5%的水及少量过氧化物(久藏)等杂质,这对于要求以无水乙醚为溶剂的反应,不仅影响反应的进行,而且易发生危险。

(1) 过氧化物的检验和除去。

制备无水乙醚时,首先必须检验有无过氧化物的存在,否则,容易发生爆炸。

① 检验方法:在干净的试管中加入2～3滴浓硫酸、1 mL 2% 碘化钾溶液(若碘

化钾溶液已被空气氧化,可滴加稀亚硫酸钠溶液到碘化钾溶液的黄色消失)和1～2滴淀粉溶液,混合均匀后加入几滴乙醚,振摇,如果出现蓝色或紫色即表示有过氧化物存在。

② 除去方法:把乙醚置于分液漏斗中,加入新配制的硫酸亚铁溶液(配制方法是60 g $FeSO_4 \cdot 7H_2O$、100 mL水和6 mL浓硫酸混合),充分振荡后,静置,弃去水层。此操作可以重复数次,洗至无过氧化物为止。

(2) 醇和水的检验和除去方法。

① 检验方法:乙醚中放入少许高锰酸钾粉末和一粒NaOH。放置后,NaOH表面附有棕色树脂,即证明有醇存在。水的存在用无水硫酸铜检验。

② 除去方法:先用无水氯化钙除去大部分水,再经金属钠干燥。其方法是,将100 mL乙醚放在干燥锥形瓶中,加入20～25 g无水氯化钙,盖好,放置24 h以上,并间断摇动,然后蒸馏,收集33～37 ℃的馏分。加1 g钠丝于盛乙醚的瓶中,放置至无气泡发生即可使用;放置后,若钠丝表面变黄变粗,须再蒸一次,然后再加入钠丝。

乙醚为一级易燃液体,由于沸点低、闪点低、挥发性大,储存时要避免日光直射,远离热源,注意通风,并加入少量氢氧化钾以避免过氧化物的形成。乙醚对人有麻醉作用,当吸入含乙醚3.5%(体积分数)的空气时,30～40 min就可以失去知觉。

19. 四氢呋喃(tetrahydrofuran,THF)

分子式C_4H_8O,沸点67 ℃(64.5 ℃),折射率n_D^{20} 1.4050,相对密度d_4^{20} 0.8892。

四氢呋喃是具有乙醚气味的无色透明液体,与水能互溶。市售的四氢呋喃含有少量水分及过氧化物。处理四氢呋喃时,应先用小量进行试验,在确定其中只有少量水和过氧化物,作用不会过于剧烈时,方可进行纯化。四氢呋喃中的过氧化物用酸化的碘化钾溶液来检验。如过氧化物较多,应另行处理。

如要制得无水四氢呋喃,可先用无机干燥剂干燥,再用少量金属钠在隔绝潮气下回流,除去其中的水和过氧化物,以二苯甲酮为指示剂,变为蓝色(加热后蓝色不退去)后蒸馏,收集66 ℃的馏分。在精制后的液体中压入钠丝并在氮气氛围下保存。如需较久放置,应加0.025% 2,6-二叔丁基-4-甲基苯酚做抗氧化剂。

20. 乙二醇二甲醚(1,2-dimethoxyethane)

分子式$CH_3OCH_2CH_2OCH_3$,又名二甲氧基乙烷,沸点84 ℃,折射率n_D^{20} 1.3796,相对密度d_4^{25} 0.8665。

乙二醇二甲醚是无色液体,有乙醚气味,是一种性能优良的非质子极性溶剂。其化学性质稳定,溶于水、乙醇、乙醚和氯仿。

纯化时,先用钠丝干燥。在氮气氛围下加氢化锂铝后蒸馏,或者用无水氯化钙干燥数天,过滤,加金属钠蒸馏,可加入氢化锂铝保存,用前蒸馏。

21. 二氧六环(dioxane)

分子式$O(CH_2CH_2)_2O$,沸点101.5 ℃,折射率n_D^{20} 1.4424,相对密度d_4^{20} 1.0336。

二氧六环又称1,4-二氧六环、二噁烷,与水能以任意比例互溶,无色,易燃,能与水形成共沸物(二氧六环含量为81.6%,沸点87.8 ℃)。普通品中含有少量二乙醇缩醛与水。久贮的二氧六环中可能含有过氧化物,要注意除去(用氯化亚锡回流除去),然后再处理。

纯化方法:加入10%的浓盐酸回流3 h,同时慢慢通入氮气,以除去生成的乙醛。冷却后,加入粒状氢氧化钾直至其不再溶解;分去水层,再用粒状氢氧化钾干燥一天,过滤,在其中加入金属钠回流数小时,蒸馏。可压入钠丝保存。

22. 丙酮(acetone)

分子式CH_3COCH_3,沸点56.2 ℃,折射率n_D^{20} 1.3588,相对密度d_4^{20} 0.7899。

普通丙酮含有少量的甲醇、乙醛以及水等杂质,不能利用简单蒸馏把这些杂质分离除去。

纯化方法:

(1) 在250 mL丙酮中加入2.5 g高锰酸钾进行回流,若高锰酸钾紫色很快消失,再加入少量高锰酸钾继续回流,至紫色不退为止。然后将丙酮蒸出,用无水碳酸钾或无水硫酸钙干燥,过滤后蒸馏,收集55～56.5 ℃的馏分。用此法纯化丙酮时,须注意丙酮中含还原性物质不能太多,否则会消耗过多高锰酸钾和丙酮,使处理时间延长。

(2) 将100 mL丙酮装入分液漏斗中,先加入4 mL 10%硝酸银溶液,再加入3.5 mL 1 mol/L NaOH溶液,振摇10 min,分出丙酮层,再加入无水硫酸钾或无水硫酸钙进行干燥,最后蒸馏收集55～56.5 ℃的馏分。此法比方法(1)要快,但硝酸银较贵,只宜小量纯化时使用。

23. 苯甲醛(benzaldehyde)

分子式C_6H_5CHO,沸点64～65 ℃/1.60 kPa(12 mmHg)或179 ℃/101.0 kPa(760 mmHg),折射率n_D^{20} 1.5448。

苯甲醛为带有苦杏仁味的无色液体,能与乙醇、乙醚、氯仿相混溶,微溶于水,由于在空气中易氧化成苯甲酸,使用前需蒸馏。

苯甲醛低毒,但对皮肤有刺激性,触及皮肤可用水洗。

24. 乙酸乙酯(ethyl acetate)

分子式$CH_3COCH_2CH_3$,沸点77.1 ℃,折射率n_D^{20} 1.3723,相对密度d_4^{20} 0.9003。

乙酸乙酯一般含量为95%～98%,含有少量水、乙醇和乙酸。

纯化方法:

(1) 在1000 mL 98% 乙酸乙酯中加入100 mL乙酸酐、10滴浓硫酸,加热回流4 h,除去乙醇和水等杂质,然后进行蒸馏。馏出液用20～30 g无水碳酸钾振荡,再蒸馏,产物沸点为77 ℃,纯度可达99.7% 以上。

(2) 先用等体积5%的碳酸钠溶液洗涤,然后用氯化钙饱和溶液洗涤,最后以无水碳酸钾或无水硫酸镁进行干燥后蒸馏。如需进一步干燥,可再与五氧化二磷回流半小时,过滤,防潮蒸馏。

25. 乙腈(acetonitrile)

分子式 CH_3CN,沸点 81.5 ℃,折射率 n_D^{20} 1.3441,相对密度 d_4^{20} 0.7822。

乙腈是惰性溶剂,可用于化学反应及重结晶。乙腈可与水、醇、醚以任意比例混溶,与水生成共沸物(含乙腈 84.2%,沸点 76.7 ℃)。市售乙腈常含有水、不饱和腈、醛和胺等杂质,三级以上的乙腈含量应高于 95%。

纯化方法:可将试剂乙腈用无水碳酸钾干燥。过滤,再与五氧化二磷(20 g/L)加热回流,直至无色,用分馏柱分馏。乙腈可储存于放有 2 Å(1 Å=0.1 nm)型分子筛的棕色瓶中。乙腈有毒,常含有游离氢氰酸。

26. *N*,*N*-二甲基甲酰胺(*N*,*N*-dimethyl formamide,DMF)

分子式 $HCON(CH_3)_2$,沸点 149~156 ℃,折射率 n_D^{20} 1.4305,相对密度 d_4^{20} 0.9487。

N,*N*-二甲基甲酰胺为无色液体,能与多数有机溶剂和水以任意比例混溶。化学和热稳定性好,对有机和无机化合物的溶解性能较好。

N,*N*-二甲基甲酰胺中含有少量水分。在常压蒸馏时部分分解,产生二甲胺与一氧化碳。纯化时常用硫酸钙、硫酸镁、氧化钡、硅胶或分子筛干燥,然后减压蒸馏,收集 76 ℃/4800 Pa(36 mmHg)的馏分。*N*,*N*-二甲基甲酰胺见光可慢慢分解为二甲胺和甲醛,因此纯化后的 *N*,*N*-二甲基甲酰胺要避光保存。其中游离胺可用 2,4-二硝基氟苯来检查(产生颜色)。

27. 二甲亚砜(dimethyl sulfoxide,DMSO)

分子式$(CH_3)_2SO$,沸点 189 ℃,折射率 n_D^{20} 1.4783,相对密度 d_4^{20} 1.1014。

二甲亚砜为无色、无臭、微苦、易吸湿的液体,是一种优异的非质子极性溶剂,常压下加热至沸腾会发生部分水解。市售二甲基亚砜含水量约为 1%,一般先减压蒸馏,再用 4 Å 型分子筛干燥,或用氢化钙(10 g/L)干燥,搅拌 48 h,再减压蒸馏。蒸馏时,温度不宜高于 90 ℃,否则会发生歧化反应,生成二甲砜及二甲硫醚。收集 64~65 ℃/533 Pa(4 mmHg)、71~72 ℃/2800 Pa(21 mmHg)的馏分。

二甲亚砜易吸湿,应放入分子筛储存备用。二甲亚砜与某些物质(如氢化钠、高碘酸钠或高氯酸镁等)混合时可能发生爆炸。

28. 苯胺(aniline)

分子式 $C_6H_5NH_2$,折射率 n_D^{20} 1.5863,相对密度 d_4^{20} 1.0217,沸点 77~78 ℃/2.0 kPa(15 mmHg)或 184.4 ℃/101.0 kPa(760 mmHg)。

苯胺是无色、油状、易燃液体,有强烈刺激性气味。市售苯胺用氢氧化钾(钠)干燥,要除去含硫的杂质可在少量氯化锌存在下、氮气保护下减压蒸馏。在空气中或光照下苯胺颜色变深,应密封储存于避光处。苯胺稍溶于水,能与乙醇、氯仿和大多数有机溶剂相混溶。可与酸成盐,苯胺盐酸盐熔点为 198 ℃。

吸入苯胺蒸气或经皮肤吸收会引起中毒症状。

29. 冰乙酸(acetic acid,glacial acetic acid)

分子式 CH_3COOH,沸点 117.9 ℃,折射率 n_D^{20} 1.3716,相对密度 d_4^{20} 1.0492。

冰乙酸可与水混溶,在常温下是一种有强烈刺激性酸味的无色液体。将市售冰乙酸在 4 ℃下慢慢结晶,并在冷却下迅速过滤,压干。少量的水可用五氧化二磷(10 g/L)回流干燥几小时除去。冰乙酸由于不易被氧化,常作为氧化还原反应的溶剂。

冰乙酸对皮肤有腐蚀作用,触及皮肤或溅到眼睛时,要用大量水冲洗。

30. 乙酸酐(acetic anhydride)

分子式$(CH_3CO)_2O$,沸点 139～141 ℃/101.0 kPa(760 mmHg),折射率 n_D^{20} 1.3904,相对密度 d_4^{20} 1.0820。

乙酸酐是无色、易挥发液体,具有强烈刺激性气味和腐蚀性。溶于冷水,也溶于氯仿、乙醚和苯等有机溶剂。对皮肤有严重腐蚀作用,使用时需使用防护眼镜和手套。

31. 氯化亚砜(thionyl chloride)

分子式 $SOCl_2$,沸点 78.8 ℃,折射率 n_D^{20} 1.5170,相对密度 d_4^{20} 1.676。

氯化亚砜又称亚硫酰氯,为无色或微黄色液体,有刺激性臭味,遇水强烈分解。溶于苯、氯仿和四氯化碳。纯化时使用硫黄处理,操作较为方便,效果较好。将硫黄(20 g/L)在搅拌下加入亚硫酰氯中,加热,回流 4.5 h,用分馏柱分馏,得无色纯品。

氯化亚砜对皮肤与眼睛有很强刺激性,操作中要小心防护。

32. 尿素(carbamide)

分子式 H_2NCONH_2,熔点 132.7 ℃,沸点 332.48 ℃,折射率 n_D^{20} 1.40,相对密度 d_4^{20} 1.323。

尿素简称脲或碳酰胺,白色颗粒状或针状、棱柱状结晶。1 g 尿素溶于 1 mL 水、20 mL 无水乙醇、6 mL 甲醇、2 mL 甘油,几乎不溶于乙醚、三氯甲烷。尿素有刺激性,使用时避免吸入其粉末,避免与眼睛和皮肤接触。光照受热时易分解,避光密闭保存。

33. 盐酸苯肼(phenylhydrazine hydrochloride)

分子式 $C_6H_5NHNH_2 \cdot HCl$,熔点 250～254 ℃,折射率 n_D^{20} 1.5210,相对密度 d_4^{20} 1.1672。

盐酸苯肼易溶于水,溶于乙醇,不溶于乙醚。盐酸苯肼为无色而有光泽的片状结晶,见光变黄,相对分子质量为 144.60。盐酸苯肼有毒,吸入、口服或接触皮肤时有害。接触皮肤后应立即用大量指定的液体冲洗。于避光干燥处密封保存。

34. 对甲氧基偶氮苯(*p*-methoxyazobenzene)

分子式 $4\text{-}CH_3OC_6H_4N{=}NC_6H_5$,熔点 54～56 ℃,沸点 340 ℃,折射率 n_D^{20} 1.56,相对分子质量 212.25。橙红色结晶,易溶于有机溶剂,不溶于水。使用时注意避免吸入其粉末,避免与眼睛和皮肤接触,密封保存。

35. 苏丹黄(sudan yellow)

分子式 $C_{16}H_{12}N_2O$,也称苏丹 I,相对分子质量 248.28,熔点 129～134 ℃。暗红色粉末,溶于乙醚、苯、二硫化碳等有机溶剂中时呈橙黄色,溶于浓硫酸中时呈深红色,不溶于水和碱溶液。具有刺激性,可能致癌,应密封保存。

36. 苏丹红(sudan red)

苏丹红有Ⅰ、Ⅱ、Ⅲ和Ⅳ四种类型,其中苏丹红Ⅳ分子式为 $C_{24}H_{20}N_4O$,相对分子质量 380.45。红色粉末,溶于甲醇、乙醇、DMSO 等有机溶剂。使用时应避免吸入其粉末,避免与眼睛和皮肤接触。

37. 对氨基偶氮苯(*p*-aminoazobenzene,AAB)

分子式 4-$H_2NC_6H_4N{=}NC_6H_5$,熔点 128 ℃,沸点约 360 ℃,相对分子质量 197.24。黄色至浅褐色,微带灰色或淡蓝色的结晶或粉末。溶于乙醚、乙醇、苯、三氯甲烷和油类,微溶于水。可能致癌,应避光保存。

38. 对羟基偶氮苯(*p*-hydroxyazobenzene)

分子式 4-$HOC_6H_4N{=}NC_6H_5$,熔点 152～155 ℃,相对分子质量 198.23,橙黄色结晶或粉末,易溶于乙醇、乙醚,溶于苯,溶于稀碱溶液或浓硫酸,不溶于水。使用时避免吸入其粉末,避免与眼睛和皮肤接触。

39. 钠(sodium,Na)

相对原子质量 22.99,银白色金属,熔点 97.82 ℃,沸点 881.4 ℃,相对密度 0.968。遇水和醇发生反应产生氢气。与水反应剧烈,会发生燃烧、爆炸,一旦起火千万不能用水灭火,要用指定灭火器。具腐蚀性,能引起烧伤。用时保持容器干燥,一般储存在煤油中。

40. 镁(magnesium,Mg)

相对原子质量 24.305,银白色金属,熔点 651 ℃,沸点 1100 ℃,相对密度 1.738。空气中易被氧化生成暗膜。高度易燃,与水接触时产生易燃气体,故不能用水灭火。燃烧时产生炫目白光,冒白烟。溶于酸,不溶于水。

41. 锌(zinc,Zn)

相对原子质量 65.38,浅灰色的细小粉末,具强还原性。熔点 419.5 ℃,沸点 908 ℃,相对密度 7.140。与水接触时释放出高度易燃气体,在空气中能自动燃烧,万一着火应使用指定灭火设备而绝不能用水。于干燥处密封保存。

42. 无水氯化钙(anhydrous calcium chloride)

分子式 $CaCl_2$,相对分子质量 110.98,白色固体,熔点 772 ℃,沸点＞1600 ℃,相对密度 1.086,折射率 n_D^{20} 1.358。极易吸潮,易溶于水、乙醇、丙酮、乙酸。对眼睛有刺激性,使用时避免吸入其粉末,避免与皮肤接触,于干燥处密封保存。

43. 氯化锌(zinc chloride)

分子式 $ZnCl_2$,相对分子质量 136.30,白色粉末或颗粒,无味。熔点约 290 ℃,沸点

732 ℃，相对密度2.907。极易潮解，易溶于水(25 ℃，432 g/100 g；100 ℃，614 g/100 g)，是固体盐中溶解度最大的，其原因是溶于水后形成配位酸H[$ZnCl_2$(OH)]，pH值约为4。溶于甲醇、乙醇、甘油、丙酮、乙醚，不溶于液氨。具有腐蚀性，能引起烧伤。接触皮肤后应立即用大量指定液体冲洗。

44. 氯化铵(ammonium chloride)

分子式NH_4Cl，相对分子质量53.49，相对密度1.5274，无色结晶或粉末，味咸凉而微苦。加热至100 ℃时显著挥发，337.8 ℃时分解为氨和氯化氢，遇冷后又重新化合生成颗粒极小的氯化铵而呈白色浓烟，不易下沉，也极不易再溶解于水。加热至350 ℃升华，沸点520 ℃。吸湿性小，吸潮结块，易溶于水(25 ℃时，28.3%(质量分数))、甘油、甲醇、乙醇，不溶于丙酮、乙醚、乙酸乙酯。口服有害，对眼睛有刺激性，使用时应避免吸入其粉末。于干燥处密封保存。

45. 无水三氯化铝(anhydrous aluminum chloride)

分子式$AlCl_3$，相对分子质量133.34，无色透明晶体或白色微带浅黄色结晶粉末，熔点194 ℃(253.3 kPa)，177.8 ℃升华，262 ℃分解。有强盐酸气味，极易潮解，在湿空气中易形成酸雾。在空气中能吸收水分，一部分水解而放出氯化氢。可溶于水(15 ℃，69.9 g/100 mL)，能生成六水合物$AlCl_3 \cdot 6H_2O$。也能溶于乙醇、乙醚、氯仿、二硫化碳、四氯化碳等有机溶剂，微溶于苯。具有腐蚀性，能引起烧伤，溶于水产生大量热，激烈时可能爆炸，接触皮肤后应用大量指定液体冲洗。于干燥处密封保存。

46. 亚硝酸钠(sodium nitrite)

分子式$NaNO_2$，相对分子质量69.0，白色或微黄色结晶，相对密度2.168(0 ℃)，熔点为271 ℃，320 ℃时分解(分解为氧气、氧化氮和氧化钠)，空气中慢慢氧化为硝酸钠。亚硝酸钠容易潮解，易溶于水和液氨，其水溶液呈碱性，其pH值约为9，微溶于乙醇、甲醇、乙醚等有机溶剂。亚硝酸钠有咸味，有时被用来制造假食盐。

47. 高锰酸钾(potassium permanganate)

分子式$KMnO_4$，相对分子质量158.03，深紫色或类似青铜色、有金属光泽的结晶，无味，熔点为240 ℃。溶于水、碱液，微溶于甲醇、丙酮、硫酸，高锰酸钾稳定，但与某些有机物或易氧化物接触，易发生爆炸。遇醇和其他有机溶剂或浓酸即分解而释放出游离氧，属强氧化剂，外用有杀菌作用。与易燃品接触能引起燃烧，要避免的物质包括还原剂、强酸、有机材料、易燃材料、过氧化物、醇类和化学活性金属。于干燥处密封保存。

48. 二水合重铬酸钠(sodium dichromate dihydrate)

分子式$Na_2Cr_2O_7 \cdot 2H_2O$，相对分子质量298.00，红色或橙红色结晶，熔点为320 ℃，相对密度2.348。易潮解，易溶于水，溶液呈酸性(1%溶液pH值为4.0)，不溶于乙醇。100 ℃时失去结晶水。有毒,对眼睛和皮肤有刺激性,接触皮肤会引起过敏,产生炎症和溃疡,可能致癌,使用时应尽量避免吸入其粉末,接触皮肤后立即用大量5%硫代硫酸钠溶液冲洗。在使用前应得到专门指导,避免暴露,于干燥处密封保存。

49. 二硫化碳(carbon disulfide)

分子式 CS_2,沸点 46.2 ℃,折射率 n_D^{20} 1.6279,相对密度 d_4^{20} 1.2632。

二硫化碳因含有硫化氢、硫黄和硫氧化物等杂质而有恶臭味。二硫化碳为有较高毒性的液体(血液和神经中毒),具有高挥发性和易燃性,使用时需避免接触其蒸气。

有机合成实验中对二硫化碳要求不高,可在二硫化碳中加入研碎的无水氯化钙,滤去干燥剂,水浴中蒸馏收集。

若需制备较纯的二硫化碳,选择试剂级的二硫化碳用0.5%高锰酸钾溶液洗涤三次(除硫化氢),再用汞不断振荡(除硫),用2.5%硫酸汞溶液洗涤(除剩余的硫化氢),再经氯化钙干燥,蒸馏收集。

1.5　有机化学实验预习、记录和实验报告

有机化学实验是一门综合性较强的理论联系实际的课程。它是培养学生独立工作能力的重要环节。完成一份正确、完整的实验报告,也是一个很好的训练过程。实验报告分三部分:实验预习、实验记录与实验报告。

1.5.1　实验预习

预习时,应想清楚每一步操作的目的是什么,为什么这么做;查出主要试剂及产物的物理常数,明白为什么这样设计装置,为什么这样纯化初产品;要弄清楚本次实验的关键步骤和难点。预习是做好实验的关键,只有预习好了,做实验时才能又快又好。

每位学生都应使用专门的实验预习和记录本。

预习笔记的具体要求如下。

(1) 实验目的和要求、实验原理和反应式(主反应、主要副反应)、需用的仪器和装置的名称及性能、主要试剂及产物的物理常数、主要试剂的规格用量等要全部写在实验预习和记录本上。

(2) 用自己的语言写出简明实验步骤,关键之处应注明。

(3) 对于合成实验,应列出粗产品纯化原理。

(4) 对于实验中可能出现的问题,要列出解决办法。

1.5.2 实验记录

实验记录是科学研究的第一手资料，实验记录的好坏直接影响对实验结果的分析。因此，学会做好实验记录也是培养学生科学态度及实事求是精神的一个重要环节。

对实验的全过程必须进行仔细观察，并如实记录以下内容。

(1) 每一步操作所观察到的现象，例如：是否放热、颜色变化、有无气体产生、分层与否、温度、时间等。尤其是与预期相反或与教材、文献资料所述不一致的现象更应如实记载。

(2) 实验中测得的各种数据，例如：沸程、熔点、密度、折射率、称量数据(质量或体积)等。

(3) 产品的外观，如物态、色泽、晶形等。

(4) 实验操作中的失误，例如：抽滤中的失误、粗产品或产品的意外损失等。

记录时，要与操作步骤一一对应，内容要简明扼要，条理清楚。

1.5.3 实验报告

实验报告是对实验进行情况的总结，这部分工作在课后完成。一般包括如下内容。

(1) 对实验现象逐一作出正确的解释。能用反应式表示的尽量用反应式表示。

(2) 计算产率。在计算理论产量时，应注意：①有多种原料参加反应时，以物质的量最小的那种原料的量为准；②不能用催化剂或引发剂的量来计算；③有异构体存在时，以各种异构体理论产量之和进行计算，实际产量也是异构体实际产量之和。计算公式如下：

$$产率=(实际产量/理论产量)\times 100\%$$

(3) 填写物理常数的测试结果。分别填上产物的文献值和实测值，并注明测试条件，如温度、压力等。

(4) 对实验进行讨论与总结：①对实验结果和产品进行分析；②写出做实验的体会；③列出实验中出现的问题，写出解决的办法；④对实验提出建设性的建议。通过讨论来总结、巩固和提高实验中所学到的理论知识和实验技术。

实验报告要条理清楚，文字简练，图表清晰、准确。一份完整的实验报告可以充分体现学生对实验理解的深度、综合解决问题的能力及文字表达的能力。

实验报告的格式如下。

1. 有机化合物的制备实验报告

实验名称＿＿＿＿＿＿＿＿＿＿＿＿＿＿＿

姓名＿＿＿＿＿＿ 班级＿＿＿＿＿＿ 学号＿＿＿＿＿＿

同组者姓名＿＿＿＿＿＿ 日期＿＿＿＿＿＿ 成绩＿＿＿＿＿＿

一、实验目的

二、实验原理

主反应:

副反应:

三、主要试剂及产物的物理常数

名称	相对分子质量	沸点/℃	熔点/℃	密度	折射率	溶解度/(g/100 mL)			投料量	物质的量/mol	理论产量
						水	醇	醚			

四、主要反应装置图

五、实验步骤及现象

步骤	现象

六、注意事项(主要为仪器和人身安全问题)

七、成功关键(主要是如何提高产品产量和质量)

八、产品外观、质量、产率计算与结果分析

九、讨论

十、粗产品的纯化原理

十一、思考题解答

以正溴丁烷的合成为例，格式如下：

实验×　正溴丁烷的制备

一、实验目的

(1) 了解从正丁醇制备正溴丁烷的原理及方法。

(2) 初步掌握回流、气体吸收装置及分液漏斗的使用。

二、实验原理

主反应：

$$NaBr + H_2SO_4(浓) \longrightarrow HBr + NaHSO_4$$

$$n\text{-}C_4H_9OH + HBr \xrightarrow{\triangle} n\text{-}C_4H_9Br + H_2O$$

副反应：

$$n\text{-}C_4H_9OH + HBr \xrightarrow[\triangle]{浓H_2SO_4} CH_3CH{=}CHCH_3 + CH_3CH_2CH{=}CH_2 + H_2O$$

$$2n\text{-}C_4H_9OH \xrightarrow[\triangle]{浓H_2SO_4} (n\text{-}C_4H_9)_2O + H_2O$$

$$2NaBr + 3H_2SO_4(浓) \xrightarrow{\triangle} Br_2 + SO_2\uparrow + 2H_2O + 2NaHSO_4$$

三、主要试剂及产物的物理常数

名称	相对分子质量	性状	折射率	相对密度	熔点/℃	沸点/℃	溶解度/(g/100 mL(溶剂))		
							水	醇	醚
正丁醇	74.12	无色透明液体	1.3993^{20}	0.8098_4^{20}	−89.5	117.2	7.9^{20}	∞	∞
正溴丁烷	137.03	无色透明液体	1.4401^{20}	1.2758_4^{20}	−112.4	101.6	不溶	∞	∞

四、实验装置图

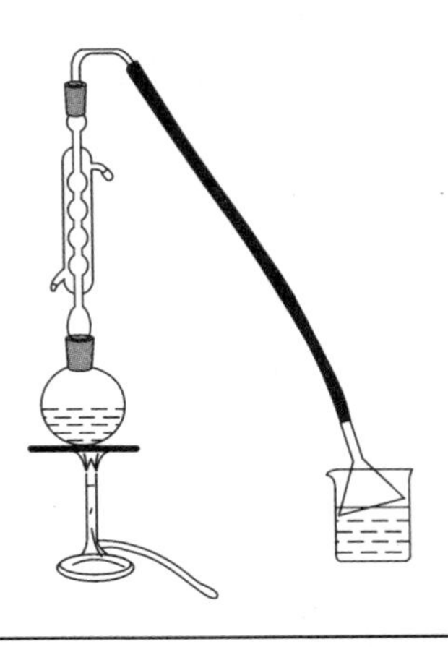

五、实验步骤及现象

步骤	现象
(1) 于 150 mL 圆底烧瓶中放 20 mL 水，加入 29 mL 浓 H_2SO_4，振摇冷却	放热
(2) 加 18.5 mL n-C_4H_9OH 及 25 g NaBr，加沸石，摇动	NaBr 部分溶解，瓶中产生雾状气体(HBr)
(3) 在瓶口安装冷凝管，冷凝管顶部安装气体吸收装置，开启冷凝水，隔石棉网小火加热回流 1 h	雾状气体增多，NaBr 渐渐溶解，瓶中液体由一层变为三层，上层开始极薄，中层为橙黄色，随着反应进行，上层越来越厚，中层越来越薄，最后消失。上层颜色由淡黄色变为橙黄色
(4) 稍冷，改成蒸馏装置，加沸石，蒸出正溴丁烷	开始馏出液为乳白色油状物，后来油状物减少，最后馏出液变清(说明正溴丁烷全部蒸出)，冷却后，蒸馏瓶内析出结晶($NaHSO_4$)
(5) 粗产物用 20 mL 水洗 在干燥分液漏斗中用 10 mL 浓 H_2SO_4 洗 15 mL 水洗 15 mL 饱和 $NaHCO_3$ 洗 15 mL 水洗	产物在下层，呈乳浊状 产物在上层(清亮)，硫酸在下层，呈棕黄色 两层交界处有絮状物产生又呈乳浊状
(6) 将粗产物转入小锥瓶中，加 2 g $CaCl_2$ 干燥	开始混浊，最后变清
(7) 产品滤入 50 mL 蒸馏瓶中，加沸石蒸馏，收集 99～103 ℃的馏分	98 ℃开始有馏出液(3～4 滴)，温度很快升至 99 ℃，并稳定于 101～102 ℃，最后升至 103 ℃，温度下降，停止蒸馏，冷却后，瓶中残留有约 0.5 mL 的黄棕色液体
(8) 产物称重	18 g，无色透明

六、产品外观、质量、产率计算与结果分析

(1) 产品外观、质量：无色透明液体，18.0 g。

(2) 产率计算：

理论产量：其他试剂过量，理论产量按正丁醇计。

$$n\text{-}C_4H_9OH + HBr \xrightarrow{H_2SO_4} n\text{-}C_4H_9Br + H_2O$$

$$\begin{matrix} 1 & & 1 \\ 0.2 & & 0.2 \end{matrix}$$

即 0.2×137 g=27.4 g 正溴丁烷

$$产率=\frac{实际产量}{理论产量}\times 100\% = \frac{18.0\ g}{27.4\ g}\times 100\% = 66\%$$

（3）实验结果：产率略偏低。

（4）结果分析：①回流时灯焰太大，致使部分溴化氢被浓硫酸氧化成溴，使产率降低；②加热回流过程中未摇动反应装置，致使反应物接触不充分，使产率降低。

七、注意事项

（1）因浓硫酸有腐蚀性，加浓硫酸时要小心，慢慢滴加，边加边振摇，充分冷却后才能加正丁醇，防止引起飞溅。

（2）尾气吸收装置中导气管末端的漏斗不可全部浸入吸收液，防止倒吸。

（3）蒸馏前必须加止暴剂，以免发生暴沸。

（4）蒸馏粗正溴丁烷时真空尾接管尾气需导入水槽出口处，因尾气中可能含有 SO_2、HBr、Br_2 等。

（5）反应结束时，反应瓶内容物应趁热倒掉，以免结块不易倒出。

八、成功关键

（1）溴化钠应充分研细，加料时不断搅拌，反应回流时都要充分振摇，否则溴化钠结块、接触不充分，产率降低。

（2）回流时小火加热，若灯焰太大，则溴化氢被氧化生成大量的溴，致使产率降低。

（3）准确判断粗蒸馏终点，即馏出液由混浊变澄清，否则正溴丁烷未完全蒸出，产率也会降低。

（4）干燥时间应足够，至少 20 min（液体由混浊变澄清）；干燥剂用量应合理，太多时干燥剂会吸附产品，使产率降低，太少时水不能被除尽，导致产品不纯。

（5）干燥用的锥形瓶、精制蒸馏时一整套仪器均需干燥，否则产品不纯（有水）。

九、粗产品的纯化原理

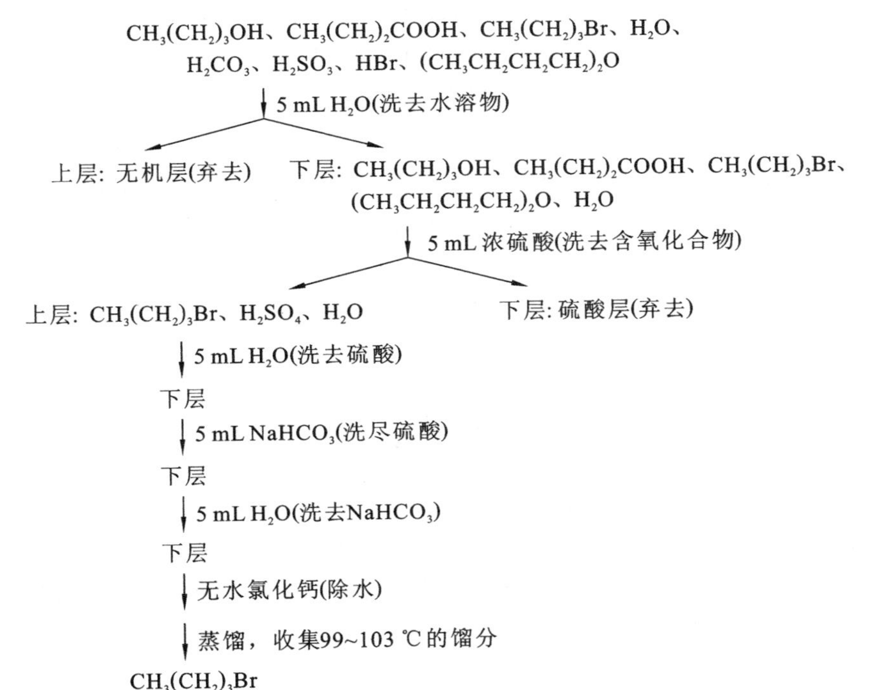

十、讨论

(1) 在回流过程中，瓶中液体出现三层，上层为正溴丁烷，中层可能为硫酸氢正丁酯。随着反应的进行，中层消失，表明丁醇已转化为正溴丁烷。上、中层液体为橙黄色，可能是由于混有少量溴，溴是由硫酸氧化溴化氢而产生的。

(2) 反应后的粗产物中，含有未反应的正丁醇及副产物正丁醚等。用浓硫酸洗可除去这些杂质，因为醇、醚能与浓 H_2SO_4 作用生成鎓盐而溶于浓 H_2SO_4 中，而正溴丁烷不溶。

$$R—\ddot{\underset{\cdot\cdot}{O}}—H + H_2SO_4 \longrightarrow \left(R—\underset{H}{\overset{\cdot\cdot}{\underset{\cdot\cdot}{O}}}—H \right)^+ HSO_4^-$$

$$R—\ddot{\underset{\cdot\cdot}{O}}—R + H_2SO_4 \longrightarrow \left(R—\underset{H}{\overset{\cdot\cdot}{\underset{\cdot\cdot}{O}}}—R \right)^+ HSO_4^-$$

(3) 本实验最后一步，蒸馏前用折叠滤纸过滤，在滤纸上沾了些产品。建议不用折叠滤纸，而在小漏斗上放一小团棉花，这样不仅简单方便，而且可以减少损失。

十一、思考题解答

1. 本实验中，浓硫酸起何作用？其用量及浓度对实验有何影响？

答：制备实验中，浓硫酸起三个方面的作用：①吸收反应中生成的 H_2O，使 HBr 保持较高浓度，做吸水剂；②提供质子，使醇质子化，做催化剂；③使生成的水质子化，减少逆反应的发生。但又因其具有氧化性、脱水性，醇、HBr 具有还原性，其用量太多、浓度太高会使醇的氧化、炭化和溴化氢的氧化等副反应加剧，使产率降低，故需加 5 mL 水稀释。

2. 加料时，为什么不可以先使溴化钠与浓硫酸混合，然后加入正丁醇和水？

答：因为这样浓硫酸的深度太高，会使生成的 HBr 大量挥发或被浓硫酸氧化。且浓硫酸与其他物质混合，放出大量热量，向浓硫酸中加入正丁醇、水时热量不易散失，易引起飞溅。

2. 其他形式的实验报告

除合成实验之外，还有分离纯化实验、常数测定实验、天然产物提取实验、对映异构体拆分实验、动力学研究实验等，其实验报告的格式可以参照合成实验报告的格式。

无论是何种格式的实验报告，填写的共同要求如下。

(1) 条理清楚。

(2) 详略得当。叙述清楚，又不烦琐。

(3) 语言准确。除讨论栏外尽可能不使用“如果”、“可能”等模棱两可的字词。

(4) 数据完整。重要的操作步骤、现象和实验数据不能漏掉。

(5) 实验装置图应避免错误。

(6) 讨论栏可写实验体会、经验、教训、改进的设想等。

(7) 真实。无论装置图或操作规程，如果自己使用的或做的与书上不同，应按实际操作的程序记载，不要照搬书上的，更不可伪造实验现象和数据。

1.6　有机化学文件检索及 Internet 上的化学教学资源

化学文献是有关化学方面的科学研究、生产实践等的记录和总结。查阅化学文献是科学研究的一个重要组成部分，是培养动手能力的一个重要方面，是每个化学工作者应具备的基本功之一。

查阅文献资料的目的是了解某个课题的历史概况、目前国内外的研究水平、发展的动态及方向。只有“知己知彼”，才能使自己的工作起始于一个较高的水平，并有一个明确的目标。

文献资料是人类科学文化知识的载体，是社会进步的宝贵财富。因此，每个科学工作者必须学会查阅和应用文献资料。但也应看到，由于种种原因，有的文献把最关键的部分，或叙述得不甚详尽，或避实就虚，这就要求我们在查阅和利用文献时采取辨证分析的方法来对待。

在这一节里将文献资料分为工具书及手册、专业参考书、期刊、化学文摘和网络资源五部分予以简单介绍。

1.6.1　工具书及手册

(1)《化工辞典(第四版)》，王箴主编，化学工业出版社 2000 年出版。这是一本综合性化工工具书，收集了化学、化工名词 16000 余条，列出了物质的分子式、结构式，基本的物理化学性质及相对密度、熔点、沸点、溶解度等数据，并有简要的制法和用途说明。化工过程的生产方式仅叙述主要内容及原理，书前有按笔画排序的目录，书末有汉语拼音检索。

(2)《化学化工药学大辞典》，黄天守编译，台湾大学图书公司 1982 年 1 月出版。这是一本关于化学、医药及化工方面较全的工具书。该书取材于多种百科全书，收录近万种化学、医药及化工等常用物质，采用英文名称按序排列方式。每一名词各自成一独立单元，其内容包括组成、结构、制法、性质、用途(含药效)及参考文献等。本书取材新颖，叙述详细。书末附有 600 多个有机人名反应。

(3)《精细有机化学品技术手册》，章思规主编，科学出版社 1991 年出版。全书含 3000 多条目，介绍了 5000 多种有机化学品。每条目内容包含中英文名称、结构、性状、生产方法、用途、参考文献，书末附有品名及分子式索引。

(4)《试剂手册》(第三版)，中国医药集团上海化学试剂公司编著，上海科学技术出版社 2002 年出版。该书收集了无机试剂、有机试剂、生化试剂、临床试剂、仪器分析试剂、标准品、精细化学品等资料，每种化学品列有中英文名称、别名、化学结构式、分子式、相对分子质量、性状、物化常数、毒性数据、危险性、用途、质量标准、安全注意事项、危险品国家编号及中国医药集团上海化学试剂公司的商品编号等详尽资料。入书的化学品有11560余种,按英文字母顺序编排,后附中、英文索引,使用方便,查找快捷。

(5)《Aldrich Catalog of Compounds(Aldrich公司化合物目录)》,美国Aldrich化学试剂公司。本书收集了18000多种化合物。一种化合物作为一个条目,列出了化合物的相对分子质量、分子式、熔点、沸点等数据。较复杂的化合物还附有结构式,并给出了该化合物核磁共振谱和红外光谱谱图的出处。书后附有分子式索引。每年再版一次。

(6)《The Merk Index(默克索引)》,Stecher P. G.主编,第11版,1989年出版。这是美国公司出版的一本辞典,特点类似于《化工辞典》,但较详细。它收录了近10000种化合物的性质、制备方法、毒性和用途等。化合物按名称字母的顺序排列,冠有流水号,指出了最初发表论文的作者和出处,同时将有关这个反应的综述性文献的出处一并列出,便于进一步查阅。卷末有分子式索引和主题索引。

(7)《Handbook of Chemistry and Physics(物理化学手册)》,该书是美国化学橡胶分会(CRC)出版的英文版化学与物理手册,应用很广,是一本常用的参考书。1913年出第1版。从20世纪50年代起,几乎每年再版一次,到2016年已出版到第96版,主编是Robert C.和Weast Ph. D.。内容分为六个方面:数学用表、元素和无机化合物、有机化合物、普通化学、普通物理常数和其他。

这里仅对C部(有机化合物)作一简单介绍。在"有机化合物"这部分中,辑录了1979年国际纯粹与应用化学联合会对化合物的命名原则。这部分列出了14943种常见有机化合物的名称、别名和分子式、相对分子质量、颜色、结晶形状、比旋光度和紫外吸收、熔点、沸点、相对密度、折射率、溶解度等物理常数和参考文献。化合物是按照它的英文名称的字母顺序来排列的。查阅时,首先要知道化合物的英文名称和归属的类别。例如查阅邻苯二甲酸酐的常数时,可从它的英文名称"phthalic acid anhydride"进行查阅。凡属衍生物的化合物,大多列在母体化合物的项下。

如果不知道化合物的英文名称,在C部有机化合物物理常数表后面有分子式索引(formula index),它按碳、氢数目的顺序而其他元素符号按英文字母的顺序(如$C_8H_{12}ClNO$)排列。由于有机化合物存在同分异构现象,在分子式的下面常有许多个编号,那就逐一去查,看哪一条是需要的化合物。

(8)《Dictionary of Organic Compounds》,Heilbron I. V.主编,第6版,1995年出版。本书收集常见的有机化合物近17000条,在保留原有机化合物的组成、分子式、结构式、来源、性状、物理常数、化合物性质及其衍生物等的基础上,增加了手性化合物、有机硫、有机磷和天然产物等内容,并给出了制备这些化合物的主要文献。各化合物按名称的英文字母顺序排列。

该书已有中文译本,名为《汉译海氏有机化合物辞典》。中文译本仍按化合物英文名称的字母顺序排列,在英文名称后面附有中文名称。因此,在使用中文译本时,仍然需要知道化合物的英文名称。

1.6.2　专业参考书

(1)《Organic Synthesis(有机合成)》,本书最初由 Adams R. 和 Gilman H. 主编,后由 Blatt A. H. 担任主编,于 1921 年开始出版,每年一卷,2020 年出版至第 97 卷。本书主要介绍各种有机化合物的制备方法,也介绍了一些有用的无机试剂制备方法。书中对一些特殊的仪器、装置往往同时用文字和图形来说明。书中所选实验步骤叙述得非常详细,并有附注介绍作者的经验及注意点。书中每个实验步骤都经过其他人的核对,因此内容成熟可靠,是有机制备的良好参考书。

另外,本书每十卷有合订本(collective volume),卷末附有分子式、反应类型、化合物类型、主题等索引。在 1976 年还出版了合订本第 1～5 集(即第 1～49 卷)的累积索引,可供阅读时查考。第 54 卷、第 59 卷、第 64 卷的卷末附有包括本卷在内的前 5 卷的作者和主题累积索引,每卷末也有本卷的作者和主题索引。另外,合订本的第 1、2 集分别于 1957 年和 1964 年译成中文。

(2)《Organic Reactions(有机反应)》,本书由 Adams R. 主编,自 1951 年开始出版,刊期并不固定,约为一年半出一卷。2017 年已出 46 卷。本书主要介绍有机化学中有理论价值和实际意义的反应。每个反应都由在这方面有一定经验的人来撰写。书中对有机反应的机理、应用范围、反应条件等都作了详尽的讨论,并用图表指出在这个反应的研究工作中做过哪些工作。卷末有以前各卷的作者索引和章节及题目索引。

(3)《Reagents for Organic Synthesis(有机合成试剂)》,本书由 Fieser L. F. 和 Fieser M. 编写。这是一本有机合成试剂的全书,收集面很广。第 1 卷于 1967 年出版,其中将 1966 年以前的著名有机试剂都作了介绍。各种试剂按英文名称的字母顺序排列。本书对入选的每种试剂都介绍了化学结构、相对分子质量、物理常数、制备和纯化方法、合成方面的应用等,并提出了主要的原始资料以备进一步查考。每卷卷末附有反应类型、化合物类型、合成目标物、作者和试剂等索引。

第 2 卷于 1969 年出版,收集了 1969 年以前的资料,并对第 1 卷部分内容作了补充。其后每卷都收集了相邻两卷间的资料。至 1999 年已出版到第 19 卷。

(4)《Synthetic Method of Organic Chemistry(有机化学合成方法)》,本书由 Alan F. Finch 主编,是一本年鉴。第 1 卷于 1942—1944 年出版,当时由 Theilheimer W. 主编,所以现在该书叫《Theilheimer's Synthetic Method of Organic Chemistry》,每年出一卷,2015 年出版到第 84 卷。本书收集了生成各种键的较新及较有价值的方法。卷末附有主题索引和分子式索引。

(5)《有机化学实验教程》,刘华、胡冬冬编著,清华大学出版社 2014 年出版。本教材共分 7 章。第 1 章主要介绍有机化学实验的基本知识以及实验室常用的仪器设备,第 2 章介绍有机化学实验基本操作和技术,第 3 章对有机化学实验特殊操作与技术作了简介,第 4 章介绍有机化合物的分离提纯方法与技术,第 5 章为有机合成实验,第 6 章为综合性与设计性实验,第 7 章为有机化合物性质实验。

(6)《有机化学实验》(第 3 版),曾昭琼主编,高等教育出版社,1999 年。本教材是按照全国高等师范院校化学系有机化学教学大纲的要求进行编写的。全书共分五部分。本书适用于师范院校有机化学实验教学。

(7)《有机化学实验》(第 3 版),赵剑英、胡艳芳等主编,化学工业出版社 2018 年出版。本教材共分 7 章,包括有机化学实验的一般知识、有机化合物的物理常数、有机化合物的分离与提纯、有机化合物的合成、有机色谱分离技术、天然化合物的提取和综合设计实验。全书有不同层次的合成和设计实验共 61 个,合成实验等附有红外、紫外或核磁谱图。书后附录列出了进行各类实验可能需要的参考数据,以便查阅。

1.6.3 期　　刊

目前世界各国出版的有关化学的期刊有近万种,直接的原始性化学期刊也有上千种,这里简要介绍与有机化学有关的主要中文和外文期刊。

(1)《中国科学》,月刊,本期刊英文名《Scientia Sinica》,于 1951 年创刊(1951—1966;1973—)。原为英文版,自 1972 年起出中文和英文两种文字版本,刊登我国各个自然科学领域中有水平的研究成果。《中国科学》分为 A、B 两辑,B 辑主要包括化学、生命科学、地学方面的学术论文。

(2)《科学通报》,旬刊(1950 年创刊),它是自然科学综合性学术刊物,有中、外文两种版本。

(3)《化学学报》,月刊(1933 年创刊),原名《中国化学会会志》,主要刊登化学方面有创造性的、高水平的和有重要意义的学术论文。

(4)《高等学校化学学报》,月刊(1980 年创刊)。它是化学学科综合性学术期刊,除重点报道我国高校师生创造性的研究成果外,还反映我国化学学科其他方面研究人员的最新研究成果。

(5)《有机化学》,月刊(1981 年创刊),刊登有机化学方面的重要研究成果等。

(6)《化学通报》,月刊(1952—1966,1973—),以报道、知识介绍、专论、教学经验交流等为主,也有研究工作报道。

(7)《Chinese Chemical Letters》,月刊(1990 年创刊),刊登化学学科各领域重要研究成果的简报。

(8)《Journal of Chemical Society》,简称为《J. Chem. Soc. 》或《Soc. 》(1841 年创刊)。本刊为英国化学会会刊,月刊。自 1962 年起取消了卷号,按公元纪元编排。本刊为综合性化学期刊,刊登化学研究论文,包括无机化学、有机化学、生物化学、物理化学。全年末期有主题索引及作者索引。从1970年起分四辑出版。

①《Dolton Transactions》主要刊载无机化学、物理化学及理论化学方面的文章。

②《Perkin Transactions》的Ⅰ和Ⅱ分别刊登有机化学、生物有机化学和物理有机化学方面的全文。

③《Faraday Transactions》刊登物理化学和化学物理学方面的文章。

④《Chemical Communication》刊登研究简报。

(9)《Chemical Society Reviews (London)》，本刊前身为《Quarterly Reviews (London)》，是一个季刊，自1947年起每年出四期，刊载化学方面的评述性文章。自1972年起改为现名，性质同前。

(10)《Journal of the American Chemical Society》，简称为《J. Am. Chem. Soc.》。本刊是美国化学会会刊，是自1879年出版的综合性双周期刊，主要刊载研究工作论文，内容涉及无机化学、有机化学、生物化学、物理化学、高分子化学等领域，并有书刊介绍。每卷末有作者索引和主题索引。

(11)《Journal of the Organic Chemistry》，简称为《J. Org. Chem.》。本刊于1936年创刊，为月刊，主要刊载有机化学方面的研究工作论文。

(12)《Chemical Reviews》，简称为《Chem. Rev.》。该化学评论始于1924年，为双月刊，主要刊载化学领域的专题及发展近况的评论，内容涉及无机化学、有机化学、物理化学等各方面的研究成果与发展概况。

(13)《Tetrahedron(四面体)》，该期刊于1957年创刊，主要是迅速发表有机化学方面的研究工作和评论性综述文章。原为月刊，自1968年起改为半月刊。

(14)《Tetrahedron Letters》，该四面体通信主要是迅速发表有机化学方面的初步研究工作。

这两本国际性期刊中大部分论文是用英文写的，也有用德文或法文写的论文。

(15)《Synthesis》，这本国际性的合成期刊于1973年创刊，主要刊载有机化学合成方面的论文。

(16)《Journal of Organometallic Chemistry》，1963年创刊，这本国际性的金属有机化学期刊简称为《J. Organomet. Chem.》。

(17)《Organic Preparation and Procedures International(The New Journal for Organic Synthesis)》，这本美国出版的国际有机制备与步骤期刊简称《OPPI》，创刊于1969年，原称《Organic Preparation and Procedures》，自1971年第3卷始改用现名，为双月刊。该期刊主要刊载有机制备方面最新成就的论文和短评。其中还包括有机化学工作者需要使用的无机试剂的制备、光化学合成及化学动力学测定用新设备等。

1.6.4 化学文摘

据报道,目前世界上每年发表的化学、化工文献达几十万篇,如何将如此大量的、分散的、各种文字的文献加以收集、摘录、分类、整理,使其便于查阅,是一项十分重要的工作,化学文摘就是处理这种工作的期刊。

美国、德国、俄罗斯、日本都有文摘性刊物,其中以《C. A.》为最重要。简单介绍如下。

(1)《Chemical Abstracts(美国化学文摘)》简称为《C. A.》,创刊于1907年。自1962年起每年出两卷。自1967年上半年即第67卷开始,每逢单期号刊载生化类和有机化学类内容,而逢双期号刊载大分子类、应用化学与化工、物理化学与分析化学类内容。有关有机化学方面的内容几乎都在单期号内(即1,3,5,…,25)。

《C. A.》包括两部分内容:①从资料来源刊物上将一篇文章按一定格式缩减为一篇文摘,再按索引词字母顺序编排,或给出该文摘所在的页码或给出它在第一卷的栏数及段落,现在发展成一篇文摘占有一条顺序编号;②索引部分,其目的是用最简便、最科学的方法既全又快地找到所需资料的摘要,若有必要再从摘要列出的来源刊物寻找原始文献。

《C. A.》的优点在于从各方面编制各种索引,使读者省时、全面地找到所需要的资料。因此,掌握各种索引的检索方法是查阅《C. A.》的关键。

(2)《Science Citation Index(美国科学引文索引)》简称《S. C. I.》,是由美国科学信息研究所(Institute for Scientific Information,简称ISI)于1961年创办出版的引文数据库,是目前国际上公认的最具权威的科技文献检索工具。

《S. C. I.》现为双月刊,每年出六期,每期有A、B、C、D、E、F六分册。引文索引(由著者引文索引、团体著者引文索引、匿名引文索引、专利引文索引四部分组成)编入A、B、C三分册,来源索引编入D分册,关键词索引编入E、F分册。

《S. C. I.》的优点是引文功能强大,在这里,读者能很快了解到某一作者的某篇论文是否被他人引用过,通过引用次数可以了解某一学科的发展过程。另外,使用《S. C. I.》还可以了解到科学技术发展的最新信息。

1.6.5 网络资源

(1) 化学资源导航系统。

① CHIN网站(http://chemport. ipe. ac. cn/)。化学信息网ChIN(The Chemical Information Network)是在联合国教科文组织(UNESCO)和国家自然科学基金委员会支持下,由中国科学院化工冶金研究所计算机化学开放实验室建立的关于Internet化学化工综合性资源的导航系统。该网站不仅链接了丰富的化学化工信

息，而且链接了国内外许多与化学有关的教学资源。

② Chemistry Web Book 网站(https://webbook.nist.gov/chemistry/)。这是美国国家标准与技术研究院(NIST)基于 Web 的物性数据库，通过 Chemistry Web Book 可以检索化合物的红外光谱图(IR spectrum)、质谱图(mass spectrum)、紫外-可见光谱图(UV-Vis spectrum)、双原子分子常数(constants of diatomic moleculars)等信息，Chemistry Web Book 是互联网上著名的免费化学数据库。

(2) 其他教学资源站点分布。

① 有机化合物数据库(http://www.colby.edu/chemistry/cmp/cmp.html)。

② 有机合成数据库(http://www.orgsyn.org)。

③ 化学教育期刊索引(https://pubs.acs.org.ccindex.cn/journal/jceda8)。

④ 化学教育资源网(http://www.ngedu.net/)。

⑤ 有机化学资源导航(http://www.organicworldwide.net/)。

⑥ 威利在线图书馆(https://onlinelibrary.wiley.com/)。

⑦ 化学物质毒性数据库(https://www.drugfuture.com/toxic/)。

⑧ 远程网络教育(http://www.gd-yuancheng.net/zhongda/)。

⑨ 爱课程(http://www.icourses.cn/home/)，该网络教学平台上有华南师范大学刘路主讲的《有机化学实验》。

⑩ 学堂在线(http://www.xuetangx.com/)，该精品在线课程网上有清华大学李艳梅主讲的《有机化学》。

第 2 章　有机化学实验基本操作

2.1　加热与冷却

反应速率与选择性通常和反应温度密切相关。为有效控制反应速率与选择性，在进行有机化学反应时，常通过加热和冷却控制反应温度。

2.1.1　加 热 方 法

在室温条件下，某些反应难于发生或反应很慢。为加快反应速率，常采用加热的方法升高反应温度。此外，物质的蒸馏、升华等基本操作也需要加热。注意，玻璃仪器一般不使用明火加热，以避免温度剧烈变化和受热不均，造成仪器破损，引起燃烧等事故；同时，局部过热，可能造成有机化合物部分分解、副反应增加等。为了避免直接加热可能带来的弊端，实验室中常根据具体情况采用不同的间接加热方式。

（1）酒精灯加热。利用酒精灯进行加热，应在玻璃仪器下放置石棉网，利用热空气加热，使仪器受热面扩大，受热更均匀。该加热方式操作简单，在反应时间不长、加热温度不太高、溶剂不容易燃烧的情况下常采用。

（2）水浴加热。当加热温度不超过 80 ℃时，可以使用水浴加热。使用水浴加热时，将反应瓶置于水浴锅中，使水浴液面稍高于容器内的液面，通过酒精灯、电热板等热源对水浴锅加热，使水浴温度达到所需的温度。水浴加热比较均匀，温度容易控制，适合沸点较低物质的加热。但是，必须强调，用到金属钾或钠的操作，绝不能在水浴上进行。若长时间加热，水浴中的水会蒸发，可适当添加热水，或者在水面上加几片石蜡，石蜡受热熔化铺在水面上，可减少水的蒸发量。

如果加热温度稍高于 100 ℃，则可选用适当无机盐类的饱和水溶液作为热浴液，它们的沸点列于表 2-1。

表 2-1　某些无机盐热浴液的沸点

盐类	饱和水溶液的沸点/℃
$NaCl$	109
$MgSO_4$	108
KNO_3	116
$CaCl_2$	180

(3) 油浴加热。操作同水浴加热类似。当加热温度在 80～250 ℃时,可用油浴加热,其优点是受热较均匀。油浴所能达到的最高温度取决于所用油的种类。

① 甘油可以加热到 140～150 ℃,温度过高时则会分解。甘油吸水性强,对于放置过久的甘油,使用前应首先加热蒸去所吸的水分,之后再用于油浴。

② 甘油和邻苯二甲酸二丁酯的混合液可以加热到 140～180 ℃,温度过高则分解。

③ 植物油如菜油、蓖麻油和花生油等,可以加热到 220 ℃。若在植物油中加入 1%的对苯二酚,可增加油在受热时的稳定性。

④ 液体石蜡可加热到 220 ℃,温度稍高虽不易分解,但易燃烧。

⑤ 固体石蜡也可加热到 220 ℃以上,其优点是室温下为固体,便于保存。

⑥ 硅油在 250 ℃时仍较稳定,透明度好,安全,是目前实验室中较为常用的油浴介质之一。

使用油浴加热,当油受热冒烟时,应立即停止加热并检查原因。油浴中应挂一支温度计,以便观察油浴的温度及监测有无过热现象,及时调控加热温度。加热完毕取出反应瓶时,应该用铁夹夹住反应瓶,使其离开液面悬置片刻,待容器壁上附着的油滴完后,用纸和干布擦拭。

油浴所用的油中不能溅入水,否则加热时会产生泡珠或爆溅。使用油浴时,要特别注意油蒸气污染环境和可能引起火灾。为此,可用一块中间有圆孔的石棉板覆盖油锅。

(4) 电热套加热。电热套是由玻璃纤维丝编织成的半球形的内套,内芯也可以是刚性的陶瓷材料,提供热量的电阻丝嵌在玻璃纤维丝或陶瓷芯内,中间填上保温材料,外边加上铝制外壳。电热套加热干净、安全,加热速度快,最高可以加热到 400 ℃,但控温不太准确。注意,加热容器和电热套规格应相符。安装电热套时,要使反应瓶外壁与电热套内壁保持 2 cm 左右的距离,以便利用热空气传热和防止局部过热等。

(5) 沙浴加热。沙浴装置是一种对小瓶内少量体积液体进行加热的装置。通常将清洁而又干燥的细沙平铺在铁盘上,把反应容器半埋在沙中加热。由于沙对热的传导能力较差而散热较快,因此容器底部的沙层要薄一些,以便于受热。沙浴一般在加热沸点在 80 ℃以上的液体时采用,沙浴的加热温度通常不超过 200 ℃,以避免玻璃容器炸裂。

除了以上介绍的几种加热方法外,还可用熔盐浴、金属浴(合金浴)、电热法等加热方法,以适于实验的需要。无论用何法加热,都要求加热均匀而稳定,尽量减少热损失。

2.1.2 冷却方法

在进行放热反应时,常产生大量的热,导致反应温度迅速升高,如果温度控制不当,可能引起副反应增加,甚至导致冲料和爆炸等事故;此外,在室温条件下,某些反应选择性较低,而降低温度时,反应选择性明显提高,因此在进行反应时,需要适当降温将温度控制在一定范围内。另外,为降低固体化合物在溶剂中的溶解度,促进晶体析出,也常常需要冷却。实验室中常根据具体情况采用不同的冷却方式。

1. *冰水冷却*

可让冷水在容器外壁流动,或把反应器浸在冷水中,交换走热量。

也可用水和碎冰的混合物作为冷却剂,其冷却效果比单用冰块好,可冷却至 0～－5 ℃。进行反应时,也可把碎冰直接投入反应器中,以更有效地保持低温。

2. *冰盐冷却*

要在 0 ℃以下进行操作时,常用按不同比例混合的碎冰和无机盐作为冷却剂。可把盐研细,把冰砸碎成小块(或用冰片花),使盐均匀包在冰块上。冰-食盐混合物(质量比为 3∶1)可冷至－5～－18 ℃,其他盐类的冰-盐混合物冷却温度见表 2-2。

表 2-2　冰-盐混合物的质量分数及温度

盐名称	盐的质量分数	冰的质量分数	温度/℃
六水氯化钙	100	246	－9
	100	123	－21.5
	100	70	－55
	100	81	－40.3
硝酸铵	45	100	－16.8
硝酸钠	50	100	－17.8
溴化钠	66	100	－28

3. *干冰或干冰与有机溶剂混合冷却*

干冰(固体的二氧化碳)和乙醇、异丙醇、丙酮、乙醚或氯仿混合,可冷却到－50～－100 ℃。使用时应将这种冷却剂放在杜瓦瓶(广口保温瓶)中或其他绝热效果好的容器中,以保持其冷却效果。

4. *液氮冷却*

液氮可冷至－196 ℃(77 K),用有机溶剂可以调节所需的低温浴浆。一些用于低温恒温浴的化合物列于表 2-3。

表 2-3　可用于低温恒温浴的化合物

化合物	冷浆浴温度/℃
乙酸乙酯	−83.6
丙二酸乙酯	−51.5
对异戊烷	−160.0
乙酸甲酯	−98.0
乙酸乙烯酯	−100.2
乙酸正丁酯	−77.0

液氮和干冰是两种方便而又廉价的冷冻剂，这种低温恒温冷浆的制法是：在一个清洁的杜瓦瓶中注入纯的液体化合物，其用量不超过容积的 3/4，在良好的通风橱中缓慢地加入新取的液氮，并用一支结实的搅拌棒迅速搅拌，最后制得的冷浆稠度应类似于黏稠的麦芽糖的稠度。

5. 低温浴槽

低温浴槽是一个小冰箱，冰室口向上，蒸发面用筒状不锈钢槽代替，内装酒精。外设压缩机，循环氟利昂制冷。压缩机产生的热量可用水冷或风冷散去。也可装外循环泵，使冷酒精与冷凝器连接循环。还可装温度计等指示器。反应瓶浸在酒精液体中。低温浴槽适用于−30～30 ℃范围的反应。

以上制冷方法可供选用。注意温度低于−38℃时，由于水银会凝固，因此不能用水银温度计。对于较低的温度，应采用添加少许颜料的有机溶剂（酒精、甲苯、正戊烷）温度计。

2.2　干燥和干燥剂

在化学实验室中，干燥是常用又十分重要的基本操作。某些实验要求在无水的条件下进行反应，要对反应的原料、试剂和仪器等进行严格的干燥，否则将严重影响实验结果，甚至导致实验失败。对有机化合物进行分离提纯时也经常用到干燥操作，以除去混杂或黏附在被提纯物质上的水分、醇类或其他溶剂，否则，将直接影响产品的质量及分析鉴定结果。下面介绍不同物态有机物的干燥方法。

2.2.1　液体有机化合物的干燥

液体有机化合物在合成或分离的过程中，往往要经过一系列水溶液洗涤，因此不可避免地在粗产物中夹杂一些水分，另外空气中的水蒸气也会进入液体有机化合物。有机化合物中的水分会影响反应的正向进行，有时甚至导致反应不能发生，所以需要用干燥剂除去液体有机化合物中的水分。化学实验室中常用于液体的干燥剂分为两大类:第一类,与水结合是可逆的;第二类,与水作用后生成新的化合物,反应不可逆。

1. 与水可逆结合的干燥剂

这类干燥剂直接与液体有机化合物接触,要求不与被干燥物发生化学反应或配位等作用,也不溶解于被干燥的液体中,吸水后形成水合物。由于所有水合物都具有一定的水蒸气压,故这类干燥剂不能彻底地除去水分。酸(或碱)性物质不能用碱(或酸)性干燥剂;氯化钙由于易与醇类、胺类形成配合物,因此不能用于干燥醇或胺类液体;氢氧化钠(钾)能溶于低级醇,因此不能用于干燥低级醇。

选用这类干燥剂时,必须综合考虑其吸水能力和干燥效能这两种因素。所谓吸水能力,是指单位质量的干燥剂的吸水量,而干燥效能是指液体被干燥的程度。例如,无水硫酸钠吸水后可形成水合物 $Na_2SO_4 \cdot 10H_2O$,即 1 g Na_2SO_4 能吸收约 1.3 g H_2O,它的吸水量大,但其水合物的水蒸气压也比较大(20 ℃时为 3.706 kPa),故干燥效能差。相反,无水硫酸钙只能形成 $CaSO_4 \cdot 1/2H_2O$,吸水量小,但所生成的水合物的水蒸气压只有 0.53 Pa,因而干燥效能强。所以,应根据除水的具体要求选择合适的干燥剂,故在干燥含水量较多而又不易干燥的化合物(含有亲水基团)时,常先使用吸水量较大的干燥剂干燥,再使用干燥效能较强的干燥剂干燥。

由于干燥剂形成水合物需一定的平衡时间,在此过程中有机物也可能吸收空气中的水分,因此,投加干燥剂后,需要密闭放置一段时间,并不时加以振摇,才能达到预期的干燥效果。实验室中通常使用锥形瓶作容器,加入干燥剂后用塞子塞紧。已吸水的干燥剂受热后又会脱水,其蒸气压随温度的升高而增大,所以已干燥的液体在蒸馏之前必须将干燥剂滤去。

干燥剂的最低用量可以根据水在液体中的溶解度和干燥剂的吸水量估算得到。但由于液体中的水分含量不等,干燥剂的质量不同,再加上干燥时间、干燥速率、颗粒大小以及温度等因素影响,很难规定干燥剂的具体用量。事实上,干燥剂的实际用量总是超过理论计算量的。由于干燥剂也能吸附一部分液体,因此要严格控制干燥剂的用量。一般来说,干燥剂的用量为每 10 mL 液体 0.5～1 g。干燥剂是否足够,可以通过细心观察进行判断。在干燥一定时间以后,观察干燥剂的形态,若它的大部分棱角还清晰可辨,这表明干燥剂的量已经够了;如果干燥剂结块,在瓶底聚集在一起,或相互黏结,附在瓶壁上,表明干燥剂量不够,需要继续补加干燥剂。

2. 与水起化学反应的干燥剂

此类干燥剂的特点是干燥效能强,但吸水能力不大。通常是在用第一类干燥剂干燥后,再用这类干燥剂除去残留的少量水分,而且只在有特定的干燥要求的情况下才使用这类干燥剂,较常用的有金属钠、镁、氧化钙和五氧化二磷。五氧化二磷可用于干燥烷烃、卤代烷、芳香卤化物、醚和腈,但不适用于干燥醇、酮、有机酸和有机碱类化合物。金属钠常用于干燥惰性有机溶剂,但不能作为醇(制无水甲醇、无水乙醇时除外)、酸、酯、卤代烃、酮、醛及某些胺类的干燥剂。

常见液体有机化合物的干燥剂见表 2-4。

表 2-4　各类液体有机化合物的常用干燥剂

干燥剂	吸水作用	吸水容量	干燥效能	干燥速率	适用范围
氯化钙	形成 $CaCl_2 \cdot nH_2O$ $n=1,2,4,6$ （30 ℃以上易失水）	0.97 （按 $n=6$ 计算）	中等	较快，但吸水后表面为薄层液体所盖，故放置时间较长	能与醇、酚、胺、酰胺及某些醛、酮、酯形成配合物，因此不能干燥这些化合物。工业氯化钙可能含有氢氧化钙，因此不能用来干燥酸
硫酸镁	形成 $MgSO_4 \cdot nH_2O$ $n=1,2,4,5,6,7$ （48 ℃以上失水）	1.05 （按 $n=7$ 计算）	较弱	较快	中性，应用范围广，可代替氯化钙，并可用于干燥酯、醛、酮、腈、酰胺等化合物
硫酸钠	形成 $Na_2SO_4 \cdot 10H_2O$ （38 ℃以上失水）	1.25	弱	缓慢	中性，一般用于液体有机化合物的初步干燥
硫酸钙	形成 $2CaSO_4 \cdot H_2O$ （80 ℃以上失水）	0.06	强	快	中性，常与硫酸镁配合使用作最后干燥
碳酸钾	$2K_2CO_3 \cdot H_2O$	0.2	较弱	慢	弱碱性，用于干燥醇、酮、酯、胺及杂环等碱性化合物，不能干燥酸、酚以及其他酸性化合物
浓硫酸	吸水		强	快	酸性，用于脂肪烃和卤代烃的干燥，但不能干燥烯烃、醇、醚类
氢氧化钾	溶于水 （吸湿性强）		中等	快	碱性，用于干燥胺、杂环等碱性化合物，不能用于干燥醇、酯、醛、酮、酸、酯等
金属钠	与水反应产生氢气		强	快	限于干燥醚、烃类中痕量水分。用时切块或压成钠丝
氧化钙	与水反应形成氢氧化钙		强	较快	适用于干燥低级醇
五氧化二磷	与水反应形成磷酸		强	快	适用于干燥醚类、烃、卤代烃、腈中痕量水分。不适用于干燥醇、酸、酮、胺等
分子筛	物理吸附	0.25	强	快	适用于各类有机化合物的干燥

2.2.2　固体有机化合物的干燥

普通固体或重结晶得到的晶体有机化合物常带有一定量的水分或有机溶剂，应根据这些固体物质的特性选择适当的方法进行干燥。下面介绍几种常用的干燥方法。

1. 空气晾干

将待干燥的固体放在表面皿或培养皿中，尽量平铺成一薄层，再用滤纸或培养皿覆盖上，以免沾染灰尘，然后在室温下放置直至干燥为止。该法适用于热稳定性较差且在空气中不吸潮的固体有机化合物的干燥，或固体中吸附有易燃和易挥发的溶剂(如乙醚、石油醚等)时的干燥。

2. 烘箱干燥

(1) 鼓风干燥箱：一些已知的对热稳定、熔点较高且受热时无明显升华现象的物质，可放在鼓风干燥箱中烘干。加热的温度应低于该物质的熔点(一般应低 10 ℃以上)。加热干燥时，要经常翻动固体，防止受热不均匀、干燥不完全或局部温度过高导致固体分解及变色。性质不确定的化合物绝对不能随意放入鼓风干燥箱，以免发生意外。

(2) 电热真空干燥箱：电热真空干燥箱结合了真空干燥器和鼓风干燥箱的优点，在规定的加热温度(常控制在 50 ℃)下，抽真空进行样品的干燥，能快速达到完全干燥的目的。

3. 红外线干燥

固体样品中含有不易挥发的溶剂时，为了加速干燥，常用红外灯进行干燥。该方法利用红外线穿透能力强的特点，使溶剂从固体内部蒸发出来，从而达到快速干燥的目的。实验室常用的是红外灯或红外线快速干燥箱。在进行干燥时，需注意经常翻动固体，这样既可以加速干燥，又可避免烤焦。

4. 干燥器干燥

对于容易吸湿或在较高的温度下干燥时发生分解或变色的固体物质，可置于干燥器中进行干燥。常用的干燥器有下述两种。

(1) 普通干燥器：底部放置干燥剂(如硅胶、无水氯化钙或五氧化二磷等)，中间隔一多孔瓷板，待干燥的物质放在瓷板上。干燥器盖与缸身的磨口处涂有一层凡士林。普通干燥器一般用于干燥无机物和易吸潮的试剂，但干燥样品时所费时间较长，且干燥效率不高。

(2) 真空干燥器：顶部装有带活塞开关的出气口，由此处抽气后，可使干燥器内压力降低并趋于真空，因而可以提高干燥效率。应该注意的是，这种干燥器在使用前一定要经过试压。试压时用防爆布或网罩盖住干燥器，然后抽真空，关上活塞后放置过夜。为安全起见，每次抽真空时最好加防护罩，防止炸碎时玻璃碎片飞溅伤人。解除器内真空时，开启活塞放入空气的速度不宜太快，以免吹散被干燥的样品（最好预先在样品上盖上一张干净的滤纸）。表 2-5 列出了干燥器内常用的干燥剂。

表 2-5　干燥器内常用的干燥剂

干燥剂	能除去的杂质
CaO	水、乙酸、氯化氢、溴化氢
$CaCl_2$（无水）	水、醇（低级醇）
NaOH（粒状）	水、乙酸、氯化氢、酚、醇
P_2O_5	水、醇
石蜡片	醇、醚、石油醚、苯、甲苯、氯仿、四氯化碳
硅胶	水

2.2.3　气体的干燥

实验中临时制备的或由储气钢瓶中导出的气体在参加反应之前往往需要干燥。进行无水反应或蒸馏无水溶剂时，为避免空气中水汽的侵入，也需要对可能进入反应系统或蒸馏系统的空气进行干燥。较常用的干燥方法有下列几种。

(1) 冷冻干燥。

让含有水分的气体通过低温冷冻的冷阱，在低温下，水及其他有机溶剂的蒸气压显著下降。例如，在−32 ℃时空气中水分的饱和蒸气压只相当于 21 ℃时的 5%，所以在低温下可使气体中夹带的大部分水蒸气冷凝下来。

(2) 吸附剂干燥。

使用对水有相当大亲和力的吸附剂（如硅胶和氧化铝等），也可以达到干燥的效果。硅胶的吸水量可达到其自身质量的 20%～30%，这类吸水剂的特点是经加热释放出所吸收的水后可以再生，能反复使用。使用时常把吸附剂装在管式装置中，让气体通过吸附管，便可达到脱水的目的。再生时，只要加热吸附管便可方便地把被吸附的水分去除。

(3) 用化学干燥剂吸收水分。

根据干燥气体的性质及反应条件，选择不与被干燥气体发生反应的干燥剂。盛装干燥剂的仪器有干燥管、干燥塔、洗气瓶等，使用时可根据被干燥气体的量、含水程度、干燥剂的状态等条件的不同进行选择。

为了保证操作安全性及提高干燥效果，进行气体干燥操作时应注意以下问题：

① 使用固体干燥剂（如 $CaCl_2$、碱石灰）时，应选用颗粒状且粒度适中的固体，不得使用粉末，以防止吸水后结块，堵塞气体通道造成事故。装填粒状干燥剂时要疏密

均匀,防止气体短路影响干燥效果。

② 用浓硫酸作干燥剂时,应根据待除去的水量来考虑它的用量,导气管要插进浓硫酸中,但不应插得太深,否则会增加阻力。

③ 当干燥程度要求较高时,可使用连有多个装有不同干燥剂的干燥装置,但要注意干燥剂的排列顺序,干燥效能弱者应排在前面。例如,同时使用无水 $CaCl_2$ 和 P_2O_5 进行干燥时,$CaCl_2$ 应放在 P_2O_5 之前。

④ 通气速度及流量不能过大。

常用气体干燥剂列于表 2-6。

表 2-6 用于气体干燥的常用干燥剂

干燥剂	可干燥气体
CaO、碱石灰、NaOH、KOH	NH_3 类
无水 $CaCl_2$	H_2、HCl、CO_2、CO、SO_2、N_2、O_2、低级烷烃、醚、烯烃、卤代烃
P_2O_5	H_2、N_2、O_2、CO_2、SO_2、烷烃、乙烯
浓硫酸	H_2、N_2、HCl、CO_2、Cl_2、烷烃
$CaBr_2$、$ZnBr_2$	HBr

2.3 塞子的钻孔和简单玻璃加工操作

在有机化学实验,特别是制备实验中,当不是使用标准接口玻璃仪器,而是使用普通玻璃仪器时,常常要用到不同规格和形状的玻璃管和塞子等配件,才能将各种玻璃仪器正确地装配起来。因此,掌握玻璃管的加工和塞子的选用及钻孔的方法,仍是进行有机化学实验必不可少的基本操作,只有认真学会它,才能为顺利地进行有机化学实验打下必要的基础。

2.3.1 塞子的钻孔

有机化学实验常用的塞子有软木塞和橡皮塞两种。软木塞的优点是不易和有机化合物作用,但易漏气和被酸碱腐蚀,橡皮塞虽然不漏气且不易被酸碱腐蚀,但易被有机物侵蚀溶胀,两者各有优缺点。究竟选用哪一种塞子才合用要根据具体情况而定,一般来说,用得比较多的是软木塞,因为在有机化学实验中接触的主要是有机化合物。不论使用哪一种塞子,塞子的选择和钻孔的操作都是必须掌握的。

1. 塞子的选择

选择一个大小合适的塞子是使用塞子的起码要求,总的要求是塞子的大小应与仪器的口径相吻合,塞子进入瓶颈或管颈的部分是塞子本身高度的 1/3～2/3,如

图 2-1 所示。否则，就不合用。使用新的软木塞时只要能塞入 1/3～1/2 就可以了，因为经过压塞机压软打孔后就有可能塞入 2/3 左右了。

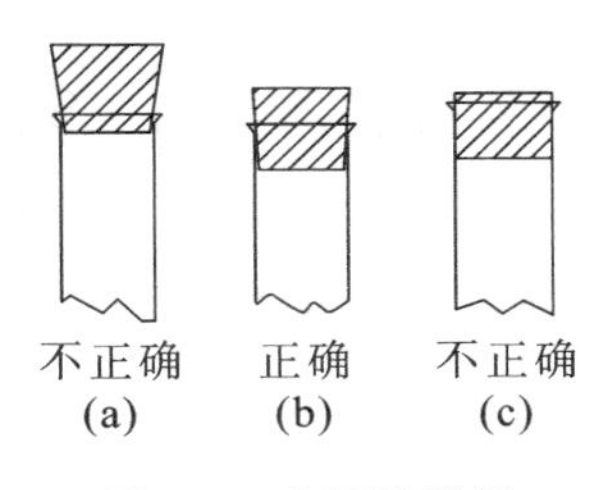

图 2-1　塞子的配置

2. 钻孔器的选择

有机化学实验中，往往需要在塞子内插入导气管、温度计、滴液漏斗等，这就需要在塞子上钻孔，钻孔用的工具称为钻孔器。这种钻孔器是靠手力钻孔的，也有把钻孔器固定在简单的机械上，借机械力来钻孔的，这种工具称为打孔机。每套钻孔器有五六支直径不同的钻嘴，以供选择。

若在软木塞上钻孔，就应选用比欲插入的玻璃管等的外径稍小或接近的钻嘴。若在橡皮塞上钻孔，则要选用比欲插入的玻璃管等的外径稍大的钻嘴，因为橡皮塞有弹性，钻成后，会收缩使孔径变小。

总之，塞子孔径的大小，应能使欲插入的玻璃管紧密地贴合固定。

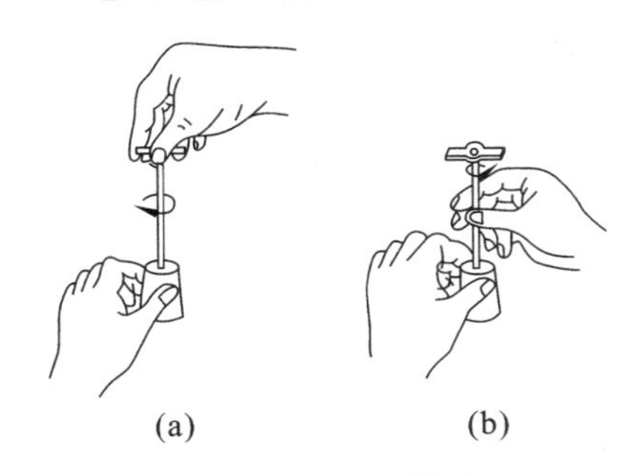

图 2-2　塞子的钻孔

3. 钻孔的方法

软木塞在钻孔之前，需用压塞机压紧，防止在钻孔时塞子破裂。

如图 2-2 所示，把塞子小的一端朝上，平放在桌面的一块木板上，这块木板的作用是避免塞子被钻通后，钻坏桌面。钻孔时，左手握紧塞子稳放在木板上，右手持钻孔器的柄，在选定的位置，使劲地将钻孔器以顺时针的方向向下转动，使钻孔器垂直于塞子的平面，不能左右摇摆，更不能倾斜，不然钻得的孔道是偏斜的。等到钻至约塞子的一半时，按逆时针旋转取出钻嘴，用钻杆通出钻嘴中的塞芯。然后在塞子大的一面钻孔，要对准小头的孔位，以上述同样的操作钻孔至钻通。拔出钻嘴，通出钻嘴内的塞芯。

为了减小钻孔时的摩擦力，特别是对橡皮塞钻孔时，可在钻嘴的刀口涂一些甘油或水。

钻孔后，要检查孔道是否合用，如果不费力就能把玻璃管插入，说明孔道过大，玻璃管和孔之间贴合不够紧密，会漏气，不能用。若孔道略小或不光滑，可用圆锉修整。

2.3.2　简单玻璃加工操作

有机化学实验中，有时需要自己动手加工制作一些玻璃用品，如滴管、搅拌棒及玻璃钉等。因此，应较熟练地掌握玻璃加工基本操作。

1. 玻璃管(棒)的清洗和干燥

需要加工的玻璃管(棒)应首先洗净和干燥。玻璃管内的灰尘可用水冲洗，如果玻璃管较粗，可以用两端系有绳的布条通过玻璃管来回拉动，将管内的脏物除去。制备熔点管的毛细管和薄板层析点样的毛细管，在拉制前均应用铬酸洗液浸泡，再用水洗净，经烘干后才能加工。

2. 玻璃管(棒)的切割

对于直径为5～10 mm的玻璃管(棒与管相同，以下略)，可用三棱锉或鱼尾锉进行切割，也可用小砂轮切割。有时用碎瓷片的锐棱代替锉，也可收到同样效果。

当要切割的位置确定后，把锉刀的边棱压在要切割的点上，一只手按住玻璃管，另一只手握锉，朝一个方向用力锉出一稍深的锉痕(若锉痕不够深或不够长，可以如上法补锉)，重复上述操作数次，但锉的方向应相同，切忌往复乱锉。锉痕应在同一条直线上，否则不仅损坏锉刀，而且会导致玻璃断茬不整齐。两手拇指顶住锉痕的背面，轻轻向前推，同时向两头拉，玻璃管就会在锉痕处平整地断开，如图2-3所示。也可在锉痕处稍涂点水，这样会大大降低玻璃强度，折断时更容易。为了安全，折断玻璃管时，手上可垫一块布，推拉时应离眼睛稍远些。以上为冷切法。

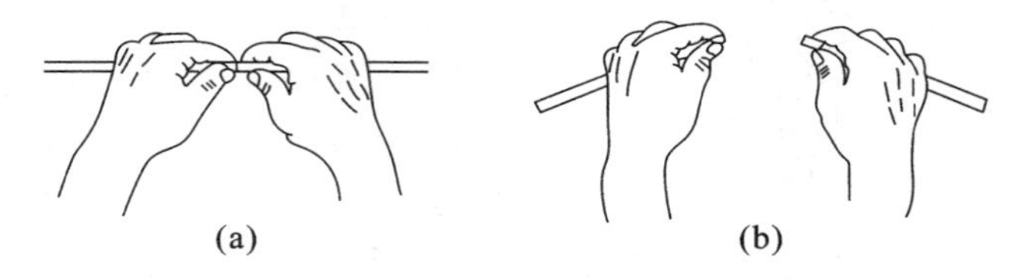

图 2-3　玻璃管的折断

对较粗的玻璃管，或者需在玻璃管的近管端处进行截断的玻璃管，可利用玻璃管骤然受热或骤然遇冷易裂的性质，来使其断裂。

将一末端拉细的玻璃管，在灯上加热至白炽呈珠状，立即压触到用水滴湿的粗玻璃管或玻璃管近管端的锉痕处，则立即裂开。

在粗玻璃管或玻璃管近管端的锉痕处，紧围一根电阻丝。电阻丝用导线与调压器和电源连接。通电后，升高电压使电阻丝呈亮红色。稍过一会儿，切断电源，滴水于锉痕处，则骤冷后自行断裂开。

玻璃管断裂之处，要及时在火焰上烧圆，否则会割破皮肤、橡皮管或塞子。将玻璃管断面插入氧化焰的边缘，并不断转动玻璃管，使其锐口稍有软化即可。

3. 弯玻璃管(棒)

玻璃管(棒与管相同，以下略)受热变软后可以加工成实验所需的制品。但玻璃管受热弯曲时，管的一侧会收缩，另一侧会伸长，管壁变薄。弯玻璃管时，若操之过急或不得法，则弯曲处会出现瘪陷或纠结现象，还可能形成角度不对或角的两边不在同一平面上，以及管径不匀等现象，正确操作方法如图2-4所示，其步骤如下。

(1) 把玻璃管横(或成一角度)在火焰上。先低温,后高温,边均匀加热,边不断转动玻璃管(管两端转动要同向同步),受热长度约 5 cm。

(2) 当玻璃管烧至可以弯动时,离开火焰,轻轻地顺势弯几度角。然后,改变加热点(在刚刚弯过角顶的附近),再弯几度角。反复多次加热弯曲,每次的加热部位要稍有偏移,直到弯成所需要的角度。弯好的管,管径应是均匀的,角的两边在同一平面上,曲度合乎要求。

加工完毕要及时退火,方法为将弯好的管在火焰的弱火上加热一会儿,慢慢离开火焰,放在石棉网上冷却至室温,以防因骤冷在玻璃管内产生很大应力,导致玻璃管断裂。

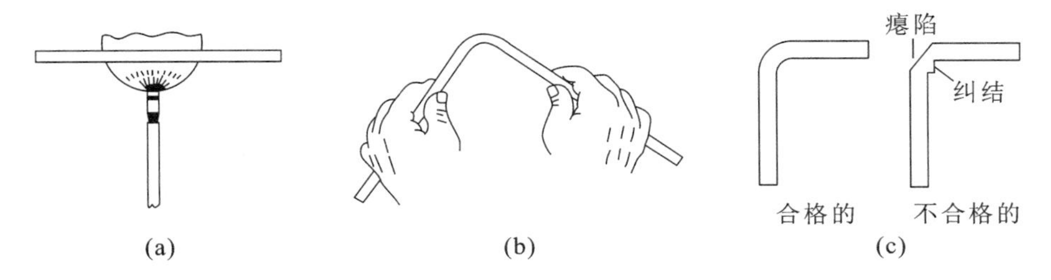

图 2-4　弯玻璃管的操作及弯好的玻璃管形状

4. 拉毛细管

把直径 5～10 mm、壁稍厚、长 15～20 cm 的玻璃管洗净烘干。将管用一只手拿着横在火焰上,先小火后大火加热,同时转动管,以使管受热均匀;当玻璃管开始软化时,用另一只手托住管的另一端,随着转动(一定要使管的两端转动同向同步,不然会纠结)。在管稍稍变软时,两手轻轻向里挤,以加厚烧软处的管壁。当烧到很软时,离开火焰,趁热拉长,同时,双手拇指与食指同向同速捻动,以防拉成扁管。拉长之后,立刻松开一只手,另一只手提着一端,使管靠重力拉直并冷却定型。待中间部分冷却之后,放在石棉网上,以防烫坏实验台面。冷却后,用小瓷片的锐棱把直径合格的部分(测熔点用的毛细管内径约 1 mm,进行薄层点样的毛细管内径约 0.2 mm)截成 15～20 cm 长的一段,再在灯边缘上慢慢加热,同时不断捻动,当看见毛细管端有小红珠时,即已封住。封得越薄越好(测熔点时传热不会滞后)。封好后,放入大试管或长玻璃管内,用纸团等封住管口保存待用。用这种方法,还可拉制滴管等。

5. 制搅拌棒或玻璃钉

根据需要切割好一定长度的玻璃棒,将其一端在火焰上逐渐加热。烧到呈黄红光,玻璃软化时,进行以下操作。

(1) 垂直放在石棉网上,手拿玻璃棒中部,用力向下压,迅速使软化部分呈圆饼状,即得玻璃钉。

(2) 靠重力将软化玻璃棒弯一角度,然后立刻放在耐热板上,用最大号打孔器的柄沿玻璃棒轴向从两侧挤压,可得搅拌棒。还可根据需要制出各种各样的搅拌棒,以方便使用。

2.4　有机化合物物理常数的测定

2.4.1　熔点的测定

一、实验目的

(1) 了解熔点测定的意义,掌握测定熔点的操作方法。

(2) 了解温度计的校正方法。

(3) 巩固简单玻璃加工操作。

二、实验原理

熔点是指在一个大气压下固体化合物固相与液相平衡时的温度。这时固相和液相的蒸气压相等。纯净的固体有机化合物一般有一个固定的熔点,而且从固体初熔到全熔的温度范围(称熔程或熔距)很窄,一般不超过 1 ℃。图 2-5 表示一种纯化合物的相组分、总供热量和温度之间的关系。当以恒定速率供给热量时,在一段时间内温度上升,固体不熔化。当固体开始熔化时,有少量液体出现,固液两相之间达到平衡,继续供给热量使固相不断转变为液相,两相间维持平衡,温度不会上升,直至所有的固体都转变为液体,温度才上升。反过来,当冷却一种纯化合物液体时,在一段时间内温度下降,液体未固化,当开始有固体出现时,温度不会下降,直至液体全部固化后,温度才会再下降。所以纯粹化合物的熔点和凝固点是一致的。

物质的蒸气压与温度的关系如图 2-6 所示,SM 是固相蒸气压与温度的变化曲线,ML 是液相蒸气压与温度的变化曲线,两曲线相交于 M 点。在这一特定的温度和压力下,固液两相并存,这时的温度 T_M 即为该物质的熔点。当温度高于 T_M 时,固相全部转变为液相;当温度低于 T_M 值时,液相全部转变为固相。只有固、液相并存时,固相和液相的蒸气压是一致的。一旦温度超过 T_M(甚至只有几分之一摄氏度时),只要有足够的时间,固体就可以全部转变为液体,这就是纯的有机化合物有敏锐熔点的原因。

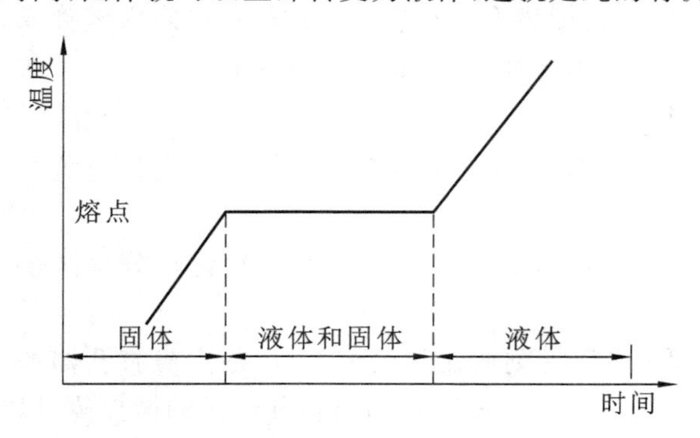

图 2-5　相随着时间和温度而变化

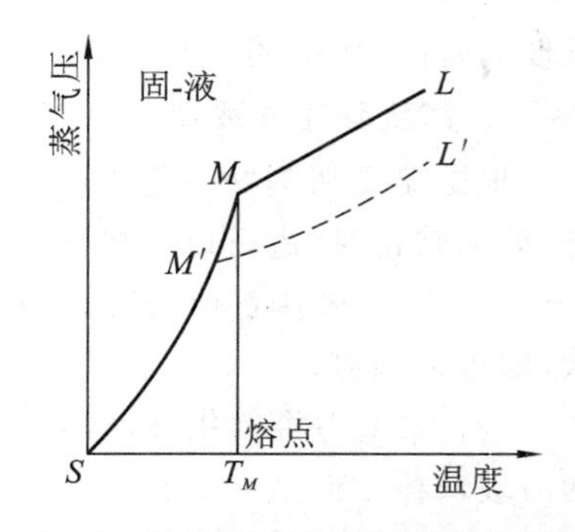

图 2-6　物质的蒸气压和温度的关系

如果样品中含有杂质，就会导致熔点下降、熔距变宽。因此，通过测定熔点，观察熔距，可以很方便地鉴别未知物，并判断其纯度。显然，这一性质可用来鉴别两种具有相近或相同熔点的化合物究竟是否为同一化合物。方法十分简单，只要将这两种化合物混合在一起(至少测定三种比例，如 1∶1、1∶9、9∶1)并观测其熔点。如果熔点下降，而且熔距变宽，那必定是两种性质不同的化合物。需要指出的是，有少数化合物受热时易发生分解。因此，即使其纯度很高，也不具有确定的熔点，而且熔距较宽。

三、操作方法

1. 提勒(Thiele)管法

测定熔点的方法很多，最常用的方法是提勒管法，该方法具有所用仪器简单、样品用量少、操作简便、结果较准确等优点。其操作步骤如下。

(1) 毛细管熔封　将准备好的毛细管一端放在酒精灯火焰边缘，慢慢转动加热，毛细管因玻璃熔融而封口。操作时转速要均匀，使封口严密且厚薄均匀，要避免毛细管烧弯或熔化成小球。

(2) 样品的填装　将少量研细的样品置于干净的表面皿上，聚成小堆，将毛细管开口的一端插入其中，将样品挤入毛细管中。将毛细管开口端朝上投入准备好的玻璃管(竖直放在洁净的表面皿上)中，让毛细管自由落下，样品因毛细管上下弹跳而被压入毛细管底，如图 2-7(a)所示。重复几次，把样品填装均匀、密实，使装入的样品高度为 2～3 mm。

(3) 仪器装置　毛细管法测定熔点最常用的仪器是提勒管，如图 2-7(b)所示。将其固定在铁架台上，倒入导热油[1]，使液面位于提勒管的叉管处[2]，管口处安装插有温度计的开槽塞子，毛细管通过导热油黏附或用橡皮圈套在温度计上(注意橡皮圈应在导热油液面之上)，使样品位于水银球的中部，如图 2-7(d)所示，然后调节温度计位置，使水银球位于提勒管上下叉管中间，因为此处对流循环好，温度均匀。

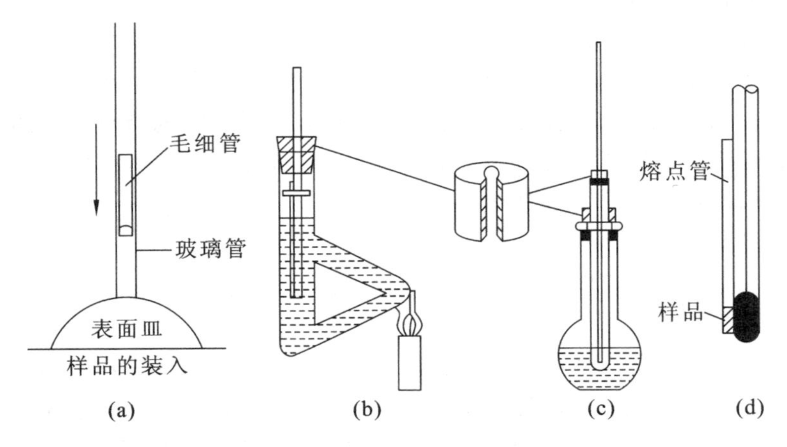

图 2-7　提勒管熔点测定装置

此外还有图 2-7(c)所示的双浴式熔点测定装置。

(4) 粗测　用小火在提勒管底部加热,升温速度以 5 ℃/min 为宜。仔细观察温度的变化及样品是否熔化。记录样品熔化时的温度,即得试样的粗测熔点。移去火焰,让导热液温度降至粗测熔点以下约 30 ℃,即可参考粗测熔点进行精测。

(5) 精测　将温度计从提勒管中取出,换上第二根熔点管后便可加热测定。初始升温可以快一些,约 5 ℃/min;当温度升至离粗测熔点约 10 ℃时,要控制升温速度在 1 ℃/min 左右。如果熔点管中的样品出现塌落、湿润,甚至显现出小液滴,即表明开始熔化,记录此时的温度(即初熔温度)。继续缓缓地升温,直至样品全熔,记录全熔(即管中绝大部分固体已熔化,只剩少许即将消失的细少晶体)时的温度。固体样品的熔化过程参见图 2-8。

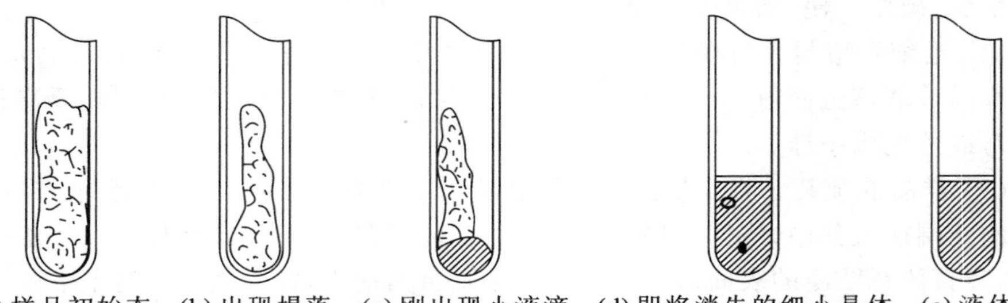
(a) 样品初始态　(b) 出现塌落　(c) 刚出现小液滴　(d) 即将消失的细小晶体　(e) 液体

图 2-8　固体样品的熔化过程

测定已知物熔点时,一般测两次,两次测定值之差不能大于 1 ℃。测定未知物时,需测三次,一次粗测,两次精测,两次精测值之差也不能大于 1 ℃。

混合熔点的测定,一般是把待测物质与已知熔点的纯物质按一定比例(1∶1、1∶9、9∶1)混合均匀,按上述方法测定其熔点,如果测得的熔点与已知物的相同,一般认为两者是同一种化合物。

2. *显微熔点仪测定法*

显微熔点仪测定法是用显微熔点测定仪测定熔点,其实质是在显微镜下观察熔化过程。显微熔点测定仪如图 2-9 所示。显微熔点仪测定法的特点是使用样品量少(2～3 颗小结晶),能测量室温到 300 ℃的样品熔点,可观察晶体在加热过程中的变化情况,如晶体的失水、多晶的变化及分解。

操作步骤如下。

(1) 装备样品　取干燥样品晶体十余颗,放到洁净、干燥的载玻片上,盖上玻片备用。

(2) 安装调试仪器　将加热器连到调压电源,将温度探针插入加热台。把备好的样品玻片放置在加热器上的标准位置固定,盖好保温玻片;由下往上调节显微镜至观察到一个清晰放大的晶体视野;左右调节样品片,选择最佳观察区域固定。

(3) 升温、读数　打开电源,预热仪器 20 min。打开加热开关,调节升温速度。

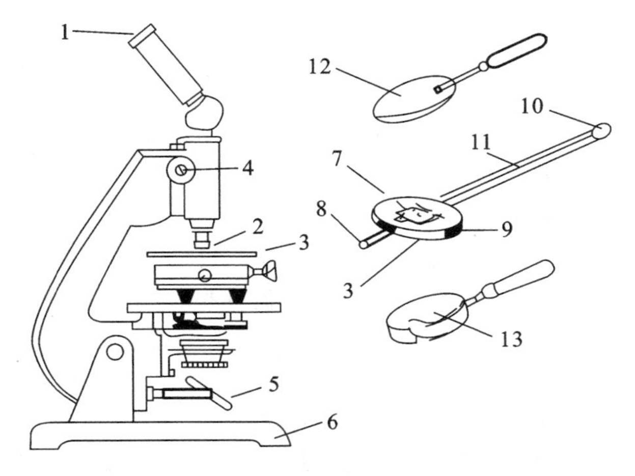

图 2-9　显微熔点测定仪

1—目镜；2—物镜；3—电加热台；4—手轮；5—反光镜；6—底座；7—可移动的载片支持器；8—调节载片支持器的拨物圈；9—可变电阻器插孔；10—温度计套管；11—温度计；12—表盖玻璃；13—金属散热板

当温度读数接近熔点时，减小升温速度，并小心观察晶体棱角的细微变化，记录下全过程及初熔和终熔温度。

(4) 结束实验　关闭热源，整理好仪器，清理好实验台。

3. 数字式熔点仪测定法

数字式熔点仪(见图 2-10)测定法具有数字化、操作简便等特点，是常用的熔点测定方法。

操作步骤如下。

(1) 填装样品管　按提勒管法的第(2)步操作填装好样品毛细管。

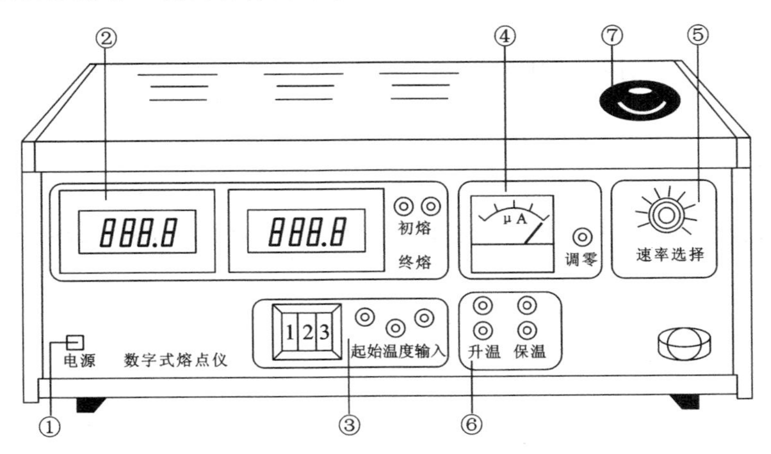

图 2-10　数字式熔点仪

(2) 检查预热仪器　检查仪器的安全性能,然后接通电源,预热仪器 20 min(见图 2-10①)。

(3) 输入初始温度　输入一个温度数据,按下“起始温度输入”按钮(见图 2-10③),让系统先预热到这一温度待命(一般比所测熔点低 10～30 ℃)。

(4) 插入样品管　把已备好的样品毛细管插入样品槽内(见图 2-10⑦),这时电流计应回零,若不为零应调零(见图 2-10④)。

(5) 加热并读数　选择好适当的升温速度(见图 2-10⑤),按下升温按钮(见图 2-10⑥),系统开始升温。当样品初熔时,电流计指针稍有偏转,初熔灯亮;样品继续熔化,电流计指针偏向一边,温度读数窗口显示出全熔温度。记录下全熔温度后,按住初熔读数键不松,将在同一窗口中显示出初熔温度,记录下初熔温度。

(6) 重测　重测时重复上述(1)至(5)的操作。

(7) 结束实验　仪器用完后,关闭仪器并切断电源,整理仪器,清理台面。

4. 温度计的校正

测定熔点时,温度计上显示的熔点与真实熔点之间常有一定的偏差,这是由温度计的误差所引起的。其原因可能是:第一,温度计毛细管孔径不均匀,刻度不准确;第二,温度计有全浸式和半浸式两种,全浸式温度计的刻度是在温度计汞线全部均匀受热的情况下标出来的,而测熔点时仅有部分汞线受热,因而露出的汞线温度较全部受热时低;第三,温度计长期在过高或过低温度中使用,使玻璃发生变形。

校正温度计的方法通常有以下两种。

(1) 与标准熔点进行比较　以纯的有机化合物的熔点为标准,选择数种已知熔点的纯有机物[3],测定它们的熔点,以实测的熔点为横坐标,以实测熔点与已知熔点的差值为纵坐标,画出校正曲线图,从图中可以找到任一温度时的校正值。

(2) 与标准温度计比较　把标准温度计与被校正的温度计平行放在热浴中,缓慢均匀加热,每隔 5 ℃分别记下两支温度计的读数,标出偏差量 Δt。

$$\Delta t = \text{被校正的温度计指示温度} - \text{标准温度计指示温度}$$

以被校正的温度计指示温度为纵坐标,以 Δt 为横坐标,画出校正曲线,以供校正用。

四、实验内容

测定尿素(A. R.)、苯甲酸(A. R.)、尿素与苯甲酸(1∶1)的混合物及未知物的熔点。

纯粹苯甲酸:b. p. =249 ℃;m. p. =122.4 ℃;d_4^{20}=1.2659。

尿素:m. p. =132.7 ℃;d_4^{20}=1.335。

五、注释

[1] 常用导热油有液体石蜡、甘油、硫酸和硅油等,往往根据待测物的熔点而定。

若熔点在 95 ℃以下，可以用水作导热液；若熔点在 95～220 ℃范围内，可选用液体石蜡；若熔点再高些，可用浓硫酸（250～270 ℃）。

[2] 导热油不宜加得太多，因其受热后要膨胀，防止导热油溢出引起火灾。

[3] 常见的有机化合物的熔点列于表 2-7。

表 2-7　一些有机化合物的熔点

样品名称	熔点/℃	样品名称	熔点/℃
p-二氯苯	53.1	水杨酸	159
p-二硝基苯	174	苯甲酸	122.4
o-苯二酚	105	马尿酸	188～189
p-苯二酚	173～174	蒽	216.2～216.4
乙酰苯胺	114	萘	80.5

六、思考题

（1）测定熔点时，若遇到下列情况，将产生什么样结果？

① 熔点管壁太厚。

② 熔点管底部未完全封闭，尚有一针孔。

③ 熔点管不洁净。

④ 样品未完全干燥或含有杂质。

⑤ 样品研得不细或装得不紧密。

⑥ 加热太快。

（2）有 A、B 和 C 三种样品，其熔点都是 148～149 ℃，用什么方法可判断它们是否为同一物质？

（3）测过的样品能否重测？熔距短是否就一定是纯物质？

2.4.2　常压蒸馏和沸点的测定

一、实验目的

（1）了解沸点测定的意义，掌握常量法和微量法测定沸点的原理和操作方法。

（2）了解蒸馏的应用范围，掌握蒸馏装置的装配和拆卸。

二、实验原理

当液态物质受热时，分子由于运动而从液体表面逃逸出来，形成蒸气压。随着温度升高，蒸气压增大，待蒸气压和大气压或所给压力相等时，液体沸腾，这时的温度称为该液体的沸点。每种纯液态有机化合物在一定压力下均具有固定的沸点。利用蒸馏可将沸点相差较大(相差 30 ℃以上)的液态混合物分开。所谓蒸馏,就是将液态物质加热到沸腾变为蒸气,又将蒸气冷凝为液体这两个过程的联合操作。当蒸馏沸点差别较大的液体时,沸点较低的先蒸出,沸点较高的随后蒸出,不挥发的留在蒸馏器内,这样,可达到分离和提纯的目的。故蒸馏为分离和提纯液态有机化合物常用的方法之一,是重要的基本操作,必须熟练掌握。但在蒸馏沸点比较接近的混合物时,各种物质的蒸气将同时蒸出,只不过低沸点的多一些,故难以达到分离和提纯的目的,只好借助于分馏。纯液态有机化合物在蒸馏过程中沸程很小(0.5～1 ℃),所以可以利用蒸馏来测定沸点,用蒸馏测定沸点的方法称为常量法,此法样品用量较大,要 10 mL 以上,当样品不多时,可采用微量法。

为了消除在蒸馏过程中的过热现象和保证沸腾的平稳状态,常加入素烧瓷片或沸石,或一端封口的毛细管,因为它们都能防止加热时的暴沸现象,故把它们称为止暴剂。

在加热蒸馏前就应加入止暴剂。当加热后发觉未加止暴剂或原有止暴剂失效时,千万不可匆忙地投入止暴剂。因为在液体沸腾时投入止暴剂,将会引起猛烈的暴沸,液体易冲出瓶口,若是易燃的液体,将会引起火灾。所以,应使沸腾的液体冷却至沸点以下后才能加入止暴剂。切记!如蒸馏中途停止,而后来又需要继续蒸馏,也必须在加热前补添新的止暴剂,以免出现暴沸。

蒸馏操作是有机化学实验中常用的实验技术,一般用于下列几个方面:

(1) 分离液体混合物,仅当混合物中各成分的沸点有较大差别时才能达到有效的分离;

(2) 测定化合物的沸点;

(3) 提纯,除去不挥发的杂质;

(4) 回收溶剂,或蒸出部分溶剂以浓缩溶液。

三、操作方法

1. 常压蒸馏

常压蒸馏由安装仪器、加料、加热、收集馏出液四个步骤组成。

1) 常压蒸馏装置及安装

常压蒸馏装置由蒸馏瓶(长颈或短颈圆底烧瓶)、蒸馏头、温度计套管、温度计、直形冷凝管、接引管、接收瓶等组装而成,如图 2-11 所示,其他形式的蒸馏装置如图 2-12 所示。

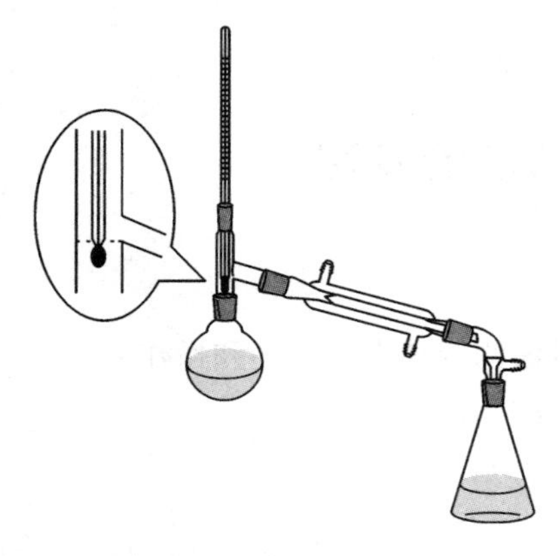

图 2-11　普通蒸馏装置及温度计放置的位置

在装配过程中应注意以下几点。

(1) 蒸馏前应根据待蒸馏液体的体积,选择

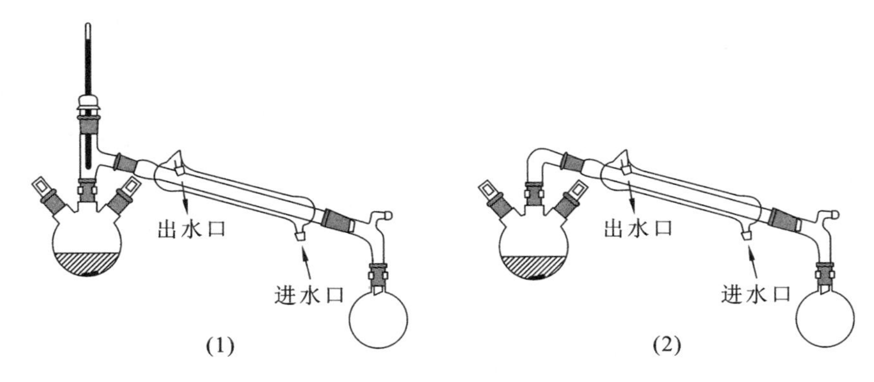

图 2-12　由反应装置改装的蒸馏装置

合适的蒸馏瓶。一般被蒸馏的液体体积以蒸馏瓶容积的 1/2～2/3 为宜，蒸馏瓶越大，产品损失越多。

(2) 为了保证温度测量的准确性，温度计水银球的位置应如图 2-11 所示，即温度计水银球上缘与蒸馏头支管口下缘在同一水平线上。

(3) 当待蒸馏液体的沸点在 130 ℃以下时，应选用直形冷凝管；沸点在 130 ℃以上时，就要选用空气冷凝管(若仍用直形冷凝管则易发生炸裂)。当液体沸点很低时，可选用蛇形冷凝管。

(4) 任何蒸馏或回流装置均不能密封，否则，当液体蒸气压增大时，轻者蒸气冲开连接口，使液体冲出蒸馏瓶，重者会发生装置爆炸而引起火灾。

(5) 冷凝管通水应从下支管进，上支管出。同时上端的出水管应向上，这样才能保证冷凝管套管内充满水。

(6) 安装仪器时，应首先点燃酒精灯确定仪器的高度。然后，按自下而上、从左至右的顺序组装，仪器组装应做到横平竖直，铁架台一律整齐地放置于仪器背后。

2) 常压蒸馏操作

(1) 加料　做任何实验都应先组装仪器后加原料。加液体原料时，取下温度计和温度计套管，在蒸馏头上口放一个长颈漏斗，注意长颈漏斗下口处的斜面应超过蒸馏头支管，慢慢地将液体倒入蒸馏瓶中。

(2) 加止暴剂　为了防止液体暴沸，再加入 2～3 粒沸石或素烧瓷片。止暴剂为多孔性物质，刚加入液体中时小孔内有许多气泡，它可以将液体内部的气体导入液体表面，形成汽化中心。如加热中断，再加热时应重新加入新沸石，因原来沸石上的小孔已被液体充满，不能再起汽化中心的作用。同理，分馏和回流时也要加沸石。

(3) 加热　在加热前，应检查仪器装配是否正确，原料、沸石是否加好，冷凝管是否通水[1]，一切无误后再开始加热。开始加热[2]时，升温速度可以稍快些，一旦液体沸腾，水银球部位出现液滴，就应调节灯焰(或电热套电压)大小，以馏出速度每秒1～2 滴为宜。蒸馏时，温度计水银球上应始终保持有液滴存在，如果没有液滴，可能有两种情况：一是温度低于沸点，体系内气、液两相没有达到平衡，此时，应将电压调高；二是温度过高，出现过热现象，此时，温度已超过沸点，应将电压调低。

(4) 馏分的收集　收集馏分时，应取下接收前馏分（也称馏头）的容器，换一个经过称量、干燥的容器来接收馏分，即产物。当温度超过沸程时，停止接收。一般来说，沸程越小，蒸出的物质越纯。

(5) 停止蒸馏　如果维持原来的加热程度，不再有馏出液蒸出而温度又突然下降，就应停止蒸馏，即使杂质很少，也不能蒸干。否则，可能发生意外事故。蒸馏完毕，应先停止加热，待稍冷却后馏出物不再继续流出时，取接收瓶保存好产物，关掉冷却水，按安装仪器的相反顺序拆除仪器，即按次序取下接收瓶、接引管、冷凝管和蒸馏烧瓶，并加以清洗。

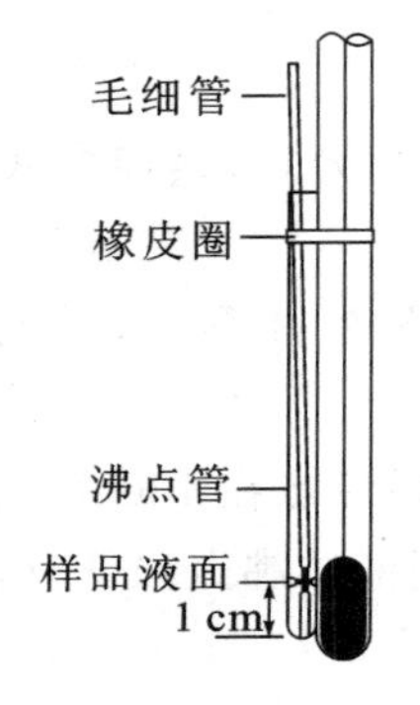

图 2-13　微量法测沸点装置

2. 微量法测定沸点

微量法测沸点可用如图 2-13 所示的装置，测定步骤如下：置 4～5 滴样品于内径 3～4 mm、长 8～9 mm 的沸点管中，液柱高度约 1 cm，在沸点管中再插入一支上端封口的毛细管。将沸点管用橡皮圈固定在温度计上，放入浴液中加热（像测熔点一样）。受热后，毛细管中会有小气泡缓缓逸出，在达到该液体沸点时，会有一连串的气泡逸出。此时可停止加热，让浴温自行下降，气泡逸出速度会渐渐变慢。气泡不再冒出，而液体刚要进入毛细管的瞬间（即最后一个气泡即将缩回到毛细管时），表明毛细管的内压与外界大气压相等，此时的温度即为该液体的沸点。为校正起见，待温度下降几度后再缓慢地加热，记下刚出现气泡时的温度。两次温度计读数相差应该不超过 1 ℃。

四、实验内容

采用微量法测定 95％乙醇[3]的沸点，记录测得的数据，并与常量法（蒸馏）作比较。

95％乙醇：b. p. ＝78.2 ℃。

纯乙醇：b. p. ＝78.5 ℃；m. p. ＝−115 ℃；n_4^{20}＝1.3616；d_4^{20}＝0.7893。

五、注释

[1] 冷却水的流速以能保证蒸气充分冷凝为宜。通常只需保持缓缓的水流即可。

[2] 蒸馏低沸点易燃液体（如乙醚）时，实验室不可有明火，此时应用热水浴加热。在蒸馏沸点较高的液体时，可以用酒精灯直接加热。加热时，烧瓶底部一定要放置石棉网，以防因烧瓶受热不均而炸裂。而且蒸馏速度不能太快，以保证蒸气全部冷凝。如果室温较高，接收瓶应放在冷水中冷却，在接引管支口处连接橡胶管，将未被冷凝的蒸气导入流动的水中带走。

[3] 95％乙醇为共沸混合物，而非纯物质，它具有一定的沸点和组成，不能通过普通蒸馏法进行分离。

六、思考题

（1）什么叫沸点？液体的沸点和大气压有什么关系？文献上记载的某物质的沸点是否即为你所在地的沸点？

（2）利用简单蒸馏测定沸点时，温度计插入太深或太浅，对测定结果有什么影响？

（3）蒸馏时加入沸石的作用是什么？如果蒸馏前忘记加沸石，能否立即将沸石加至将近沸腾的液体中？当重新蒸馏时，用过的沸石能否继续使用？

（4）如果液体具有恒定的沸点，那么能否认为它是纯物质？

（5）为什么蒸馏时最好控制馏出液的速度以每秒 1～2 滴为宜？如石棉网有破损，致使馏出液的速度大于每秒 2 滴，此时所测沸点准确吗？为什么？

（6）冷凝管通水方向是由下而上，反过来行吗？为什么？如加热后有馏出液出来时，才发现冷凝管未通水，能否马上通水？如果不行，应怎么处理？

2.4.3　折射率的测定

一、实验目的

（1）了解测定折射率的原理及阿贝折光仪的基本构造，掌握折光仪的使用方法。

（2）了解测定化合物折射率的意义。

二、实验原理

在不同介质中，光的传播速度是不相同的。光线从一种介质进入另一种介质时，如果它的传播方向与两种介质的界面不垂直，则其传播方向会发生改变，这种现象称为光的折射现象（见图 2-14）。

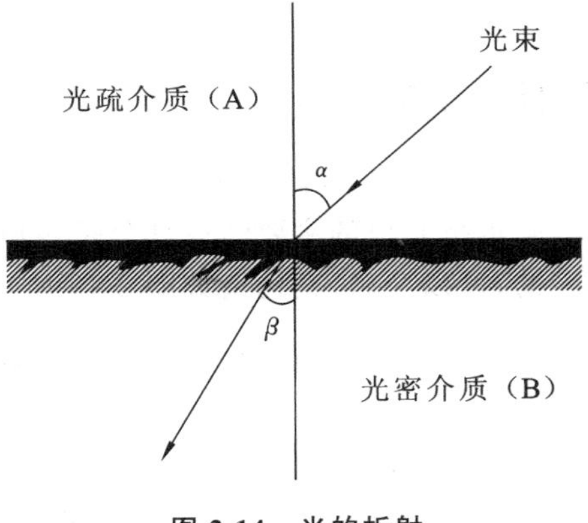

图 2-14　光的折射

光线在空气中的传播速度（$v_{空}$）与它在液体中的传播速度（$v_{液}$）之比称为该液体的折射率（n），即

$$n=\frac{v_{空}}{v_{液}}$$

根据折射定律，对于波长一定的单色光，在确定的外界条件下，光线自介质 A 射入介质 B，其入射角 α 与折射角 β 的正弦之比和两种介质的折射率成反比，即

$$\frac{\sin\alpha}{\sin\beta}=\frac{n_B}{n_A}$$

当介质 A 为真空时，$n_A=1$，则有 $n_B=\frac{\sin\alpha}{\sin\beta}$，这时 n_B 为介质 B 的绝对折射率。

当介质 A 为空气时，$n_A=1.00027$（空气的绝对折射率），则有

$$n'_B=\frac{n_B}{n_A}=\frac{n_B}{1.00027}=\frac{\sin\alpha}{\sin\beta}$$

n'_B是介质B的相对折射率。它的数值与介质B的绝对折射率的数值相差很小，因此，在不需要精密测定时，可以用n'_B代替n_B。

如果入射角$\alpha=90°$，即$\sin\alpha=1$，则折射角为最大值(称为临界角，以β_0表示)。折射率的测定都是在空气中进行的，但仍可近似地视为在真空状态之中，即$n'_A\approx n_A=1$，故有$n_B=\frac{1}{\sin\beta_0}$。

因此，通过测定临界角β_0，即可得到介质B的折射率n_B。通常，折射率是用阿贝(Abbe)折光仪来测定的，其工作原理就是基于光的折射现象。

介质的折射率与作为介质的物质本身的结构、入射光线的波长、温度及压力等因素有关。通常大气压的变化对折射率的影响不明显，一般可不考虑，只有在精密测定时才考虑。使用单色光要比白光时测得的折射率值更为精确，因此，钠光灯常被用做测折射率的光源。例如，在20 ℃条件下，以钠光D线波长(589.3 nm)的光线作入射光所测得的四氯化碳的折射率为1.4600，记为$n_D^{20}=1.4600$。由于所测数据可读至小数点后第四位，精确度高，重复性好，因此以折射率作为液态有机物的纯度标准甚至比沸点还要可靠。另外，温度与折射率成反比例关系，通常温度每升高1 ℃，折射率将下降$3.5\times10^{-4}\sim5.5\times10^{-4}$。为了方便起见，在实际工作中常以$4.0\times10^{-4}$近似地作为温度变化常数。例如，甲基叔丁基醚在25 ℃时的实测值为1.3670，其校正值应为

$$n_D^{20}=1.3670+5\times4.0\times10^{-4}=1.3690$$

三、操作方法

1. 阿贝折光仪的校正

阿贝折光仪的主要组成部分是两块直角棱镜，上面一块是光滑的，下面的表面是磨砂的，可以开启，其构造如图2-15所示。

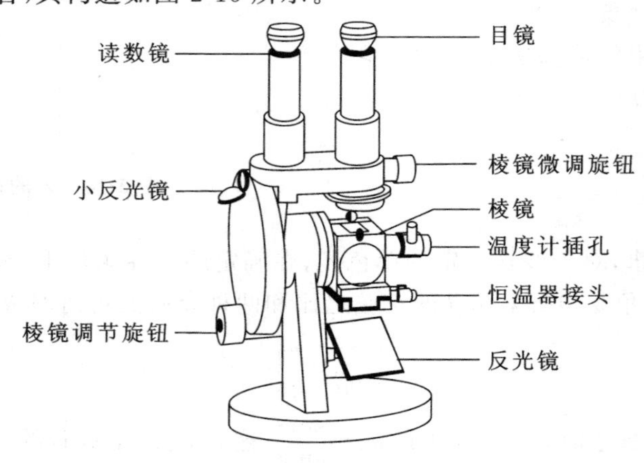

图2-15　阿贝折光仪

先将折光仪与恒温槽相连接。恒温(一般是 20 ℃)后，小心地扭开直角棱镜的闭合旋钮，把上、下棱镜分开。用少量丙酮、乙醇或乙醚润洗上下两镜面，分别用擦镜纸顺着一个方向把镜面轻轻擦拭干净。待完全干燥，进行标尺刻度校正。

1) 用重蒸水校正

打开棱镜，使磨砂面棱镜处于水平状态，滴加一滴高纯度蒸馏水，合上棱镜，适当扭紧闭合旋钮。转动左面刻度盘，使读数镜内标尺读数等于重蒸水的折射率(n_D^{20} 1.33299，n_D^{25} 1.3325)，调节反光镜，使光线射入棱镜。转动棱镜调节旋钮，直到从目镜中可观察到视场中有界线或出现彩色光带。如出现彩色光带，可调整消色散棱镜调节器(棱镜微调旋钮)，使明暗界线清晰，再用一特制的小螺丝刀旋动右镜筒下方的方形螺旋，使明暗交界线恰好通过十字重合，如图 2-16(d)所示。

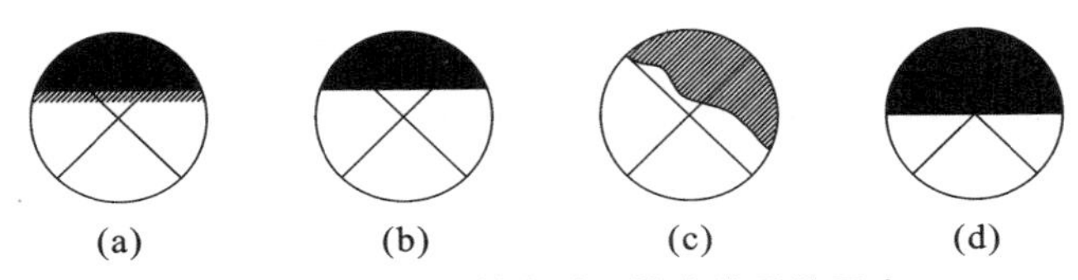

图 2-16　测定折射率时目镜中常见的图案

2) 用标准折光玻璃校正

将棱镜安全打开使其处于水平状态，将少许 1-溴代萘(n=1.66)置于光滑棱镜上，玻璃块就黏附于镜面上，使玻璃块直接对准反光镜，然后按上述操作进行。

2. 测定

准备工作做好以后，打开棱镜，先用镜头纸蘸丙酮擦净棱镜的镜面，然后加 1～2 滴待测样品于棱镜面上，合上棱镜。旋转反光镜，让光线入射至棱镜，使两个镜筒视场明亮。再转动棱镜调节旋钮，直至在目镜中可观察到半明半暗的图案。若出现彩色带，可调节棱镜微调旋钮，使明暗界线清晰。接着，再将明暗分界线调至正好与目镜中的十字交叉中心重合。记录读数及温度，重复两次，取其平均值。测定完毕，打开棱镜，用丙酮擦净镜面。

注意：

(1) 在测定折射率时，常见情况如图 2-16 所示，其中图 2-16(d)是读取数据时的图案。当出现图 2-16(a)即出现色散光带的情况时，需调节棱镜微调旋钮直至彩色光带消失呈图 2-16(b)图案，然后调节棱镜调节旋钮直至呈图 2-16(d)图案；若遇出现 2-16(c)的情况时，则是样品量不足所致，需再添加样品，重新测定；若出现弧形光环，则可能是有光线未经过棱镜面而直接射在聚光镜上。

(2) 若液体折射率不在 1.3～1.7 范围内，则阿贝折光仪不能测定，也调不到明暗交界线。

(3) 如果读数镜筒内视场不明，应检查小反光镜是否开启。

3. 维护

(1) 要注意保护折光仪的棱镜，不可测定强酸或强碱等具腐蚀性的液体。

(2) 测定之前,一定要用镜头纸蘸少许易挥发性溶剂将棱镜擦净,以免存在其他残留液而影响测定结果。滴管及其他硬物均不得接触镜面,擦洗镜面时只能用丝巾或擦镜纸,不能用力擦,以防将毛玻璃面擦花。

(3) 如果测定易挥发性液体,滴加样品时可由棱镜侧面的小孔加入。

(4) 折光仪不能放在日光直射或靠近热源的地方,以免样品迅速蒸发。仪器还应避免强烈震动或撞击,以防光学零件损伤及影响精度。

(5) 折光仪不用时应放在箱内,箱内放入干燥剂,且木箱应放在干燥通风的地方。

四、实验内容

按前述实验方法测定乙酸乙酯和丙酮的折射率。记录数据,与文献值对照。

纯粹丙酮:b. p. =56.2 ℃;m. p. =−94 ℃;$n_D^{20}=1.3588$;$d_4^{20}=0.7899$。

纯粹乙酸乙酯:b. p. =77.1 ℃;m. p. =−83 ℃;$n_D^{20}=1.3723$;$d_4^{20}=0.9003$。

五、思考题

(1) 哪些因素会影响物质的折射率?

(2) 假定测得松节油的折射率为 $n_D^{30}=1.4710$,在 25 ℃时其折射率的近似值应是多少?

2.4.4 旋光度的测定

一、实验目的

(1) 了解测定旋光度的原理及旋光仪的基本构造,掌握旋光仪的使用方法。

(2) 了解测定化合物旋光度的意义。

二、实验原理

对映体是互为镜像的立体异构体。它们的熔点、沸点、相对密度、折射率以及光谱等物理性质都相同,并且在与非手性试剂作用时,它们的化学性质也一样,唯一能够反映分子结构差异的性质是它们的旋光性不同。当偏振光通过具有光学活性的物质时,其振动方向会发生旋转,所旋转的角度即为旋光度(optical rotation)。

旋光性物质的旋光度和旋光方向可以用旋光仪来测定。旋光仪主要由一个钠光源、两个尼科尔棱镜和一个盛有测试样品的盛液管组成(见图 2-17)。普通光先经过一个固定不动的棱镜(起偏镜)变成偏振光,然后通过盛液管,再由一个可转动的棱镜(检偏镜)来检测偏振光的振动方向和旋转角度。若使偏振光振动平面向右旋转,则称右旋;若使偏振光振动平面向左旋转,则称左旋。

光活性物质的旋光度与其浓度、测试温度、所用光源的波长等因素密切相关。但

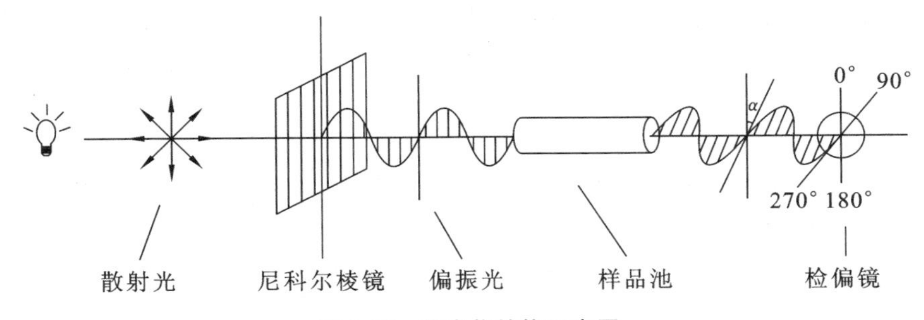

图 2-17　旋光仪结构示意图

是，在一定条件下，每一种光活性物质的旋光度为一常数，用比旋光度[α]表示，即

$$[\alpha]_{\lambda}^{t}=\frac{\alpha}{Cl}$$

式中：α 为旋光仪测试值；C 为样品溶液浓度，以 1 mL 溶液所含样品质量(g)表示；l 为盛液管长度，单位为 dm；λ 为光源波长，通常采用钠光源，以 D 表示；t 为测试温度。如果被测样品为液体，可直接测定而不需配成溶液。计算比旋光度时，只要将其相对密度值(d)代替上式中的浓度值(C)，即

$$[\alpha]_{\lambda}^{t}=\frac{\alpha}{dl}$$

表示比旋光度时通常还需标明测定时所用的溶剂。

三、操作方法

旋光仪有多种类型，现以数字式自动显示旋光仪为例，其操作方法如下。

(1) 预热　打开旋光仪开关，使钠光灯加热 15 min，待光源稳定后，再按下“光源”键。

(2) 配制溶液　准确称取 0.1～0.5 g 样品，在 25 mL 容量瓶中配成溶液，通常可选用水、乙醇或氯仿作溶剂。溶液必须透明，否则需用干滤纸过滤。若用纯液体样品直接测试，在测试前确定其相对密度即可。

(3) 装待测液　盛液管有 1 dm、2 dm 和 2.2 dm 等几种规格。选用适当的盛液管，先用蒸馏水洗干净，再用少量待测液洗 2～3 次，然后注满待测液，不要留空气泡，旋上已装好金属片和橡皮垫的金属螺帽，以不漏水为限，但不要旋得太紧。用软布揩干液滴及盛液管两端残液，放好备用。

(4) 调零　将装满蒸馏水的盛液管放入旋光仪中，旋转视野调节螺旋，直到三分视场界线变得清晰，达到聚焦为止。旋动刻度盘手轮，使三分视场明暗程度一致，并使游标尺上的零度线位于刻度盘 0°左右，重复 3～5 次，记录刻度盘读数，取平均值。如果仪器正常，此数即为零点。

(5) 测定　将装有待测样品的盛液管放入旋光仪内，此时三分视场的亮度出现差异，旋转检偏镜(由于刻度盘随检偏镜一起转动，故转动刻度盘手轮即可)，使三分

视场的明暗度一致[1],记录刻度盘读数。此时读数与零点之间的差值即为该物质的旋光度。重复 3～5 次,取其平均值,即为测定结果。然后以同样步骤测定第二种待测液的旋光度。

注意:

(1) 如果样品的比旋光度值较小,在配制待测样品溶液时,宜将浓度配得高一些,并选用长一点的测试盛液管,以便观察。

(2) 温度变化对旋光度具有一定的影响。若在钠光(λ=589.3 nm)下测试,温度每升高 1 ℃,多数光活性物质的旋光度会降低 0.3%左右。

(3) 测试时,盛液管的位置应固定不变,以消除因距离变化所产生的测量误差。

四、实验内容

按前述实验方法测定葡萄糖和果糖的旋光度。记录数据,与文献值对照。

五、注释

[1] 旋转检偏镜观察视场亮度相同的范围时应注意,当检偏镜旋转 180°时,有两个明暗亮度相同的范围,这两个范围的刻度不同。我们所观察的亮度相同的视场应该是稍转动检偏镜即改变很灵敏的那个范围,而不是亮度看起来一致但转动检偏镜很多而明暗度改变很小的范围。

六、思考题

(1) 测定旋光性物质的旋光度有何意义?

(2) 比旋光度$[\alpha]_D^t$与旋光度 α 有何不同?

(3) 用一根长 2 dm 的盛液管,在温度 t 下测得一未知浓度的蔗糖溶液的 α=+9.96°,求该溶液的浓度(已知蔗糖的$[\alpha]_D^t$=+66.4°)。

2.5 分离与提纯

从自然界和化学反应中得到的有机化合物往往是不纯的,需要分离和提纯,分离和提纯的方法很多,如蒸馏、分馏、萃取、重结晶、升华、层析等。这些方法各有其特点和局限性,应用范围各不相同。因此纯化有机化合物时,需要根据其物理性质和化学性质来选用适当的分离方法。

2.5.1 减压蒸馏

一、实验目的

(1) 了解减压蒸馏的原理和应用范围。

（2）认识减压蒸馏的主要仪器设备，掌握减压蒸馏仪器的安装和操作方法。

二、实验原理

有些有机化合物热稳定性较差，常常在受热温度还未到达其沸点时就已发生分解、氧化或聚合，所以不能用常压蒸馏。使用减压蒸馏（又称真空蒸馏）便可避免这种现象的发生。因为当蒸馏系统内的压力减小后，其沸点便降低，当压力降低到 1.3～2.0 kPa（10～15 mmHg）时，许多有机化合物的沸点可以比其常压下沸点降低 80～100 ℃。因此，减压蒸馏对于分离、提纯沸点较高或性质比较不稳定的液态有机化合物具有特别重要的意义。减压蒸馏也是分离、提纯液态有机化合物常用的方法。

在进行减压蒸馏前，应先从文献中查阅该化合物在所选择的压力下的相应沸点，如果文献中缺乏此数据，可用下述经验规律大致推算，以供参考。当蒸馏压力在 1333～1999 Pa（10～15 mmHg）时，压力每相差 133.3 Pa（1 mmHg），沸点相差约 1 ℃；也可以用图 2-18 所示的压力-温度关系图来查找，即从某一压力下的沸点便可近似地推算出另一压力下的沸点。例如，水杨酸乙酯在常压下沸点为 234 ℃，减压至 1999 Pa（15 mmHg）时，沸点为多少摄氏度？可在图 2-18 中 *B* 线上找到 234 ℃的点，再在 *C* 线上找到 1999 Pa（15 mmHg）的点，然后通过两点画一条直线，该直线与 *A* 线的交点 113 ℃，即水杨酸乙酯在 1999 Pa（15 mmHg）时的沸点，约为 113 ℃。

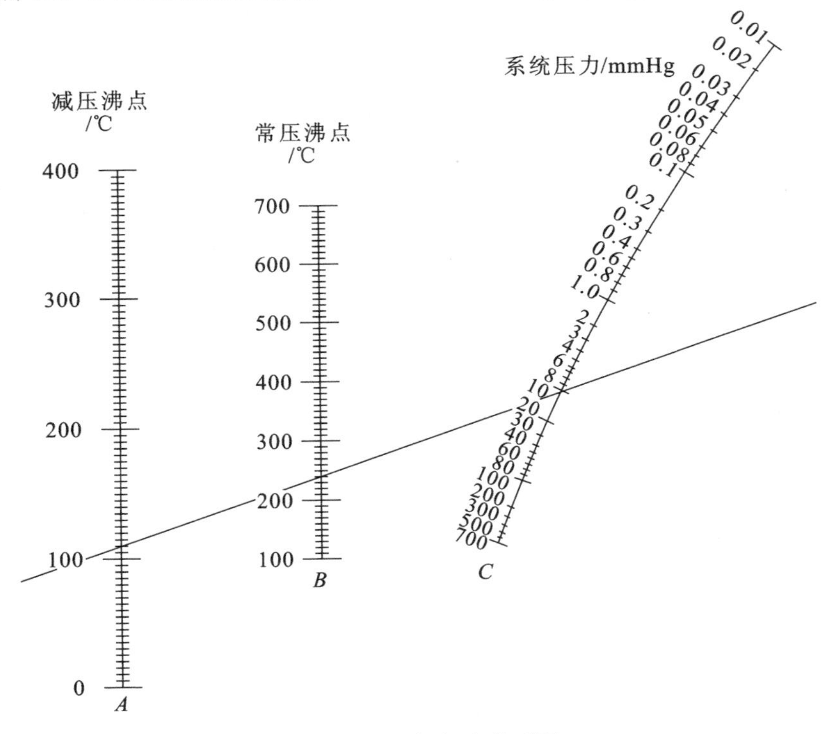

图 2-18　压力-温度关系图

一般把压力范围划分为几个等级：

(1)“粗”真空(1.333～100 kPa,即 10～760 mmHg),一般可用水泵获得；

(2)“次高”真空(0.133～133.3 Pa,即 0.001～1 mmHg),可用油泵获得；

(3)“高”真空(0.133 Pa 以下,即 10^{-3} mmHg 以下),可用扩散泵获得。

三、操作方法

1. 减压蒸馏装置

减压蒸馏装置是由蒸馏瓶、克氏蒸馏头(或用 Y 形管与蒸馏头组成),直形冷凝管、真空接引管(双股接引管或多股接引管)、接收瓶、安全瓶、压力计和油泵(或循环水泵)组成的,如图 2-19 所示。

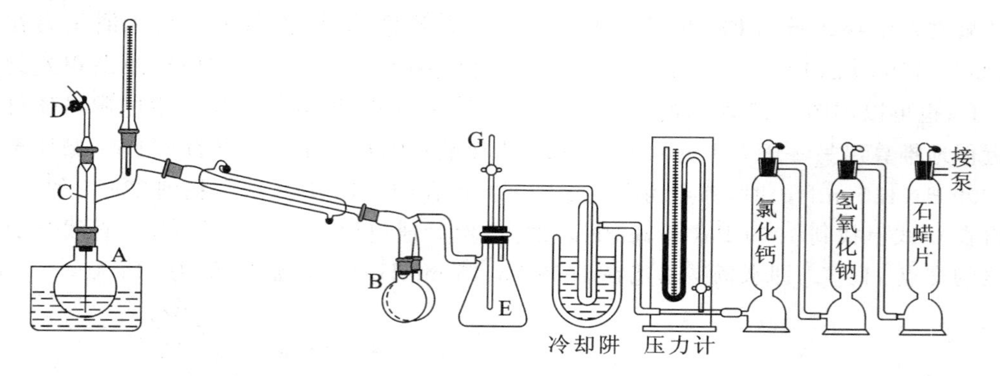

图 2-19　减压蒸馏装置图

(1) 蒸馏部分　A 为减压蒸馏烧瓶,也称克氏蒸馏烧瓶,有两个颈,能防止减压蒸馏时瓶内液体由于暴沸而冲入冷凝管中。在带支管的瓶颈中插入温度计(安装要求与常压蒸馏相同),另一瓶颈中插入一根末端拉成毛细管的玻璃管 C(也称起泡管)。其长度恰好使其下端离瓶底 1～2 mm。玻璃管 C 上端连一段带螺旋夹 D 的橡皮管,以调节进入空气的量,使有极少量的空气进入液体并呈微小气泡冒出,产生液体沸腾的汽化中心,使蒸馏平稳进行(因传统的沸石在减压下不起作用)。减压蒸馏的毛细管要粗细合适,否则达不到预期的效果。一般检查方法是将毛细管插入少量丙酮或乙醚中,用洗耳球在玻璃管管口轻轻一压,从毛细管中冒出一连串小气泡,如呈一条细线,则毛细管可用。另外,如果设备允许,也可在蒸馏瓶中放一磁子(用聚四氟乙烯或玻璃包裹的柱状磁铁),采用磁力搅拌防止液体过热或防止暴沸。

接收器 B 常用圆底烧瓶或蒸馏烧瓶(切不可用平底烧瓶或锥形瓶)。蒸馏时若要收集不同的馏分而又不中断蒸馏,可用两股或多股接引管。转动多股接引管,就可使不同馏分收集到不同的接收器中。

应根据减压时馏出液的沸点选用合适的热浴和冷凝管。一般使用热浴的温度比液体沸点高 20～30 ℃。为使加热温度均匀平稳,减压蒸馏中常选用水浴或油浴。

(2) 减压部分 实验室通常用水泵或油泵进行抽气减压。应根据实验要求选用减压泵。真空度越高,操作要求越严。能用水泵减压蒸馏的物质尽量使用水泵,否则不但麻烦,而且导致产品损失,甚至损坏减压泵(沸点降低易被抽走或抽入减压泵中)。

(3) 保护部分 使用水泵减压时,必须在馏出液接收器 B 与水泵之间装上安全瓶 E,安全瓶由耐压的吸滤瓶或其他广口瓶改装而成,瓶上的两通活塞 G 供调节系统内压力及防止水压骤然下降时水泵的水倒吸入接收器中。

当用油泵减压时,油泵与接收器之间除连接安全瓶外,还须顺次安装冷却阱和几种吸收塔以防止易挥发的有机溶剂、酸性气体和水蒸气进入油泵,污染泵油,腐蚀机体,降低油泵减压效能。将冷却阱置于盛有冷却剂(如冰-盐等)的广口保温瓶中,用以除去易挥发的有机溶剂;吸收塔装无水氯化钙或硅胶用以吸收水蒸气;装氢氧化钠(粒状)用以吸收酸性气体和水蒸气(装浓硫酸则可用以吸收碱性气体和水蒸气);装石蜡片用以吸收烃类气体。使用时可按实验的具体情况加以组装。

减压装置的整个系统必须保持密封,不漏气。

在使用油泵进行减压蒸馏前,通常要对待蒸馏混合物作预处理,或者在常压下进行简单蒸馏,或者在水泵减压下利用旋转蒸发仪蒸馏,以蒸去低沸点组分。

(4) 测压计 测压计的作用是指示减压蒸馏系统内的压力,通常采用水银测压法。图 2-20(a)所示为开口式水银压力计,两臂汞柱高度之差即为大气压力与系统中压力之差。因此蒸馏系统内的实际压力(真空度)应是大气压力减去这一压力差。图 2-20(b)所示为封闭式水银压力计,两臂液面高度之差即为蒸馏系统中的真空度。测定压力时,可将管后木座上的滑动标尺的零点调整到右臂的汞柱顶端线上,这时左臂的汞柱顶端线所指示的刻度即为系统的真空度。开口式压力计比较笨重,计数方式也较麻烦,但计数比较准确。封闭式压力计比较轻巧,计数方便,但常常因为有残留空气以致不够准确,需要用开口式压力计来校正。图 2-20(c)所示为转动式真空规,又称麦氏真空规(Mcleod vacuum gauge),当体系内压力降至 1 mmHg 以下时使用。在使用所有的压力计时都应避免水或其他污物进入压力计内,否则将严重影响其准确度。

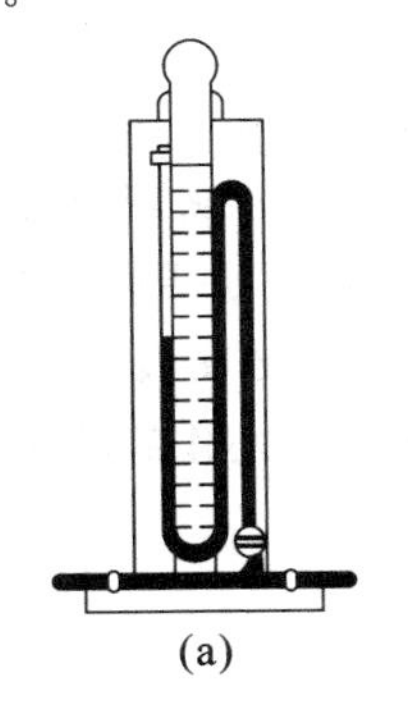
(a)

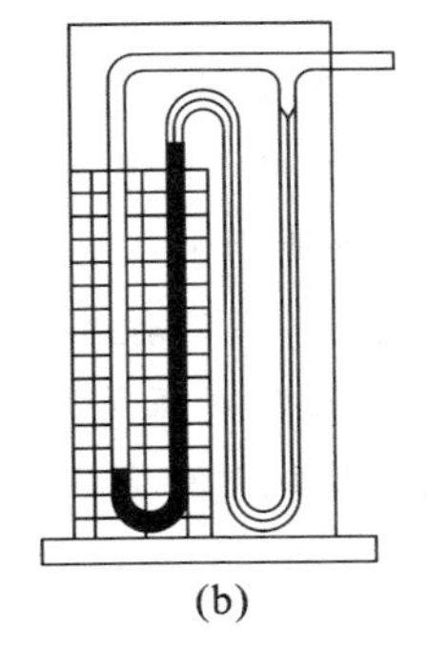
(b)

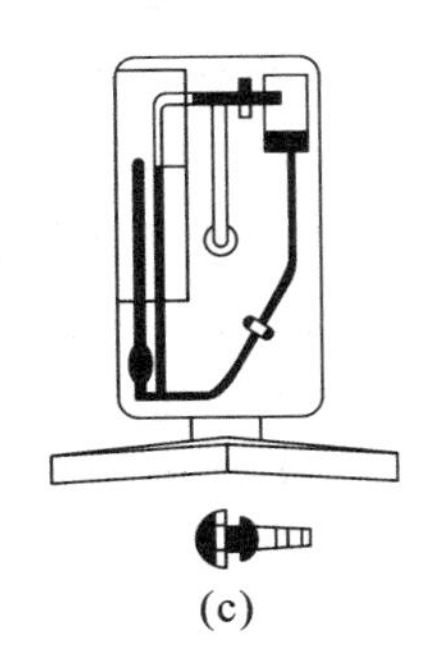
(c)

图 2-20 压力计

2. 减压蒸馏操作方法

(1) 如图 2-19 所示,安装好仪器(注意安装顺序),检查蒸馏系统是否漏气。方法是旋紧毛细管上的螺旋夹 D,打开安全瓶上的两通活塞 G,旋开水银压力计的活塞,然后开油泵抽气(如用水泵,这时应开至最大流量)。逐渐关闭两通活塞 G,从压力计上观察系统所能达到的压力,如果发现体系压力无多大变化,或系统不能达到油泵应该达到的真空度,那么就该检查系统是否漏气。检查前先将油泵关闭,再分段查那些连接部位。如果是蒸馏装置漏气,可以在蒸馏装置的各个连接部位适当地涂一点真空脂,并通过旋转使磨口接头处吻合致密。若在气体吸收塔及压力计等其他相串联的接合部位漏气,可涂上少许熔化的石蜡,并用电吹风加热熔融(或涂上真空脂)。获得良好的真空度后,缓慢打开安全瓶上的两通活塞 G,让内、外压力逐渐平衡,关闭油泵,解除真空。

(2) 将待蒸馏液装入蒸馏烧瓶中,以不超过其容积的 1/2 为宜。按上述操作方法开泵减压,通过小心调节安全瓶上的两通活塞 G 达到实验所需真空度。调节螺旋夹 D,使液体中有连续平稳的小气泡通过。若在现有条件下仍达不到所需真空度,可按原理中所述方法,从图 2-18 中查出在所能达到的压力条件下,该物质的近似沸点,进行减压蒸馏。

(3) 当调节到所需真空度时,将蒸馏烧瓶浸入水浴或油浴中,通入冷凝水,开始加热蒸馏。加热时,蒸馏烧瓶的圆球部分至少应有 2/3 浸入热浴液中。待液体开始沸腾时,调节热源,控制馏出速度为每秒 0.5～1 滴。在整个蒸馏过程中,要密切注意压力计上所示的压力,如果不符,则应进行调节。纯物质的沸程一般不超过 2 ℃,但有时因压力有所变化,沸程会稍大一点。

(4) 蒸馏完毕时,应先移去热源,待稍冷后,稍稍旋松螺旋夹 D,缓慢打开安全瓶上的两通活塞 G 解除真空,待系统内、外压力平衡后方可关闭减压泵。

注意:

(1) 在减压蒸馏中,如果待蒸馏液对空气敏感,在磁力搅拌下减压蒸馏就比较合适。此时若仍使用毛细管,则应通过毛细管导入惰性气体(如氮气),来加以防护。

(2) 减压蒸馏时,一定要采取油浴(或水浴)的方法进行均匀加热。一般浴温要高出待蒸馏液在减压时的沸点 30 ℃左右。

(3) 如果蒸馏少量沸点高于 150 ℃的物质或低熔点物质,则可省去冷凝管。如果蒸馏温度较高,在高温蒸馏时,为了减少散热,可将克氏蒸馏头处用玻璃棉等绝热材料缠绕起来。如果在减压条件下,液体沸点低于 150 ℃,可用冷水浴对接收瓶进行冷却。

(4) 使用油泵时,应注意防护与保养,不可使水分、有机物质或酸性气体侵入泵内,否则会严重降低油泵的效率。在用油泵减压蒸馏前,一定要先作简单蒸馏或用水泵减压蒸馏,以蒸去低沸点物质,防止低沸点物质抽入油泵。

四、实验内容

通过减压蒸馏纯化呋喃甲醛。

1. 实验简介

呋喃甲醛又名糠醛，为无色液体，沸点为161.7 ℃。久置会被缓慢氧化而变为棕褐色甚至黑色，同时往往含有水分，所以在使用前常需蒸馏纯化。由于它易被氧化，最好采用减压蒸馏以便在较低温度下蒸出。但若蒸出温度太低，其蒸气的冷凝液化又显得麻烦，所以需要选择一合适的馏出温度。考虑到用25 ℃左右的自来水冷却时，蒸气的温度必须在50 ℃以上才会有较好的冷凝效果，故可把蒸馏温度选择在55 ℃左右。先在图2-18的A线上找到55 ℃的点，再在B线中找出162 ℃的点，使直尺边缘经过这两个点，则直尺的边缘与右线相交的点大体相当于17 mmHg(2266.5 Pa)，这个真空度普通油泵就可达到，故可将减压蒸馏的条件初步定为55 ℃/17 mmHg。

2. 操作步骤

(1) 装置的安装　选用100 mL蒸馏瓶、150 ℃温度计、双股接引管，用25 mL和50 mL圆底烧瓶分别作为前馏分和正馏分的接收瓶，以水浴加热，按照图2-19安装实验装置。

(2) 加料　小心地将克氏蒸馏头上口的橡皮塞连同毛细管一起轻轻拔下(注意不要碰断毛细管)，通过三角漏斗加入待蒸呋喃甲醛40 mL，取下三角漏斗，重新装好毛细管。

(3) 用水泵减压蒸去低沸物　打开毛细管上螺旋夹，打开安全瓶上活塞，开启水泵，再缓缓关闭安全瓶上活塞。此时毛细管下端应有成串的小气泡逸出。如气泡太大，可通过螺旋夹作适当调整。当系统压力稳定后，根据压力计的读数，用直尺在图2-18中求出该压力下的近似沸点。开启冷却水，点燃煤气灯，缓缓升温蒸馏，控制温度计读数使其勿达到所求得的沸点。如该装置中未安装压力计，则一般应在温度计读数达到约50 ℃时停止蒸馏[1]。移去热源热浴，打开毛细管上螺旋夹，打开安全瓶上的活塞，关闭水泵。

(4) 改换油泵、检漏密封、稳定工作压力　拔去接引管支管上的水泵抽气管，改接油泵抽气管，再检漏密封，使系统压力稳定在17 mmHg[2]。

(5) 蒸馏和接收　蒸馏收集53～56 ℃的馏分，然后结束实验，计算呋喃甲醛的回收率。

五、注释

[1] 如水泵减压蒸馏的温度超过50 ℃，必须冷却后再接入油泵系统，否则接入油泵后可能因内部压力大幅度降低而急剧沸腾，使未经分离的物料冲入冷凝管和接收瓶中。

[2] 如真空度不能稳定在17 mmHg上，则可使其稳定在一个尽可能接近的数值上，并据此求出应该收集的正馏分的沸点。

六、思考题

(1) 具有什么性质的化合物需用减压蒸馏进行提纯?

(2) 使用水泵减压蒸馏时,应采取什么预防措施?

(3) 使用油泵减压时,要有哪些吸收和保护装置?其作用分别是什么?

(4) 减压蒸馏完所要的化合物后,应如何停止减压蒸馏?为什么?

2.5.2 水蒸气蒸馏

一、实验目的

(1) 了解水蒸气蒸馏的原理及其应用。

(2) 学习水蒸气蒸馏的仪器装置及其操作方法。

二、实验原理

当两种互不相溶(或难溶)的液体 A 与 B 共存于同一体系时,每种液体都有各自的蒸气压,其蒸气压的大小与每种液体单独存在时的蒸气压一样(彼此不相干扰)。根据道尔顿(Dalton)分压定律,混合物的总蒸气压为各组分蒸气压之和,即

$$p=p_A+p_B$$

混合物的沸点是总蒸气压等于外界大气压时的温度,因此混合物的沸点比其中任一组分的沸点都要低。水蒸气蒸馏就是利用这一原理,将水蒸气通入不溶或难溶于水的有机化合物中,使该有机化合物在 100 ℃以下便能随水蒸气一起蒸馏出来。当馏出液冷却后,有机液体通常可从水相中分层析出。

根据状态方程式,在馏出液中,随水蒸气蒸出的有机物与水的物质的量之比(n_A、n_B表示此两种物质在一定体积的气相中的物质的量)等于它们在沸腾时混合物蒸气中的分压之比,即

$$\frac{n_A}{n_B}=\frac{p_A}{p_B}$$

而 $n_A=m_A/M_A$,$n_B=m_B/M_B$,其中 m_A、m_B为两种物质(A、B)在一定体积中蒸气的质量,M_A、M_B为其摩尔质量。因此这两种物质在馏出液中的相对质量可按下式计算:

$$\frac{m_A}{m_B}=\frac{M_A n_A}{M_B n_B}=\frac{M_A p_A}{M_B p_B}$$

例如:辛-1-醇和水的混合物用水蒸气蒸馏时,该混合物的沸点为 99.4 ℃,可以从数据手册查得纯水在 99.4 ℃时的蒸气压为 744 mmHg,因为 p 必须等于760 mmHg,因此辛-1-醇在 99.4 ℃时的蒸气压必定等于 16 mmHg,所以馏出液中辛-1-醇与水的质量比

$$\frac{\text{辛-1-醇的质量}}{\text{水的质量}}=\frac{130\times16}{18\times744}\approx\frac{0.155}{1}$$

即蒸出 1 g 水能够带出 0.155 g 辛-1-醇，辛-1-醇在馏出液中的质量分数为 13.44%。

上述关系式只适用于与水互不相溶或难溶的有机物，而实际上很多有机化合物在水中或多或少会溶解，因此这样的计算结果仅为近似值，而实际得到的要比理论值低。如果被分离、提纯的物质在 100 ℃以下的蒸气压为 1～5 mmHg，则其在馏出液中的含量约占 1%，甚至更低，这时就不能用水蒸气蒸馏来分离提纯，而要用过热水蒸气蒸馏，才能提高被分离或提纯物质在馏出液中的含量。

水蒸气蒸馏是分离和纯化有机化合物的重要方法之一，它广泛用于从天然原料中分离出液体和固体产物，特别适用于分离那些在其沸点附近易分解的物质，也适用于分离含有不挥发性杂质或大量树脂状杂质的产物，还适用于从较多固体反应混合物中分离被吸附的液体产物，其分离效果较常压蒸馏、重结晶好。

使用水蒸气蒸馏法时，被分离或纯化的物质应具备下列条件：

(1) 不溶或难溶于水；

(2) 在沸腾下与水长时间共存而不起化学反应；

(3) 在 100 ℃左右时应具有一定的蒸气压(至少 666.5 Pa，即 5 mmHg)。

三、操作方法

1. 水蒸气蒸馏装置

图 2-21(b)所示为实验室常用的水蒸气蒸馏装置，包括水蒸气发生器、蒸馏部分、冷凝部分和接收器等四部分。

水蒸气发生器一般是用金属制成的，如图 2-21(a)所示，也可用短颈圆底烧瓶代替。其上安装有一根长的玻璃管，将此管插入发生器，距底部 1～2 cm，可用来调节体系内部的压力，并可防止系统发生堵塞时出现危险。水蒸气发生器中注入的水不要过多，一般不要超过其容积的 2/3。从侧面的玻璃管可知器内水量的多少。

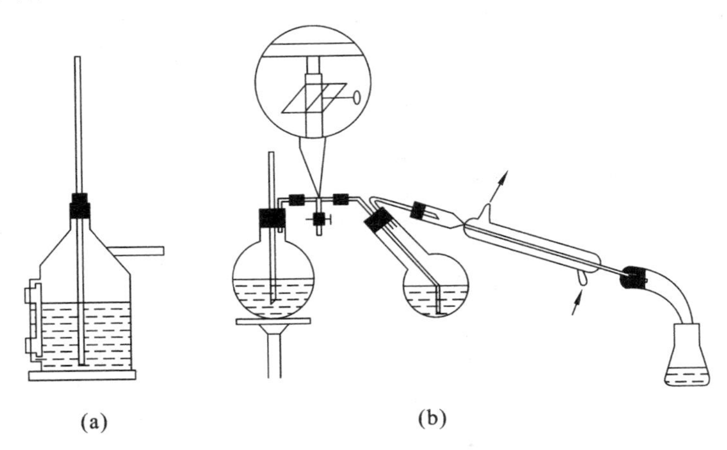

图 2-21　水蒸气蒸馏装置

水蒸气发生器蒸气出口管与T形管相连,T形管的另一端与蒸馏部分的导入管相连,这段水蒸气导入管应尽可能短些,以减少水蒸气的冷凝。T形管下口接一段软的橡皮管,用螺旋夹夹住,以便调节蒸气量和除去水蒸气中冷凝下来的水,当操作发生不正常的情况时,可使水蒸气发生器与大气相通。

蒸馏瓶可选用圆底烧瓶,也可用三口瓶。被蒸馏液体的体积不应超过蒸馏瓶容积的1/3。圆底烧瓶应用铁夹夹紧,使它斜置与桌面成45°角,以避免跳溅的液沫被蒸气带进冷凝管。

2. 水蒸气蒸馏操作步骤

按图2-21装好装置,将混合液加入蒸馏瓶后,打开T形管上的螺旋夹。开始加热水蒸气发生器,使水沸腾。当有大量水蒸气从T形管的支管喷出时,将螺旋夹拧紧,使蒸气进入蒸馏系统。调节进气量,保证蒸气在冷凝管中全部冷凝下来。在蒸馏过程中,如由于水蒸气的冷凝而使蒸馏瓶内液体量增加,超过烧瓶容积的2/3时,或者水蒸气蒸馏速度不快时,则将蒸馏部分隔石棉网加热。要注意若瓶内跳动剧烈,则不应加热,以免发生意外。蒸馏速度为每秒2～3滴。

在蒸馏过程中,必须经常检查安全管中的水位是否正常,有无倒吸现象,蒸馏部分混合物飞溅是否厉害。若安全管中的水位持续上升,说明蒸馏系统内压增高,可能系统内发生堵塞。此时应立刻打开螺旋夹,移走热源,停止蒸馏,待故障排除后方可继续蒸馏。当蒸馏瓶内的压力大于水蒸气发生器内的压力时,将发生液体倒吸现象,此时,应打开螺旋夹或对蒸馏瓶进行保温,加快蒸馏速度。

当馏出液不再混浊时,用表面皿取少量馏出液,在日光或灯光下观察是否有油珠状物质,如果没有,可停止蒸馏。

停止蒸馏时先打开T形管上的螺旋夹,移走热源,待稍冷却后,将水蒸气发生器与蒸馏系统断开。收集馏出物或残液(有时残液是产物),最后拆除仪器。

当用磨口仪器装配时,有如图2-22所示的几种常见水蒸气蒸馏装置。

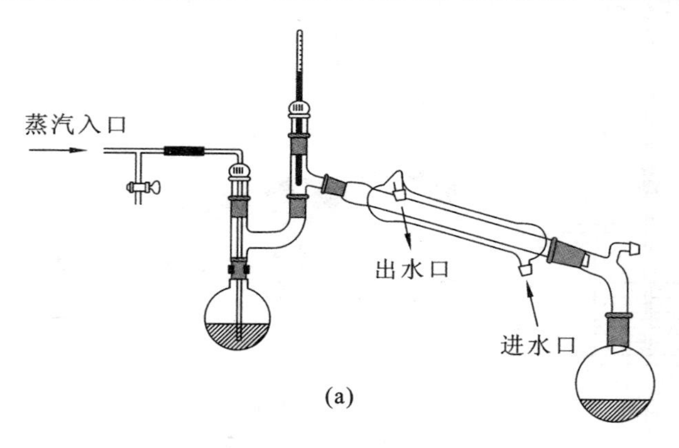

图2-22 水蒸气蒸馏装置(磨口)

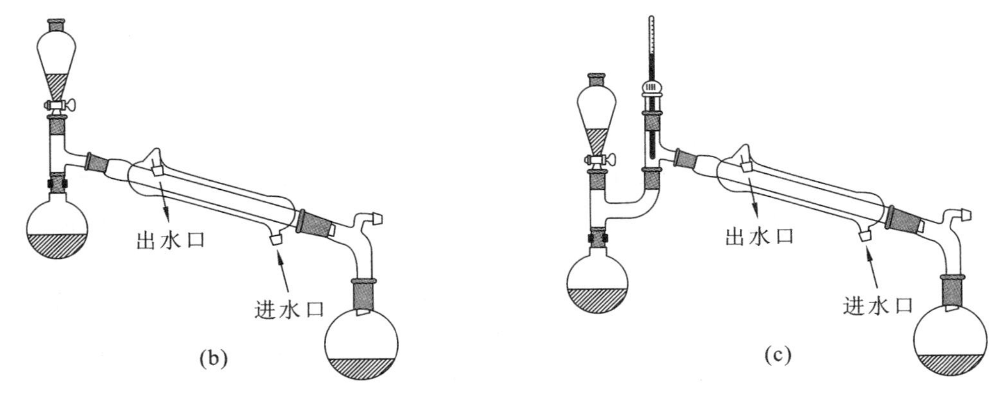

续图 2-22

四、实验内容

称取 4.0 g 粗品萘，加入 50 mL 圆底烧瓶中，进行水蒸气蒸馏。蒸馏过程中冷凝管中的水要时开时停，随时注意不要使蒸馏出的萘冷凝成固体后把接引管堵死[1]。也可以不加接引管，将冷凝管直接与接收瓶相连，待蒸出液透明后，再多蒸出 10～15 mL 清液。然后用抽滤的方法，收集产品，并测熔点。

五、注释

[1] 水蒸气蒸馏的物质可能在冷凝管中固化，仔细观察，避免形成大块结晶，阻塞冷凝管。如大块晶体聚集冷凝管，则暂时关闭冷凝水，并放掉冷凝管中的水。用热蒸汽熔化晶体，除去阻塞物。阻塞物一除，立即再通冷凝水。

六、思考题

(1) 指出下列各组混合物采用水蒸气蒸馏法进行分离正确与否，为什么？

① 甲醇(沸点(760 mmHg)为 65 ℃)和水，甲醇与水混溶。

② 对二氯苯(沸点(760 mmHg)为 174 ℃)和水，对二氯苯不溶于水。

(2) 为什么水蒸气蒸馏温度低于 100 ℃？

(3) 应用水蒸气蒸馏的化合物必须具有哪些性质？

(4) 在进行水蒸气蒸馏时，水蒸气导入管的末端为什么要插到接近于容器的底部？

2.5.3　简单分馏

一、实验目的

(1) 了解分馏的原理及其应用。

(2) 学习实验室中常用的简单分馏操作。

二、实验原理

1. 分馏原理

简单蒸馏只能对沸点差异较大(至少要相差 30 ℃)的混合物进行有效的分离,对沸点相近的混合物,若要获得良好的分离效果,就必须采用分馏(fractional distillation)。

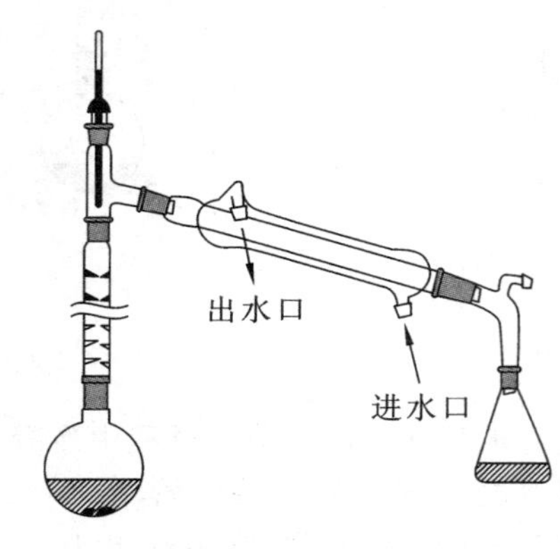

图 2-23　简单分馏装置图

分馏就是在蒸馏瓶和蒸馏头之间加一分馏柱(见图 2-23)的蒸馏。当烧瓶中的蒸气通过分馏柱时,部分冷凝,向下流动。如果柱温保持下高上低,当冷凝液向下流动时,将有部分蒸发,未冷凝蒸气和冷凝液重新蒸发的蒸气在柱中越升越高,同时不断重复这种蒸发-冷凝过程,这等于在柱内进行一系列普通蒸馏,一次次蒸发-冷凝,蒸气中易挥发组分越来越多,而向下流动的冷凝液难挥发组分越来越多,只要上面这一过程足够多,就可以将液体混合物中的各组分分离开。简言之,分馏即为反复多次的简单蒸馏,利用分馏技术甚至可以将沸点相距 1～2 ℃的混合物分离开来。

通过沸点-组成图解,能更好地理解分馏原理。图 2-24 所示为苯和甲苯混合物的沸点-组成曲线。从下面一条曲线可看出这两种化合物所有混合物的沸点,而上面一条曲线是用 Raoult 定律计算得到的,它表示在同一温度下和沸腾液相平衡的蒸气相组成。

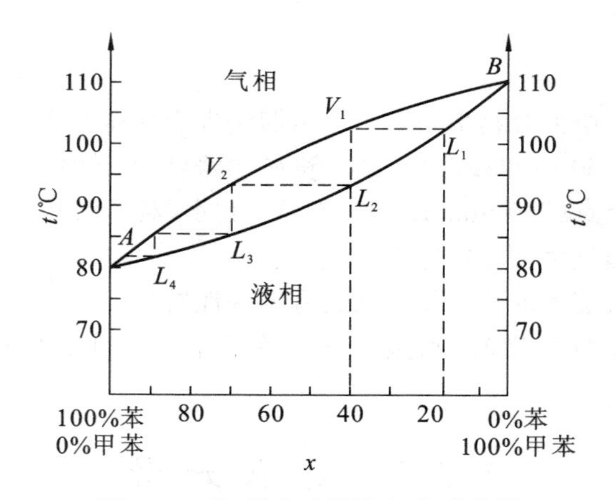

图 2-24　苯-甲苯系统沸点-组成曲线

从大气压下苯-甲苯系统的沸点-组成图可以看出,由苯 20%和甲苯 80%组成的液体(L_1)在 102 ℃时沸腾,和此液相平衡的蒸气(V_1)组成约为苯 40%和甲苯 60%

（在任意温度下蒸气相总比平衡的液相含有更多的易挥发组分）。若将此组成的蒸气冷凝成同组成的液体（L_2），则与此溶液成平衡的蒸气（V_2）组成约为苯 60%和甲苯 40%。显然，如此重复，即可获得接近纯苯的气相。

通过分别收集大量的最初蒸出液和残留液，并反复多次进行常压蒸馏，能够分离出一定量的纯物质。但这样显得太烦琐了，而分馏柱就可以把这种重复蒸馏的操作在柱内完成。因此，分馏是多次重复的常压蒸馏。

必须指出，当某两种或三种液体以一定比例混合，可组成具有固定沸点的共（恒）沸混合物，将这种混合物加热至沸腾时，在气液平衡体系中，气相组成和液相组成一样，故不能使用分馏法将其分离出来。水能与多种物质形成共沸混合物，因此，化合物在蒸馏前，必须仔细地用干燥剂除水。

2. 分馏柱及影响分馏柱效率的因素

1）分馏柱

分馏柱的种类很多，但其作用都是提供一个从蒸馏瓶通向冷凝管的垂直通道，这一通道要比常压蒸馏长得多。为了使气液两相充分接触，最常用的方法是在柱内填上惰性材料，以增加表面积，如图 2-25(b)所示。填料包括玻璃，陶瓷或螺旋形、马鞍形等各种形状的金属小片。当分馏少量液体时，经常使用一种不加填充物，但柱内有许多“锯齿”的分馏柱，称为韦氏分馏柱，如图 2-25(a)所示。韦氏分馏柱的优点是较简单，而且较填充柱黏附的液体少，缺点是较同样长度的填充柱分馏效率低。

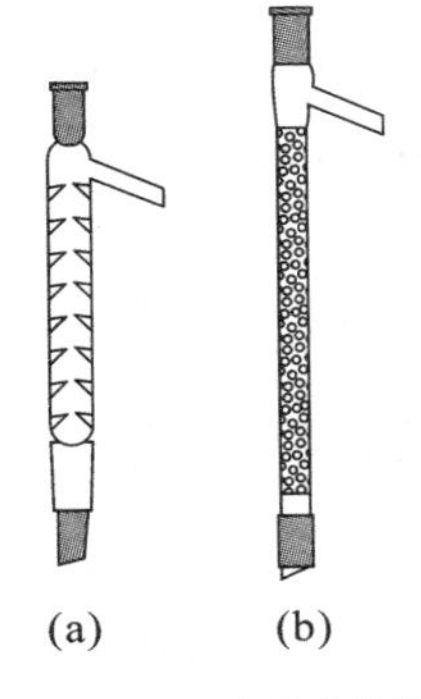

图 2-25　常用分馏柱

2）影响分馏效率的因素

（1）理论塔板　分馏柱效率是用理论塔板来衡量的。分馏柱中的混合物经过一次汽化和冷凝的热力学平衡过程，相当于一次普通蒸馏所达到的理论浓缩效率，当分馏柱达到这一浓缩效率时，分馏柱就具有一块理论塔板。柱的理论塔板数越多，分离效果就越好。其次，还要考虑理论板层高度，在高度相同的分馏柱中，理论板层高度越小，则柱的分离效率越高。

一般来说，分馏柱越高，分离效果就越好。但是，如果分馏柱过高，则会影响馏出速度。

（2）回流比　在单位时间内，由柱顶冷凝返回柱中液体的量与蒸出物的量之比称为回流比。若全回流中每 10 滴收集 1 滴馏出液，则回流比为 9∶1。对于非常精密的分馏，使用高效率的分馏柱，回流比可达 100∶1。回流比的大小根据物系和操作情况而定，一般回流比控制在 4∶1，即冷凝液流回蒸馏瓶为每秒 4 滴，柱顶馏出液为每秒 1 滴。

（3）柱的保温　在分馏过程中，为了始终维持温度平衡，需在分馏柱外面包一定厚度的保温材料，以保证柱内具有一定的温度，防止蒸气在柱内冷凝太快。在分馏较低沸点的液体时，柱外缠石棉绳即可；若液体沸点较高，则需安装真空外套管或电热外套管。

为了得到良好的分馏效果，应注意以下几点。

(1) 分馏柱内的填充物也是影响分馏效率的一个重要因素。填充物在柱中起到增加蒸气与回流液接触的作用，填充物比表面积越大，越有利于提高分离效率。不过，需要指出的是，填充物之间要保持一定的空隙，否则会导致柱内液体聚集，分离困难，这时需要重新装柱。

(2) 在分馏过程中，要注意调节加热温度，使馏出速度适中。如果馏出速度太快，就会产生液泛现象，即回流液来不及流回烧瓶，并逐渐在分馏柱中形成液柱。若出现这种现象，应停止加热，待液柱消失后重新加热，使气液达到平衡，再恢复收集馏分。

(3) 液泛能使柱身及填料完全被液体浸润，在分离开始时，可以人为地利用液泛将液体均匀地分布在填料表面，充分发挥填料本身的效率，这种情况称为预液泛。一般分馏时，先将电热套电压调得稍大些，一旦液体沸腾就应注意将电压调小，当蒸气冲到柱顶还未达到温度计水银球部位时，通过控制电压使蒸气在柱顶全回流，这样维持 5 min。再将电压调至合适的大小，此时，应控制好柱顶温度，使馏出液以 2～3 s 一滴的速度平稳流出。

三、实验内容

1. 甲醇-水混合物分馏

在 50 mL 圆底烧瓶中，加入 10 mL 甲醇和 10 mL 水的混合物，加入几粒沸石，按图 2-23 装好分馏装置。用水浴慢慢加热，开始沸腾后，蒸气慢慢进入分馏柱中，此时要仔细控制加热温度，使温度慢慢上升，以保持分馏柱中有一个均匀的温度梯度。当冷凝管中有蒸馏液流出时，迅速记录温度计所示的温度。控制加热速度，使馏出液慢慢地、均匀地以每分钟 2 mL(约 50 滴)的速度流出。当柱顶温度维持在 65 ℃时，用量筒收集馏出液(A)。随着温度上升，分别收集 65～70 ℃(B)、70～80 ℃(C)、80～90 ℃(D)、90～95 ℃(E)的馏分。瓶内所剩为残留液。90～95 ℃的馏分很少，需要隔石棉网直接进行加热。在分馏过程中，每馏出 1 mL 读一次柱顶温度，最后以馏出液总体积为横坐标，温度为纵坐标，绘制分馏曲线。从分馏曲线可以看出，当大部分甲醇蒸出后，温度很快上升，迅速到达水的沸点。

2. 甲醇-水混合物蒸馏

为了比较蒸馏和分馏的效果，可将 10 mL 甲醇和 10 mL 水的混合物置于 50 mL 圆底烧瓶中进行蒸馏，重复步骤 1 的操作，最后在同一张纸上绘制温度-体积曲线，对所得结果进行比较、讨论。本实验约需 4 h。

甲醇：b. p. =64. 9 ℃；m. p. =−97. 8 ℃；d_4^{20}=0. 7914。

四、思考题

(1) 若加热太快，馏出液每秒钟的滴数超过要求量，用分馏法分离两种液体的能力会显著下降,为什么?

(2) 在分离两种沸点相近的液体时,为什么装有填料的分馏柱比不装填料的分馏柱效率高?

(3) 什么是共沸混合物?为什么不能用分馏法分离共沸混合物?

(4) 根据甲醇-水混合物的蒸馏和分馏曲线,哪一种方法分离混合物各组分的效率较高?

2.5.4 萃　　取

一、实验目的

(1) 学习液-液萃取和液-固萃取的原理及其应用。

(2) 学习分液漏斗和滴液漏斗的使用。

二、实验原理

萃取是物质从一相向另一相转移的操作过程。它是有机化学实验中用来分离或纯化有机化合物的基本操作之一。运用萃取可以从固体或液体混合物中提取出所需要的物质,也可以用来洗去混合物中少量杂质。通常称前者为萃取(或抽提),后者为洗涤。

根据被提取物质状态的不同,萃取分为两种:一种是用溶剂从液体混合物中提取物质,称为液-液萃取;另一种是用溶剂从固体混合物中提取所需物质,称为液-固萃取。

1. 液-液萃取

液-液萃取是利用物质在两种互不相溶(或微溶)的溶剂中溶解度或分配系数的不同,使物质从一种溶剂中转移到另一种溶剂中。分配定律是液-液萃取的主要理论依据。在两种互不相溶的混合溶剂中加入某种可溶性物质时,它能以不同的溶解度分别溶解于这两种溶剂中。实验证明,在一定温度下,若该物质的分子在这两种溶剂中不发生分解、电离、缔合和溶剂化等作用,则此物质在两液相中浓度之比是一个常数,不论所加物质的量是多少都是如此。用公式表示,即

$$\frac{C_A}{C_B}=K$$

式中:C_A、C_B分别表示一种物质在A、B两种互不相溶的溶剂中的浓度(g/mL);K是一个常数,称为分配系数,它可以近似地看做物质在两溶剂中溶解度之比。

由于有机化合物在有机溶剂中一般比在水中溶解度大,因而可以用与水不互溶的有机溶剂将有机物从水溶液中萃取出来。为了节省溶剂并提高萃取效率,根据分配定律,用一定量的溶剂一次加入溶液中萃取,则不如将同量的溶剂分成几份作多次萃取效率高。可用下式来说明。

设:V为被萃取溶液的体积(mL);S为每次萃取所用萃取剂的体积(mL);m_0为被萃取溶液中有机物(X)的总量(g);$m_1,m_2,\cdots,m_n$分别为萃取一次、两次至n次后

有机物(X)剩余量(g);K 为分配系数。根据分配系数的定义,可进行以下推导。

经过一次萃取:
$$K=\frac{m_1/V}{(m_0-m_1)/S}$$

经整理得
$$m_1=\frac{KV}{KV+S}m_0$$

经过二次萃取:
$$K=\frac{m_2/V}{(m_1-m_2)/S}$$

经整理得
$$m_2=m_0\left(\frac{KV}{KV+S}\right)^2$$

同理,经 n 次提取后,则有
$$m_n=m_0\left(\frac{KV}{KV+S}\right)^n$$

当用一定量的溶剂进行萃取时,我们希望有机物在水中的剩余量越少越好。而上式中 $KV/(KV+S)$ 总是小于 1,所以 n 越大,m_n 就越小。即将溶剂分成数份进行多次萃取比用全部量的溶剂进行一次萃取效果好。但是,萃取的次数也不是越多越好,因为溶剂总量不变时,萃取次数 n 增加,S 就要减小。当 $n>5$ 时,n 和 S 两个因素的影响就几乎相互抵消了,n 再增加,$m_n/(m_n+1)$ 的变化很小,所以一般同体积溶剂分为 3～5 次萃取即可。

一般从水溶液中萃取有机物时,选择合适萃取溶剂的原则如下:要求溶剂在水中溶解度很小或几乎不溶;被萃取物在溶剂中要比在水中溶解度大;溶剂与水和被萃取物都不反应;萃取后溶剂易于和溶质分离开,因此最好用低沸点溶剂,萃取后溶剂可用常压蒸馏回收。此外,价格便宜、操作方便、毒性小、不易着火也应考虑。

经常使用的溶剂有乙醚、苯、四氯化碳、氯仿、石油醚、二氯甲烷、二氯乙烷、正丁醇、乙酸乙酯等。一般水溶性较小的物质可用石油醚萃取,水溶性较大的可用苯或乙醚萃取,水溶性极大的用乙酸乙酯萃取。

常用的萃取操作如下:

(1) 用有机溶剂从水溶液中萃取有机反应物;

(2) 通过水萃取,从反应混合物中除去酸碱催化剂或无机盐类;

(3) 用稀碱或无机酸溶液萃取有机溶剂中的酸或碱,使之与其他有机物分离。

2. 液-固萃取

从固体混合物中萃取所需要的物质是利用固体物质在溶剂中的溶解度不同来达到分离、提取的目的。通常是用长期浸出法或采用 Soxhlet 提取器(又叫脂肪提取器,见图 2-26)来提取物质。前者是用溶剂长期浸润溶解而将固体物质中所需物质浸出来,然后用过滤或倾析的方法把萃取液和残留的固体分开。

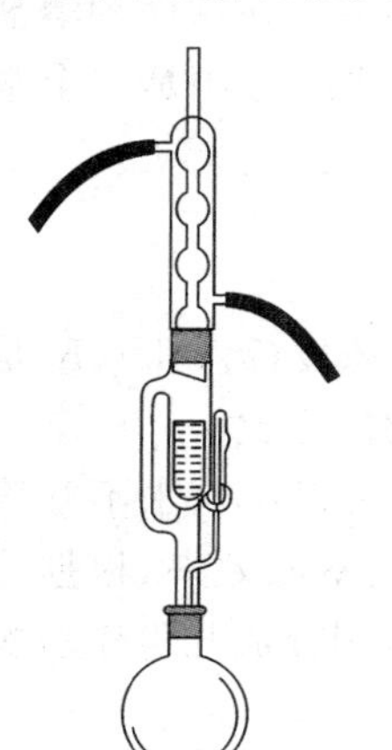

图 2-26 Soxhlet 提取器

这种方法效率不高，时间长，溶剂用量大，实验室里不常采用。

Soxhlet 提取器是利用溶剂加热回流及虹吸原理，使固体物质每一次都能为纯的溶剂所萃取，因而效率较高并节约溶剂，但对受热易分解或变色的物质不宜采用。Soxhlet 提取器由三部分构成：上面是冷凝管；中部是带有虹吸管的提取管；下面是烧瓶。萃取前应先将固体物质研细，以增加液体浸溶的面积。然后将固体物质放入滤纸套内，并将其置于中部，内装物不得超过虹吸管，溶剂由上部经中部虹吸加入烧瓶中。当溶剂沸腾时，蒸气通过通气侧管上升，被冷凝管冷凝成液体，滴入提取管中。当液面超过虹吸管的最高处时，产生虹吸，萃取液自动流入烧瓶中，因而萃取出溶于溶剂的部分物质。再蒸发溶剂，如此循环多次，直到被萃取物质大部分被萃取为止。固体中可溶物质富集于烧瓶中，然后用适当方法将萃取物质从溶液中分离出来。

固体物质还可用热溶剂萃取，特别是有的物质冷时难溶，热时易溶，则必须用热溶剂萃取。一般采用回流装置进行热提取，固体混合物在一段时间内被沸腾的溶剂浸润溶解，从而将所需的有机物提取出来。为了防止有机溶剂的蒸气逸出，常用回流冷凝装置，使蒸气不断地在冷凝管内冷凝，返回烧瓶中。回流的速度应控制在溶剂蒸气上升的高度不超过冷凝管高度的 1/3。

三、操作方法

萃取常用的仪器是分液漏斗。使用分液漏斗前应先检查玻璃塞和活塞有没有用棉线绑住、下口活塞和上口塞子是否有漏液现象、活塞转动是否灵活。如漏水，则不能使用；如转动不灵活，则应先将旋塞和旋塞孔道内壁的水擦干，再在活塞处涂少量凡士林，同一方向旋转几圈将凡士林涂均匀，即可使用。

将待萃取的原溶液倒入分液漏斗中，再加入萃取剂（如果是洗涤，应先将水溶液分离后，再加入洗涤溶液），将塞子塞紧，用右手的拇指和中指拿住分液漏斗，食指压住上口塞子，左手的食指和中指夹住下口管，同时，食指和拇指控制活塞。使漏斗上口略朝下，前后摇动或做圆周运动（不能大力振摇，防止乳化），使液体振动起来，两相充分接触，如图 2-27 所示。在振摇两三次之后应注意放气，以免萃取或洗涤时，内部压力过大，造成漏斗的塞子被顶开，使液体喷出，严重时会引起漏斗爆炸，造成伤人事故。放气时，将漏斗倒置，旋塞端向上成 45°角握稳，使液体集中在下面，用控制活塞的拇指和食指打开活塞放气，注意不要对着人。经几次摇动放气后，将漏斗放在铁架台的铁圈上，将塞子上的小槽对准漏斗上的通气孔，静置 2～5 min。待液体分层后将萃取相倒出（即有机相），放入一个干燥好的锥形瓶中，萃余相（水相）再加入新萃取剂继续萃取。重复以上操作过程，萃取后，合并萃取相，加入干燥剂进行干燥。干燥后，先将

图 2-27　手握分液漏斗的姿势

低沸点的物质和萃取剂用简单蒸馏的方法蒸出,然后视产品的性质选择合适的纯化手段。

当被萃取的原溶液量很少时,可采取微量萃取技术进行萃取。取一支离心分液管,放入原溶液和萃取剂,盖好盖子,用手摇动分液管或用滴管向液体中鼓气,使液体充分接触,并注意随时放气。静置分层后,用滴管将萃取相吸出,在萃余相中加入新的萃取剂继续萃取。以后的操作如前所述。

注意:

(1) 所用分液漏斗的容积一般要比待处理的液体体积大1~2倍。分液漏斗中的液体不宜太多,以免摇动时影响液体接触而使萃取效果下降。

(2) 在分液漏斗的活塞上涂凡士林时,注意不要抹在活塞孔中。上口也不能涂凡士林,以免污染萃取层。

(3) 在使用低沸点溶剂(如乙醚)作萃取剂时,或使用碳酸钠溶液洗涤含酸液体时,应注意在摇荡过程中要不时地放气。否则,分液漏斗中的液体易从上口塞处喷出。

(4) 如果在振荡过程中,液体出现乳化现象,可以通过加入乙醇、磺化蓖麻油、强电解质(如 NaCl)等破乳。

(5) 分液时,如果一时不知哪一层是萃取层,则可以通过再加入少量萃取剂来判断:当加入的萃取剂穿过分液漏斗中的上层液溶入下层液,则下层是萃取相;反之,则上层是萃取相。为了避免出现失误,最好将上、下两层液体都保留到操作结束。

(6) 在分液时,上层液应从漏斗上口倒出,以免萃取层受污染。

(7) 如果打开活塞却不见液体从分液漏斗下端流出,首先应检查漏斗上口塞是否打开。如果上口塞已打开,液体仍然放不出,那就该检查活塞孔是否被堵塞。

四、实验内容

本实验用叔丁醇制备叔氯丁烷,主要在于练习分液漏斗的使用操作。

将 20 mL 化学纯的浓盐酸(相对密度为 1.18)[1]加入 100 mL 分液漏斗中,再加入 6 g 叔丁醇(7.6 mL,0.08 mol)[2],不塞顶塞轻轻旋摇 1 min,然后塞上顶部塞子(注意使塞子的出气槽与漏斗颈部的出气孔错开),按照图 2-28 所示的方法将漏斗倒

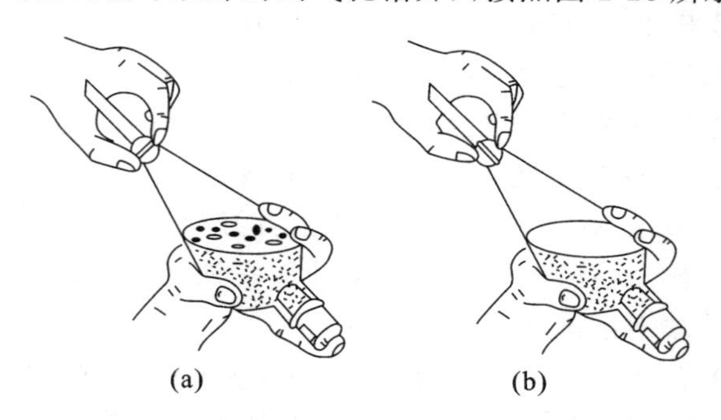

图 2-28 分液漏斗的放气方法

置，并打开活塞放气一次。关闭活塞，轻轻旋摇后再打开活塞放气。重复操作数次后漏斗中不再有大量气体产生，可用力振摇。共振摇约 6 min，最后一次放气后将漏斗放到铁圈上。旋转顶部塞子，使出气孔与出气槽相通，静置使液体分层清晰。

用一支盛有 1～2 mL 清水的试管接在分液漏斗下部，小心旋转活塞将 2～3 滴液体放入试管中，振荡试管后静置并观察试管内液体是否分层，据以判断分液漏斗中哪一层液体是水层。分离并弃去水层。依次用 10 mL 水、5 mL 5%碳酸氢钠溶液[3]、10 mL 水洗涤有机层，直至用湿润的石蕊试纸检验呈中性。

将粗产物转移到小锥形瓶中，加入 1～1.5 g 无水氯化钙，塞住瓶口，干燥半小时以上，至液体澄清后滤入 25 mL 蒸馏瓶中，水浴加热蒸馏，用冰水浴冷却接收瓶，收集 49～52 ℃的馏分[4]。产量为 6 g 左右，收率为 78%～86%。

纯的叔氯丁烷：b. p. 51～52 ℃；$d_4^{20}=0.8420$；$n_D^{20}=1.3857$。

本实验需 3～4 h。

五、注释

[1] 化学纯浓盐酸能获得良好结果。不可用工业盐酸。

[2] 叔丁醇熔点为 25 ℃，沸点为 82.3 ℃，常温下为黏稠液体。为避免黏附损失，最好用称量法取料。若温度较低，叔丁醇凝固，可用温水浴熔化。

[3] 用碳酸氢钠溶液洗涤时会产生大量气体，应先不塞塞子旋摇至不再产生大量气体，再塞上塞子按正常洗涤方法洗涤，仍需注意及时放气。

[4] 如果在 49 ℃以下的馏分较多，可将其重新干燥，再蒸馏。

六、思考题

(1) 实验室现有一混合物待分离提纯，已知其中含有甲苯、苯胺和苯甲酸。请选择合适的溶剂，设计合理的方案从混合物中经萃取分离、纯化得到纯净甲苯、苯胺、苯甲酸。

(2) 使用分液漏斗的目的是什么？使用时要注意哪些事项？

(3) 用乙醚萃取水中的有机物时，要注意哪些事项？

2.5.5 重 结 晶

一、实验目的

(1) 学习重结晶法提纯固体物质的原理和方法。

(2) 掌握抽滤、热过滤操作和滤纸折叠的方法。

(3) 了解重结晶选择溶剂的原则。

二、实验原理

重结晶(recrystallization)通常是用溶解的方法把晶体结构破坏，然后改变条件让晶体重新生成，利用被提纯物质及杂质在某种溶剂中的溶解度不同，或在同一溶剂中不同温度时的溶解度不同，以除去杂质的一种操作过程。重结晶是纯化固体有机化合物最常用的一种方法。

固体有机物在溶剂中的溶解度受温度的影响很大。一般来说，升高温度会使溶解度增大，而降低温度则会使溶解度减小。如果将固体有机物制成热的饱和溶液，然后使其冷却，这时，由于溶解度下降，原来热的饱和溶液就变成了冷的过饱和溶液，因而有晶体析出。就同一种溶剂而言，对于不同的固体化合物，其溶解性是不同的。重结晶操作就是利用不同物质在溶剂中的不同溶解度，或者经热过滤将溶解性差的杂质滤除，或者让溶解性好的杂质在冷却结晶过程仍保留在母液中，从而达到分离纯化的目的。

重结晶一般只适用于纯化杂质含量低于5%的固体有机混合物，如果杂质含量过高，往往需要先经过其他方法初步提纯，如萃取、水蒸气蒸馏、柱层析等，然后用重结晶方法提纯。

三、操作方法

1. 常量重结晶

常量重结晶一般包括以下几个步骤。

1) 溶剂的选择

在进行重结晶时，选择理想的溶剂是关键，理想的溶剂必须具备下列条件。

(1) 不与被提纯物质起化学反应。

(2) 温度高时，被提纯物质在溶剂中溶解度大，在室温或更低温度下溶解度很小。

(3) 杂质在溶剂中的溶解度非常大或非常小(前一种情况是使杂质留在母液中不随被提纯晶体一同析出，后一种情况是使杂质在趁热过滤时除去)。

(4) 溶剂沸点不宜太低，也不宜过高。溶剂沸点过低时，制备的热饱和溶液和冷却结晶两步操作温差小，固体物质溶解度改变不大，影响收率，而且低沸点溶剂操作也不方便。溶剂沸点过高时，附着于晶体表面的溶剂不易除去。

此外还要考虑能否得到较好的结晶，溶剂的毒性、易燃性和价格等因素。

在选择溶剂时应根据“相似相溶”原理进行，溶质往往易溶于结构和极性相似的溶剂中。在重结晶时需要知道用哪一种溶剂最合适和物质在该溶剂中的溶解度情况。若为早已研究过的化合物，可通过查阅手册或辞典中“溶解度”一栏找到有关适当溶剂的资料；若从未研究过，则须用少量样品进行反复实验。其方法如下：取少量(约0.1 g)被提纯的化合物，研细后放入一小试管中，加入1 mL溶剂，加热并振荡，观察加热和冷却时试样的溶解情况；若冷却或温热时被提纯的化合物能全部溶解，则溶解度太大，此溶剂不适用。若加热到沸腾后，被提纯的化合物没有全部溶解，继续加热，慢慢滴加溶剂，每次加入量约 0.5 mL，并加热至沸腾，若加入的溶剂已达 4 mL，该化合物仍不能溶解，则溶解度太小，此溶剂也不适用；若 0.1 g 被提纯的化合物能溶在 1～4 mL 沸腾的溶剂中，将溶液冷却，观察结晶的析出情况；如结晶不能自行析出，可用玻璃棒摩擦液面下的试管壁，或加入晶种促使结晶析出，若此时仍不结晶，则此溶剂仍不适用。

若不能选到单一的合适的溶剂，可考虑使用混合溶剂。混合溶剂一般由两种能互溶的溶剂组成，其中一种对被提纯的化合物溶解度较大，而另一种溶解度较小。常用的混合溶剂有乙醇-水、乙酸-水、苯-石油醚、乙醚-甲醇等。

选择混合溶剂时，先将被提纯化合物加热溶于易溶的溶剂中，趁热过滤，除去不溶性杂质，再趁热滴入难溶溶剂至溶液混浊，然后加热使之变澄清（若不澄清，可再加入少量的易溶溶剂，使其刚好澄清），最后将此热溶液放置冷却，使结晶析出。

2）固体的溶解

将待重结晶的有机物装入圆底烧瓶中，加入稍少于估算量的溶剂，投入几粒沸石，配置回流冷凝管。接通冷凝水，加热至沸，并不时地摇动。如果仍有部分固体没有溶解，再逐次添加溶剂，并保持回流。如果溶剂的沸点较低，当固体全部溶解后再添加一些溶剂，其量为已加入溶剂量的 10%～20%。

要使重结晶得到的产品纯且回收率高，溶剂的用量是关键。溶剂用量太大，会使待提纯物过多地留在母液中，造成损失；若用量太少，在随后的趁热过滤中又易析出晶体而损失掉，并且会给操作带来麻烦。因此，一般比理论需要量（刚好形成饱和溶液的量）多加 10%～20% 的溶剂。如在三角烧瓶中加热溶解，要注意搅拌，防止飞溅。

在溶解的过程中，有时会出现油珠状物，这对物质的纯化很不利，因为杂质会伴随析出，并夹带少量的溶剂。遇到这种情况，应注意两点：首先，所选溶剂的沸点要低于溶质的熔点；其次，若不能选择出沸点比较低的溶剂，则应在比熔点低的温度下进行热溶解。例如，乙酰苯胺的熔点为 114 ℃，用水重结晶时，加热至 83 ℃就熔化成油状物，这时，在水层中含有已溶解的乙酰苯胺，而在熔化成油状的乙酰苯胺中含有水。所以对待类似于乙酰苯胺的物质，当用水重结晶时，就应该遵循以下原则：

（1）所配制的热溶液要稀一些（在不会发生与溶剂共熔的浓度范围），但这会使重结晶的回收率降低；

（2）乙酰苯胺在低于 83 ℃的温度下热溶解，过滤后让母液慢慢冷却。

3）脱色

不纯的有机物常含有有色杂质，若遇这种情况，可向溶液中加入少量活性炭来吸附这些杂质。加入活性炭的方法如下:待沸腾的溶液稍冷后加入,活性炭用量视杂质多少而定,一般为干燥的粗品质量的1%～5%;然后煮沸5～10 min,并不时搅拌以防暴沸。

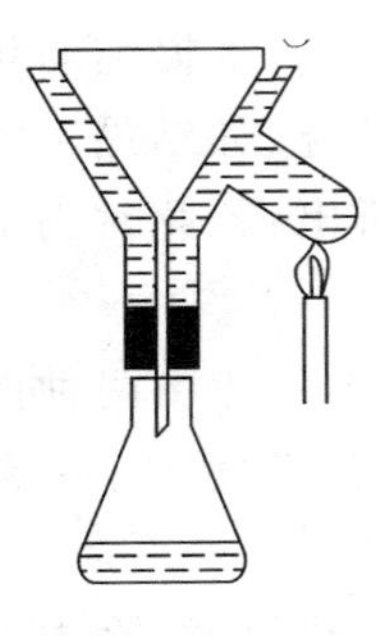

图 2-29 热过滤装置

4) 热过滤

为了除去不溶性杂质和活性炭,需要趁热过滤。在过滤的过程中,溶液的温度下降往往导致结晶析出。为了保持滤液的温度使过滤操作尽快完成,一是选用短颈或无颈的玻璃漏斗,二是使用折叠滤纸,三是使用保温漏斗(热水漏斗,见图2-29)。

保温漏斗要用铁夹固定好,注入热水,并预先烧热。若是易燃的有机溶剂,应熄灭火焰后再进行热滤;若溶剂是不可燃的,则可煮沸后一边加热一边热滤。

折叠滤纸(又称扇形滤纸或菊花形滤纸)的具体折法如图2-30所示。

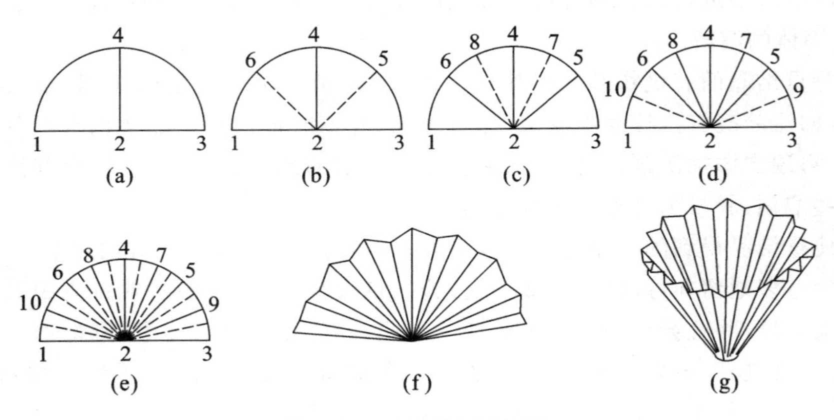

图 2-30 扇形滤纸的叠法

将圆形滤纸对折,然后对折成四分之一,以边3对边4叠成边5、边6,以边4对边5叠成边7,以边4对边6叠成边8,依次以边1对边6叠成边10,边3对边5叠成边9,这时折得的滤纸外形如图2-30(f)所示。在折叠时应注意,滤纸中心部位不可用力压得太紧,以免在过滤时,滤纸底部由于磨损而破裂。然后将滤纸在1和10、6和8、4和7等之间各朝相反方向折叠,做成扇形,打开滤纸,最后做成如图2-30(g)所示的折叠滤纸,即可放在漏斗中使用。

5) 结晶

将滤液在冷水中快速冷却并剧烈搅动时,可得到颗粒细小的晶体。小晶体虽然包含的杂质少,但由于表面积大而吸附的杂质多;若结晶速度过慢,则可得到颗粒很大的晶体,晶体中包藏有母液和杂质,纯度降低,难以干燥。因此,应将热滤液静置,让其缓慢冷却,不要急冷和剧烈搅动,以免晶体过细;当发现过大晶粒正在形成时,轻轻摇动使之形成较均匀的小晶体。为使结晶更完全,可使用冰水冷却。

如果冷却时无结晶析出,可用加入一小颗晶种(原来固体的结晶)或用玻璃棒在液面附近的玻璃壁上稍用力摩擦引发结晶。

6)晶体的收集和洗涤

把晶体与母液分离一般采用布氏漏斗抽气过滤的方法。其装置如图 2-31 所示。

根据需要选用大小合适的布氏漏斗和刚好覆盖住布氏漏斗底部的滤纸。先用与待滤液相同的溶剂湿润滤纸,然后打开水泵,并慢慢关闭安全瓶上的活塞使吸滤瓶中产生部分真空,使滤纸紧贴漏斗。将待滤液及晶体倒入漏斗中,液体穿过滤纸,晶体收集在滤纸上。用少量冷溶剂将黏附在容器壁上的晶体洗出,继续抽气,使用玻璃钉挤压晶体,尽量除去母液。当布氏漏斗下端不再滴出溶剂时,慢慢旋开安全瓶上的活塞,关闭水泵。将少量冷溶剂均匀地滴在滤饼上,用玻璃棒轻轻翻动晶体,使全部晶体刚好被溶剂浸润,打开水泵,关闭安全瓶活塞,抽去溶剂,重复操作两次,就可把滤饼洗净。

过滤少量的晶体(2 g 以下),可用玻璃钉过滤装置,如图 2-32 所示。

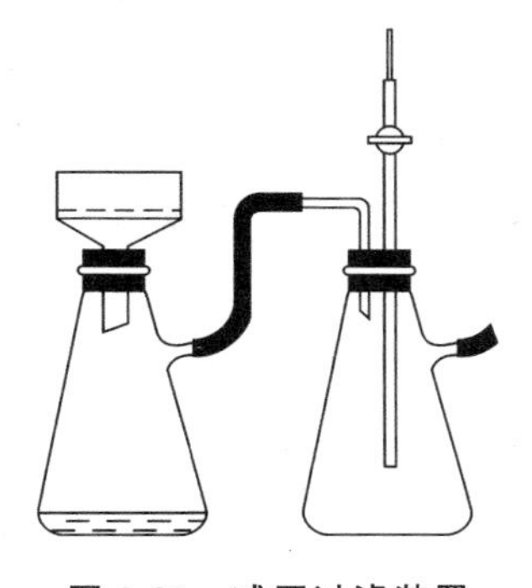

图 2-31　减压过滤装置

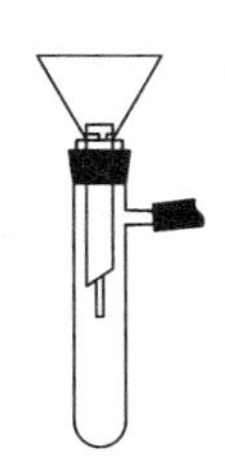

图 2-32　玻璃钉过滤装置

7)晶体的干燥

用重结晶法纯化后的晶体,其表面还吸附有少量溶剂,应根据所用溶剂及晶体的性质选择恰当的方法进行干燥。常用的方法有如下几种:①空气干燥;②烘干;③干燥器干燥。

2. 半微量重结晶

如果待纯化样品较少(少于 500 mg),用普通布氏漏斗进行重结晶操作是比较困难的,一般损失较大,而用 Y 形砂芯漏斗操作,则十分方便,产物损失较小(见图 2-33)。操作时首先将样品由玻璃管口放入玻璃球中,加入少许溶剂把落在玻璃管道内的样品冲洗下去,置玻璃球于油浴或热水浴中加热至微沸,再用滴管向玻璃球中补加溶剂,直至样品全部溶解。停止热浴,并擦净玻璃球上的油迹或水迹。然后迅速将玻璃球倒置,用橡皮唧气球通过玻璃管向 Y 形砂芯漏斗内加压,使漏斗内热的饱和溶液经过砂芯漏斗滤入洁净的容器中,静置、结晶。

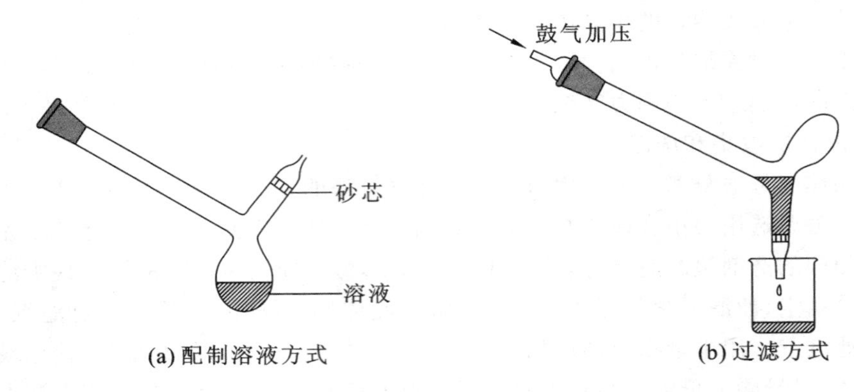

(a) 配制溶液方式　　(b) 过滤方式

图 2-33　Y 形砂芯漏斗

注意：

(1) 如果所选溶剂是水，则可以不用回流装置。若使用沸点在 80 ℃以下的溶剂，加热时需用水浴。另外，在添加易燃溶剂时应避开明火。

(2) 活性炭在吸附杂质的同时，对待纯化物质也同样具有吸附作用。因此，在能满足脱色的前提下，活性炭的用量应尽量少。

(3) 热过滤操作是重结晶过程中的另一个重要的步骤。热过滤前，应将漏斗事先充分预热。菊花形滤纸要用热溶剂润湿，热过滤操作要迅速，以防止由于温度下降而使晶体在滤纸上析出。

(4) 热过滤后所得滤液应让其静置冷却结晶。如果滤液中已出现絮状结晶，可以适当加热使其溶解，然后自然冷却，这样可以获得较好的结晶。

(5) 经冷却、结晶、过滤后所得的母液在室温下静置一段时间，还会析出一些晶体，但其纯度不如第一批晶体。如果对于结晶纯度有一定的要求，前后两批晶体就不可混合在一起。

(6) 在用 Y 形砂芯漏斗热过滤前，一定要将样品溶液的玻璃球部擦净，否则在倒置过滤时，残留在玻璃球部的溶液(油或水)可能污染滤液。

四、实验内容

1. 工业苯甲酸的精制

称取 1 g 工业苯甲酸粗品，置于 100 mL 三角烧瓶中，加水约 25 mL，放在石棉网上加热并用玻璃棒搅动，观察溶解情况。如至水沸腾仍有不溶性固体，可分批补加适当水直至沸腾状态下可以全溶或基本溶解。然后补加 5～7 mL 水，总用水量约 37 mL。与此同时，将布氏漏斗放在另一只大烧杯中并加水煮沸预热。暂停对溶液加热，稍冷后加入适量活性炭，搅拌使之分散开。重新加热至沸腾并煮沸 5～10 min。

取出预热的布氏漏斗，立即放入事先选定的略小于漏斗底面的圆形滤纸，迅速安装好抽滤装置，以数滴沸水润湿滤纸，开泵抽气使滤纸紧贴漏斗底。将热溶液倒入漏斗中，每次倒入漏斗的液体不要太满，也不要等溶液全部滤完再加。在热过滤过程中，应保持溶液的温度，为此，将未过滤的部分继续用小火加热，以防冷却。待所有的溶液过滤完毕后，用少量热水洗涤漏斗和滤纸。滤毕，立即将滤液转入烧杯中，用表面皿盖住杯口，室温放置冷却结晶。如果抽滤过程中晶体已在滤瓶中或漏斗尾部析出，可将晶体一起转入烧杯中，将烧杯放在石棉网上温热溶解后再在室温下放置结晶，或将烧杯放在热水浴中随热水一起缓缓冷却结晶。

结晶完成后，用布氏漏斗抽滤，用玻璃钉将晶体压紧，使母液尽量除去。打开安全瓶上的活塞，停止抽气，加少量冷水洗涤，然后重新抽干，如此重复 1～2 次。最后将晶体转移到表面皿上，摊开，在红外灯下烘干，测定熔点，并与粗品的熔点作比较。称重，计算回收率。产量为 0.6～0.8 g，收率为 60%～70%，粗品熔点 112～118 ℃，产品熔点 121～122 ℃。

纯粹苯甲酸：b. p. =249 ℃；m. p. =122 ℃；d_4^{20}=1.2659。

2. 用水重结晶乙酰苯胺

称取 1 g 乙酰苯胺，放入 100 mL 三角烧瓶中，加入适量纯水，加热至沸腾。若不溶解，可用滴管添加适量热水，直至乙酰苯胺刚好溶解，再加入 15%～20%的过量水。稍冷后，加入适量活性炭于溶液中，煮沸 5～10 min。趁热用放有折叠式滤纸的热水漏斗过滤[1]，用洁净小烧杯收集滤液。在热过滤过程中，应保持溶液的温度，为此，要将热水漏斗和未过滤的部分继续用小火加热，以防冷却。将热溶液倒入漏斗中，每次倒入漏斗的液体不要太满，也不要等溶液全部滤完再加。待所有的溶液过滤完毕后，用少量热水洗涤漏斗和滤纸[2]。滤毕，滤液自然冷却至室温，有乙酰苯胺结晶析出，用布氏漏斗抽滤，用玻璃钉将晶体压紧，使母液尽量除去。打开安全瓶上的活塞，停止抽气，加少量冷水洗涤，然后重新抽干，如此重复 1～2 次。取出晶体，放在表面皿上晾干，或在 100 ℃以下烘干，称量。计算回收率。乙酰苯胺的熔点为 114 ℃。乙酰苯胺在水中的溶解度为 5.5 g/100 mL(100 ℃)、0.53 g/100 mL(25 ℃)。

五、注释

[1] 热水漏斗中放置颈短而粗的经烘箱或水蒸气预热过的玻璃漏斗，以防晶体析出堵塞漏斗。

[2] 如滤纸上晶体较多，应小心刮回锥形瓶中，用少量热溶剂溶解后再过滤。

六、思考题

(1) 加热溶解待重结晶的粗产物时，为何先加入比计算量少的溶剂，然后渐渐添加至恰好溶解，最后多加少量溶剂？

(2) 为什么活性炭要在固体物质完全溶解后加入？又为什么不能在溶液沸腾时加入？

(3) 用抽气过滤法收集固体时，为什么在关闭水泵前，先要打开安全瓶上的活塞？

(4) 母液浓缩后所得到的晶体为什么比第一次得到的晶体纯度要差?

2.5.6 升 华

一、实验目的

(1) 了解升华的基本原理和方法。

(2) 熟悉常压升华的操作技术。

二、实验原理

固体物质受热后不经熔融就直接转变为蒸气,该蒸气经冷凝又直接转变为固体,这个过程称为升华(sublimation)。升华是纯化固体有机物的一种方法。利用升华不仅可以分离具有不同挥发度的固体混合物,而且能除去难挥发的杂质。一般由升华提纯得到的固体有机物纯度都较高。但是,由于该操作较费时,而且损失也较大,因此升华操作通常只限于实验室中少量物质的精制。

一般来说,能够通过升华操作进行纯化的物质是那些温度在熔点以下时具有较高蒸气压的固体物质。这类物质具有三相点,即固、液、气三相并存点。一种物质的熔点,通常指的是该物质的固、液两相在大气压下达到平衡时的温度。而某物质的三相点指的是该物质在固、液、气三相达到平衡时的温度和压力。在三相点以下,物质只有固、气两相。这时,只要将温度降低到三相点温度以下,蒸气就可不经液态直接转变为固态。反之,若将温度升高,则固态又会直接转变为气态。由此可见,升华操作应该在三相点温度以下进行。例如,六氯乙烷的三相点温度是 186 ℃,压力为 104.0 kPa(780 mmHg),当升温至 185 ℃时,其蒸气压已达 101.3 kPa(760 mmHg),六氯乙烷即可由固相常压下直接挥发为蒸气。

另外,有些物质在三相点时的平衡蒸气压比较低,在常压下进行升华效果较差,这时可在减压条件下进行升华操作。

三、操作方法

将待升华物质研细后放置在蒸发皿中,然后将一张扎有许多小孔的滤纸覆盖在蒸发皿口上(孔刺朝上),并将玻璃漏斗倒置在滤纸上面,在漏斗的颈部塞上一团疏松的棉花,如图 2-34(a)所示。用小火隔着石棉网慢慢加热,使蒸发皿中的物质慢慢升华,蒸气透过滤纸小孔上升,凝结在玻璃漏斗的壁上,滤纸面上也会结晶出一部分固体。升华完毕,可用不锈钢刮匙将凝结在漏斗壁上以及滤纸上的晶体小心刮落并收集起来。当升华量较大时,可用图 2-34(b)所示的装置分批进行升华。

减压条件下的升华操作与上述常压升华操作大致相同。首先将待升华物质放在吸滤管内,然后在吸滤管上配置指形冷凝管,内通冷凝水,用油浴加热,吸滤管支口接水泵或油泵,如图 2-35 所示。

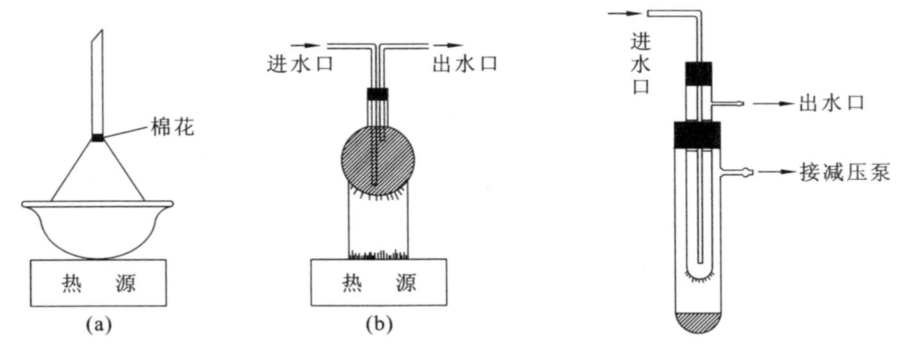

图 2-34　常压升华装置

图 2-35　减压升华装置

注意:

(1) 待升华物质要经充分干燥,否则在升华操作时部分有机物会与水蒸气一起挥发出来,影响分离效果。

(2) 在蒸发皿上覆盖一层布满小孔的滤纸,主要是为了在蒸发皿上方形成温差层,使逸出的蒸气容易凝结在玻璃漏斗壁上,提高物质升华的收率。必要时,可在玻璃漏斗外壁上敷上冷湿布,以助冷凝。

(3) 为了获得良好的升华分离效果,最好采取沙浴或油浴而避免用明火直接加热,使加热温度控制在待纯化物质的三相点温度以下。如果加热温度高于三相点温度,就会使不同挥发性的物质一同蒸发,从而影响分离效果。

四、实验内容

称取 0.5 g 粗萘,用常压装置(见图 2-34(a))进行升华。缓慢加热控制在 80 ℃以下,数分钟后,可轻轻取下漏斗,小心翻起滤纸。如发现下面已挂满萘,则可将其移入洁净、干燥的样品瓶或烧杯中,并立即重复上述操作,直到萘升华完毕为止,使杂质留在蒸发皿底部。产物称重约 0.4 g,为白色晶体。纯萘熔点为 80.6 ℃。

五、思考题

(1) 升华操作时,为什么要缓缓加热?

(2) 升华分离方法的必要条件和适用范围是什么?

(3) 升华分离方法的优缺点是什么?

2.5.7　外消旋化合物的拆分

一、实验目的

(1) 了解手性拆分的原理和方法。

(2) 掌握利用(+)-酒石酸来手性拆分反式环己-1,2-二胺的操作方法。

二、实验原理

在非手性条件下,由一般合成反应制得的化合物为等量的对映体组成的外消旋体,故无旋光性。利用拆分的方法,把外消旋体的一对对映体分成纯净的左旋体和右旋体,称为外消旋体的拆分。早在1848年,Louis Pasteur首次利用物理的方法,拆开了一对光学活性酒石酸盐的晶体,从而导致对映异构现象的发现。但这种方法不适用于大多数外消旋体的拆分。拆分外消旋体最常用的方法是利用化学反应把对映体变为非对映体。如果手性化合物的分子中含有一个易于反应的拆分基团,如羧基或氨基等,就可以使它与一个纯的旋光化合物(拆解剂)反应,从而把一对对映体变成非对映体。由于非对映体的物理性质(如溶解性、结晶性等)不同,就可利用结晶等方法将它们分离、精制,然后去掉拆解剂,就可以得到纯的旋光化合物,达到拆分的目的。实际工作中,要得到单个旋光纯的对映体,并不是件容易的事情,往往需要冗长的拆分操作和反复的重结晶才能完成。常用的拆解剂有马钱子碱、奎宁和麻黄素等旋光纯的生物碱(拆分外消旋的有机酸)及酒石酸、樟脑磺酸等旋光纯的有机酸(拆分外消旋的有机碱)。

外消旋的醇通常先与丁二酸酐或邻苯二甲酸酐形成单酯,用旋光纯的碱把酸拆分,再经碱性水解得到单个的旋光纯的醇。

此外,还可利用酶对它的底物有非常严格的空间专一性的反应特性即生化的方法,或利用具有光学活性的吸附剂即直接层析法等,把一对光学异构体分开。

本实验进行环己1,2-二胺的手性拆分。外消旋体反式环己-1,2-二胺含有氨基基团,与(+)-酒石酸经过酸碱反应形成两种非对映异构体盐;利用两种盐溶解度的差异,通过重结晶的方法分离,然后用无机碱再生,从而实现对外消旋化合物手性拆分的目的。

反应式:

(±) 环己-1,2-二胺(NH_2, NH_2) + (+) 酒石酸(HOOC, OH, HO, COOH) ⟶ { 两种非对映异构体盐($\overset{+}{N}H_3$ $\overset{-}{O}OC$ OH / $\overset{+}{N}H_3$ $\overset{-}{O}OC$ OH) }

结晶分离 ⟶

$\overset{+}{N}H_3$ $\overset{-}{O}OC$ OH / $\overset{+}{N}H_3$ $\overset{-}{O}OC$ OH —无机碱→ (−) 环己-1,2-二胺(NH_2, NH_2)

晶体

$\overset{+}{N}H_3$ $\overset{-}{O}OC$ OH / $\overset{+}{N}H_3$ $\overset{-}{O}OC$ OH —无机碱→ (+) 环己-1,2-二胺(NH_2, NH_2)

溶液

三、实验内容

将反式环己-1,2-二胺外消旋体 5.0 g 溶于 8.5 mL 水中,在快速搅拌下慢慢加入(+)-酒石酸 3.3 g,并使温度不超过 70 ℃[1]。当酒石酸完全溶解后,慢慢滴加冰乙酸 2.2 mL 并维持反应温度在 90 ℃。接着不断搅拌使其冷却,有沉淀析出。停止搅拌,冰水冷却 30 min。

沉淀过滤后依次用 2 mL 冰水和 4 mL 50%乙醇洗涤,抽干后用水进行重结晶,得到白色晶状固体[2]。

将该白色晶状固体 1.5 g 慢慢加入 3 mL 4 mol/L 氢氧化钾溶液中,待完全溶解后用 30 mL 二氯甲烷分两次萃取,合并有机相,用无水硫酸钠干燥,蒸去溶剂,得无色油状物(—)-反环己-1,2-二胺。

本实验约需 5 h。

四、注释

[1] 必要时可以加热或者冷却。

[2] 重结晶得到(1*R*,2*R*)-(—)环己二胺单(+)-酒石酸盐,外观为白色晶状固体。

五、思考题

(1) 简述手性拆分的实验原理和方法。

(2) 从结构上思考,为什么原料使用的是反式环己-1,2-二胺而不是顺式环己-1,2-二胺?

2.6　色谱分离技术

色谱法(chromatography)又称层析法,由俄国植物学家茨维特(M. Tswett)首创于 1903 年。色谱法起初用于有色化合物(如叶绿素等)的分离。目前,它已发展成为分析混合物组分或纯化各种类型物质的特殊技术。色谱法的特点是集分离、分析于一体,简便、快速,能进行微量分析。它解决了许多其他分析方法所不能解决的问题,在医药卫生、生物化学、天然有机化学等学科有着广泛的应用。随着电子计算机技术的迅速发展,出现了全自动气相色谱仪、高效液相色谱仪等,色谱法这一分离分析技术的灵敏度以及自动化程度不断提高。

色谱法的应用主要有以下几个方面。

(1) 分离混合物。含有多种组分的混合物样品,不需事先用其他化学方法消除干扰,可直接进行分离。其分离能力强到可将有机同系物及同分异构体加以分离。

(2) 精制、提纯有机化合物。可利用色谱法将化合物中含有的少量结构类似的杂质除去,达到色谱纯度。

(3) 鉴定化合物。可利用化合物的物理常数(如 R_f值),将未知物与已知物进行对照,初步判断性质相似的化合物是否为同一种物质。

(4) 观察化学反应进行的程度。利用简便、快速的薄层色谱法观察色点的变化,以证明反应是否完成。

凡色谱都有两相:一相是固定的,称为固定相;另一相是流动的,称为流动相。色谱法的原理是利用混合物中各组分在不同的两相中溶解、吸附或其他亲和作用的差异,当流动相流经固定相时,各组分在两相中反复多次受到上述各种力的作用而得到分离。

色谱法可以有几种分类方法。

(1) 按其分离过程的原理可分为吸附色谱法、分配色谱法、离子交换色谱法等。

(2) 按固定相或流动相的物理状态可分为液-固色谱法、气-固色谱法、气-液色谱法、液-液色谱法等。

(3) 按操作形式不同可分为柱色谱法(column chromatography)、薄层色谱法(thin layer chromatography,TLC)和纸色谱法(paper chromatography)等。借助薄层色谱或纸色谱,可以摸索柱色谱的分离条件(如吸附剂、展开剂等的选择),然后利用柱色谱较大量地分离和制备化合物。同时,柱色谱中也要利用薄层色谱与纸色谱来鉴定、分析、分段收集洗脱液中的各组分。

2.6.1 柱色谱

一、实验目的

(1) 学习柱色谱技术的原理和应用。

(2) 掌握溶剂极性的选择和洗脱液的配制。

(3) 掌握柱色谱分离技术和操作。

二、实验原理

柱色谱可分为分配柱色谱和吸附柱色谱。实验中常采用吸附柱色谱。

图 2-36 所示为用来分离混合物的柱色谱装置。柱内装有固定相(氧化铝或硅胶等),将少量样品溶液放在顶部,然后让流动相(洗脱剂)通过柱,移动的液相带着混合物的组分下移,各组分在两相间连续不断地发生吸附、脱附、再吸附、再脱附的过程。由于固定相对不同物质的吸附能力不同,各组分将以不同的速率沿柱下移。不易吸附的化合物比吸附力大的化合物下移得快些。

当混合物被分离开以后,可采用下列方法予以收集:①将柱内固体挤出,把含有所需层带的固体部分切割下来,再用适当溶剂萃取;②让洗脱剂不断流经柱,柱下方是不同容器,收集不同时间洗脱下来的组分,然后将溶剂蒸去。

有色物质流经柱时，层带可直接观察到；对于无色物质，可通过加入显色剂或利用紫外光照射时有荧光出现加以区别。

1. 吸附剂的选择

进行柱色谱分离时，首先应考虑选择合适的吸附剂。常用的吸附剂有氧化铝、硅胶、氧化镁、碳酸钙、活性炭等。一般要求吸附剂符合以下条件：①有大的表面积和一定的吸附能力；②颗粒均匀，且在操作过程中不碎裂，不起化学反应；③对待分离的混合物各组分有不同的吸附能力。现已发现供柱色谱法用的固体吸附剂与极性化合物结合能力的顺序如下：纸＜纤维素＜淀粉＜糖类＜硅酸镁＜硫酸钙＜硅酸＜硅胶＜氧化镁＜氧化铝＜活性炭。

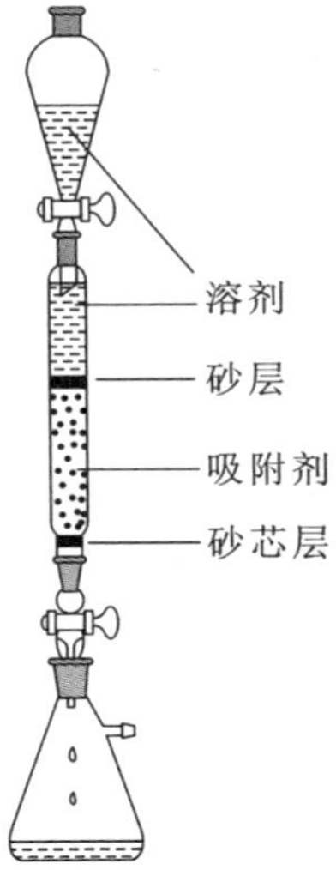

2. 洗脱剂的选择

在吸附色谱中，洗脱剂一般应符合下列条件。

(1) 纯度要合格。即无论使用单一溶剂作洗脱剂还是使用混合溶剂作洗脱剂，其杂质的含量一定要低。

(2) 洗脱剂与样品或吸附剂不发生化学变化。

(3) 黏度小，易流动，否则洗脱太慢。

(4)对样品各组分的溶解度有较大差别，且洗脱剂的沸点不宜太高，一般为 40～80 ℃。

图 2-36　柱色谱装置

通常根据被分离物质各组分的极性、溶解度和吸附剂活性三方面综合考虑。一般来说，极性化合物用极性洗脱剂洗脱，非极性化合物用非极性洗脱剂洗脱效果较好。对于组分复杂的样品，首先使用极性最小的洗脱剂，使最易脱附的组分分离，然后加入不同比例的极性溶剂配成洗脱剂，将极性较大的化合物自色谱柱洗脱下来。常用的洗脱剂按其极性由小到大的顺序可排列如下：石油醚＜环己烷＜四氯化碳＜甲苯＜二氯甲烷＜三氯甲烷＜乙醚＜2-丁酮＜二氧六环＜乙酸乙酯＜乙酸甲酯＜正丁醇＜乙醇＜甲醇＜水＜吡啶＜乙酸。

要找到最佳的分离条件往往不容易，较为方便的方法是参考前人的工作中类似化合物的分离条件，或用薄层色谱摸索出分离条件供采用柱色谱时参考。

三、操作方法

利用色谱柱进行色谱分离，其操作程序可分为装柱、加样、洗脱、收集、鉴定五个步骤，对于每一步工作，都需要小心、谨慎地对待。

1. 装柱

装柱前应先将色谱柱洗干净，再进行干燥。在柱底铺一小块脱脂棉，再铺上 0.5 cm 厚的石英砂，然后进行装柱。柱装得好坏，直接影响到分离效果。可采用干法和湿法两种方法装柱。干法装柱是首先将干燥的吸附剂经漏斗均匀地成一细流慢慢装入柱内，不应间断，时时轻轻敲打玻璃管，使柱装填得尽可能均匀，适当紧密。然后加入溶剂，使吸附剂全部润湿。也可以先加入 3/4 的洗脱剂，然后倒入干的吸附剂。柱子填充完后，在吸附剂上端覆盖一层约 0.5 cm 厚的石英砂。覆盖石英砂的目的，一是使样品均匀地流入吸附剂表面，二是当加入洗脱剂时，可以防止吸附剂表面被破坏。此法装柱的缺点是容易使柱中混有气泡。湿法装柱可避免此缺点，其方法是将洗脱剂和一定量的吸附剂调成浆状，慢慢倒入柱中，此时将柱下端的活塞打开，让溶剂慢慢流出，吸附剂即渐渐沉于柱底，这样做，柱装得比干法装柱紧密、均匀。无论采用哪种方法，都不能使柱中有裂缝或有气泡。柱中所装吸附剂的量一般为被分离样品的量的 30～50 倍。若待分离的样品中各组分性质比较相近，则吸附剂的用量会更大些，甚至可增大至 100 倍。柱高和柱直径之比约为 7.5∶1。

2. 加样

若样品为液体，一般可直接加样。若样品为固体，则需将固体溶解在一定量的溶剂中，沿管壁加入柱顶部。要小心，勿搅动表面。溶解样品的溶剂除了要求其纯度合格、与吸附剂不起化学反应、沸点不能太高等外，还须具备以下条件：①溶剂的极性比样品的极性小一些，若溶剂的极性大于样品的极性，则样品不易被吸附剂吸附；②溶剂对样品的溶解度不能太大，若溶解度太大，易影响吸附，也不能太小，否则，溶液体积增加，易使色谱分散。样品溶液加完后，打开活塞，让液体渐渐流出，至溶剂液面刚好与吸附剂表面相齐(勿使吸附剂表面干燥)，此时样品液集中在柱顶端的小范围区带，即开始用溶剂洗脱。

3. 洗脱

在洗脱过程中注意：

(1) 应连续不断地加入洗脱剂，并保持液面有一定的高度，使其产生足够的压力，提供平稳的流速；

(2) 在整个操作中不能让吸附柱的表面流干，一旦流干后再加洗脱剂，易使柱中产生气泡和裂缝，影响分离；

(3) 应控制流速，流速不应太快，否则柱中交换尚未达到平衡，因而影响分离效果，也不应太慢，否则会延长整个操作时间，而且对某些表面活性较大的吸附剂(如氧化铝)来说，有时会因样品在柱上停留时间过长，而使样品成分有所改变。

4. 收集

如果样品各组分有颜色，在柱上分离的情况可直接观察出来，分别收集各个组分即可。在多数情况下，化合物无颜色，一般采用多份收集，每份收集量要小，对每份洗脱液，采用薄层色谱或纸色谱作定性检查。根据检查结果，可将组分相同的洗脱液合并后蒸去溶剂，留作进一步的结构分析。对于组分重叠的洗脱液，可以再进行色谱分离。

注意：

(1) 以柱色谱法分离混合物时，应该考虑吸附剂的性质、溶剂的极性、柱子的尺寸、吸附剂的用量，以及洗脱的速度等因素。

(2) 吸附剂的选择一般要根据待分离的化合物的类型而定。例如：酸性氧化铝适合于分离羧酸或氨基酸等酸性化合物；碱性氧化铝适合于分离胺；中性氧化铝则可用于分离中性化合物。硅胶的性能比较温和，属无定形多孔物质，略具酸性，适合于极性较大的物质分离，如醇、羧酸、酯、酮、胺等。

(3) 溶剂的选择一般根据待分离化合物的极性、溶解度等因素而定。有时使用一种单纯溶剂就能使混合物中各组分分离开来，有时则需要采用混合溶剂，有时则使用不同的溶剂交替洗脱。例如，先采用一种非极性溶剂将待分离混合物中的非极性组分从柱中洗脱出来，然后选用极性溶剂以洗脱具有极性的组分。

(4) 层析柱的尺寸以及吸附剂的用量要视待分离样品的量和分离难易程度而定。一般来说，层析柱的柱长与柱径之比约为 8∶1；吸附剂的用量约为待分离样品质量的 30 倍。吸附剂装入柱中以后，层析柱应留有约四分之一的容量以容纳溶剂。当然，如果样品分离较困难，可以选用更长一些的层析柱，吸附剂的用量也可适当多一些。

(5) 溶剂的流速对层析柱分离效果具有显著影响。如果溶剂流速较慢，样品在层析柱中保留的时间就长，那么各组分在固定相和流动相之间就能得到充分的吸附或分配，从而使混合物，尤其是结构、性质相似的组分得以分离。但是，如果混合物在柱中保留的时间太长，则可能由于各组分在溶剂中的扩散速度大于其流出的速度，从而导致色谱带变宽，且相互重叠而影响分离效果。因此，层析时洗脱速度要适中。

四、实验内容

本实验为荧光黄和亚甲基蓝的分离。

采用干法装柱，用 25 mL 酸式滴定管作色谱柱。取少许脱脂棉放于干净的色谱柱底。关闭活塞。向柱中加入 10 mL 95%乙醇，打开活塞，控制流速为每秒 1～2 滴。此时从柱上端放入一长颈漏斗，慢慢加入 5 g 色谱用的中性氧化铝，用橡皮塞或手指轻轻敲打柱身下部，使填装紧密[1]。上面再加一层 0.5 cm 厚的石英砂[2]。在整个过程中一直保持乙醇流速不变，并注意保持液面始终高于吸附剂氧化铝的顶面[3]。

当洗脱剂液面刚好降至石英砂面时，立即沿柱壁加入 1 mL 已配好的含有 1 mg 亚甲基蓝与 1 mg 荧光黄的 95%乙醇溶液。开至最大流速。当加入的溶液流至石英砂面时，立即用 0.5 mL 95%乙醇洗下管壁的有色物质，如此 2～3 次，直至洗净为止。

加入 10 mL 95%乙醇进行洗脱。亚甲基蓝首先向柱下移动，荧光黄则留在柱上端，当第一个色带快流出来时，更换另一个接收瓶，继续洗脱。当洗脱液快流完时，应补加适量的 95%乙醇[4]。当第一个色带快流完时，不要再补加 95%乙醇，等到乙醇流至吸附剂液面时，轻轻沿壁加入 1 mL 水，然后加满水。取下此接收瓶进行蒸馏，回收乙醇。更换另一个接收瓶接收第二个色带，直至无色为止。这样两种组分就被分开了。

本实验约需 3 h。

五、注释

[1] 色谱柱填装紧密与否对分离效果很有影响,若松紧不均,特别是有断层时,会影响流速和色带的均匀性,但如果装时过分敲击,色谱柱填装过紧,又会使流速太慢。

[2] 也可不加石英砂,但加液时要沿壁慢慢地加,以避免将氧化铝溅起。

[3] 若吸附剂高于液面,应立即补加洗脱液。

[4] 补加乙醇量为每次 3～5 mL。

六、思考题

(1) 为什么必须保证所装柱中没有空气泡?

(2) 柱色谱为什么要先用非极性或弱极性的洗脱剂,然后使用较强极性的洗脱剂洗脱?

2.6.2 薄层色谱

一、实验目的

(1) 了解薄层色谱的一般原理和应用。

(2) 学习薄层色谱的操作方法。

二、实验原理

薄层色谱(thin layer chromatography,缩写为 TLC)与柱色谱原理相同,也可以分为吸附色谱和分配色谱(下面主要介绍固-液吸附色谱),只不过固体吸附剂是在玻璃板或硬质塑料板上铺成均匀的薄层(0.25～1 mm),用毛细管将样品点在板的一端,把板放在合适的流动相(展开剂)里。流动相带着混合物组分以不同的速率沿板移动,即组分被吸附剂不断地吸附,又被流动相不断地溶解——解吸而向前移动。由于吸附剂对不同组分有不同的吸附能力,流动相也有不同的解吸能力,因此,在流动相向前移动的过程中,不同的组分移动的距离不同,因而形成了互相分离的斑点。在给定条件下(吸附剂、展开剂的选择,薄层厚度及均匀度等),化合物移动的距离(图 2-37)与展开剂前沿移动的距离之比值(R_f值)是给定化合物特有的常数,即

$$R_f=\frac{\text{样品原点中心到斑点中心的距离}}{\text{样品原点中心到溶剂前沿的距离}}=d_{\text{斑点}}/d_{\text{溶剂}}$$

影响 R_f值的因素很多,如样品的结构、吸附剂和展开剂的性质、温度以及薄层板的质量等。当这些条件都固定时,化合物的比移值 R_f是一个特性常数。但由于实验条件容易改变而不易固定,因此在鉴定一种具体化合物时,经常采用与已知标准样品对照的方法。

利用薄层色谱进行分离及鉴定工作，在灵敏度、速度、准确度方面比纸色谱优越。薄层色谱具有以下特点：

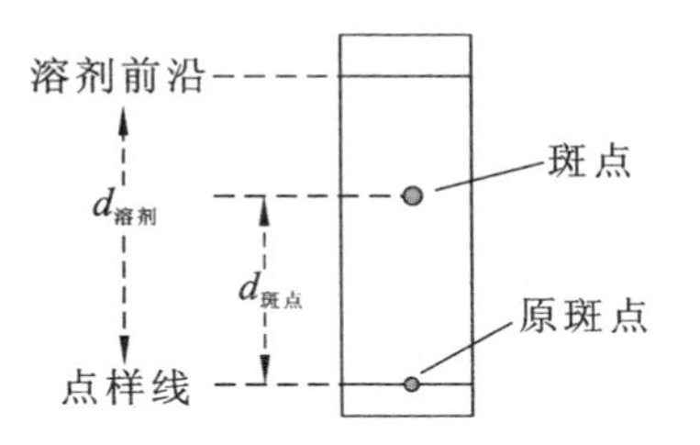

图 2-37　薄层色谱 R_f 值的计算

(1) 设备简单，操作容易；

(2) 分离时间短，只需数分钟到几小时即可得到结果，因而常用来跟踪有机反应，监测有机反应完成的程度；

(3) 特别适用于挥发性小，或在高温下易发生变化而不能用气相色谱分离的物质；

(4) 可采用腐蚀性的显色剂（如浓硫酸），且可在较高温度下显色；

(5) 不仅适用于少量样品（几毫克）的分离，也适用于较大量样品的精制（可达 500 mg）。

薄层色谱是否成功，与样品、使用的吸附剂、展开剂以及薄层的厚度等因素有关。

三、操作方法

1. 吸附剂的选择

薄层色谱中常用的吸附剂（固定相）和柱色谱一样，有氧化铝、硅胶等，只不过要求的颗粒更细（一般为 200 目左右）。若颗粒太大，则展开速度太快，分离效果不好；若颗粒太细，则展开速度又太慢，可能造成拖尾、斑点不集中等。由于用于薄层色谱的吸附剂颗粒较细，因此其分离效率比相同长度的柱高得多。一般展开距离在 10～15 cm 的薄层比展开距离在 40～50 cm 的滤纸效率还高。斑点也比纸色谱的小。吸附剂常和少量黏合剂（如羧甲基纤维素钠（简称 CMC-Na）、煅石膏（$2CaSO_4 \cdot H_2O$）、淀粉等）混合，以增大吸附剂在板上的黏着力。于是薄层板分为两种：通常将加黏合剂的薄层板称为硬板，不加黏合剂的板称为软板。大致说来，薄层用的硅胶分为下面几种类型：硅胶 H，不加黏合剂；硅胶 G，含煅石膏作黏合剂；硅胶 H_{254}，含荧光物质，可于 254 nm 波长的紫外光下观察荧光；硅胶 GF_{254}，既含煅石膏，又含荧光剂。氧化铝也根据所含黏合剂和荧光物质，分为氧化铝 G、氧化铝 GF_{254} 及氧化铝 HF_{254} 等。

薄层吸附色谱和柱吸附色谱一样，所使用的吸附剂对分析样品的吸附能力和样品的极性有关。吸附剂对极性大的化合物的吸附性强，因而其 R_f 值就小。因此，利用硅胶或氧化铝薄层可将不同极性的化合物分离开来。

2. 展开剂的选择

薄层吸附色谱展开剂的选择与柱吸附色谱洗脱剂的选择相同，极性大的化合物需用极性大的展开剂，极性小的展开剂用以展开极性小的化合物。一般情况下，先选用单一展开剂（如苯、氯仿、乙醇等），若发现样品各组分的比移值较大，可选用或加入适量极性较小的展开剂（如石油醚等）。反之，若样品各组分的比移值较小，则可加入适量极性较大的展开剂试行展开。在实际工作中,常用两种或三种溶剂的混合物作展开剂,这样更有利于调配展开剂的极性,改善分离效果。通常希望 R_f 值在 0.2～0.8 范围内,最理想的 R_f 值在 0.4～0.5 范围内。表 2-8 给出了常见溶剂在硅胶板上的展开能力,一般展开能力与溶剂的极性成正比。混合展开剂的选择请参考柱色谱中洗脱剂的选择。

表 2-8　TLC 常用的展开剂

溶剂名称	戊烷、四氯化碳、苯、氯仿、二氯甲烷、乙醚、乙酸乙酯、丙酮、乙醇、甲醇
极性及展开能力	增加 →

3. 薄层板的制备

1) 薄层板的准备

将厚约 2.5 mm、100 mm×30 mm 的载玻片用洗衣粉(不能用去污粉,内有沙)洗净,干燥(可晾干、烘干,也可用快干法,用 50%的甲醇溶液淋洗)。取用载玻片时只能用手指接触其边缘,以免沾污载玻片。

2) 制备浆料

薄层板的制备可分为干法和湿法。干法制板常用氧化铝作吸附剂,将氧化铝倒在玻璃板上,取直径均匀的一根玻璃棒,将两端用胶布缠好,在玻璃板上滚压,把吸附剂均匀地铺在玻璃板上。这种方法操作简便、展开快,但是样点易扩散,制成的薄板不易保存。实验室最常用的是湿法制板。湿法制板时首先要制备浆料,按一定比例在搅拌下将吸附剂慢慢地倒入溶剂中调成糊状,不要反过来加,防止形成团块。湿法制浆要在使用前调制,否则浆料容易凝固结块。制成的浆料要求均匀,不带团块,黏稠程度适当。一般 1 g 硅胶 G 需要 3～4 mL 0.5%羧甲基纤维素钠清液或约 3 mL 氯仿,1 g 氧化铝 G 需要 2 mL 0.5%羧甲基纤维素钠清液。不同性质的吸附剂用溶剂量有所不同,应根据实际情况予以增减。

按照上述规格的载玻片,每块约用 1 g 硅胶 G。薄层的厚度为 0.25～1 mm,厚度尽量均匀。否则,在展开时溶剂前沿不齐。

3) 涂片

涂片常采用下列三种方法。

(1) 平铺法。大量时可用涂布器涂布(见图 2-38)。将洗净的几块载玻片摆放在涂布器的中间,上、下两边各夹一块比前者厚 0.25～1 mm 的玻璃板,将浆料倒入涂布器的槽中,然后将涂布器自左向右推去,即可将浆料均匀地铺于载玻片上。

(2) 倾注法。将调好的浆料倒在载玻片上,用手左右摇晃,使其表面均匀光滑。然后把薄层板放于已校平的平板上阴干。

(3) 浸涂法。将两片载玻片重叠在一起,用手夹住片的上端,慢慢浸入已调好的浆液,浸涂 2 s 左右(上端留一些不浸涂),然后缓慢地将载玻片从浆液中取出,要求板面均匀平滑，将载片边缘上的浆料用抹布轻轻地擦去，小心将两片分开，放在磁盘中。

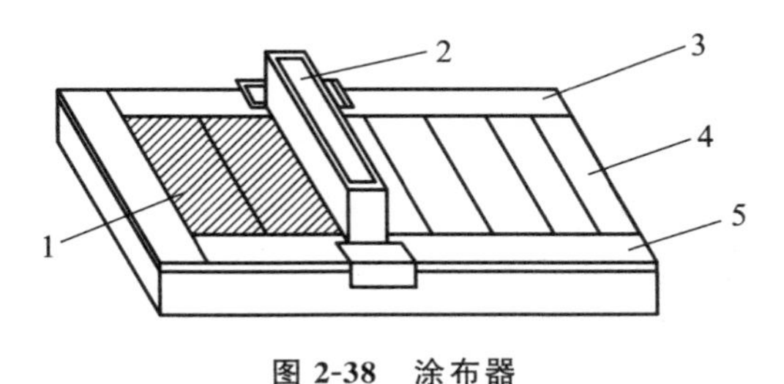

图 2-38　涂布器

1—铺好的薄层板；2—涂布器；3、5—厚玻璃；4—玻璃板

薄层板制备的好与坏直接影响色谱分离的效果，在制备过程中应注意：

(1) 铺板时，尽可能将吸附剂铺均匀，不能有气泡或颗粒等；

(2) 铺板时，吸附剂的厚度不能太厚，也不能太薄，太厚则展开时会出现拖尾，太薄则样品分不开，一般厚度为 0.5～1 mm；

(3) 湿板铺好后，应放在比较平的地方慢慢自然干燥，千万不要快速干燥，否则薄层板会出现裂痕。

4. 薄层板的活化

薄层板经过自然干燥后，再放入烘箱中活化，进一步除去水分。不同的吸附剂及配方，需要不同的活化条件。例如：硅胶一般在烘箱中逐渐升温，在 105～110 ℃下，加热 30 min；氧化铝在 200～220 ℃下烘干 4 h，可得到活性为Ⅱ级的薄层板，在 150～160 ℃下烘干 4 h 可得到活性为Ⅲ～Ⅳ级的薄层板。当分离某些易吸附的化合物时，可不用活化。活化好的薄层板放在干燥器内保存备用。

5. 点样

将样品用易挥发溶剂配成 1%～5%的溶液。在距薄层板的一端 10 mm 处，用铅笔轻画一条横线作为点样时的起点线(画线时不能将薄层板表面破坏)。

用内径小于 1 mm、干净并且干燥的毛细管吸取少量的样品，轻轻触及薄层板的起点线(点样)，然后立即抬起，待溶剂挥发后，再触及第二次。这样点 3～5 次即可，如果样品浓度低可多点几次。在点样时应做到“少量多次”，即每次点的样品量要少一些，点的次数可以多一些，这样可以保证样点既有足够的浓度，又小。样点直径不要超过 2 mm，如太大会出现拖尾现象。如果在一块薄层板上点两个以上的样点，则点样间距为 1～1.5 cm。样点好后就可以展开。

6. 展开

将展开剂倒入展开瓶或合适的广口瓶中，瓶的内壁贴一张高 5 cm、环绕周长约 4/5 的滤纸，使容器内被展开剂蒸气饱和 5～10 min，再将点好样品的薄层板小心斜放在展开瓶中，盖上瓶盖进行展开(见图 2-39)。注意使液面在样点的下方，不要接触到样点，否则样点会溶入展开剂中而无法进行展开。

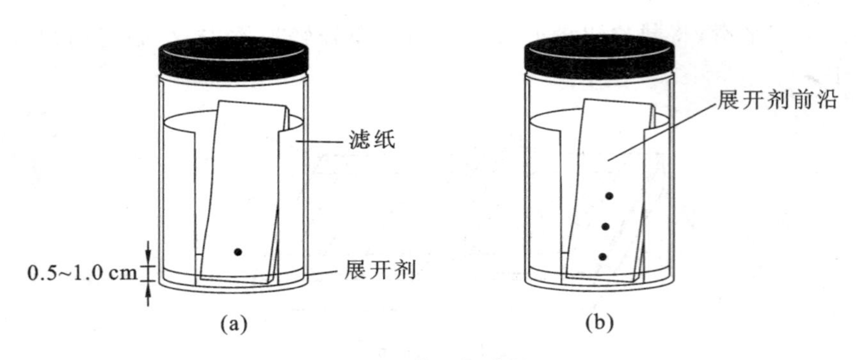

图 2-39 薄层色谱展开

展开剂通过毛细管作用沿板上行。此时溶剂上行很快,必须留心观察。当展开剂上行至距离涂层顶端约 5 mm 时,将板小心取出,用铅笔做好溶剂前沿的位置记号。样点各组分随展开剂上行,同时被展开在各个部位而形成各个有色斑点,取斑点的中心位置做好记号。计算比移值 R_f。

7. 显色

样品展开后,如果本身带有颜色,可直接看到斑点的位置。但是,大多数有机化合物是无色的,因此,就存在显色的问题。常用的显色方法如下。

(1) 显色剂法　常用的显色剂有碘和三氯化铁水溶液等。许多有机化合物能与碘生成棕色或黄色的配合物。利用这一性质,在一密闭容器中(一般用展开缸即可)放几粒碘,将展开并干燥的薄层板放入其中,稍稍加热,让碘升华,当样品与碘蒸气反应后,薄层板上的样点处即可显示出黄色或棕色斑点,取出薄层板用铅笔将点圈好即可。除饱和烃和卤代烃外,均可采用此方法。三氯化铁溶液可用于带有酚羟基化合物的显色。

(2) 紫外光显色法　用硅胶 GF_{254} 制成的薄层板,由于加入了荧光剂,在 254 nm 波长的紫外灯下,可观察到暗色斑点,此斑点就是样点。

以上这些显色方法在柱色谱和纸色谱中同样适用。

四、实验内容

由于邻硝基苯酚存在分子内的氢键,极性小于对硝基苯酚,两者对于吸附剂的吸附能力不同,因此可利用 TLC 将两者分离。

制备好薄层板,取两块薄层板,在一块板上分别点 1%邻硝基苯酚的二氯甲烷溶液和混合液,在另一块板上分别点 1%对硝基苯酚的二氯甲烷溶液和混合液。如果样点颜色较浅,可重复点样数次。待溶液挥发后,用夹子小心地把板放入盛有 5 mL 二氯甲烷的 150 mL 广口瓶内展开,当展开剂上升到离板的上端约 10 mm 时取出板,用铅笔立即记下展开剂前沿的位置,晾干后观察黄色斑点的位置,比较 R_f 值的大小。

五、思考题

（1）薄层板的厚度对样品展开有什么影响？

（2）在一定的操作条件下，为什么可利用 R_f 值来鉴定化合物？

（3）在混合物薄层色谱中，如何判定各组分在薄层板上的位置？

2.6.3 纸　色　谱

一、实验目的

（1）学习纸色谱的原理与应用。

（2）掌握纸色谱的操作技术。

二、实验原理

纸色谱是一种分配色谱，滤纸为载体，纸纤维上吸附的水（一般纤维能吸附20%～25%的水分）为固定相，与水不相混溶的有机溶剂为流动相。当样品点在滤纸的一端，放在一个密闭的容器中，使流动相从有样品的一端通过毛细管作用，流向另一端时，依靠溶质在两相间的分配系数不同而达到分离的目的。通常极性大的组分在固定相中分配得多，随流动相移动的速度会慢一些；极性小的组分在流动相中分配得多一些，随流动相移动速度就快一些。与薄层色谱一样，纸色谱也可用比移值（R_f 值）与已知物对比，作为鉴定化合物的手段，其 R_f 值计算方法同薄层色谱法。

纸色谱法多数用于多官能团或极性较大的化合物（如糖、氨基酸等）的分离，对亲水性强的物质分离较好，对亲脂性的物质则较少用纸色谱。利用纸色谱进行分离，所需时间较长，一般需要几小时到几十小时。但由于它具有设备简单、试剂用量少、便于保存等优点，在实验室条件受限时常用此法。

三、操作方法

纸色谱的操作方法和薄层色谱类似，分为滤纸和展开剂的选择、点样、展开、显色和结果处理等五个步骤。其中前两步是做好纸色谱的关键。

1. 滤纸的选择与处理

（1）滤纸要质地均匀，平整，无折痕、边缘整齐，以保证展开剂展开速度均一。滤纸应有一定的机械强度。

（2）纸纤维应有适宜的松紧度。太疏松易使斑点扩散；太紧密则流速太慢，所需时间长。

（3）纸质要纯，杂质少，无明显荧光斑点，以免与色谱斑点相混淆。

有时为了适应某些特殊化合物的分离，需将滤纸作特殊处理。如分离酸、碱性物质时，为保持恒定的酸碱度，可将滤纸浸于一定的 pH 缓冲溶液中预处理后再用，或在展开剂中加一定比例的酸或碱。在选用滤纸型号时，应结合分离对象考虑。对 R_f 值相差很小的混合物，宜采用慢速滤纸；对 R_f 值相差较大的混合物，则可采用快速或中速滤纸。厚纸载量大，供制备或定量用，薄纸则一般供定性用。

2. 展开剂的选择

选择展开剂时，要从欲分离物质在两相中的溶解度和展开剂的极性来考虑。对极性化合物来说，提高展开剂中极性溶剂的比例，可以增大比移值；提高展开剂中非极性溶剂的比例，可以减小比移值。此外，还应考虑到分离的物质在两相中有恒定的分配比，最好不随温度而改变，易达到分配平衡。

分配色谱所选用的展开剂与吸附色谱有很大不同，多采用含水的有机溶剂。纸色谱最常用的展开剂是用水饱和的正丁醇、正戊醇、酚等，有时也加入一定比例的甲醇、乙醇等。加入这些溶剂，可增加水在正丁醇中的溶解度，增大展开剂的极性，增强对极性化合物的展开能力。

3. 样品的处理及点样

用于色谱分析的样品，一般需初步提纯，如氨基酸的测定，不能含有大量的盐类、蛋白质，否则互相干扰，分离不清。样品溶于适当的溶剂中，尽量避免用水，因水溶液斑点易扩散，并且水不易挥发除去，一般用丙酮、乙醇、氯仿等。最好用与展开剂极性相近的溶剂。若为液体样品，一般可直接点样，点样时用内径约 0.5 mm 的毛细管或微量注射器吸放试样，轻轻接触滤纸，控制点的直径在 2～3 mm，立即用冷风将其吹干。

4. 展开

纸色谱也须在密闭的层析缸中展开。层析缸中先加入少量选择好的展开剂，放置片刻，使缸内空间为展开剂蒸气所饱和，再将点好样的滤纸放入缸内。同样，展开剂的液面应在点样线以下约 1 cm。也有在滤纸点好样后，将准备作为展开剂的混合溶剂振摇混合，分层后取下层水溶液作为固定相，上层有机溶剂作为流动相。方法是先将滤纸悬在有机溶剂饱和水溶液的蒸气中，但不和水溶液接触，密闭饱和一定时间，然后将滤纸点样的一端放入展开剂中进行展开。这样做的原因有两个：①流动相若没有预先被水饱和，则展开过程中就会把固定相中的水分夺去，使分配过程不能正常进行；②滤纸先在水蒸气中吸附足够量的作为固定相的水分。按展开方式，纸色谱又分为上行法、下行法和水平展开法。

5. 显色与结果处理

当展开剂移动到纸的 3/4 高度处时，取出滤纸，用铅笔画出溶剂前沿，然后用冷风吹干。通常先在日光下观察，画出有色物质的斑点位置，然后在紫外灯下观察有无荧光斑点，并记录其颜色、位置及强弱，最后利用物质的特性反应喷洒适当的显色剂使斑点显色。按 R_f 值计算公式，计算出各斑点的比移值。

四、实验内容

取一条 8 cm×15 cm 滤纸，在滤纸短边 1 cm 处用铅笔轻轻画上一条线，在线上轻轻打上四个点（等距并编号）。用毛细管蘸试样在铅笔线的点上打三个标准氨基酸试样斑点（每打一个试样就换一根毛细管，以免弄脏样品）。再用毛细管打上一个混合物的斑点。斑点的直径约为 1.5 mm，不宜过大。将试样号码记于实验记录本上，并把滤纸放在空气中晾干。

取一层析缸，加入 20 mL 乙醇-水-乙酸展开剂，盖上玻璃片，使层析缸内形成此溶液的饱和蒸气。将滤纸小心放入上述层析缸中，不要碰及缸壁。当展开剂的前沿位置达到滤纸上端约 1 cm 处，小心取出滤纸，用铅笔画出展开剂前沿位置。记下展开剂吸附上升所需的时间、温度和高度。将此滤纸于 105 ℃烘箱中烘干。

用洗相的方式将滤纸在茚三酮溶液中浸泡一下或用喷雾方式将茚三酮溶液均匀地喷在滤纸上，并放回烘箱中于 105 ℃烘干。此时，由于氨基酸与茚三酮溶液作用而使斑点显色。用铅笔画出斑点的轮廓以供保存。量出每个斑点中心到原点的距离，计算每种氨基酸的 R_f 值。

五、思考题

(1) 纸色谱法所依据的原理是什么？

(2) 纸色谱中，为什么样品点样处不能浸泡在展开剂中？

(3) 测定 R_f 值的意义是什么？R_f 值常受哪些因素的影响？

2.6.4　气相色谱和高效液相色谱

一、实验目的

(1) 了解气相色谱和高效液相色谱的基本原理。

(2) 了解气相色谱仪和高效液相色谱仪的基本结构和工作原理。

(3) 掌握气相色谱和高效液相色谱分析测定有机化合物的方法。

二、实验原理

1. 气相色谱

气相色谱（gas chromatography）简称 GC。气相色谱目前发展极为迅速，已成为许多工业部门（如石油、化工、环保等部门）必不可少的工具。气相色谱主要用于分离和鉴定气体和挥发性较强的液体混合物，对于沸点高、难挥发的物质可用高效液相色谱仪进行分离鉴定。气相色谱常分为气-液色谱（GLC）和气-固色谱（GSC），前者属于分配色谱，后者属于吸附色谱。

气相色谱中的气-液色谱法原理与纸色谱类似,都是利用混合物中的各组分在固定相与流动相之间分配情况不同,从而达到分离的目的。所不同的是气-液色谱中的流动相是载气,固定相是吸附在载体或担体上的液体。担体是一种具有热稳定性和惰性的材料,常用的担体有硅藻土、聚四氟乙烯等。担体本身没有吸附能力,对分离不起什么作用,只是用来支撑固定相,使其停留在柱内。分离时,先将含有固定相的担体装入色谱柱中。色谱柱通常是一根弯成螺旋状的不锈钢管,内径约为 3 mm,长度 1～10 m 不等。当配成一定浓度的溶液样品,用微量注射器注入汽化室后,样品在汽化室中受热迅速汽化,随载体(流动相)进入色谱柱中,由于样品中各个组分的极性和挥发性不同,汽化后的样品在柱中固定相和流动相之间不断地发生分配平衡,挥发性较高的组分由于在流动相中溶解度大于在固定相中的溶解度,因此,随流动相迁移快。这样,易挥发的组分先随流动相流出色谱柱,进入检测器鉴定,而难挥发的组分随流动相移动得慢,后进入检测器,从而达到分离的目的。

气相色谱仪由汽化室、进样器、色谱柱、检测器、记录仪、收集器组成,如图 2-40 所示。通常使用的检测仪器有热导检测器和氢火焰离子化检验器。热导检测器是将两根材料相同、长度一样且电阻值相等的热敏电阻丝作为惠斯通(Wheatstone)电桥

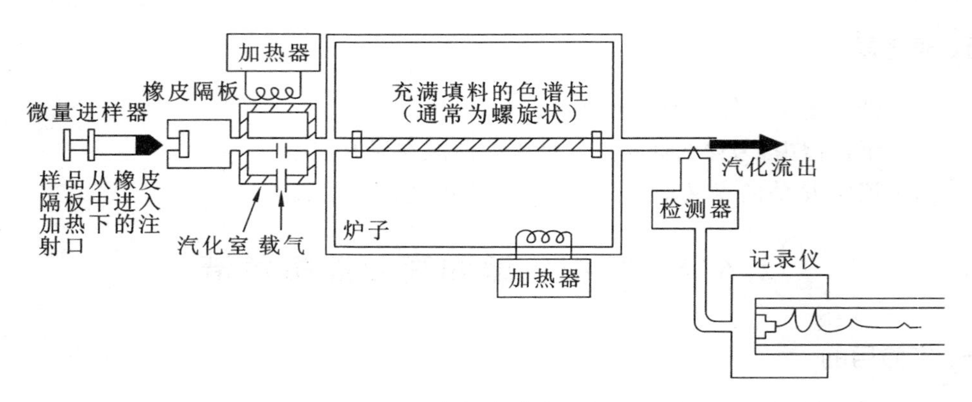

图 2-40　气相色谱仪示意图

的两臂,利用含有样品气的载气与纯载气热导率的不同,引起热敏丝电阻值的变化,使电桥电路不平衡,产生信号。将此信号放大并记录下来,就得到一条检测器电流随时间变化的曲线,通过记录仪画在纸上便得到了一张色谱图。

在色谱图中,除空气峰以外,其余每个峰均代表样品中的一个组分。对应每个峰的时间是各组分的保留时间。所谓保留时间,就是一个化合物从注入时刻起到流出色谱柱所需的时间。当分离条件给定时,就像薄层色谱中的 R_f 值一样,每一种化合物都具有恒定的保留时间。利用这一性质,可对化合物进行定性鉴定。

在做定性鉴定时,最好用已知样品作参照对比,因为在一定条件下,有时不同的物质也可能具有相同的保留时间。利用气相色谱还可以进行化合物的定量分析。其原理是:在一定范围内,色谱峰的面积与化合物各组分的含量呈线性关系,即色谱峰

面积(或峰高)与组分的浓度成正比。

2. 高效液相色谱

高效液相色谱又称为高压液相色谱(high pressure liquid chromatograph),简称HPLC。高效液相色谱是近 40 年发展起来的一种高效、快速的分离、分析有机化合物的仪器。它适用于那些高沸点、难挥发、热稳定性差、离子型的有机化合物的分离与分析。作为分离、分析手段,气相色谱和高效液相色谱可以互补。就色谱而言,它们的差别主要在于,前者的流动相是气体,而后者的流动相则是液体。与柱色谱相比,高效液相色谱具有方便、快速、分离效果好、使用溶剂少等优点。高效液相色谱使用的吸附剂颗粒比柱色谱的要小得多,一般为 5～50 μm,因此,需要采用高的进柱口压(大于 10 MPa)以加速色谱分离过程。这也是由柱色谱发展到高效液相色谱所采用的主要手段之一。高效液相色谱流程和气相色谱流程的主要差别在于,气相色谱是气流系统,高效液相色谱则是由储液罐、高压泵等系统组成的,具体流程如图 2-41 所示。

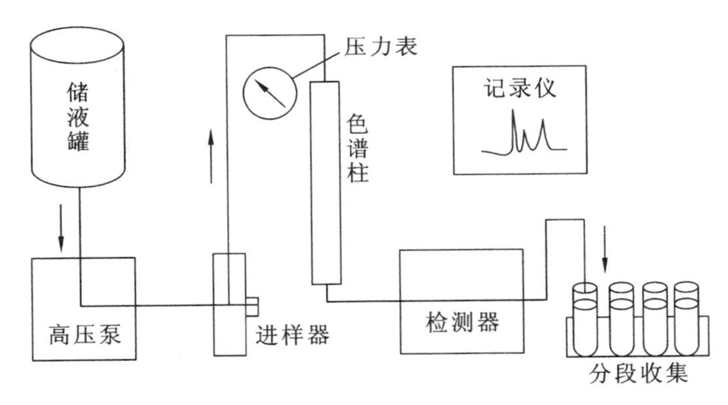

图 2-41　高效液相色谱仪示意图

选择高效液相色谱的条件时要考虑以下几个方面。

(1) 液相色谱的流动相在分离过程中有较重要的作用,因此在选择流动相时,不仅要考虑检测器的需要,而且要考虑它在分离过程中所起的作用。常用的流动相有正己烷、异辛烷、二氯甲烷、水、乙腈、甲醇等。在使用前一般要过滤、脱气,必要时需要进一步纯化。

(2) 常用固定相类型有全多孔型、薄壳型、化学改性型等。常用的固定相有一氧二丙腈、聚乙二醇、三亚甲基异丙醇、角鲨烷等。高效液相色谱用的色谱柱大多数为内径为 2～5 mm、长 25 cm 以内的不锈钢管。

(3) 常用的检测器有紫外检测器、折光检测器、氢火焰离子化检测器、荧光检测器、电导检测器等。

(4) 高压泵一般采用往复泵。

注意:

(1) 液相色谱的流动相在使用前一般要过滤、脱气,必要时进一步纯化;在分析样品时,样品也需要采用微孔过滤器(一般为 0.45 μm 的微孔滤膜过滤器)过滤,以免污染色谱柱。

(2) 气相色谱法或高效液相色谱法分析测定有机化合物时,均需要用流动相平衡,当仪器基线稳定后,才可进样品。

(3) 高效液相色谱法分析测定完后,需使用甲醇等流动相冲洗色谱柱,以利于保护色谱柱。

三、实验内容

1. 乙酸异戊酯的气相色谱分析

1) 色谱条件

色谱仪:SP-2305;

热导检测器:桥流 200 mA;

色谱柱:200 cm×4 mm(内径)不锈钢柱;

载体:6201 红色载体,60～80 目;

固定液:聚乙二醇(PEG-20M);

柱温:100 ℃;

载气:H_2,流速 30 mL/min;

汽化室温度:200 ℃;

检测器温度:100 ℃;

样品量:1 μL。

2) 分析测定

在上述操作条件下,待仪器基线稳定后,即可进样品。注入 1 μL 工业品乙酸异戊酯,记录其保留时间。假定每一曲线的面积和存在的物质量近似地成正比,计算混合物中乙酸异戊酯和杂质的含量。

本实验约需 2 h。

2. 高效液相色谱法分析杀菌剂嘧霉胺(按面积积分计算)

1) 色谱条件

色谱柱:200 mm×4.6 mm(内径)不锈钢柱,内填固定相(Spherigel ODS C_{18});

流动相:$V_{甲醇}:V_{水}=75:25$;

检测波长:270 nm;

进样体积:4 μL。

流量:1.0 mL/min;

柱温:室温;

2) 分析测定

称取嘧霉胺样品 0.04 g,加入 100 mL 容量瓶中,加入分析纯甲醇至刻度,摇匀。在上述操作条件下,待仪器基线稳定后,连续进数针样品,待两针的响应值相对偏差小于 1.5%时,再进样品,用数据处理机给出嘧霉胺和所含杂质的含量。

本实验约需 2 h。

四、思考题

(1) 若待分析的有机化合物沸点很高或极容易分解、氧化,是否可以采用气相色谱法分析?为什么?

(2) 高效液相色谱法和气相色谱法在原理上有何不同?

2.7 有机化合物的结构表征

近几十年发展起来的波谱方法已成为非常重要的研究物质结构的手段。在众多的物理方法中，红外光谱、核磁共振谱、质谱、紫外光谱广泛用于有机分析。除质谱外，这些波谱方法都是利用不同波长的电磁波对有机分子作用而产生的吸收光谱进行结构表征的。波谱法具有微量、快速及不破坏被测试样的结构等优点，它的出现促进了复杂的有机化合物的研究和有机化学学科的发展。

2.7.1 红外光谱

一、实验目的

(1) 了解红外光谱的基本原理。

(2) 了解红外光谱仪的基本结构和工作原理。

(3) 掌握红外光谱分析的基本方法。

二、实验原理

分子吸收了红外线的能量，分子内振动能级发生跃迁，从而产生相应的红外光吸收信号——红外光谱(infrared spectroscopy，简写为 IR)。通过红外光谱，可以判定各种有机化合物的官能团；如果结合对照标准红外光谱，还可用以鉴定有机化合物的结构。

红外光谱反映分子中原子的振动。由于有机分子不是刚性结构，分子中的共价键就像弹簧一样，在不断地发生各种形式的振动，如伸缩振动(以 ν 表示)、弯曲振动(以 δ 表示)等，伸缩振动又分为对称伸缩振动(以 ν_s 表示)和不对称伸缩振动(以 ν_{as} 表示)。不同类型的化学键，由于它们的振动能级不同，所吸收的红外射线的频率也不同，因而通过分析射线吸收频率图谱(即红外光谱)就可以鉴别各种化学键。

红外光谱可由红外光谱仪测得。红外光谱仪的工作原理如图 2-42 所示。

红外辐射源由硅碳棒发出，硅碳棒在电流作用下发热，并辐射出 2～15 μm 波长范围的连续红外辐射光。此光被反光镜反射并分为两束：一束是穿过参比池的参比光；另一束是通过样品池的吸收光。

如果样品对频率连续变化的红外光不时地发生强度不一的吸收，那么穿过样品池而到达红外辐射检测器的光束的强度就会相应地减弱。红外光谱仪将吸收光束与参比光束作比较，并通过记录仪记录在图纸上，形成红外光谱。

由于玻璃和石英几乎能吸收全部的红外光，因此不能用来作样品池。制作样品池的材料应该对红外光无吸收,以避免产生干扰。常用的材料有卤盐(如氯化钠和溴化钾等)。

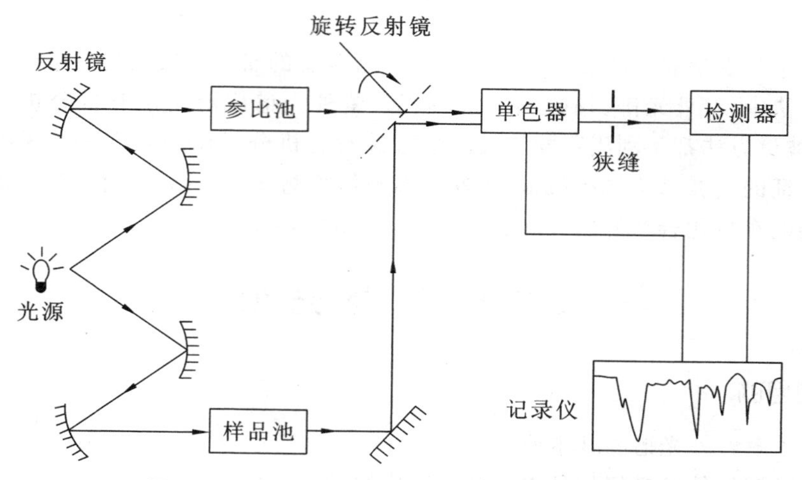

图 2-42　双照射式红外光谱仪的工作原理示意图

三、操作方法

1. 样品的准备

1) 固体样品

固体样品的制备方法有溶液法、熔融法、糊状法、压片法、薄膜法、粉末法、反射法。常用压片法、熔融法和糊状法。

(1) 卤盐压片法:取 2～3 mg 干燥固体样品,在研钵中研细,再加入 100～200 mg 充分干燥过的溴化钾,混合研磨成极细粉末,并将其装入金属模具中。轻轻振动模具,使混合物在模具中分布均匀。然后在真空条件下加压,将其压成片状。打开模具,小心地取下盐片,放在盐片支架上,并安放在红外光谱仪中,记录红外光谱。压片法制备的样品薄片具有厚度容易控制、样品易保存、图谱清晰、无干扰谱带等优点,对能粉碎的固体都适用,是目前测试固体样品广泛使用的方法;缺点是溴化钾等卤代物易吸水,难免在 3500 cm^{-1}左右出现水的吸收带。

(2) 石蜡油(nujol)研糊法:将 3～5 mg 干燥固体样品和 2～3 滴石蜡油在研钵中研磨成糊状,然后将糊状物涂抹在盐片上,并将另一块盐片覆盖在上面。再将该盐片放在盐片支架上,并安放在红外光谱仪中,记录红外光谱。其中石蜡油本身有几个强吸收峰,识谱时须注意。

(3) 熔融法:对熔点低于 150 ℃的固体或胶状物,将其直接夹在两片盐板之间熔融,然后测定其固体或熔融薄层的光谱。此方法有时会因晶型不同而影响吸收光谱。

2) 液体样品

制备液体样品时采用溶液法或液膜法。

(1) 溶液法：将固体(或液体)样品溶解在适当的红外溶剂中，根据样品极性和溶液浓度，选用不同厚度的吸收池。使用吸收池的关键是液体样品必须充满吸收池，不能夹有气泡，否则谱图会出现干涉条纹。使用溶液法时要注意溶剂的选择：溶剂对溶质要有较大的溶解度；溶剂与溶质不发生明显的溶剂效应；溶剂能透过红外光且不腐蚀槽窗(盐片)。最常用的溶剂是四氯化碳(在 3800～1335 cm^{-1}范围内吸收较小)和二硫化碳(在 1350～430 cm^{-1}范围内吸收较小)。如果用四氯化碳和二硫化碳两溶剂制成的溶液分别进行红外光谱测定，可避免溶剂干扰，得到完整的红外光谱。该法特别适用于定量分析。

(2) 液膜法：对于沸点不太低的样品，可将液体样品直接滴放在一块盐片上，再盖上另一块盐片，放上适当厚度的间隔片，借助池架上的固紧螺丝拧紧两盐片，使样品形成一薄膜。此方法的缺点是薄膜厚度不易掌握，不适于低沸点样品测定及定量分析。

3) 气体样品

气体试样一般灌注于专用的密闭玻璃气槽内进行测定。玻璃气槽两端黏合有透红外光的盐窗，盐窗的材质一般是氯化钠或溴化钾(对红外光是透明的)。进样时，先将气体槽抽真空，然后导入欲测试的气体至所需压力进行测定。

不管哪种状态的样品，都必须保证其纯度大于 98%，同时不能含有水分，以避免出现羟基峰的干扰和腐蚀样品池的盐板。

2. 测定光谱

仪器预热后，设置好操作条件，即可扫描。

实验测试完毕后，应将玛瑙研钵、刮刀和模具接触样品部件用丙酮擦洗干净，用红外灯烘干，冷却后放入干燥器中。在切断红外光谱仪电源、光源，冷却至室温后，关好光源窗。样品池或样品仓应卸除，以防样品污染或腐蚀仪器。最后将仪器盖上罩，记录操作时间和仪器状况。

注意：

(1) 由于水在 3710 cm^{-1}和 1630 cm^{-1}处有强吸收峰，因此在作红外光谱分析时，待测样品及盐片均需充分干燥处理。

(2) 在 5000～660 cm^{-1}范围内记录红外光谱时，宜采用氯化钠盐片；需在 4000～830 cm^{-1}范围内记录红外光谱时，宜采用溴化钾盐片。

(3) 为了防潮，在盐片上涂抹待测样品时，宜在红外干燥灯下操作。测试完毕，应及时用二氯甲烷或氯仿擦洗。干燥后，置于干燥器中备用。

(4) 石蜡油为碳氢化合物，在 3030～2830 cm^{-1}处有 C—H 伸缩振动，在 1460～1375 cm^{-1}处有 C—H 弯曲振动，故在解析红外光谱时应先将这些峰去掉，以免对图谱的正确解析产生干扰(参见图 2-43)。

(5) 熟练地解析红外光谱要靠长期积累。通常，在分析未知物图谱时，首先要看那些容易辨认的基团是否存在，如羰基、羟基、硝基、氰基、双键等，从而可以初步判断分子结构的基本特征。而对于 3000 cm^{-1}附近 C—H 键的吸收峰则不必急于分析，因为几乎所有的有机化合物在该区域都有吸收。对于不同化合物分子中的同一基团在红外光谱中所出现的细微差异,也不必在意。对未知化合物经过初步结构辨析后,就可以查阅标准图谱进行比较。因为相同化合物具有相同的图谱,这就好像不同的人具有不同的指纹一样。当未知物的图谱和标准图谱完全一致时,就可以确定未知物和标准图谱所示化合物为同一化合物。通过比较结构相近的红外光谱,也可以获得一些有参考价值的信息。此外,在 2000～1600 cm^{-1} 和 1000～600 cm^{-1} 区域出现的弱峰有助于辨析取代苯的异构体结构。

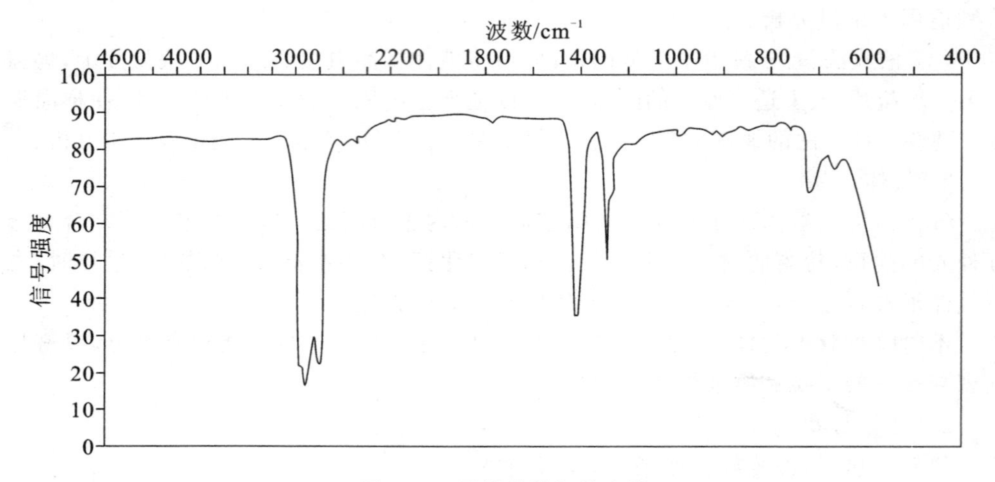

图 2-43 石蜡油的红外光谱

四、实验内容

1. 制备样品薄片(压片法)

称取干燥苯甲酸样品 1～2 mg,与干燥的溴化钾粉末 200 mg 一同放在洁净、干燥的玛瑙研钵中研细,混合均匀,然后倒入制片模具中,铺匀。将模子放在油压机上,先抽气 5 min 以除去混在粉末中的湿气及空气,然后边抽真空边加压,在 6.4 kPa 的压力下维持 5 min,解除真空,取出模子脱模,得到一透明圆片。将其放在样品环上备测。

2. 测定光谱

(1) 开机准备。在教师指导下,开启仪器进行预热。

(2) 选择操作条件:纵坐标透光率 T(%)、横坐标波数(cm^{-1})、狭缝、分辨率。扫描上限 4000 cm^{-1},扫描下限 650 cm^{-1},扫描时间 12 min。

(3) 校验仪器。

① 将聚苯乙烯薄膜插入分光光度计。

② 放下记录笔,直至位于图谱吸收基线以下。

③ 移动或者旋转图谱载体,并在校准区域 2850 cm^{-1}、1601 cm^{-1}、906 cm^{-1} 扫描

以获得每一个位置的聚苯乙烯校正峰。

(4) 扫描、记录。选择好操作条件后，即可进行扫描，记录苯甲酸的红外光谱。

实验结束，用四氯化碳清洗样品池，干燥后放入干燥器内。

3. 结果处理

(1) 参照官能团和化学键的特征吸收频率表，根据峰强和峰位，指出苯甲酸图谱上特征吸收峰的归属。

(2) 将所得苯甲酸图谱与标准图谱[1]对照，确认所测样品为苯甲酸。

五、注释

[1] 萨特勒标准光谱(standard spectra)是最常用的标准图谱。

六、思考题

(1) 若欲定性测定一种只溶于水的药品，可采用什么方法制备试样？

(2) 红外光谱产生的原因是什么？

2.7.2　核 磁 共 振

一、实验目的

(1) 学习核磁共振波谱的基本原理及核磁共振仪的基本操作方法。

(2) 学习^{1}H核磁共振谱的解析方法。

二、实验原理

核磁共振谱(nuclear magnetic resonance，简写为 NMR)是现代化学家分析有机化合物结构最为有效的化学方法之一。该技术取决于当有机物被置于磁场中时所表现的特定核的自旋性质。在有机化合物中所发现的这些核一般是^{1}H、^{13}C、^{19}F、^{15}N和^{31}P，所有具有磁矩的原子核(即自旋量子数 $I>0$)都能产生核磁共振。而^{12}C、^{16}O和^{32}S没有核自旋，不能用于 NMR 谱的研究。在有机化学中最有用的是氢核和碳核，氢的同位素中，^{1}H质子的天然丰度比较大，核磁也比较强，比较容易测定。在组成有机化合物的元素中，氢是不可缺少的元素，本教材仅就^{1}H NMR 进行讨论。

最常用的核磁共振仪为频率为 200 MHz 的核磁共振仪，H_0为 4.70 mT；频率为 500 MHz 的超导核磁共振仪，H_0为 11.75 mT。目前 900 MHz 的超导核磁共振仪已经问世，这必将对有机化学、生物化学和药物化学的发展起到重要的促进作用。

原子是自旋的，由于质子带电，它的自旋产生一个小的磁矩。从另一方面来讲，自旋量子数为$+1/2$或$-1/2$。有机化合物的质子在外加磁场中，其磁矩与外加磁场方向相同或相反。这两种取向相当于两个能级，其能量差 ΔE 与外加磁场的强度成

正比,即

$$\Delta E=h\gamma H_0/(2\pi)$$

式中:γ 为磁旋率(质子的特征常数);h 为普朗克常量。

如果用能量为 $h\nu=\Delta E$ 的电磁波照射,可使质子吸收能量,从低能级跃迁到高能级,即发生共振。图 2-44 表明了磁场强度 H_0 和自旋态能量差之间的相互关系,可以看出自旋态能量差与 H_0 成正比。

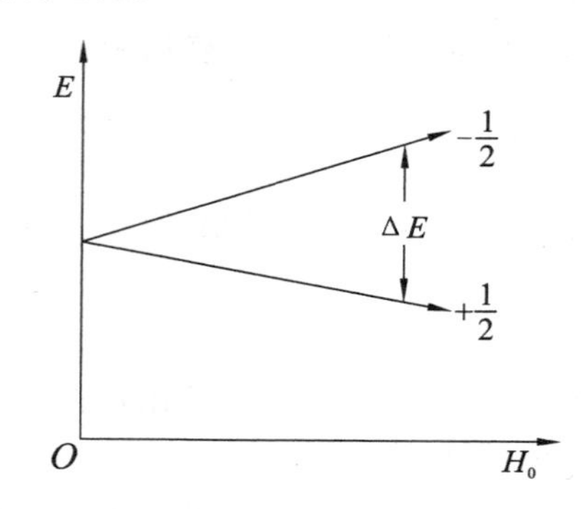

图2-44　自旋态能量差与磁场强度的相互关系

在核磁共振的测试中,样品管置于磁场强度很大(200 MHz 仪器为 4.70 mT)的电磁铁腔中,用固定频率(200 MHz)的电磁波照射时,在扫描发生器的线圈中通直流电,产生微小的磁场,使总磁场强度有所增加。当磁场强度达到一定的 H_0 值,使 ν 值恰好等于照射频率时,样品中的某一类质子发生能级跃迁,得到能量吸收曲线,接收器就会收到信号,记录仪就会产生 NMR 图谱。由上式可得

$$\nu=\gamma H_0/(2\pi)$$

1. 化学位移

质子的共振频率不仅由外加磁场和核的磁旋率决定,而且受到质子周围的分子环境的影响。某一个质子实际受到的磁场强度不完全与外磁场相同。质子由电子云包围,这些电子云在外界磁场的作用下发生循环的流动,又产生一个感应磁场。假设它和外界磁场是以反平行方向排列的,这时质子所受到的磁场强度将减小一点,称为屏蔽效应。屏蔽得越多,对外界磁场的感受就越少,所以质子在较大的磁场强度下才发生共振吸收。相反,假如感应磁场是与外界磁场平行排列的,就等于在外加磁场下再增加了一个小磁场,即增大了外加磁场的强度。此时,质子受到的磁场强度增大了,这种情况称为去屏蔽效应。电子的屏蔽效应和去屏蔽效应引起的核磁共振吸收位置的移动称为化学位移。

化学位移用 δ 来表示,可以用总的外加磁场的百万分之几(10^{-6})来计量。在确定化合物结构时,要准确地测出 10^{-6} 数量级的变化是非常困难的,所以在实际操作中一般选择适当的化合物作为参照标准。^{1}H NMR 测定中最常用的参照物是四甲基硅烷(tetramethylsilane,TMS),将它的质子共振位置定为零。由于它的屏蔽比一般

的有机分子大，故大多数有机化合物中质子的共振位置呈现在它的左侧。具体测定时，一般把 TMS 溶入被测溶液中，称为内标法。TMS 不溶于重水，当用重水作溶剂时，将装有 TMS 的毛细管置于被测重水中测定，称为外标法。一些常见的有机官能团质子的化学位移列于图 2-45 中。

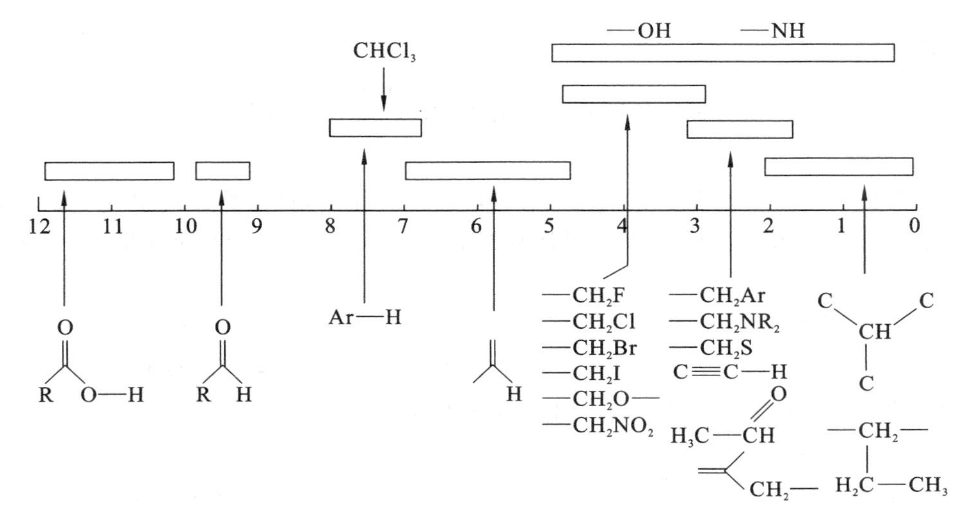

图 2-45　一些常见有机官能团质子的化学位移

由于化学位移与仪器产生的频率成正比，因此频率越高，化学位移分开得越大。例如：当使用 100 MHz 仪器时，观察到的质子共振频率是 100 Hz，相对应的化学位移（以 TMS 为标准）为 1.0；如果用 500 MHz 仪器测定，质子共振出现在500 Hz，而不是 100 Hz，化学位移仍然是 1.0。这样可分开原来不易分开的质子。

在同一分子中的氢核，由于化学环境不同，化学位移受到影响。影响化学位移的主要因素有相邻基团的电负性、各相异性效应、范德华效应、溶剂效应及氢键作用。

2. 自旋耦合

在有机化合物的^{1}H NMR 谱中，同一类质子吸收峰个数增多的现象称为裂分。它来源于核自旋之间的相互作用，称为自旋耦合。谱线分裂的间隔大致反映两种核自旋之间相互作用的大小，称为耦合常数（J）。J 的数值不随外磁场 H_0 的变化而改变。质子间的耦合只发生在邻近质子之间，相隔 3 个碳以上的质子间相互耦合可以忽略。

当 $J \ll \delta\nu$ 时，自旋裂分图谱有如下简单规律：①一组等同的核，相互作用不引起峰的裂分；②核受相邻一组 n 个核的作用时，该核的吸收峰裂分成（$n+1$）个间隔相等的一组峰，间隔就是耦合常数 J；③裂分峰的面积之比为二项式$(x+1)^n$展开式中各项系数之比；④一种核同时受相邻的 n 个和 n' 个两组核的作用时，此核的峰裂分成$(n+1)(n'+1)$个峰，但有些峰可重叠而分辨不出来。

3. 峰面积

在核磁共振谱中,每组峰的面积与产生这组信号的质子数目成正比。如果把各组信号的面积进行比较,就能确定各种类型质子的相对数目。近代的核磁共振仪可以将每个吸收峰的面积进行电子积分,并在图谱上记录下积分曲线。

三、操作方法

测定有机化合物的核磁共振谱一般用液体样品或在溶液中进行[1]。

1. 理想溶剂的选择

理想的溶剂要求不含质子、沸点低、与样品不起作用,且样品在其中有足够的溶解度。有时会选用氘代的溶剂,但要注意的是样品中的活泼氢会与氘交换,因而这些质子的信号会消失[2]。

2. 样品的制备

样品必须比较纯,一般制备成 1 mL 浓度约为 20%的溶液。如果溶剂中不含 TMS,则需向样品溶液中加 1～2 滴的 TMS 作内标。

3. 样品的装管

将配制好的样品溶液注入内径为 5 mm、长约 18 cm 的测试管中,溶液注入量至少有 5 cm 管深。

4. 仪器状态检查

按所用仪器的操作说明将混合标样管放入探头内,检查仪器状态。

5. 样品的 HNMR 测绘

将样品管放入探头内,按操作说明依次测绘样品的核磁共振吸收曲线和积分曲线。

四、图谱的解析

核磁共振谱的解析可以提供有关分子结构的丰富资料。测定每一组峰的化学位移可以推测与产生吸收峰的氢核相连的官能团的类型,自旋裂分的形状提供了邻近的氢的数目,根据峰的面积可计算出分子中存在的每种类型氢的相对数目。

在解析未知化合物的核磁共振谱时,一般步骤如下:

(1) 首先区别有几组峰,从而确定未知物中有几种不等性质子(即电子环境不同,在图谱上化学位移不同的质子);

(2) 计算峰面积比,确定各种不等性质子的相对数目;

(3) 确定各组峰的化学位移值,再查阅有关数据表,确定分子中可能存在的官能团;

(4) 识别各组峰自旋裂分情况和耦合常数值,从而确定各不等性质子的周围情况;

(5) 总结以上几方面的信息资料,提出未知物的一个或几个与图谱相符的结构或部分结构;

(6) 最后参考未知物其他的资料,如红外光谱、沸点、熔点、折射率等,确定未知物的结构。

五、注释

[1] 如果样品呈液态,可以直接测试。如果是固体样品,或是黏性较大的液体,就需配成溶液进行测试。

[2] 用 D_2O 作溶剂时,由于 TMS 不溶于其中,则可采用 4,4-二甲基-4-硅代戊磺酸钠(TSPA,分子式为$(CH_3)_2SiCH_2CH_2CH_2SO_3Na$)作为基准物。

第 3 章　天然有机化合物的提取

3.1　菠菜色素的提取和色素分离

一、实验目的

（1）了解薄层色谱的一般原理和意义，学习薄层色谱的操作方法。

（2）掌握天然色素的提取方法。

（3）巩固液体有机化合物的干燥、抽滤、蒸馏等基本操作。

二、实验原理

绿色植物（如菠菜叶）中含有叶绿素（绿）、胡萝卜素（橙）和叶黄素（黄）等多种天然色素。其结构如下：

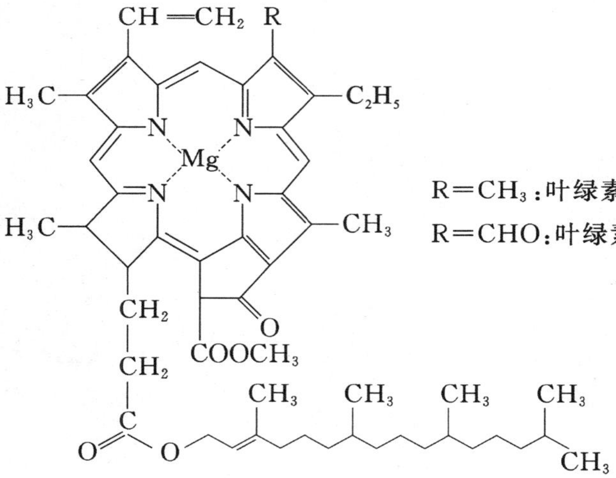

$R=CH_3$：叶绿素 a

$R=CHO$：叶绿素 b

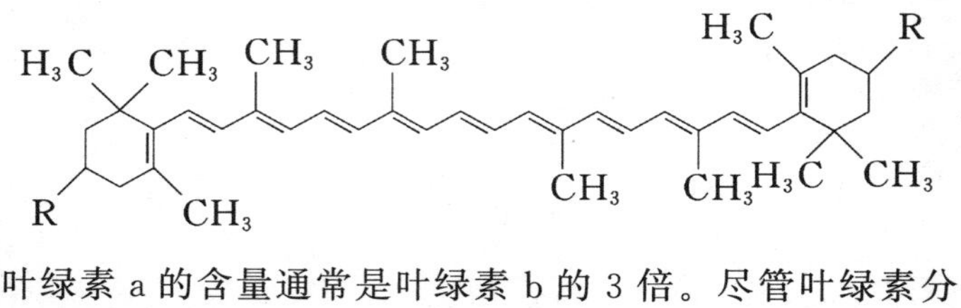

$R=H$：β-胡萝卜素

$R=OH$：叶黄素

叶绿素 a 的含量通常是叶绿素 b 的 3 倍。尽管叶绿素分子含有一个极性基团，但大的烃基结构使它易溶于醚、石油醚等一些非极性的溶剂。

胡萝卜素是具有长链结构的共轭多烯，它有三种异构体，即 α-异构体、β-异构体

和 γ-异构体，其中 β-异构体含量最多，也最重要。在生长期较长的绿色植物中，β-异构体的含量多达 90%。β-异构体具有维生素 A 的生理活性，其结构是两分子维生素 A 在链端失去两分子水结合而成的。在生物体内，β-异构体受酶催化即形成维生素 A。目前 β-异构体已可进行工业化生产，可作为维生素 A 使用，也可作为食品工业中的色素。

叶黄素是胡萝卜素的羟基衍生物，它在绿叶中的含量通常是胡萝卜素的两倍。与胡萝卜素相比，叶黄素较易溶于醇而在石油醚中溶解度较小。故本实验采用甲醇-石油醚的混合溶剂提取以上三种色素，然后利用薄层色谱进行分离。

当流动相（展开剂）带着混合物组分以不同的速率沿板移动，即组分被吸附剂不断地吸附，又被流动相不断地溶解——解吸而向前移动。由于吸附剂对不同组分有不同的吸附能力，流动相也有不同的解吸能力，因此，在流动相向前移动的过程中，不同的组分移动不同的距离而形成了互相分离的斑点。在给定条件下（吸附剂、展开剂的选择，薄层厚度及均匀度等），化合物移动的距离与展开剂前沿移动的距离之比值（R_f 值）是给定化合物特有的常数，即

$$R_f=\frac{\text{样品原点中心到斑点中心的距离}}{\text{样品原点中心到溶剂前沿的距离}}$$

但由于实验条件容易改变而不易固定，因此在鉴定一种具体化合物时，经常采用与已知标准样品对照的方法。

三、实验步骤

1. 菠菜色素的提取

方法一：将菠菜叶洗净，甩去叶面上的水珠，摊在通风橱中抽风干燥至叶面无水迹。称取 20 g，用剪刀剪碎，置于研钵中，加入 20 mL 甲醇，研磨 5 min，转入布氏漏斗中抽滤，保留滤液。将布氏漏斗中的糊状物放回研钵，加入体积比为 3∶2 的石油醚-甲醇（不溶，故要分开量取）混合液 20 mL，研磨，抽滤。用另一份 20 mL 混合液重复操作，抽干。合并三次的滤液，转入分液漏斗，每次用 10 mL 水洗涤两次，弃去水-醇层，将石油醚层用无水硫酸钠（约 5 g）干燥后滤入蒸馏烧瓶中，水浴加热蒸馏至剩约 1 mL 残液。

方法二：将菠菜叶洗净，甩去叶面上的水珠，摊在通风橱中抽风干燥至叶面无水迹。称取 5 g，用剪刀剪碎，置于研钵中，用 30 mL 体积比为 3∶2 的石油醚-乙醇混合液分三次研磨，抽滤。合并三次的滤液，转入分液漏斗，每次用 10 mL 水洗涤两次，弃去水-醇层，将石油醚层用 2 g 无水硫酸钠干燥后滤入蒸馏烧瓶中，水浴加热蒸馏至剩约 1 mL 残液。

方法三：将菠菜叶洗净，甩去叶面上的水珠，摊在通风橱中抽风干燥至叶面无水迹。称取 5 g，用剪刀剪碎，置于研钵中，先用 10 mL 丙酮研磨菠菜叶，再用 10 mL 石油醚研磨，过滤，合并两次的滤液，用 2 g 无水硫酸钠除去水分，提取液避光保存。

2. *薄层层析*

取四块显微载玻片,用硅胶G经0.5%羧甲基纤维素钠调制后制板,晾干后在110 ℃活化1 h。点样[1],用体积比为8∶2的石油醚-丙酮混合液作展开剂[2]展开后,计算各样点的R_f值[3]。

各样点的R_f值因薄层厚度及活化程度不同而略有差异。大致次序为:第一色带β-胡萝卜素(橙黄色,$R_f \approx 0.75$);第二色带叶黄素(黄色,$R_f \approx 0.70$);第三色带叶绿素a(蓝绿色,$R_f \approx 0.67$);第四色带叶绿素b(黄绿色,$R_f \approx 0.50$)[4]。

本实验约需7 h。

四、注释

[1] 画点样起点线时应尽量避免划破硅胶层,且起点线与边缘的距离要大于展开瓶中的展开剂深度,以避免样点浸入展开剂。

[2] 展开剂也可选用体积比为1∶1的石油醚-乙酸乙酯。

[3] 开始展开后,不能再移动展开瓶。

[4] 实践证明,方法一和方法二中被醇洗去了姜黄素,方法三中还有姜黄素的色斑。

五、思考题

(1) 试比较叶绿素、叶黄素和胡萝卜素三种色素的极性,为什么胡萝卜素在薄层板上移动最快?

(2) 展开剂的高度超过点样线,对薄层色谱有什么影响?

(3) 如何利用R_f值来鉴定化合物?

3.2 从橙皮中提取柠檬烯

一、实验目的

(1) 初步了解天然化合物的提取方法。

(2) 掌握水蒸气蒸馏的原理、用途及操作。

二、实验原理

工业上常用水蒸气蒸馏的方法从植物组织中获取挥发性成分。这些挥发性成分的混合物统称精油,大多具有令人愉快的香味。从柠檬、橙子和柚子等水果的果皮中提取的精油90%以上是柠檬烯。它是一种单环萜,分子中有一个手性中心。其S-(−)-异构体存在于松针油、薄荷油中,R-(+)-异构体存在于柠檬油、橙皮油中,外消旋体存在于香茅油中。本实验是先用水蒸气蒸馏法把柠檬烯从橙皮中提取出来,再用二氯甲烷萃取,蒸去二氯甲烷以获得精油,然后测定其折射率和比旋光度。

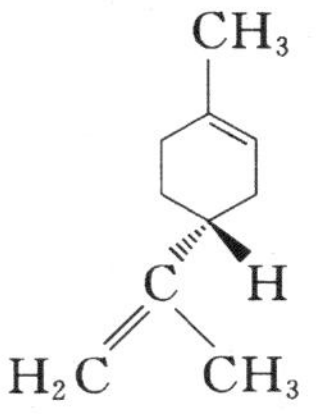

CH_3

C　H

H_2C　CH_3

柠檬烯

三、实验步骤

将 2～3 个橙子的皮[1]剪成碎片，投入 250 mL 三口烧瓶中，加入约 30 mL 水，按照图 2-21 安装水蒸气蒸馏装置[2]。松开弹簧夹。加热水蒸气发生器至水沸腾，T 形管的支管口有大量水蒸气冒出时夹紧弹簧夹，打开冷凝水，水蒸气蒸馏即开始进行，可观察到在馏出液的水面上有很薄的油层。当收集馏出液 60～70 mL 时，松开弹簧夹，然后停止加热。

将馏出液加入分液漏斗中，用二氯甲烷萃取三次，每次 10 mL。合并萃取液，置于干燥的 50 mL 锥形瓶中，加入适量无水硫酸钠干燥半小时以上。将干燥好的溶液滤入 50 mL 蒸馏烧瓶中，用水浴加热蒸馏。当二氯甲烷基本蒸完后改用水泵减压蒸馏以除去残留的二氯甲烷。最后蒸馏烧瓶中只留下少量橙黄色液体，即为橙油。测定橙油的折射率和比旋光度[3]。

纯柠檬烯：b. p. ＝176 ℃；$n_{D}^{0}=1.4727$；$[\alpha]_{D}^{20}=+125.6^{0}$。

本实验约需 5 h。

四、注释

[1] 橙皮最好是新鲜的。如果没有，干的也行，但效果较差。

[2] 也可用 500 mL 单口烧瓶加入 250 mL 水，进行直接水蒸气蒸馏。

[3] 测旋光度时可将几个人所得柠檬烯合并起来，用 95％乙醇配成 5％的溶液进行测定，用纯柠檬烯的同样浓度的溶液进行比较。

五、思考题

（1）为什么要将橙皮剪碎？

（2）实验中应注意哪些问题？

3.3　从茶叶中提取咖啡因

一、实验目的

（1）学习生物碱的提取原理和方法，了解咖啡因的性质。

(2) 掌握 Soxhlet 提取器的使用和升华操作。

二、实验原理

咖啡因具有刺激心脏、兴奋大脑神经和利尿等作用,可用做中枢神经兴奋药。它也是复方阿司匹林(APC)等药物的组分之一。

咖啡因是杂环化合物嘌呤的衍生物,是一种生物碱,它的化学名称是 1,3,7-三甲基-2,6-二氧嘌呤。其结构式为

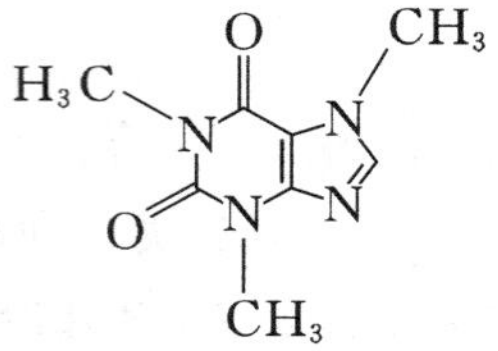

含结晶水的咖啡因为白色针状结晶粉末,味苦,能溶于水、乙醇、丙酮、氯仿等,微溶于石油醚。在 100 ℃时失去结晶水,开始升华;120 ℃时升华相当显著;178 ℃以上升华很快。无水咖啡因的熔点为 234.5 ℃。

茶叶中含有咖啡因(占 1%~5%)、少量的茶碱和可可豆碱,另外还含有 11%~12%的单宁酸(鞣酸),0.6%的色素、纤维素、蛋白质等。为了提取茶叶中的咖啡因,可用适当的溶剂(如氯仿、乙醇、苯等)在 Soxhlet 提取器中连续萃取,然后蒸去溶剂,即得粗咖啡因。粗咖啡因中还含有其他一些生物碱和杂质(如单宁酸)等,可利用升华法进一步提纯。咖啡因是弱碱性化合物,能与酸成盐。其水杨酸盐衍生物的熔点为 137 ℃,可借此进一步验证其结构。

三、实验步骤

称取 6 g 茶叶末[1],放入 Soxhlet 提取器(见图 2-26)的滤纸筒[2]中,在 100 mL 圆底烧瓶中加入 60 mL 95%乙醇,水浴加热回流提取,直到提取液颜色较浅时为止(约 2.5 h),待冷凝液刚刚被虹吸下去时,立即停止加热。冷却后改用蒸馏装置进行蒸馏,待蒸出大部分乙醇溶液时停止蒸馏。把剩余的液体倒入蒸发皿中,加入 2~3 g 生石灰[3],搅成浆状,在蒸汽浴上蒸干成粉状,除尽乙醇。然后移至石棉网上用酒精灯小火加热,焙炒片刻,去除水分[4]。冷却后,在蒸发皿上盖一张刺有许多小孔且孔刺向上的滤纸,再在滤纸上罩一个大小合适的玻璃漏斗,漏斗颈部塞一小团疏松的棉花。用酒精灯小心加热,适当控制温度[5],使升华速度放慢,当发现有棕色烟雾时,即升华完毕,停止加热。冷却片刻后,揭开漏斗和滤纸,将附在上面的咖啡因刮下,若残渣为绿色,则可再次用大火加热升华直至棕色为止。合并几次升华的咖啡因,测其熔点。

本实验约需 4 h。

四、注释

[1] 红茶中含咖啡因约 3.2%,绿茶中含咖啡因约 2.5%,可选择红茶做实验。

[2] 滤纸筒的大小要紧贴器壁，方便取放，其高度不超过虹吸管；滤纸包茶叶时要严密，纸套上面要折成凹形。

[3] 生石灰起中和作用，以除去单宁等酸性物质，使咖啡因从其盐中游离出来。

[4] 如水分未能除净，将会在下一步加热升华开始时在漏斗内出现水珠。若遇此情况，则用滤纸迅速擦干漏斗内的水珠并继续升华。

[5] 升华操作是实验成败的关键。在升华过程中必须始终严格控制温度，温度太高会使产物分解、炭化，导致产品不纯和损失。

五、思考题

(1) 本实验中使用生石灰的作用有哪些？

(2) 除可用乙醇萃取咖啡因外，还可采用哪些溶剂萃取？

(3) 用升华法提纯固体有什么优点和局限性？

3.4　黄连素的提取

一、实验目的

(1) 学习从中草药中提取生物碱的原理和方法。

(2) 熟悉固-液提取的装置及方法。

二、实验原理

黄连为我国特产药材之一，有很强的抗菌能力，对急性结膜炎、口疮、急性细菌性痢疾、急性肠胃炎等均有很好的疗效。黄连中含有多种生物碱，以黄连素(小檗碱的俗称)为主要有效成分，随野生或栽培及产地的不同，黄连中黄连素的含量为 4%～10%。含黄连素的植物很多，如黄柏、三颗针、伏牛花、白屈菜、南天竹等均可作为提取黄连素的原料，但以黄连和黄柏中的含量为高。

黄连素是黄色针状晶体，微溶于水和乙醇，较易溶于热水和热乙醇中，几乎不溶于乙醚。黄连素存在三种互变异构体，但自然界多以季铵碱的形式存在。黄连素的盐酸盐、氢碘酸盐、硫酸盐、硝酸盐均难溶于冷水，易溶于热水，其各种盐的纯化都比较容易。

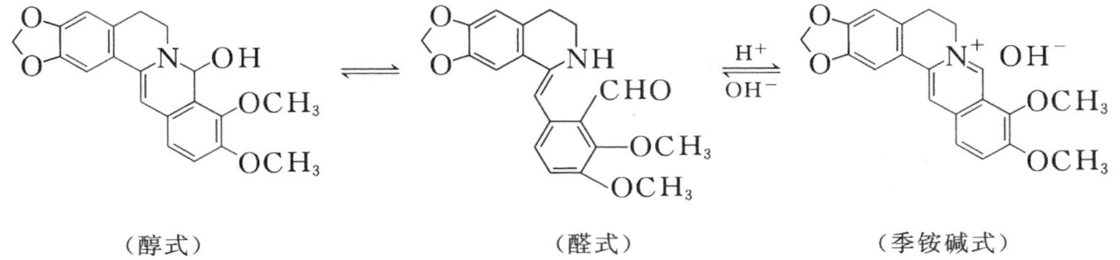

OH　OCH_3　OCH_3　⇌　NH　CHO　OCH_3　OCH_3　$\underset{OH^-}{\overset{H^+}{\rightleftharpoons}}$　N^+　OH^-　OCH_3　OCH_3

(醇式)　　(醛式)　　(季铵碱式)

三、实验步骤

称取 2 g 磨细的中药黄连,放入 25 mL 圆底烧瓶中,加入 10 mL 乙醇,装上回流冷凝管[1],在热水浴中加热回流 0.5 h,冷却并静置浸泡 0.5 h,抽滤,滤渣重复上述操作处理一次,合并两次所得滤液。在水泵减压下蒸出乙醇,再加入 1%乙酸溶液(6~8 mL),加热溶解,趁热抽滤以除去不溶物,然后在滤液中滴加浓盐酸至溶液混浊为止(约需 2 mL),放置冷却,即有黄色针状晶体析出[2]。抽滤晶体,并用冰水洗涤两次,再用丙酮洗涤一次,烘干后称重,约 0.2 g。

本实验约需 4 h。

四、注释

[1] 本实验也可用 Soxhlet 提取器连续提取。

[2] 得到纯净的黄连素晶体比较困难。将黄连素盐酸盐加热水至刚好溶解,煮沸,用石灰乳调节 pH 值为 8.5~9.8,冷却后滤去杂质,滤液继续冷却到室温以下,即有针状体的黄连素析出,抽滤,将晶体在 50~60 ℃下干燥,熔点为 145 ℃。

五、思考题

(1) 黄连素为何种生物碱类的化合物?

(2) 为何要用石灰乳来调节 pH 值?用强碱如氢氧化钾(钠)行不行?为什么?

3.5 从牛乳中分离提取酪蛋白和乳糖

一、实验目的

(1) 掌握从牛乳中分离酪蛋白的原理和操作方法。

(2) 掌握旋光度测定和薄层色谱分析的实验方法。

二、实验原理

牛乳中含有多种蛋白质,它们有着不同的性质。在脱脂牛乳的蛋白质中,酪蛋白约占 80%,酪蛋白是一类含磷蛋白质的复杂混合物。利用等电点时溶解度最低的原理,将牛乳的 pH 值调到 4.7(酪蛋白的等电点)时,酪蛋白就沉淀析出。再用乙醇和乙醚洗涤沉淀,除去脂类杂质,便可制得纯酪蛋白。

牛乳经脱脂和去掉蛋白质后,所得溶液即为乳清。乳清中含有的糖类物质主要为乳糖。乳糖是一种还原性二糖,为白色结晶或结晶性粉末;甜度约为蔗糖的 70%,无臭;易压缩成形,吸水性低。它是唯一由哺乳动物合成的糖,是在乳腺中合成的。乳糖是成长中的婴儿维持其脑和其他神经组织发育所需的物质。乳糖也是不溶于乙醇的,所以当将乙醇混入水溶液中时,乳糖会结晶出来,从而达到分离的目的。

三、实验步骤

1. 酪蛋白的分离与鉴定

1）酪蛋白的分离

取 30 mL 鲜牛乳[1]，置于 100 mL 烧杯中，加热至 40 ℃。在搅拌下慢慢加入预热至 40 ℃、pH 值为 4.7 的乙酸-乙酸钠缓冲溶液[2] 40 mL，用精密 pH 试纸或酸度计检查 pH 值，再用 0.2 mol/L 乙酸溶液调 pH 值至 4.7[3]，静置，冷至室温。悬浮液出现大量沉淀后，转移至离心管中，在 3500 r/min 下离心 10 min，上清液经漏斗过滤于蒸发皿中，作乳糖的分离与鉴定。所得沉淀为酪蛋白的粗制品。用 40 mL 蒸馏水洗涤沉淀，将沉淀搅起，同上离心分离，弃去上清液。加入 30 mL 95%乙醇，把沉淀充分搅起形成悬浊液，将其转移到布氏漏斗中抽滤，先用 30 mL 95%乙醇洗涤，再用 30 mL 乙醚洗涤，最后抽干，制得酪蛋白。将酪蛋白白色粉末摊在表面皿上风干，称重，计算牛乳中酪蛋白的含量(牛乳中酪蛋白理论含量为 3.5 g/(100 mL))。

取 0.5 g 酪蛋白，溶于 5 mL 0.4 mol/L 氯化钠水溶液中，用于蛋白质的颜色反应。

2）酪蛋白的颜色反应

(1) 缩二脲反应：在一支小试管中，加入酪蛋白溶液 5 滴和 5%的 NaOH 溶液 5 滴，摇匀后加入 1%硫酸铜溶液 1～2 滴[4]。振摇试管，观察颜色变化。

(2) 黄蛋白反应：在一支小试管中，加入酪蛋白溶液 10 滴和浓硝酸 3 滴，水浴中加热，生成黄色硝基化合物。冷却后再加入 5%的 NaOH 溶液 15 滴，溶液呈橘黄色。

(3) 茚三酮反应：在一支小试管中，加入酪蛋白溶液 10 滴，然后加茚三酮试剂 4 滴，加热煮沸，即有蓝紫色出现。

2. 乳糖的分离与鉴定

1）乳糖的分离

将上面所得的上清液置于蒸发皿中，用小火浓缩至 5 mL，冷却后，加入 95%的乙醇 10 mL，冰浴中冷却，用玻璃棒搅拌摩擦，使乳糖析出完全，减压过滤，用 95%的乙醇洗涤晶体两次(每次 5 mL)，即得粗乳糖晶体。

将粗乳糖晶体溶于 5 mL 50～60 ℃的热水中，滴加 95%的乙醇至产生混浊，水浴加热至混浊消失，冷却，减压过滤，用 95%的乙醇洗涤晶体两次，干燥后得含一结晶水的纯乳糖。

2）乳糖的变旋现象

精确称取 1.25 g 乳糖，用少量蒸馏水溶解，转入 25 mL 容量瓶中定容，将溶液装入旋光管中，每隔 1 min 测定一次，至少测定 6 次，8 min 内完成，记录数据。10 min 后，每隔 2 min 测定一次，至少测 8 次，20 min 内完成。记录数据，计算比旋光度。

本实验约需 4 h。

四、注释

[1] 牛奶在实验前不能放置太久，若时间过长，则其中的乳糖慢慢变为乳酸而影

响乳糖分离。

[2] 0.2 mol/L pH 值为 4.7 的乙酸-乙酸钠缓冲溶液,其配制方法如下。先分别配制 A 液和 B 液。

A 液(0.2 mol/L 乙酸钠溶液):称取分析纯乙酸钠($NaAc \cdot 3H_2O$)27.22 g,溶于蒸馏水中,定容至 1000 mL。

B 液(0.2 mol/L 乙酸溶液):称取分析纯冰乙酸(含量大于 99.8%)12.0 g,溶于蒸馏水中,定容至 1000 mL。

取 A 液 885 mL 和 B 液 615 mL 混合,即得 pH 值为 4.7 的乙酸-乙酸钠缓冲溶液 1500 mL。

[3] 加入的乙酸不可过量,过量的酸会促使牛奶中的乳糖慢慢水解为半乳糖和葡萄糖。

[4] 硫酸铜不能加多了,否则产生蓝色的氢氧化铜沉淀,干扰对实验现象的观察。

五、思考题

(1) 为什么在牛乳中加入缓冲溶液后,还要再加几滴 0.2 mol/L 乙酸溶液?

(2) 为什么乳糖具有变旋现象?

3.6 卵磷脂的提取及其组成鉴定

一、实验目的

(1) 学习从蛋黄中提取卵磷脂的实验方法。

(2) 巩固抽滤、蒸馏等基本操作。

二、实验原理

卵磷脂存在于动物的各种组织细胞中,是天然的乳化剂和营养补品。磷脂可以降血脂,治疗脂肪肝、肝硬化,使老年人动脉血管壁有增强现象,且减少坏死。卵磷脂因首先是从鸡蛋中提取出来而得名,蛋黄中卵磷脂含量较高,约 8%。可根据它溶于乙醇、氯仿而不溶于丙酮的性质,从蛋黄中分离得到。卵磷脂在碱性溶液中加热水解,得到甘油、脂肪酸、磷酸和胆碱,可从水解液中检查出这些组分。

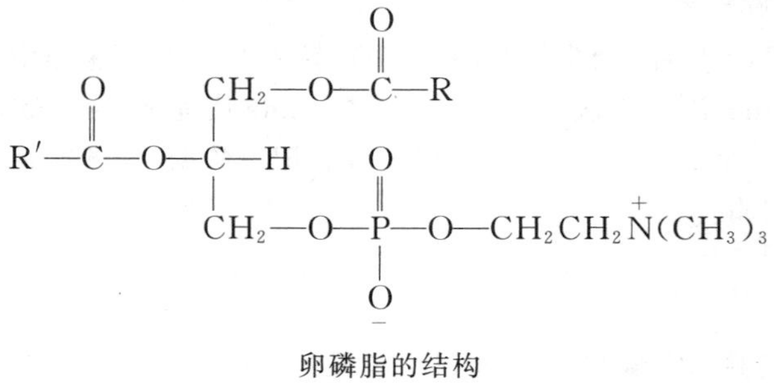

$$
\begin{array}{l}
\qquad\qquad\qquad\qquad\quad \mathrm{CH_2-O-\overset{\displaystyle O}{\overset{\|}{C}}-R} \\
\qquad\qquad\qquad\qquad\quad\ \ | \\
\mathrm{R'-\overset{\displaystyle O}{\overset{\|}{C}}-O-CH-H} \\
\qquad\qquad\qquad\qquad\quad\ \ | \\
\qquad\qquad\qquad\qquad\quad \mathrm{CH_2-O-\underset{\displaystyle O^-}{\underset{|}{\overset{\displaystyle O}{\overset{\|}{P}}}}-O-CH_2CH_2\overset{+}{N}(CH_3)_3}
\end{array}
$$

卵磷脂的结构

三、实验步骤

1. 卵磷脂的提取

取煮熟鸡蛋蛋黄一个，于研钵中研细，先加入 10 mL 95%乙醇研磨，减压过滤(应盖满漏斗)，布氏漏斗上的滤渣经充分挤压滤干后，移入研钵中，再加 10 mL 95%乙醇研磨，减压过滤，滤干后，合并两次滤液，如混浊可再过滤一次[1]，将澄清滤液移入蒸发皿内。将蒸发皿置于沸水浴上蒸去乙醇至干[2]，得到黄色油状物。冷却后，加入 5 mL 氯仿，搅拌使油状物完全溶解[3]。在搅拌下慢慢加入 15 mL 丙酮，即有卵磷脂析出[4]，搅动使其尽量析出，过滤，将滤液倒入回收瓶内。

2. 卵磷脂的水解及其组成鉴定

取一支干燥大试管，加入提取的一半量的卵磷脂，并加入 5 mL 20%氢氧化钠溶液，放入沸水浴中加热 10 min[5]，并用玻璃棒加以搅拌，使卵磷脂水解，冷却后，在玻璃漏斗中用棉花过滤。滤液供下面检查用。

1) 脂肪酸的检查

取棉花上沉淀(滤饼)少许，加 1 滴 20%氢氧化钠溶液与 5 mL 水，用玻璃棒搅拌使其溶解，在玻璃漏斗中用棉花过滤得澄清液，以硝酸酸化后加入 10%乙酸铅溶液 2 滴，观察溶液的变化[6]。

2) 甘油的检查

取一支试管，加入 1 mL 1%硫酸铜溶液、2 滴 20%氢氧化钠溶液，振摇，有氢氧化铜沉淀生成，再加入 1 mL 水解液振摇，观察所得结果[7]。

3) 胆碱的检查

取水解液 1 mL，滴加硫酸使其酸化(以 pH 试纸检测)，加入 1 滴克劳特试剂(碘化铋钾溶液)[8]，有砖红色沉淀生成。

4) 磷酸的检验

取一支干净的试管，加入 10 滴滤液和 5 滴 95%乙醇，然后加入 5 滴钼酸铵试剂，观察有何现象。最后在水浴上加热 5～10 min，至有黄色沉淀产生。

本实验约需 4 h。

四、注释

[1] 第一次减压过滤，因刚析出的醇中不溶物很细以及有少许水分，滤出物混浊，放置后继续有沉淀析出，需合并滤液后，以原布氏漏斗(不换滤纸)反复滤清。

[2] 蒸去乙醇时，可能最后有少许水分，需搅动加速蒸发，必须蒸干。

[3] 黄色油状物干后，蒸发皿壁上沾的油状物一定要使其溶于氯仿中，否则会带入杂质。

[4] 搅动时，析出的卵磷脂可黏附于玻璃棒上，呈团状。

[5] 加热时,会促使胆碱分解,产生三甲胺的臭味。

[6] 加硝酸酸化,脂肪酸析出,溶液变混浊,加乙酸铅有脂肪酸铅盐生成,混浊进一步增强。

[7] 生成的氢氧化铜沉淀,因水解液中的甘油与之反应,生成甘油铜,而逐步溶解,成为绛蓝色溶液。

[8] 克劳特试剂为含有 KI-BiI_3复盐的有色溶液,与含氮碱性化合物(如胆碱)生成砖红色的沉淀。

五、思考题

(1) 从蛋黄中分离卵磷脂是根据什么原理?

(2) 卵磷脂可以皂化,从结构分析应作何解释?

(3) 卵磷脂可作乳化剂,这是为什么?

(4) 为什么实验中要进行减压过滤?操作时应注意哪些事项?

3.7 银杏叶中黄酮类有效成分的提取

一、实验目的

(1) 学习从银杏叶中提取黄酮类有效成分的操作技术。

(2) 学习旋转薄膜蒸发、冷冻除渣的方法。

二、实验原理

我国是银杏的故乡,拥有世界 90%以上的储量,湖北、江苏、江西、浙江、山东等省是我国主要的银杏产地。关于银杏的药用价值,我国古代就有记载。现代医学研究证明,银杏叶中的黄酮苷和萜内酯对心脑血管疾病有卓越的治疗效果,对老年性痴呆也疗效明显。我国以银杏提取物为原料制成的药物制剂、保健食品、化妆品畅销国内外市场。

银杏叶中含有多种成分,包括总黄酮苷类、萜类、烃基酚类、多烯醇类以及生物碱、糖、淀粉、蛋白质和无机盐。上述成分很多性质相近,分离纯化十分困难,国内外均采取从银杏叶中分离出总黄酮苷和总萜内酯等有效成分的方法。目前提取银杏叶有效成分的方法主要有水蒸气蒸馏法、有机溶剂萃取法和超临界萃取法。本实验采用有机溶剂萃取法。

三、实验步骤

方法一　回流提取法

称取干银杏碎叶 25 g,置于圆底烧瓶中,分别加入适量水(15 mL)、乙醇(35 mL)[1],

安装回流装置，回流提取1.5 h。拆除回流装置，将圆底烧瓶中提取液过滤，滤液用旋转蒸发仪回收溶剂[2]，溶剂回收率为90%～95%，得浓缩浸膏。在浓缩浸膏中加入去离子水50 mL，冷冻除渣[3]，清液用乙酸乙酯15 mL分三次萃取，合并酯液，回收乙酸乙酯，得黄色粉状产品。

方法二　Soxhlet提取器提取法

称取干燥的银杏叶粉末25 g，放入Soxhlet提取器的滤纸袋中，圆底烧瓶中加入130 mL 60%乙醇，连续提取3 h，待银杏叶颜色变浅，停止提取。将装置改为蒸馏装置，减压蒸去溶剂，得膏状粗提取物。将粗提取物加去离子水120 mL，转入分液漏斗中，用180 mL二氯甲烷分三次萃取，萃取液用无水硫酸钠干燥，蒸去二氯甲烷，将残留物干燥，称量，计算收率[4]。

本实验约需4 h。

四、注释

[1] 用70%(体积分数)的乙醇水溶液回流提取效果较好，可预先配制。

[2] 使用旋转蒸发仪回收溶剂效率高，用时短，也可用减压蒸馏浓缩。

[3] 醇提取物浸膏用热水溶解时，叶绿素和其他一些脂溶性杂质以黏稠态存在，有一定的流动性，水层为混浊液，或多或少有叶绿素颜色。因此，在酯萃取之前用冷冻除渣效果较好，使酯萃取过程中有效成分不易乳化，同时也可除去杂质，有利于纯化。

[4] 粗提取物的精制方法很多，如用D101树脂和聚酰胺树脂按1∶1混合装柱，吸附，然后用70%乙醇洗脱，经浓缩得到精制品。

五、思考题

(1) 黄酮的理化性质如何？

(2) 怎样除去叶绿素和其他一些脂溶性杂质？

(3) 除了用醇提-酯萃取法从银杏叶中提取黄酮外，还有什么方法可提取黄酮？还有哪些植物中含有黄酮？试举几例。

3.8　肉桂皮中肉桂醛的提取和鉴定

一、实验目的

(1) 掌握Soxhlet提取器的用法，了解肉桂醛的性质。

(2) 熟悉水蒸气蒸馏、减压蒸馏等基本操作。

二、实验原理

许多植物的根、茎、叶、花中都含有香精油，由于其中大部分是易挥发性的，因此常常使用水蒸气蒸馏的方法进行分离提取。由于肉桂油难溶于水,能随水蒸气蒸发,因此可用水蒸气蒸馏的方法提取出肉桂油。利用肉桂醛具有加成和氧化的性质进行肉桂醛官能团的定性鉴定,这种方法具有操作简单、反应快等特点,对化合物鉴定非常有效。肉桂醛也可用薄层色谱、红外光谱等进一步鉴定。

O
H

肉桂醛

三、实验步骤

1. 肉桂醛的提取

称取肉桂皮粉末 100 g[1],装入滤纸筒,放入 Soxhlet 提取器,取 95%乙醇 250 mL,其中 100 mL 加入 Soxhlet 提取器的圆底烧瓶,150 mL 装入有滤纸筒的提取器中。在圆底烧瓶中加入几粒沸石,用电热套加热,温度控制在 90 ℃(乙醇沸点为 78.5 ℃),使圆底烧瓶中的乙醇沸腾,乙醇蒸气通过上升管进入冷凝管,蒸气被冷凝为液体进入提取器,对肉桂皮进行浸泡,液体颜色慢慢变成棕色。当提取器中液面超过虹吸管最高处时发生虹吸现象,溶液流回烧瓶。经过多次浸泡虹吸,肉桂醛富集于烧瓶中,烧瓶中乙醇颜色渐渐变为深棕色。回流 4 h 后,提取器内溶液的颜色变得很淡,几乎为无色。待提取器内回流液刚被虹吸下去时,立即停止加热,提取器中液体很快经过虹吸管流到圆底烧瓶,此时圆底烧瓶内的乙醇溶液为深棕色。

在蒸馏装置中加入几粒沸石,蒸馏回收提取液中的乙醇,电热套温度控制在 90 ℃左右。蒸馏约 2 h 后,温度计读数突然下降时,说明乙醇几乎蒸尽,停止蒸馏,然后改用水蒸气蒸馏装置,进行水蒸气蒸馏[2],有淡黄色油滴经冷凝流入锥形瓶,至无油滴出现,停止水蒸气蒸馏。

在馏出液中加入 NaCl,使其饱和,降低肉桂醛在水中的溶解度,然后用 120 mL 乙醚分三次萃取,使肉桂醛充分溶于乙醚,分离出乙醚萃取液。合并三次乙醚萃取液于 250 mL 锥形瓶中,在锥形瓶中加入适量无水氯化钙干燥剂,干燥 30 min 后,去掉干燥剂,将乙醚萃取液转入 250 mL 圆底烧瓶中,改用蒸馏装置,把烧瓶放入水浴锅中,温度调至 60 ℃,蒸出乙醚(沸点为 34.5 ℃)并回收。然后改用减压蒸馏,收集 150～151 ℃(100 mmHg)的馏分,称其质量(约 4.0 g),测其折射率,纯肉桂醛 n_D^{20} 为 1.6228。

2. 肉桂醛的鉴定

减压蒸馏提取的有机物馏分呈淡黄色,有辛香味,几乎不溶于水。先用 Br_2-CCl_4 鉴定,Br_2-CCl_4 溶液退色,说明存在双键;然后用 2,4-二硝基苯肼溶液鉴定,发现有橙红色沉淀生成,说明存在羰基。因此,根据肉桂醛的特征反应进行判定,从肉桂皮中提取的有机物是肉桂醛。

本实验约需 6 h。

四、注释

[1] 肉桂皮要用粉碎机粉碎或用研钵研碎，否则影响提取效率。

[2] 水蒸气蒸馏时，肉桂皮粉很容易堵塞水蒸气导气管。要随时打开 T 形管上的铁夹，使导气管畅通后再进行蒸馏。

五、思考题

(1) 为什么可以采用水蒸气蒸馏的方法提取肉桂醛？除了用水蒸气蒸馏的方法提取外，还可用什么方法？

(2) 本实验中还可采取哪些方法来鉴定肉桂油的主要成分？

3.9　从花椒籽中提取花椒油

一、实验目的

(1) 学习用水蒸气蒸馏的方法从花椒籽中提取花椒油的原理和方法。

(2) 巩固水蒸气蒸馏、溶剂萃取等操作技术。

二、实验原理

花椒(*Zanthoxylum bungeanum*)是芸香科植物，具有温中助阳、散寒燥湿、行气止痛、杀虫止痒、抗氧调味之功效。它不仅可以作为中药材，而且是一种具有麻香味的调味食用香料，在食品添加剂领域有广阔的应用，被誉为“八大味”之一。花椒油是从花椒子核和子皮中提取的一种天然挥发油，其成分以烯烃为主，随产地不同有明显的差异。四川金阳花椒油的气相色谱表明，柠檬烯和莰烯总量占 65.2%，山西榆次花椒油中 α-2-蒎烯和枞油烯总量占 74.1%。

花椒油可用水蒸气蒸馏法、回流提取法和水酶法提取。本实验采用水蒸气蒸馏法进行提取。

三、实验步骤

1. 花椒油的提取[1]

在水蒸气发生瓶中，加入约占容器 2/3 的水、几粒沸石，旋开 T 形管的螺旋夹，开始加热。称取 10 g 花椒粉[2]，装入 250 mL 圆底烧瓶中，加入 50 mL 水，将仪器安装好。当有大量水蒸气产生并从 T 形管的支管冲出时，立即旋紧螺旋夹，水蒸气便进入蒸馏部分，开始蒸馏。与此同时，接通冷却水，用锥形瓶收集馏出物。调节加热速度，使瓶内的混合物不致飞溅得太厉害，并控制馏出液的速度为每秒 2～3 滴。由于水蒸气的冷凝而使蒸馏瓶内液体量增加,可适当加热蒸馏烧瓶。当馏出液无明显油珠、澄清透明时,打开T形管的螺旋夹,与大气保持相通,然后移去热源,关闭冷凝水,停止水蒸气蒸馏。注意按顺序操作,否则可能发生倒吸现象。

2. 花椒油的分离

1) 萃取

用30～50 g食盐饱和馏出液,然后将馏出液倒入分液漏斗中。用乙醚萃取两次,每次15 mL。静置分层,弃去水层,合并萃取醚层,用少量无水Na_2SO_4干燥醚层。

2) 蒸馏浓缩

将干燥后的馏出液用玻璃丝棉慢慢滤入干燥、洁净并预先称重的50 mL圆底烧瓶中。安装蒸馏装置,在水浴上蒸出大部分乙醚,将烧瓶在水浴中小心加热,浓缩至溶剂被除净为止。擦干烧瓶外壁的水,称重,计算花椒油的提取率。

本实验约需6 h。

四、注释

[1] 实验装置参考基本操作中水蒸气蒸馏装置。

[2] 花椒籽要用粉碎机粉碎或用研钵研碎,否则影响提取效率。

五、思考题

(1) 根据实验原理,提出花椒油的理化鉴定检测方法。

(2) 若采用回流法提取花椒油,可使用的溶剂有哪些?

3.10 花生油的提取

一、实验目的

(1) 掌握Soxhlet提取器的提取原理,以及直滴式脂肪提取器的使用。

(2) 了解从固体物质中连续萃取有机化合物的原理。

(3) 通过实验验证油脂的某些化学性质。

二、实验原理

油脂是动植物细胞的重要组成部分,是高级脂肪酸甘油酯的混合物,其种类繁多,均可溶于乙醚、苯、石油醚等脂溶性有机溶剂。其中乙醚溶解脂肪的能力强,应用最多。乙醚分子有一定极性,但不如乙醇、甲醇、水等分子极性强。乙醚沸点低(34.5 ℃),易燃,且可含约2%的水分,含水乙醚会同时抽出糖分等非脂成分,所以使用时,必须采用无水乙醚作提取剂,且要求样品无水分。石油醚溶解脂肪的能力比乙醚弱些,但吸收水分比乙醚少,没有乙醚易燃,使用时允许样品含有微量水分。

根据两种溶剂的特点和实验室的条件，本实验以石油醚作为提取溶剂，在Soxhlet提取器[1]中进行油脂提取。

在提取过程中，一些油脂的色素、游离脂肪酸、磷脂、固体醇蜡等也一并被抽提出来，所以提取物为粗油脂。组成油脂的脂肪酸中，除硬脂酸、软脂酸等饱和脂肪酸外，还有油酸、亚油酸等不饱和脂肪酸。不饱和脂肪酸的不饱和度可根据与溴或碘的加成作用进行定性或定量测定。

以提取得到的花生油进行性质实验，考察花生油在水和苯中的溶解性能。花生油是酯类化合物，极性小，可溶于苯，不溶于水，在盛有油和水的试管中加肥皂水，其中的肥皂作为表面活性剂可有效降低油、水界面的比表面能，使得花生油在振荡的条件下，以微小液珠的形式均匀地分散在水中，形成稳定的乳浊液。构成花生油酯类的高级脂肪酸一部分是不饱和脂肪酸，含有碳碳双键，可和溴发生加成反应，因而在花生油中加入溴的四氯化碳溶液，溴和双键发生加成反应，溴被消耗掉，溴的棕红色退去。

三、实验步骤

1. 油脂的提取

将花生仁放于100～105 ℃烘箱中烘3～4 h，冷却至室温，粉碎（颗粒应小于50目）。称取7 g粉碎好的试样，将滤纸做成与提取器大小相应的套袋，然后把试样放入套袋，装入Soxhlet提取器内[2]。在蒸馏烧瓶中加入65 mL石油醚和几粒沸石，连接好蒸馏烧瓶、提取器、回流冷凝管，接通冷凝水，加热。沸腾后，溶剂的蒸气从烧瓶进入冷凝管中，冷凝后的溶剂回流到套袋中，浸取固体混合物。溶剂在提取器内达到一定的高度时，就携带所提取的物质一同从侧面的虹吸管流入烧瓶中。溶剂就这样在仪器内循环流动，把所要提取的物质集中到下面的烧瓶内。提取1.5 h后，撤去热源，改成蒸馏装置，回收石油醚。待温度计读数下降，停止蒸馏，烧瓶内所剩浓缩物便是粗油脂。将烧瓶内的粗油脂放在(105±2)℃烘箱中烘半小时，冷却后称重，烧瓶增加的质量即为油脂的质量，计算粗油脂的含量。

花生油为淡黄色透明液体，n_D^{20}为1.468～1.472，d_4^{20}为0.911～0.918。

2. 油脂不饱和度的检验

在两支试管中，分别加入10滴花生油和10滴羊油的四氯化碳溶液，然后分别逐滴加入溴的四氯化碳溶液，并随时加以振荡，直到溴的颜色退去为止。记录两者所需要溴的四氯化碳溶液的量，并比较它们的不饱和度。

本实验约需4 h。

四、注释

[1] Soxhlet提取器为配套仪器，其任一部件损坏将会导致整套仪器的报废，特别是虹吸管极易折断，所以在安装仪器和实验过程中须特别小心。

[2] 用滤纸包花生末时要严实,防止花生末漏出,堵塞虹吸管。滤纸包大小要合适,既能紧贴套管内壁,又能方便取放,且其高度不能超过虹吸管高度。

五、思考题

(1) 乙醚作为一种常用的萃取剂,其优缺点是什么?

(2) Soxhlet 提取器由哪几部分组成?它根据什么原理进行萃取?

(3) 动物油和植物油哪种不饱和度大?

第 4 章　基础有机合成

4.1　环己烯的制备

一、实验目的

（1）学习浓磷酸催化环己醇脱水制备环己烯的原理和方法。

（2）初步掌握分馏、水浴蒸馏和干燥等基本操作。

二、实验原理

实验室常采用酸催化醇脱水的方法来制备烯烃。一般认为，这是一个通过碳正离子中间体进行的单分子消去反应（E_1）。

$$\text{环己醇(OH)} \underset{}{\overset{H^+}{\rightleftharpoons}} \text{C}_6\text{H}_{11}\overset{+}{O}H_2 \overset{-H_2O}{\rightleftharpoons} \text{C}_6\text{H}_{11}^+ \overset{-H^+}{\rightleftharpoons} \text{环己烯}$$

在平衡混合物中，环己烯沸点最低，可以边生成边蒸出，从而提高产率。

三、实验步骤

在干燥的 25 mL 圆底烧瓶中，加入 5.2 mL(5.0 g，0.05 mol)环己醇及 2.5 mL 浓磷酸[1]和几粒沸石，充分振荡使之混合均匀，装上分馏柱，用小锥形瓶作接收器，置于冰水浴中。

用小火加热反应混合物至沸腾，控制分馏柱顶部温度不超过 90 ℃[2]，缓慢蒸出生成的环己烯和水（混浊液体）[3]。若无液体蒸出，可把火加大。当烧瓶中只剩下很少量的残渣并出现阵阵白雾时，即可停止加热。全部蒸馏时间约需 1 h。

将小锥形瓶中的粗产物用吸管吸去水层[4]，加入等体积的饱和 NaCl 溶液，摇匀后静置，使液体分层，用吸管吸去水层。油层转移到干燥的小锥形瓶中，加少量的无水氯化钙干燥，间歇振荡。必须待液体完全澄清透明后，才能进行蒸馏。

将干燥后的粗环己烯在水浴上进行蒸馏，收集 82～85 ℃的馏分。所用的蒸馏装置必须干燥[5]。产量为 2.0～2.5 g。

纯环己烯为无色液体，沸点为 83 ℃，n_D^{20} 为 1.4465。

本实验约需 4 h。

四、注释

[1] 脱水剂可以用磷酸或硫酸。磷酸的用量必须是硫酸的两倍以上,它与硫酸催化相比具有明显的优点:一是不生成炭渣;二是不产生难闻气体(用硫酸则易生成SO_2副产物)。

[2] 最好用简易空气浴加热,使蒸馏烧瓶受热均匀。因为反应中环己烯与水形成共沸物(沸点 70.8 ℃,含水 10%),环己醇与环己烯形成共沸物(沸点 64.9 ℃,含环己醇 30.5%),环己醇与水形成共沸物(沸点 97.8 ℃,含水 80%),所以温度不可过高,蒸馏速度不宜过快,以防止未作用的环己醇大量蒸出。

[3] 在收集和转移环己烯时,宜使之充分冷却,以免因挥发而损失。

[4] 粗环己烯也可倒入分液漏斗中进行后处理,即往馏出液中加入适量 NaCl 使之饱和,然后加 3~4 mL 5%碳酸钠溶液中和微量的酸。再把液体倒入分液漏斗中,振荡后静置分层。

[5] 产品是否清亮透明,是衡量产品是否合格的外观标准,因此在蒸馏已干燥的产物时,所用蒸馏仪器都必须充分干燥。

五、思考题

(1) 在制备过程中,为什么要控制分馏柱顶部的温度?

(2) 在精制环己烯时,加入饱和 NaCl 溶液的目的何在?

(3) 写出无水氯化钙吸水后的化学反应方程式,为什么蒸馏前一定要将它过滤掉?

4.2 溴乙烷的制备

一、实验目的

(1) 学习用醇制备卤代烷的原理与方法。

(2) 掌握低沸点有机物的蒸馏。

(3) 学习萃取和分液漏斗的使用。

二、实验原理

醇和氢溴酸作用可以生成溴代烷,而氢溴酸通过溴化钠与硫酸反应生成。

$$NaBr + H_2SO_4(浓) \longrightarrow HBr + NaHSO_4$$

$$C_2H_5OH + HBr \underset{\triangle}{\overset{H_2SO_4(浓)}{\rightleftharpoons}} C_2H_5Br + H_2O$$

虽然上述第二个反应可逆,但可以采用增加其中一种反应物的浓度或设法使产物溴乙烷及时离开反应体系的方法,使平衡右移。本实验中这两种措施并用,以使反应顺利完成。

此外,因为浓硫酸具有氧化性和脱水性,还有下列副反应发生:

$$2C_2H_5OH \xrightarrow[\triangle]{H_2SO_4(\text{浓})} C_2H_5OC_2H_5 + H_2O$$

$$C_2H_5OH \xrightarrow[\triangle]{H_2SO_4(\text{浓})} C_2H_4\uparrow + H_2O$$

$$2HBr + H_2SO_4(\text{浓}) \longrightarrow Br_2 + SO_2\uparrow + 2H_2O$$

三、实验步骤

1. 溴乙烷的合成

在 50 mL 圆底烧瓶中加入 5 mL 95%乙醇及 5 mL 水,在不断振摇和冷水冷却下,慢慢加入 10 mL 浓硫酸,冷至室温后,在搅拌下加入 7.5 g 研成细粉状的溴化钠[1]和几粒沸石,安装成常压蒸馏装置。接引器内外均应放入冰水混合物,以防止产品的挥发损失。接引管的支管用橡皮管导入下水道或室外。将反应混合物在石棉网上小火加热蒸馏,使反应平稳发生,直至无油状物馏出为止[2]。当反应不太激烈时,可适当调大火焰[3],使反应完全,直到无油滴蒸出(可在干净的表面皿中放入一些净水,从接引管末端接几滴馏出液,如无油状物即为反应完全)为止。

将馏出液倒入分液漏斗中,分出的有机层置于 25 mL 干燥的锥形瓶中,在冰水浴中,边振摇边滴加浓硫酸,直至锥形瓶底分出硫酸层为止。用干燥的分液漏斗分去硫酸液,将溴乙烷粗产品倒入干燥的蒸馏烧瓶中,水浴加热蒸馏,接收器外用冰水浴冷却,收集 37～40 ℃的馏分。称量,计算产率(约 62%)。溴乙烷为无色液体,沸点为38.4 ℃,d_4^{20} 为 1.46,n_D^{20} 为 1.4239。

2. 纯度的检验

测定溴乙烷的折射率,检验其纯度。

本实验约需 4 h。

四、注释

[1] 如为含结晶水的 NaBr,应将所含水分扣除。

[2] 如果油状物为棕黄色,说明有溴生成。可以加入亚硫酸氢钠除去颜色。

[3] 此时容易发生倒吸。如有此现象发生,可将接引管轻轻移动,使倒吸上来的液体回到接收器中,再适当调大火焰,使其恢复正常反应。

五、思考题

(1) 制备溴乙烷时,为什么加入一定量的水?

(2) 粗溴乙烷中加入硫酸的目的是什么?

(3) 本实验溴乙烷的产率往往不高,试分析有哪些可能的影响因素。

4.3 1-溴丁烷的制备

一、实验目的

(1) 学习以溴化钠、浓盐酸和正丁醇制备正溴丁烷的原理和方法。

(2) 掌握带有有害气体吸收装置的回流、普通蒸馏、分液漏斗的使用等基本操作。

二、实验原理

1-溴丁烷是由正丁醇与溴化钠、浓硫酸共热而制得的。

$$NaBr + H_2SO_4(浓) \longrightarrow HBr + NaHSO_4$$

$$n\text{-}C_4H_9OH + HBr \xrightarrow[\triangle]{H_2SO_4(浓)} n\text{-}C_4H_9Br + H_2O$$

可能产生的副反应如下:

$$CH_3(CH_2)_3OH \xrightarrow[\triangle]{H_2SO_4(浓)} CH_2{=}CHCH_2CH_3 + CH_3CH{=}CHCH_3 + H_2O$$

$$CH_3(CH_2)_3OH \xrightarrow[\triangle]{H_2SO_4(浓)} (CH_3CH_2CH_2CH_2)_2O + H_2O$$

$$CH_3(CH_2)_3OH \xrightarrow[\triangle]{H_2SO_4(浓)} C + CO\uparrow + CO_2\uparrow + H_2O$$

$$HBr + H_2SO_4(浓) \longrightarrow Br_2 + SO_2\uparrow + H_2O$$

三、实验步骤

在 50 mL 圆底烧瓶中,加入 5 mL 水并滴入 6 mL 浓硫酸,混匀,冷却至室温,加入 3.8 mL(0.04 mol)正丁醇,混合均匀后,在搅拌下加入 5 g 研细的溴化钠和几粒沸石[1],装好回流冷凝管及有害气体吸收装置[2](见图 1-8)。用 5%氢氧化钠溶液作吸收液。

将烧瓶在石棉网上小火加热回流 0.5 h,在此期间应不断地摇动反应装置,以使反应物充分接触。冷却后改为蒸馏装置,蒸出所有 1-溴丁烷粗品[3],剩余液体趁热倒入烧杯中,待冷却后,再倒入装有饱和亚硫酸氢钠溶液的废液桶中。

将粗品倒入分液漏斗中,加 5 mL 水洗涤,分出水层[4],将有机相倒入另一干燥的分液漏斗中[5],用 5 mL 浓硫酸洗涤[6],分出酸层(经中和后倒入下水道),有机相分别用 5 mL 水、5 mL 饱和碳酸氢钠溶液和 5 mL 水洗涤后,用无水氯化钙干燥。蒸馏收集 99~103 ℃的馏分。产量为 3.0~3.5 g(产率约 52%)。

纯 1-溴丁烷为无色透明液体,沸点为 101.6 ℃,n_D^{20} 为 1.4401。

本实验约需 4 h。

四、注释

[1] 按操作要求的顺序加料。否则,会影响产率。

[2] 使漏斗口恰好接触粗碱液面,切勿浸入碱液中,以免倒吸。

[3] 1-溴丁烷粗品是否蒸完,可用以下三种方法进行判断:①馏出液是否由混浊变为清亮;②蒸馏瓶中液体上层的油层是否消失;③取一表面皿收集几滴馏出液,加入少量水摇动,观察是否有油珠存在,若无油珠说明正溴丁烷已蒸完。

[4] 分液时,根据液体的密度来判断产物在上层还是在下层。如果一时难以判断,应将两相全部留下来。

[5] 洗涤后产物如有红色,说明含有溴,应再加适量饱和亚硫酸氢钠溶液进行洗涤,将溴全部去除。

[6] 正丁醇与 1-溴丁烷可以形成共沸物(沸点 98.6 ℃,含质量分数为 13%的正丁醇),蒸馏时很难去除。因此在用浓硫酸洗涤时,应充分振荡。

五、思考题

(1) 本实验中,浓硫酸起何作用? 其用量及浓度对实验有何影响?

(2) 反应后的粗产物中有哪些杂质? 它们是如何被除去的?

(3) 加料时,为什么不可以先使溴化钠与浓硫酸混合,然后加入正丁醇和水?

4.4　2-氯-2-甲基丙烷的制备

一、实验目的

(1) 掌握由醇制备卤代烃的原理和方法。

(2) 练习分液漏斗的使用、萃取和蒸馏等基本操作。

二、实验原理

在室温下,叔丁醇与浓盐酸可制备 2-氯-2-甲基丙烷,其反应式为

$$H_3C-\underset{CH_3}{\overset{CH_3}{\underset{|}{\overset{|}{C}}}}-OH + HCl \longrightarrow H_3C-\underset{CH_3}{\overset{CH_3}{\underset{|}{\overset{|}{C}}}}-Cl + H_2O$$

三、实验步骤

1. 2-氯-2-甲基丙烷的制备

在 125 mL 分液漏斗中加入 5 g 叔丁醇、15 mL 浓盐酸,先不要盖上盖子[1],轻摇

分液漏斗 1 min,然后盖上盖子,将漏斗倒置后小心打开活塞放气。然后振摇 2～3 min,再放气。静置,分出有机层,依次用 7 mL 饱和氯化钠溶液、10 mL 饱和碳酸氢钠溶液[2]、10 mL 水洗涤。

2. 蒸馏

将粗产物用无水氯化钙干燥,待产物澄清后,转入 50 mL 圆底烧瓶蒸馏[3],收集 49～52 ℃馏分。称重,计算产率。

本实验约需 3 h。

四、注释

[1] 在反应物刚混合时,切记不能盖上盖子振摇,否则会因压力过大,将反应物冲出。

[2] 加入饱和碳酸氢钠溶液时有大量气体产生,应缓慢加入。

[3] 蒸馏产物时,要用水浴加热。

五、思考题

(1) 本实验中为什么浓盐酸的用量较大?

(2) 在制备 2-氯-2-甲基丙烷的操作中选用饱和碳酸氢钠溶液洗涤有机层,是否可用氢氧化钠代替?

4.5 正丁醚的制备

一、实验目的

(1) 掌握醇分子间脱水制醚的原理和方法。

(2) 学习带有分水器的回流操作。

(3) 巩固普通蒸馏、液体干燥等基本操作。

二、实验原理

醇分子间脱水生成醚是制备简单醚的常用方法。用硫酸作催化剂,在不同温度下正丁醇和硫酸作用生成的产物不同,主要是正丁醚或丁烯,因此须严格控制反应温度。

主反应: $2CH_3CH_2CH_2CH_2OH \xrightarrow[135\ ℃]{H_2SO_4(浓)} (CH_3CH_2CH_2CH_2)_2O + H_2O$

副反应: $CH_3CH_2CH_2CH_2OH \xrightarrow[\triangle]{H_2SO_4(浓)} CH_3CH{=}CHCH_3 + CH_3CH_2CH{=}CH_2 + H_2O$

本实验因原料正丁醇（沸点为 117.7 ℃）和产物正丁醚（沸点为 142 ℃）的沸点都较高，故可使反应在装有分水器的回流装置中进行。控制加热温度，并将生成的水或水的共沸物不断蒸出，使平衡向生成产物的方向移动，以提高反应产率。

对于伯醇，一般可用此方法合成醚类化合物；对于仲醇和叔醇，由于它们比伯醇更容易发生消去副反应，因此此法不适用。

三、实验步骤

1. 正丁醚的制备

在 50 mL 干燥的三口烧瓶中加入 15.5 mL（12.5 g，0.17 mol）正丁醇，再将 3.0 mL 浓硫酸慢慢加入三口烧瓶中，将三口烧瓶不停地摇荡，使瓶中的浓硫酸与正丁醇混合均匀，并加入几粒沸石。在烧瓶口上装温度计和分水器[1]，温度计水银球要插在液面以下，分水器的上端接回流冷凝管（见图 4-1）。分水器中需要先加入一定量（V－2 mL）的水[2]，把水的位置做好记号。将三口烧瓶放在电热套中加热，开始电压不要太高，先加热 20 min 并使温度低于回流温度（100～115 ℃），后加热保持回流约 40 min。随着反应的进行，分水器中的水层不断增加，反应液的温度也不断上升。当分水器中水层超过了支管而要流回烧瓶时，可以打开分水器的旋塞放掉一部分水。当分水器的水层不再变化，瓶中反应温度到达 135 ℃左右时，停止加热。如果加热时间过长，溶液会变黑，并有大量副产物（烯）生成。

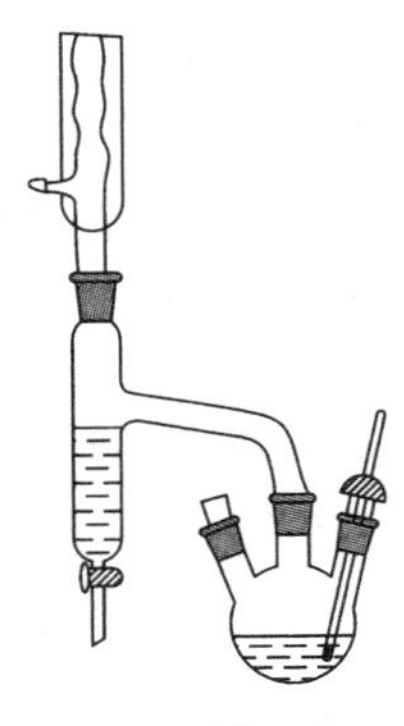

图 4-1　正丁醚的制备装置

待反应物冷却后，将反应液和分水器中的水及少量有机物倒入盛有 25 mL 水的分液漏斗中，分去水层。粗产物每次用 8 mL 冷的 50％硫酸[3]洗涤，共洗两次，再用 10 mL 水洗涤，最后用无水氯化钙干燥[4]。将干燥的粗产物倒入 25 mL 圆底烧瓶中[5]进行蒸馏，收集 139～142 ℃的馏分。产量为 5～6 g，产率约 50％。

纯正丁醚为无色透明液体，沸点为 142.4 ℃，n_D^{20} 为 1.3992。

2. 纯度的检验

测定正丁醚的折射率，检验其纯度。

本实验约需 4 h。

四、注释

[1] 本实验利用恒沸点混合物蒸馏的方法将反应生成的水不断从反应中除去。正丁醇、正丁醚和水可能生成几种恒沸点混合物，列于表 4-1。

表 4-1 正丁醇、正丁醚和水生成的恒沸点混合物

恒沸点混合物		沸点/ ℃	w/(%)		
			正丁醚	正丁醇	水
二元	正丁醇-水	92.4	0	62	38
	正丁醚-水	94.1	66.6	0	33.4
	正丁醇-正丁醚	117.6	17.5	82.5	0
三元	正丁醇-正丁醚-水	90.6	35.5	34.6	29.9

[2] 按反应式计算,实际上分出水层的体积(2 mL)要略大于理论量(1.52 mL),否则达不到自动分离的目的,产率很低。

[3] 50%硫酸的配制方法:将 10 mL 浓硫酸缓慢加入 17 mL 水中。正丁醇能溶于 50%硫酸,而正丁醚溶解很少。

[4] 也可以用这样的方法来精制粗丁醚:粗产物用 20 mL 20%的氢氧化钠溶液洗至碱性,再用 10 mL 水及 10 mL 饱和氯化钙溶液洗去未反应的正丁醇,最后用无水氯化钙干燥,蒸馏。

[5] 注意不要把氯化钙倒进瓶中!

五、思考题

(1) 计算理论上应分出的水量,若实验中分出的水量超过理论数值,试分析其原因。

(2) 如何得知反应已经比较完全?

(3) 反应结束后,为什么要将混合物倒入 25 mL 水中?各步洗涤的目的是什么?

4.6 无水乙醚的制备

一、实验目的

(1) 学习醇分子间脱水制备醚的反应原理和实验方法。

(2) 学习低沸点、易燃有机溶剂的蒸馏操作。

(3) 巩固液体有机物的干燥、萃取等基本操作。

二、实验原理

醚是有机合成中常用的有机溶剂。简单醚常用醇分子间脱水的方法来制备,实验室常用的脱水剂是浓硫酸。此方法常用于低级伯醇合成相应的简单醚。

$$\text{主反应:} C_2H_5OH + H_2SO_4(\text{浓}) \xrightleftharpoons{100\sim130\ ℃} C_2H_5OSO_2OH + H_2O$$

$$C_2H_5OSO_2OH + C_2H_5OH \xrightleftharpoons{135\sim145\ ℃} C_2H_5OC_2H_5 + H_2SO_4$$

$$总反应：C_2H_5OH \xrightleftharpoons[H_2SO_4(浓)]{140\ ℃} C_2H_5OC_2H_5 + H_2O$$

$$副反应：C_2H_5OH \xrightarrow{H_2SO_4(浓)} \begin{cases} \xrightarrow{170\ ℃} CH_2{=}CH_2 + H_2O \\ \xrightarrow{[O]} CH_3CHO + SO_2\uparrow + H_2O \end{cases}$$

$$CH_3CHO \xrightarrow{H_2SO_4(浓)} CH_3COOH + SO_2\uparrow + H_2O$$

$$SO_2 + H_2O \longrightarrow H_2SO_3$$

如果操作不当，温度太高，浓硫酸还可能使乙醇炭化，生成C、CO和CO_2，故必须严格控制反应温度，以减少副反应的发生。

制备乙醚的反应可逆，故需在反应过程中不断蒸出水和乙醚，以提高产率。但反应温度高于乙醇的沸点，为了减少乙醇的蒸出量，可采用两种方法：一是采用滴加装置，将催化剂硫酸加热至所需温度后滴加乙醇，使反应立即进行；二是可采用先回流再蒸馏的方法。

三、实验步骤

1. 乙醚的合成

在 50 mL 干燥的三口烧瓶中加入 4 mL 95%乙醇，将烧瓶浸入冰水中冷却，缓慢加入 4 mL 浓硫酸混匀，滴液漏斗内盛有 8.3 mL 95%乙醇，漏斗脚末端与温度计的水银球必须浸入液面以下距瓶底 0.5～1 cm，加入 2～3 粒沸石，接收器浸入冰水中冷却，接引管的支管接橡皮管通入下水道，实验装置如图 4-2 所示。

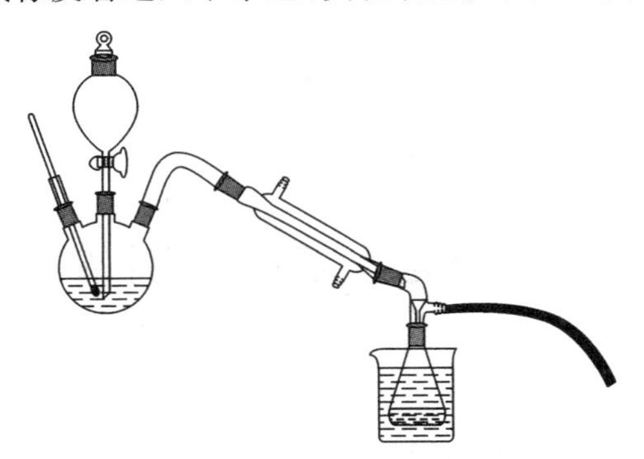

图 4-2　乙醚的制备装置

将加热套事先预热至 140 ℃左右，使反应瓶温度较快地上升到 140 ℃，开始由滴液漏斗慢慢滴加乙醇，控制滴加速度与馏出速度大致相等（每秒 1 滴）[1]，维持反应温度在 135～145 ℃，约 0.5 h 滴加完毕，再继续加热，直到温度上升到 160 ℃，去掉热源[2]，停止反应。

2. 乙醚的精制

馏出液依次用 5 mL 5% NaOH 溶液、5 mL 饱和 NaCl 溶液[3]、10 mL（分两次，

每次 5 mL)饱和 $CaCl_2$ 溶液洗涤[4]。用无水氯化钙干燥 0.5 h 以上,在热水浴中蒸馏,收集 33~38 ℃的馏分。产量为 2.3~3 g,产率约 35%。

本实验约需 4 h。

四、注释

[1] 若滴加速度明显超过馏出速度,不仅乙醇未作用已被蒸出,而且会使反应液的温度骤降,减少醚的生成量。

[2] 使用或精制乙醚的实验台附近严禁火种,所以在反应完成拆下作接收器的蒸馏烧瓶之前必须先灭火。同样,精制乙醚时的热水浴必须在别处预先准备好热水,使其达到所需温度(60~80 ℃),而绝不能一边用明火加热一边蒸馏。

[3] 用 NaOH 溶液洗涤后,常会使醚层碱性太强,接下来直接用 $CaCl_2$ 溶液洗涤时,将会有氢氧化钙沉淀析出,与产品难以分离。为减少乙醚在水中的溶解度,并洗去残留的碱,在用饱和 $CaCl_2$ 溶液洗涤以前先用饱和 NaCl 溶液洗涤。

[4] $CaCl_2$ 和乙醇能形成复合物($CaCl_2 \cdot 4CH_3CH_2OH$),因此未作用的乙醇可用饱和 $CaCl_2$ 溶液洗涤除去。

五、思考题

(1) 根据你做过的实验总结一下,在什么情况下需用饱和 NaCl 溶液洗涤有机液体?

(2) 本实验中,粗乙醚馏出液中含有哪些杂质?精制时它们是怎样被一一除去的?

(3) 第 2 步为什么要用饱和 NaCl 溶液而不用水洗涤?

(4) 反应温度过高或过低对实验结果有什么影响?

4.7 无水乙醇的制备

一、实验目的

(1) 学习用生石灰制备无水乙醇的方法。

(2) 学习带干燥管的回流装置的操作方法。

(3) 巩固普通蒸馏操作。

二、实验原理

乙醇和水可以形成共沸物,95.5%的工业乙醇中尚含有 4.5%的水。为了得到浓度较高的乙醇,在实验室中常用生石灰与 95.5%的工业乙醇一起加热回流,使乙醇中的水与生石灰反应生成不挥发的 $Ca(OH)_2$,从而得到无水乙醇,其浓度约为 99.5%[1]。

反应式如下：

$$CaO + H_2O \longrightarrow Ca(OH)_2$$

三、实验步骤

用 50 mL 圆底烧瓶安装成带干燥管的回流装置(见图 1-7)[2]。在圆底烧瓶中依次加入 25 g 95%乙醇、6.5 g 新鲜的块状生石灰和 0.5 g 粒状的 NaOH[3]。加热回流 2～3 h,停止加热,稍冷后取下回流冷凝管,换成普通蒸馏装置[4]。蒸去前馏分后,用另一个干燥的事先称重的接收瓶来接收乙醇(接引管的支管需接一个与大气相通的 $CaCl_2$ 干燥管,见图 1-12)。继续加热蒸至无液滴流出为止。

称重,用量筒量取所得无水乙醇的体积并测其密度,再从本书附录 B 中查出乙醇的含量。

本实验约需 3 h。

四、注释

[1] 要得到含量 99.95%的绝对乙醇,还需要用金属镁或金属钠处理。

[2] 实验中所需的仪器均须彻底干燥。由于无水乙醇具有很强的吸水性,因此整个操作过程必须防止水汽的侵入。

[3] 加入固体 NaOH 的目的是除去乙醇中少量的杂质(如醛等)。

[4] 干燥需要蒸馏的有机化合物时,一般需在蒸馏前过滤除去干燥剂,但 CaO 与水反应生成的 $Ca(OH)_2$ 在加热时不分解,所以可以留在瓶中一起蒸馏。

五、思考题

(1) 用 25 g 95%乙醇制备无水乙醇时,理论上需要多少克氧化钙?

(2) 在制备无水乙醇的过程中,回流有何作用?回流装置中所用的球形冷凝管可用直形冷凝管代替吗?

4.8 生物法合成乙醇

一、实验目的

(1) 学习用生物发酵的方法合成乙醇的原理。

(2) 初步了解利用生物技术合成有机物的方法。

二、实验原理

发酵是天然有机物借助生物催化剂——酶进行的化学变化过程,在工业及日常生活中有着广泛的应用。酿酒是最古老的化学技艺之一,但是直到 19 世纪化学家才开始从科学角度去了解发酵过程。多年来,人们一直认为用酵母把糖变为乙醇和二氧化碳的转化作用与酵母细胞的生命过程是不可分割的。1907 年 Buchner 证明了发酵过程没有任何酵母细胞,酵母的发酵显然是由于非常高效的催化剂所造成的生化过程,这种催化剂称为酒化酶。酒化酶是复合物,有着高度的选择性,其反应活性受温度、pH 值的影响很大。

蔗糖的发酵过程是蔗糖首先水解为葡萄糖和果糖的磷酸酯,后者再断裂为两三个碎片,这些磷酸酯碎片最终转化为丙酮酸,再脱羧生成乙醛,接着乙醛在最后阶段还原为乙醇。每一步需要一种特效的酶作为催化剂,也需要一些常见的无机离子(如镁离子),当然还有磷酸盐。在这一连串的厌氧反应中,每消耗 1 mol 葡萄糖便释放出 4.18 kJ 的热量。

工业所得的发酵液中含 8%～10%的乙醇,通过分馏可得含量为 95.6%的乙醇,即普通的工业酒精。高沸点馏分中则包含杂醇油。杂醇油是丙醇、异丙醇、异丁醇、异戊醇和 3-甲基丁-1-醇等 C_3～C_6 醇的混合物。其组成取决于发酵所用的原料,它不是从葡萄糖发酵形成的,而是由存在于原料和酵母中的蛋白质转化而来的。

本实验将观察乙醇的生物合成并通过简单分馏得到浓度接近 95%的乙醇。

三、实验步骤

在 500 mL 锥形瓶中将 40 g 蔗糖溶于 350 mL 水。在室温下加入 35 mL Pasteur 盐溶液[1]和 1.5 g 干酵母,剧烈摇振,混合完全。在瓶口塞上插有弯玻璃管的单孔橡皮塞,玻璃管下端浸入盛于试管中的 10 mL 饱和石灰水的液面下,石灰水将起到水封作用,防止空气进入烧瓶,但允许瓶中的气体逸出[2]。将混合物在 25～35 ℃的室温下放置一周,待停止放出气体(二氧化碳)时,发酵已经完全。

完成发酵后,小心地将烧瓶移至桌面,以免瓶底沉积物泛起,同时小心地将液体通过一团棉花或玻璃丝倾析到 500 mL 圆底烧瓶中[3]。加入几粒沸石,装上刺形分馏柱和冷凝管,在石棉网上蒸馏并收集 60 mL 馏出液,弃去留在瓶内的残液。

将馏出液转入 100 mL 圆底烧瓶,使用相同的分馏装置,蒸馏收集下列沸程的馏分:

A:78～82 ℃;B:82～88 ℃;C:88～95 ℃。

弃去瓶内含杂醇油的残液,测量各馏分的体积。如果 A 馏分的收集量少于 15 mL,应合并馏分重新蒸馏。

测量 A 和 B 馏分的密度并换算成乙醇的含量,计算乙醇的产率。

本实验约需 5 h。

四、注释

[1] Pasteur 盐溶液由 2.0 g 磷酸钾、0.2 g 磷酸钙、0.2 g 硫酸镁和 10 g 酒石酸铵溶于 860 mL 水配制而成。也可用 0.25 g 磷酸氢二钠代替 Pasteur 盐溶液来进行

发酵，此时不必加入其他任何盐类，但收率较低，且酵母残渣的分离较困难。

[2] 另一种办法是用一只气球代替石灰水水封装置。发酵进行时，放出的气体使气球膨胀。水封和气球的作用是防止空气及不需要的酶进入烧瓶。若让氧气持续接触发酵溶液，乙醇会进一步氧化成乙酸，甚至变成二氧化碳和水。

[3] 若倾析出的液体中含有较多的沉积物，可将 10 g 硅藻土助滤剂和约 100 mL 水置于烧杯中，剧烈搅拌后真空抽滤，使助滤剂沉积在滤纸上。弃去吸滤瓶中的水，然后使倾析液或虹吸液在缓缓抽吸下流过漏斗。

五、思考题

(1) 本实验中应采取哪些措施来减少乙醇的损失以提高收率?

(2) 为什么用蒸馏的方法只能得到 95.6%的乙醇? 如何用普通乙醇来制备无水乙醇?

(3) 乙醇中水的百分含量能通过测定溶液密度的方法来加以确定，试说明依据。

4.9　2-甲基己-2-醇的制备

一、实验目的

(1) 学习 Grignard 试剂的制备方法、技巧和应用。

(2) 学习由 Grignard 试剂制备结构复杂的醇的原理与方法。

(3) 学习无水无氧操作的基本技巧。

二、实验原理

在无水乙醚中，卤代烃与金属镁作用生成的烃基卤化镁(RMgX)称为 Grignard 试剂。Grignard 试剂中，碳-金属键是极化的，具有强的亲核性，在增长碳链的方法中有重要用途，能与环氧乙烷、醛、酮、羧酸衍生物等进行加成反应。除此之外，Grignard 试剂还能与水、氧气、二氧化碳反应，因此 Grignard 试剂参与的反应必须在无水和无氧等条件下进行。实验室中，结构复杂的醇主要由 Grignard 反应来制备。如 2-甲基己-2-醇的合成路线：

$$n\text{-}C_4H_9Br + Mg \xrightarrow{\text{无水乙醚}} n\text{-}C_4H_9MgBr$$

$$n\text{-}C_4H_9MgBr + CH_3COCH_3 \longrightarrow n\text{-}C_4H_9\overset{\overset{\large OMgBr}{|}}{C}(CH_3)_2$$

$$n\text{-}C_4H_9\overset{\overset{\large OMgBr}{|}}{C}(CH_3)_2 + H_2O \longrightarrow n\text{-}C_4H_9\overset{\overset{\large OH}{|}}{C}(CH_3)_2 + Mg(OH)Br$$

三、实验步骤

1. 正丁基溴化镁的制备

在 100 mL 三口圆底烧瓶上安装搅拌器、回流冷凝管和滴液漏斗[1],在冷凝管和滴液漏斗的上口安装氯化钙干燥管,瓶内加入 1.1 g(0.045 mol)镁屑[2]、5 mL 无水乙醚及一小粒碘[3]。滴液漏斗中加入 4.8 mL(6.1 g,0.045 mol)正溴丁烷和 10 mL 无水乙醚,混匀。滴加正溴丁烷乙醚溶液 5～6 滴以引发反应,片刻微沸(若不反应,可用水浴温热)。反应开始比较激烈,待反应平缓后,开动搅拌器[4],并滴入剩下的正溴丁烷乙醚溶液,控制滴加速度,以维持反应液呈微沸状态。加完后,用水浴温热回流 20 min,使镁几乎作用完全。

2. 2-甲基己-2-醇的合成

在冰水浴冷却下,用滴液漏斗滴入 3.5 mL(2.8 g,0.048 mol)丙酮与 10 mL 无水乙醚的混合液,滴加速度以维持乙醚微沸为宜。滴毕,室温下搅拌 15 min,瓶中有灰白色黏稠状物析出。

在冷水浴和搅拌下,自漏斗慢慢滴加 40 mL 10%硫酸溶液[5](开始滴入宜慢,以后可以逐渐加快)。待产物完全分解后,将反应混合物转入分液漏斗。分出醚层,水层用乙醚萃取两次,每次 5 mL,合并有机层。用 10 mL 5%碳酸钠溶液洗涤一次。分出有机层,用无水碳酸钾干燥。

将干燥后的粗产物转移到干燥的 25 mL 圆底烧瓶中,安装好常压蒸馏装置,热水浴蒸去乙醚[6]。再用空气浴加热继续蒸馏,收集 137～141 ℃的馏分,产量为 1.5～2.8 g。

纯 2-甲基己-2-醇:b. p. =143 ℃;$n_D^{20}=1.4175$;$d_4^{20}=0.2119$。

本实验约需 6 h。

四、注释

[1] 所用的仪器在烘箱烘干后,取出稍冷即放入干燥器中冷却。试剂必须充分干燥。正溴丁烷用无水氯化钙干燥并蒸馏纯化,丙酮用无水碳酸钾干燥并蒸馏纯化。

[2] 镁屑不宜长期存放。如长期放置,镁屑表面常有一层氧化膜,可采取下述方法除去:用 5%的盐酸作用数分钟,抽滤除去酸液后,依次用水、乙醇、乙醚洗涤。抽干后置于干燥器内备用。也可用砂纸除去表面的氧化膜。

[3] Luche J. L. 等在 1980 年报道,借助超声波辐射,即使使用工业乙醚,Grignard 试剂也能被顺利地、高产率地制备(J. Am. Chem. Soc. ,1980,102:7926)。

[4] 开始时,为了使正溴丁烷局部浓度较大,易于发生反应,可不搅拌,等反应开始后再进行搅拌。

[5] 对于遇到酸极易脱水的醇,最好改用氯化铵的水溶液。

[6] 2-甲基己-2-醇与水能形成共沸物,因此必须很好地干燥,否则前馏分将大大地增加。

五、思考题

(1) 反应若不能立即开始，应采取哪些措施？如反应未真正开始，却加入了大量的正溴丁烷，后果如何？

(2) 本实验有哪些副反应？如何避免？

(3) 为什么用硫酸酸化时，要在冷却条件下进行并不断搅拌？

(4) 工业乙醚中常有乙醇存在，若用此乙醚，对制备 Grignard 试剂有什么影响？为什么？

4.10　二苯甲醇的制备

一、实验目的

(1) 学习用还原法由酮制备仲醇的原理和方法。

(2) 进一步巩固萃取、蒸馏等操作，学习重结晶操作。

二、实验原理

二苯甲醇可以通过多种还原剂还原二苯甲酮得到。在碱性醇溶液中用锌粉还原，是制备二苯甲醇常用的方法，适用于中等规模的实验室制备；对于小量合成，硼氢化钠是更理想的选择性地将醛、酮还原为醇的负氢试剂，使用方便，反应可在含水和醇的溶液中进行。其合成路线如下：

方法一　$(C_6H_5)_2C{=}O \xrightarrow{NaBH_4} Na^{+}\,{}^{-}B[OCH(C_6H_5)_2]_4 \xrightarrow{H_2O} 4(C_6H_5)_2CHOH$

方法二　$(C_6H_5)_2C{=}O \xrightarrow[NaOH]{Zn} (C_6H_5)_2CHOH$

1 mol $NaBH_4$ 可以还原 4 mol 酮为醇。由于 $NaBH_4$ 的纯度有时不能肯定，通常使用时总是过量。

三、实验步骤

方法一　硼氢化钠还原

在装有回流冷凝管的 50 mL 圆底烧瓶中溶解 1.5 g(0.008 mol)二苯甲酮于 20 mL 甲醇中，小心加入 0.4 g(0.010 mol)硼氢化钠[1]，摇动使之溶解(反应放热，反应物自然升温至沸腾)。然后在室温下放置 20 min，并不时摇动。在水浴上蒸去大部分甲醇，冷却后将残液倒入 40 mL 水中，并搅拌使其充分混合，水解硼酸酯的配合物。用 30 mL 乙醚分三次洗涤圆底烧瓶和萃取水层，分液，合并醚萃取液，用无水硫酸镁干燥。滤去硫酸镁，在水浴上蒸去乙醚，再用水泵减压抽去残余的乙醚。残渣用 15 mL 石油醚重结晶[2]，得约 1 g 二苯甲醇的针状结晶。纯二苯甲醇的熔点为 69 ℃。

方法二　锌粉还原

在装有回流冷凝管的 50 mL 锥形瓶中，依次加入 1.5 g(0.035 mol)氢氧化钠、1.5 g(0.008 mol)二苯酮、1.5 g(0.023 mol)锌粉和 15 mL 95%乙醚。充分振摇，反应微微放热，约 20 min 后，在 80 ℃水浴上加热 10 min，使反应完全。真空抽滤，固体用少量乙醇洗涤。滤液倒入 80 mL 事先用冰水浴冷却的水中，摇荡，混匀后用浓盐酸小心酸化，使溶液 pH＝5～6[3]，抽滤。粗产物于红外灯下干燥，然后用15 mL 石油醚重结晶。干燥后得二苯甲醇的针状结晶，约 1 g。

四、注释

[1] 硼氢化钠为负氢还原剂，应避免潮解。同时，硼氢化钠有腐蚀性，称量时要小心操作，勿与皮肤接触。

[2] 也可用己烷代替石油醚进行重结晶。

[3] 酸化时溶液酸性不宜太强，否则难以析出固体。

五、思考题

(1) 硼氢化钠和氢化锂铝都是负氢还原剂，它们在还原性及操作上有何不同?

(2) 试设计合成二苯甲醇的其他方法。

4.11　三苯甲醇的制备

一、实验目的

(1) 学习和掌握叔醇的制备原理和方法。

(2) 进一步熟悉 Grignard 试剂的制备方法、技巧和应用。

(3) 学习水蒸气蒸馏的基本操作。

二、实验原理

三苯甲醇是一种重要的有机合成中间体。它可以通过 Grignard 试剂与苯甲酸乙酯或二苯甲酮反应制得。

方法一　由苯甲酸乙酯与苯基溴化镁反应制备：

$$C_6H_5COOC_2H_5 \xrightarrow[\text{无水乙醚}]{C_6H_5MgBr} (C_6H_5)_2C{=}O + C_2H_5OMgBr$$

$$\downarrow C_6H_5MgBr$$

$$(C_6H_5)_3COMgBr \xrightarrow[H_2O]{NH_4Cl} (C_6H_5)_3COH$$

方法二　由二苯甲酮与苯基溴化镁反应制备：

$$(C_6H_5)_2C{=}O \xrightarrow[\text{无水乙醚}]{C_6H_5MgBr} (C_6H_5)_3COMgBr \xrightarrow[H_2O]{NH_4Cl} (C_6H_5)_3COH$$

三、实验步骤

方法一 由苯甲酸乙酯与苯基溴化镁反应制备

1. 苯基溴化镁的制备

在100 mL干燥的三口圆底烧瓶内放入0.75 g(0.031 mol)表面光亮的镁屑和一小粒碘片，装上带干燥管的回流冷凝管和盛有3.4 mL(5 g,0.032 mol)溴苯和12 mL无水乙醚的恒压滴液漏斗。滴加约三分之一的溴苯乙醚溶液后[1]，观察反应现象。若不发生反应，可用水浴温热。反应开始后开动搅拌器，慢慢滴入余下的溴苯乙醚溶液(滴加速度以保持溶液呈微沸状态为宜)。滴加完毕后，在水浴加热条件下继续回流0.5 h，使镁屑作用完全。

2. 三苯甲醇的制备

将制备好的苯基溴化镁乙醚溶液置于冷水浴中，在搅拌下，滴加1.9 mL(2 g,0.013 mol)苯甲酸乙酯和10 mL无水乙醚的混合液，控制滴加速度以保持反应平稳进行。滴加完毕后，将反应混合物用水浴继续回流0.5 h，使反应进行完全(注意观察反应现象)。改为冰水浴冷却，搅拌下慢慢滴加3.5 g氯化铵配成的饱和水溶液(约需15 mL水)[2]，分解加成产物。

将反应装置改为蒸馏装置，在热水浴上蒸去乙醚，再将残余物进行水蒸气蒸馏以除去未反应的溴苯和副产物联苯。瓶中的剩余物冷却后凝结为固体，抽滤收集。粗产品用乙醇和水的混合溶剂进行重结晶[3]，干燥后产量为2.0～2.5 g。

纯三苯甲醇为无色棱状晶体，熔点为164.2 ℃。

方法二 由二苯甲酮与苯基溴化镁反应制备

1. 苯基溴化镁的制备

用0.75 g(0.030 mol)表面光亮的镁屑和3.2 mL(4.8 g,0.030 mol)溴苯，操作同“方法一”，制备苯基溴化镁乙醚溶液。

2. 三苯甲醇的制备

将制备好的苯基溴化镁乙醚溶液在搅拌下滴加5.5 g(0.030 mol)二苯甲酮和15 mL无水乙醚的混合液。滴加完毕后，将反应混合物在水浴中继续回流0.5 h使反应进行完全。在搅拌下慢慢滴加6 g氯化铵配成的饱和水溶液(约需22 mL)，以分解加成产物。将反应装置改为蒸馏装置，在热水浴上蒸去乙醚，再将残余物进行水蒸气蒸馏，以除去未反应的溴苯和副产物联苯。瓶中的剩余物冷却后凝结为固体，抽滤收集。粗产品用80%的乙醇水溶液进行重结晶，干燥后产量为4～4.5 g。

本实验约需8 h。

四、注释

[1] 制备和使用Grignard试剂的反应体系必须尽可能地充分干燥：溴苯用无水氯化钙干燥过夜，使用绝对无水乙醚为溶剂，反应过程中冷凝管应安装干燥管等。

[2] 如絮状氢氧化镁未全溶,可加入少许稀盐酸,促使其全部溶解。

[3] 可先将粗产品加热溶于少量的乙醇中,然后逐滴加入预热的水,直至溶液刚好出现混浊为止,再加入一滴乙醇使混浊消失,冷却,结晶析出。

五、思考题

(1) 本实验中溴苯加入太快或一次性加入,可能导致发生哪些副反应?

(2) 如何选择混合溶剂进行重结晶?

(3) 在该反应中所用的乙醚若含有乙醇,对本反应有什么影响?

(4) 苯基溴化镁与碳酸二甲酯、甲酸乙酯反应的产物分别是什么?请总结 Grignard 试剂在有机合成中的应用。

4.12　对甲基苯乙酮的制备

一、实验目的

(1) 学习利用 Friedel-Crafts 酰基化反应制备芳香酮的原理与方法。

(2) 巩固无水实验操作的基本技巧。

(3) 学会电动搅拌器的使用方法,掌握有毒气体的处理方法。

二、实验原理

Friedel-Crafts 酰基化反应是制备芳香酮的最重要和常用的方法之一,酸酐是常用的酰化试剂,用无水 $FeCl_3$、BF_3、$ZnCl_2$ 和 $AlCl_3$ 等路易斯酸作催化剂,分子内的酰基化反应还可用多聚磷酸(PPA)作催化剂。酰基化反应常用过量的液体芳烃、二硫化碳、硝基苯、二氯甲烷等作为反应的溶剂。该类反应一般为放热反应,通常是将酰基化试剂配成溶液后,慢慢滴加到盛有芳香族化合物的反应瓶中。用甲苯和乙酸酐制备对甲基苯乙酮的反应式如下:

$$CH_3-C_6H_5 + (CH_3CO)_2O \xrightarrow{\text{无水 } AlCl_3} CH_3-C_6H_4-COCH_3 + CH_3COOH$$

$$CH_3COOH + AlCl_3 \longrightarrow CH_3COOAlCl_2 + HCl$$

$$CH_3-C_6H_4-COCH_3 + AlCl_3 \longrightarrow CH_3-C_6H_4-\overset{O-AlCl_3}{\overset{\|}{C}}CH_3 \xrightarrow{H_3O^+} CH_3-C_6H_4-\overset{O}{\overset{\|}{C}}-CH_3$$

三、实验步骤

向装有恒压滴液漏斗、温度计、磁力搅拌加热器和回流冷凝管(上端通过氯化钙干燥管与氯化氢气体吸收装置相连)的 50 mL 三口烧瓶中[1]迅速加入研细的 6 g 无水三氯化铝[2]和 8 mL(约 0.09 mol)无水甲苯。实验装置如图 4-3 所示。在搅拌下自滴液漏斗慢慢滴加 2 mL 乙酸酐(约 0.02 mol)和 2 mL 甲苯的混合液,开始先加几滴,待反应发生后再继续滴加。此反应为放热反应,应控制滴加速度,使烧瓶稍热为宜,切勿使反应过于激烈,必要时可用冷水冷却,约需 10 min 加完。待反应稍缓和后,沸水浴加热回流并搅拌,直到不再有氯化氢气体逸出为止(约 30 min)。

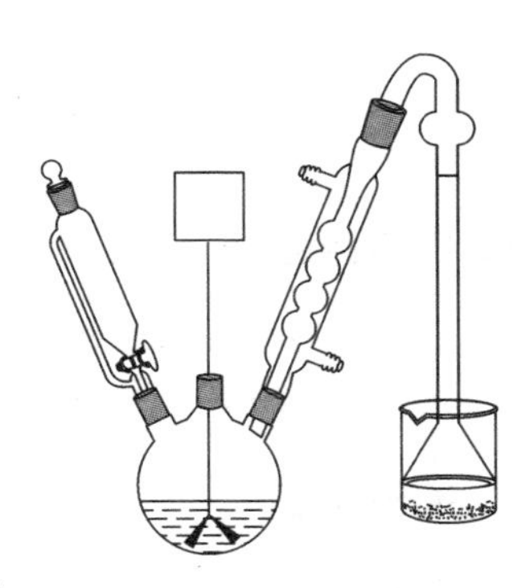

图 4-3　苯乙酮的制备装置

将反应混合物冷却到室温,在搅拌下倒入盛有 10 mL 浓盐酸和 20 g 碎冰的烧杯中(在通风橱中进行)。若仍有固体不溶物,可补加适量浓盐酸使之完全溶解。将混合物转入分液漏斗中,分出有机层,水层用 10 mL 甲苯萃取两次。合并有机层,依次用 5 mL 10%氢氧化钠溶液和 5 mL 水洗涤,有机层用无水硫酸镁干燥。蒸馏回收甲苯,稍冷却后改用空气冷凝管,蒸馏收集 224～228 ℃的馏分[3],产率约 50%。

纯对甲基苯乙酮为无色透明油状液体,熔点为 28 ℃,沸点为 226 ℃,n_D^{20} 为 1.5335,d_4^{20} 为 1.0051。

本实验约需 7 h。

四、注释

[1] 本实验所用仪器和试剂均须充分干燥,否则影响反应的顺利进行,装置中凡是与空气相连的部位,均应安装干燥管。

[2] 由于芳香酮与三氯化铝可形成配合物,与烷基化反应相比,酰基化反应的催化剂用量要大得多。烷基化反应 $AlCl_3$ 与 RX 的物质的量比为 0.1∶1,酰基化反应 $AlCl_3$ 与 RCOCl 的物质的量比为 1.1∶1,由于芳烃与酸酐反应产生的有机酸会与 $AlCl_3$ 反应,因此 $AlCl_3$ 与 Ac_2O 的物质的量比为 2.2∶1。

[3] 也可减压蒸馏。对甲基苯乙酮在不同压力下的沸点列于表 4-2。

表 4-2　对甲基苯乙酮在不同压力下的沸点

压力/(10^3 Pa)	0.93	1.5	98.1	101.3
沸点/℃	93～94	113	225	226

五、思考题

(1) 请总结 Friedel-Crafts 酰基化反应和烷基化反应各有何特点。

(2) 反应完成后,为什么要加入浓盐酸和冰水的混合物来分解产物?

(3) 芳环上有—OH、—NH_2 等存在时对反应不利,甚至不发生反应,为什么?

4.13 二苄叉丙酮的制备

一、实验目的

(1) 学习利用羟醛缩合反应增长碳链的原理和方法。

(2) 学习利用反应物的投料比控制反应物、利用衍生物来鉴别羰基化合物。

二、实验原理

具有活泼 α-氢的丙酮在稀碱的催化下,形成碳负离子,并作为亲核试剂进攻两分子苯甲醛的羰基,生成 β-羟基酮。该化合物在加热时,易于脱水转化为 α,β-不饱和酮。

在苯甲醛和丙酮的交叉羟醛缩合中,通过改变反应物的投料比,可以得到两种产物。反应式如下:

$$2\,C_6H_5CHO + CH_3COCH_3 \xrightarrow[-2H_2O]{OH^-} C_6H_5CH{=}CHCOCH{=}CHC_6H_5$$

$$C_6H_5CHO + CH_3COCH_3 \xrightarrow[-H_2O]{OH^-} C_6H_5CH{=}CHCOCH_3$$

三、实验步骤

在 10 mL 锥形瓶中加入 2.6 mL 苯甲醛、5 mL 2.5 mol/L NaOH 的乙醇-水(体积比为 1∶1)溶液和 0.1 mL 丙酮[1,2]。将原料混合均匀,在室温下反应 10 min 并随时摇动反应瓶[3]。

过滤,用水洗涤固体两次。在试管中,将得到的固体用乙醇加热溶解,滴水至溶液变混浊,再滴入 1~2 滴乙醇,加热使溶液澄清,将试管静置待晶体析出。如果没有出现晶体,可用冰水冷却试管促进结晶。

过滤,干燥结晶,称重,计算产率,测定熔点。二苄叉丙酮的熔点为 110~111 ℃。

本实验约需 3 h。

四、注释

[1] 苯甲醛及丙酮的量应准确量取。

[2] 丙酮一定不能过量。

[3] 放置过程中应不时搅拌,使之充分反应。

五、思考题

（1）写出该人名反应名称。

（2）用分步的反应机理表明苯甲醛与乙醛交叉的羟醛缩合过程，并指出在这类反应中氢氧化钠的作用。

（3）原料丙酮过量对该反应有何影响？

4.14　2-乙基己-2-烯醛的制备

一、实验目的

（1）学习通过羟醛缩合反应制备 α,β-不饱和醛的原理与方法。

（2）学习减压蒸馏等基本实验操作。

二、实验原理

2-乙基己-2-烯醛主要用来制备 2-乙基己-1-醇，2-乙基己-1-醇是合成增塑剂邻苯二甲酸二辛酯的重要原料。

正丁醛在稀碱催化下进行羟醛缩合反应，生成 2-乙基-3-羟基己醛，此化合物在反应条件下进一步脱水，生成 2-乙基己-2-烯醛，一般称它为辛烯醛。反应式如下：

$$2CH_2CH_2CH_2CHO \xrightarrow{NaOH} CH_3CH_2CH_2\underset{OH}{\underset{|}{C}H}\overset{C_2H_5}{\overset{|}{C}H}CHO \xrightarrow{-H_2O} CH_3CH_2CH_2CH{=}\overset{C_2H_5}{\overset{|}{C}}CHO$$

三、实验步骤

在装有电动搅拌器[1]、回流冷凝管和滴液漏斗的 50 mL 三口烧瓶中，加入 5 mL 5%氢氧化钠溶液。在充分搅拌下，从滴液漏斗慢慢滴入 13 mL(10.6 g，0.15 mol)正丁醛，约 10 min 滴加完毕。加完后，在 90 ℃水浴上继续加热搅拌 1 h 至反应完全，此时反应液变为浅黄色或橙色。将反应物转入分液漏斗中，分去碱液，油层用 15 mL水洗涤三次(每次 5 mL)。粗产物转入干燥的锥形瓶中，放置一会儿后变为清亮的溶液，少量的水及絮状物沉入瓶底。如放置一段时间后，产品仍不变清，可加入适量的无水硫酸钠干燥。减压蒸馏，收集 60～70 ℃/1.33～4.0 kPa(10～30 mmHg)的馏分，产量为 6～7 g，产品为无色或略带淡黄色的有腥味的液体。

纯的 2-乙基己-2-烯醛为无色液体[2]，沸点为 177 ℃(略有分解)。

本实验约需 6 h。

四、注释

[1] 搅拌器接口处要注意密封,防止正丁醛挥发(正丁醛的沸点为 75 ℃)。

[2] 2-乙基己-2-烯醛易引起过敏现象,处理产品时勿使之与皮肤接触。

五、思考题

(1) 本实验中,氢氧化钠起什么作用?碱的浓度过高,用量过大有什么不好?

(2) 试写出过量甲醛在碱的作用下,分别与乙醛和丙醛反应的最终产物。

4.15 肉桂酸的制备

一、实验目的

(1) 学习利用 Perkin 反应制备肉桂酸的原理和方法。

(2) 巩固水蒸气蒸馏、重结晶等基本操作。

二、实验原理

肉桂酸是合成冠心病药物“心可安”的重要中间体,其酯类衍生物是配制香精和食品香料的重要原料。它在农用塑料和感光树脂等精细化工产品的生产中也有着广泛的应用。

利用 Perkin 反应,将芳醛与乙酸酐混合后,在相应的羧酸盐存在下加热,可制得 α,β-不饱和酸。

$$C_6H_5\text{—}CHO + (CH_3CO)_2O \xrightarrow[\text{(2)HCl}]{\text{(1)}CH_3COOK} C_6H_5\text{—}CH{=}CHCOOH + CH_3COOH$$

用 K_2CO_3 代替 CH_3COOK,碱性增强,因此产生碳负离子的能力增强,有利于碳负离子对醛的亲核加成,所以反应时间短、产率高。本实验是按 Kalnin 提出的方法,用无水 K_2CO_3 代替 CH_3COOK。

三、实验步骤

在 50 mL 三口烧瓶中加入 4.1 g 研细的无水碳酸钾、3.0 mL 新蒸馏过的苯甲醛[1]及 5.5 mL 乙酸酐,混合均匀后,装上空气冷凝管及温度计,加热回流 1 h[2],维持反应温度在 150~170 ℃。

取下三口烧瓶,向反应液中加入 20 mL 水、10.0 g 碳酸钠,然后进行水蒸气蒸馏,直至馏出液中无油珠出现(要使蒸汽产生速度尽可能快)。待三口烧瓶中的剩余液体冷却后,加入约 1.0 g 活性炭煮沸 5~10 min,进行热抽滤,将滤液转移至 200 mL 干净的烧杯中,用浓盐酸调节滤液至 pH=3(约用 25 mL 浓盐酸),冷却,待晶体析出后进行抽滤,用少量水洗涤晶体,抽干,产品为白色晶体。测定肉桂酸的熔点。

纯肉桂酸为白色晶体，熔点为135～136 ℃，d_4^{20}为1.245。

本实验约需7 h。

四、注释

[1] 久置的苯甲醛会被空气氧化成苯甲酸，混入产品中不易去除，影响产品纯度，故应在使用前将其去除。

[2] 开始加热时不要过猛，以防乙酸酐受热分解而挥发，白色烟雾不要超过空气冷凝管高度的1/3。

五、思考题

(1) 为什么说Perkin反应是变相的羟醛缩合反应？其反应机理是怎样的？

(2) 本实验中用水蒸气蒸馏的目的是什么？如何判断蒸馏终点？

4.16　己二酸的制备

一、实验目的

(1)学习用环己醇氧化制备己二酸的原理和方法。

(2) 学习有害气体的吸收、分液漏斗的使用等基本操作。

二、实验原理

己二酸是合成尼龙-66的主要原料之一，实验室可用硝酸或高锰酸钾氧化环己醇制得。

$$\text{C}_6\text{H}_{11}\text{—OH} \xrightarrow{[O]} \text{C}_6\text{H}_{10}\text{=O} \xrightarrow{[O]} \text{HOOC(CH}_2\text{)}_4\text{COOH}$$

三、实验步骤

方法一　硝酸氧化法

在装有回流冷凝管、温度计和滴液漏斗的50 mL三口烧瓶中，放置6 mL(7.9 g，0.06 mol)50%的硝酸[1,2]及少许钒酸铵(约0.01 g)[3]，并在冷凝管上接气体吸收装置，用碱液吸收反应过程中产生的二氧化氮气体[4]。三口烧瓶用水浴预热到50 ℃左右，移去水浴，自滴管先滴入5～6滴环己醇[5]，同时加以摇动，至反应开始放出二氧化氮气体，然后慢慢加入其余的环己醇，总量约2 mL(约2 g，0.02 mol)，调节滴加速度，使瓶内温度维持在50～60 ℃(在滴加时经常加以摇动)。温度过高时，可用冷水浴冷却，温度过低时，则可用水浴加热，滴加过程约需5 min。然后继续振荡，并用80～90 ℃的热水浴加热10 min，至几乎无红棕色气体放出为止。再将此热液倒入 50 mL 的烧杯中,冷却后析出己二酸,抽滤,用 15 mL 冰水洗涤,干燥,粗产物约 2 g。

粗制的己二酸可以在水中重结晶,产量约 1.7 g(产率约 58%)。纯己二酸为白色棱状晶体,熔点为 153 ℃。

方法二　高锰酸钾氧化法

在 250 mL 三口烧瓶中,加入 2.6 mL(0.027 mol)环己醇和碳酸钠水溶液(3.8 g 碳酸钠溶于 35 mL 温水[6])。在磁力搅拌下[7],分四批加入研细的 12 g(0.015 mol)高锰酸钾,约需 2.5 h。加入时,控制反应温度始终高于 30 ℃[8]。加完后继续搅拌,直至反应温度不再上升为止,然后在 50 ℃水浴中加热并搅拌 0.5 h,反应过程中有大量的二氧化锰沉淀产生。

将反应混合物抽滤,用 10 mL10%的碳酸钠溶液洗涤滤渣[9]。在搅拌下,慢慢向滤液中滴加浓硫酸,直到溶液呈强酸性,己二酸沉淀析出,冷却,抽滤,晾干。产量约 2.2 g(产率约 62%)。纯己二酸熔点为 153 ℃。

本实验约需 6 h。

四、注释

[1] 环己醇、硝酸不可用同一量筒来量取,两者相遇会剧烈反应,甚至发生意外。

[2] 硝酸过浓,则反应太剧烈,配制 50% 的硝酸时,可用市售 71% 的硝酸 10.5 mL稀释至 16 mL 即可。

[3] 钒酸铵不能多加,否则,产品发黄。

[4] 因二氧化氮有毒,故仪器装置不能漏气,且尽可能完全吸收。本实验最好在通风橱内进行。

[5] 此反应是强烈放热反应,故环己醇的滴加速度要适当(4～5 s 一滴)。若滴加太快,反应太剧烈,容易引起爆炸。一般可在环己醇中加入 0.5 mL 水,一是减少环己醇因黏稠带来的损失,二是避免反应过于剧烈。

[6] 水太少将影响搅拌效果,使高锰酸钾不能充分反应。

[7] 可用手摇代替搅拌操作。

[8] 加入高锰酸钾后,反应可能不立即开始,可用水浴温热。当温度升到 30 ℃时,必须立即撤开温水浴,该放热反应自动进行。

[9] 在二氧化锰残渣中夹杂有己二酸盐,故须用碳酸钠溶液把它洗下来。

五、思考题

(1) 为什么必须严格控制反应的温度?

(2) 用同一量筒量取硝酸和环己醇,行吗? 为什么?

(3) 方法二的反应体系中加入碳酸钠有何作用?

4.17　乙酸乙酯的制备

一、实验目的

(1) 熟悉从有机酸合成酯的原理及方法。

(2) 掌握蒸馏和分液漏斗的操作方法。

二、实验原理

醇和有机酸在强酸催化下发生酯化反应生成酯。

主反应：$CH_3CH_2OH + CH_3COOH \xrightleftharpoons[120\sim125\ ℃]{浓硫酸} CH_3COOC_2H_5$

副反应：$2CH_3CH_2OH \xrightleftharpoons[135\sim145\ ℃]{浓硫酸} C_2H_5OC_2H_5 + H_2O$

$$CH_3CH_2OH + H_2SO_4(浓) \xrightarrow{\triangle} CH_3CHO + SO_2\uparrow$$

$$CH_3CHO + H_2SO_4(浓) \xrightarrow{\triangle} CH_3COOH + SO_2\uparrow$$

$$CH_3CH_2OH + H_2SO_4(浓) \xrightarrow{\triangle} C + CO\uparrow + CO_2\uparrow + H_2O + SO_2\uparrow$$

由于酯化反应是一个可逆反应，当反应达到平衡状态时，难以继续进行，因此，为了提高反应产率，应设法破坏反应平衡。本实验中，采用加入过量的乙醇及不断蒸出产物酯和水的方法。

三、实验步骤

1. 乙酸乙酯的合成

在 50 mL 圆底烧瓶中加入 9.5 mL(0.2 mol)无水乙醇和 6 mL(0.1 mol)冰乙酸，再小心加入 2.5 mL 浓硫酸，混匀后，加入沸石，装上回流冷凝管。

小火加热烧瓶，保持缓慢回流 0.5 h。待瓶内反应物稍冷后，将回流装置改成蒸馏装置，接收瓶用冷水冷却。加热蒸出生成的乙酸乙酯，直到馏出液体积约为反应物总体积的 1/2 为止。

在馏出液中慢慢加入饱和碳酸钠溶液[1]，并不断振荡，直至不再有二氧化碳气体产生(或用 pH 试纸检测不再显酸性)，然后转入分液漏斗中分去下层水溶液，有机层分别用 5 mL 饱和氯化钠溶液[2]、5 mL 饱和氯化钙溶液和 3 mL 水洗涤，将有机层倒入干燥的锥形瓶中，用适量无水硫酸镁干燥。将干燥后的有机层进行蒸馏，收集73～78 ℃的馏分。产量约 4.2 g，产率约 48%。

纯乙酸乙酯为无色而有香味的液体，熔点为 77.06 ℃，n_D^{20} 为 1.3723。

2. 鉴定

测定乙酯乙酯的折射率。

本实验约需 4 h。

四、注释

[1] 在馏出液中除了酯和水外，还有少量未反应的乙醇和乙酸，也含有副产物乙醚。故必须用碱除去其中的酸，并用饱和氯化钙溶液除去未反应的醇，以纯化产品。

[2] 为了防止有机层在用碳酸钠溶液洗后产生碳酸钙絮状沉淀，使进一步分离困难，并尽可能减少乙酸乙酯的溶解损失，故需用饱和氯化钠溶液进行洗涤。

五、思考题

(1) 实验中采用乙酸过量的做法是否合适？为什么？

(2) 蒸出的乙酸乙酯粗品中含有哪些杂质？如何除去？

4.18　苯甲酸乙酯的制备

一、实验目的

(1) 掌握酯化反应原理及苯甲酸乙酯的制备方法。

(2) 巩固液体有机化合物的精制和分水器的使用等操作。

二、实验原理

苯甲酸和醇在酸催化下发生酯化反应生成苯甲酸乙酯。反应可逆，故采用环己烷带水的方式使平衡右移，提高产率。反应式如下：

$$C_6H_5\text{—}COOH + CH_3CH_2OH \underset{\text{约 60 ℃}}{\overset{\text{浓硫酸}}{\rightleftharpoons}} C_6H_5\text{—}COOC_2H_5 + H_2O$$

三、实验步骤

在 50 mL 圆底烧瓶中，加入 3.05 g(0.025 mol)苯甲酸和 7.5 mL 无水乙醇，沿瓶壁小心加入 1 mL 浓硫酸，摇动烧瓶，充分混合。加 2～3 粒沸石，装上回流冷凝管，空气浴或油浴加热回流半小时。待反应物稍冷，加入 17.5 mL 环己烷[1]，装上分水器，小火加热回流。随着回流的进行，三元共沸液环己烷-乙醇-水被蒸出，冷凝后，滴入分水器，分为两层。当下层液体接近分水器支管时，放出部分下层液体[2]。继续回流，直至上层澄清，看不到水珠滴落(1.5～2.5 h)。放出分水器中下层液体，继续蒸出过量的乙醇和环己烷，残余物冷却后，转入盛有 25 mL 冷水的烧杯中，搅拌下分批加入碳酸钠粉末中和至无二氧化碳生成为止[3]。分液，水层用乙醚萃取(每次 8 mL，共两次)，合并有机相。用无水硫酸镁(或氯化钙)干燥。把透明液倒入 50 mL 蒸馏烧瓶中，热水浴蒸去乙醚，再沸水浴彻底蒸去乙醚。收集 211～213 ℃的馏分，得苯甲酸乙酯。

本实验约需 5 h。

四、注释

[1] 瓶内温度必须降到 80 ℃以下,防止混合物起泡跑料。

[2] 上层和下层液体都易燃,小心避免火灾。

[3] 加碳酸钠至 pH 值约为 7 止。

五、思考题

(1) 为什么要加入过量的乙醇？还有什么方法使反应向右进行？

(2) 为什么采用分水器除水？

(3) 本实验中浓硫酸的作用是什么？常用酯化反应的催化剂有哪些？

4.19　乙酸异戊酯的制备

一、实验目的

(1) 学习酯化反应的原理和乙酸异戊酯的制备方法。

(2) 熟练掌握蒸馏、回流、萃取、洗涤和干燥等基本操作。

二、实验原理

乙酸异戊酯可由乙酸与异戊醇在少量浓硫酸催化下发生酯化反应来制备。其反应式如下：

$$(CH_3)_2CHCH_2CH_2OH + CH_3COOH \underset{\triangle}{\overset{H^+}{\rightleftharpoons}} CH_3\overset{O}{\overset{\|}{C}}OCH_2CH_2CH(CH_3)_2 + H_2O$$

该反应可逆,一般可通过投入过量的原料(羧酸或醇),或者采用不断移走生成的酯和水的方式来提高产率。

三、实验步骤

在 50 mL 圆底烧瓶中,依次加入 12 mL 异戊醇、8 mL 冰乙酸。混匀后,缓慢滴加 1 mL 浓硫酸[1],加入 2～3 粒沸石。安装回流装置,回流 1 h。待反应液冷却至室温后,把反应液倒入分液漏斗中,用 20 mL 水洗涤,静置分层后弃去水相,再用 10 mL 10%碳酸钠溶液洗涤至中性,然后用 5～10 mL 饱和氯化钠溶液洗涤[2],最后用等体积的饱和氯化钙溶液洗涤[3]。分液后,有机相用无水硫酸镁干燥。将干燥后的粗产品进行蒸馏,收集 138～142 ℃的馏分。

本实验约需 3 h。

四、注释

[1] 硫酸不能过量。当硫酸过量时,高温氧化作用将降低产率。

[2] 饱和氯化钠溶液洗涤的目的:一是洗去酯层中的碳酸钠,防止与后面加入的氯化钙反应生成沉淀,使分离困难;二是酯在饱和氯化钠溶液中的溶解度比在水中小,用饱和氯化钠溶液洗涤可减少酯的溶解损失。

[3] 用饱和氯化钙溶液洗涤时,振荡要充分。

五、思考题

(1) 简述萃取的原理及具体操作步骤。

(2) 分液萃取操作过程中,能否用氢氧化钠溶液代替碳酸钠溶液?为什么?

(3) 用饱和氯化钙溶液洗涤的目的是什么?

(4) 回流操作有哪些注意事项?

4.20　富马酸二甲酯的制备

一、实验目的

(1) 了解富马酸二甲酯的制备原理与方法。

(2) 掌握回流、萃取、干燥等基本操作。

二、实验原理

富马酸二甲酯又称反丁烯二酸二甲酯、延胡索酸二甲酯,其英文名称为 dimethyl fumarate,分子式为 $C_6H_8O_4$,相对分子质量为 144.12。富马酸二甲酯为白色鳞片状晶体,熔点为 102～104 ℃,易升华,溶于醇、醚、苯和三氯甲烷,难溶于水。研究表明,富马酸二甲酯对 30 多种霉菌、酵母菌及细菌都有较强的抑制作用,是一种高效、低毒、广谱、化学稳定性好、价廉、适用 pH 值范围宽的新型防霉防腐剂,可用于饲料及食品的防霉防腐。

富马酸二甲酯可由顺丁烯二酸酐(又称马来酸酐)、顺丁烯二酸(又称马来酸)、反丁烯二酸(又称富马酸)等及甲醇为原料合成。顺丁烯二酸酐在水解过程中,当无异构化催化剂存在时生成马来酸,有异构化催化剂(硫脲、HCl 等)存在时则生成富马酸。本实验以顺丁烯二酸酐为原料,与甲醇醇解生成马来酸二甲酯,再异构化生成富马酸二甲酯。其反应式为

$$\text{(maleic anhydride)} + 2CH_3OH \xrightarrow[65\sim75\ ℃]{HCl} H_3COOC\text{–CH=CH–}COOCH_3$$

三、实验步骤

在圆底烧瓶中加入 2.5 g(0.025 mol)马来酸酐和 1.6 g(2.0 mL,0.05 mol)甲醇及 5 滴浓盐酸。装上回流冷凝管,水浴加热至 65～75 ℃,并维持约 0.5 h,再加入 8 mL无水甲醇,水浴加热回流 1～4 h,然后趁热倒入盛有 20 mL 蒸馏水的小烧杯中。用 10%碳酸氢钠[1]溶液调节溶液的 pH 值至 7,减压过滤,并用蒸馏水洗涤数次,干燥,称重,计算产率。

本实验约需 4 h。

四、注释

[1] 碳酸氢钠是非常弱的碱,其溶液 pH 值最高只有 8.2。在中和强酸的过程中,即使碳酸氢钠稍微过量,也不会使物料呈现强碱性,从而避免强碱使合成的富马酸二甲酯水解。

五、思考题

(1) 本实验中甲醇过量数倍有何作用?

(2) 本实验中为什么要用碳酸氢钠调节溶液的 pH 值?

4.21 苯甲酸与苯甲醇的制备

一、实验目的

(1) 了解 Cannizzaro 反应的基本原理和实验方法。

(2) 掌握液体和固体有机化合物分离纯化的方法。

二、实验原理

苯甲醛在浓碱的作用下,发生 Cannizzaro 反应生成苯甲醇和苯甲酸钠,苯甲酸钠经酸化后得到苯甲酸。

$$2C_6H_5CHO + NaOH \longrightarrow C_6H_5COONa + C_6H_5CH_2OH$$

$$C_6H_5COONa + HCl \longrightarrow C_6H_5COOH + NaCl$$

由于苯甲醇易溶于乙醚,故采用乙醚萃取苯甲醇。分液后水相用无机酸酸化,水溶性苯甲酸钠转化为苯甲酸,从水中析出。

三、实验步骤

在 50 mL 圆底烧瓶中分别加入 6.4 g NaOH 和 20 mL 水,冷却至室温后,在不断搅拌下[1],分次将 6.3 mL 苯甲醛[2]加入烧瓶中,投入沸石,安装回流装置,回流 1.5 h,至反应物透明。向反应混合物中逐渐加入足够量的水(20～25 mL),不断搅拌使其中的苯甲酸盐全部溶解,冷却后将溶液倒入分液漏斗中,用 15 mL 乙醚分三次萃取苯甲醇,冷却后将用乙醚萃取过的水溶液保存好。

合并乙醚萃取液,依次用 3 mL 饱和亚硫酸氢钠溶液、5 mL 10%碳酸钠溶液和 5 mL 冷水洗涤。分离出乙醚溶液,用无水硫酸镁干燥 20～30 min。将干燥后的乙醚溶液倒入 25 mL 圆底烧瓶中,热水浴加热蒸出乙醚(乙醚回收)。蒸完乙醚后,改用空气冷凝管,在电热套中继续加热,蒸馏苯甲醇,收集 198～204 ℃的馏分,纯苯甲醇为无色液体。称重,计算产率。

在不断搅拌下,向前面保存的用乙醚萃取过的水溶液中,慢慢滴加 20 mL 浓盐酸[3]、20 mL 水和 12.5 g 碎冰的混合物。充分冷却使苯甲酸完全析出,抽滤,用少量冷水洗涤,尽量抽干水分,取出粗产物,称量。粗苯甲酸可用水重结晶得到纯苯甲酸。纯苯甲酸的熔点为 122.4 ℃。

本实验约需 6 h。

四、注释

[1] 充分搅拌是反应成功的关键。

[2] 苯甲醛放置时间过长容易被氧化,一般使用前需重新蒸馏提纯(最好减压蒸馏),新蒸苯甲醛为无色液体。

[3] 酸化至刚果红试纸变蓝,使苯甲酸完全析出。

五、思考题

(1) 苯甲醛长期放置后含有什么杂质?如果实验前不除去,对本实验会有什么影响?

(2) 用饱和亚硫酸氢钠溶液洗涤乙醚萃取液的目的是什么?

4.22 乙酰水杨酸(阿司匹林)的制备

一、实验目的

(1) 学习用乙酸酐作酰基化试剂酰化水杨酸制乙酰水杨酸的酯化方法。

(2) 巩固重结晶、熔点测定、抽滤等基本操作。

二、实验原理

阿司匹林(aspirin)学名为乙酰水杨酸,是一种广泛使用的具有解热、镇痛、治疗感冒、预防心血管疾病等多种疗效的药物。其人工合成已有百年历史,由于它价格低廉、疗效显著,且防治疾病范围广,因此至今仍被广泛使用。

阿司匹林是由水杨酸(邻羟基苯甲酸)与乙酸酐进行酯化反应而制得的。水杨酸可由水杨酸甲酯,即冬青油(由冬青树提取而得)水解制得。

$$C_6H_4(OH)COOH + H_3C{-}CO{-}O{-}CO{-}CH_3 \xrightarrow{H^+} C_6H_4(OCOCH_3)COOH + CH_3COOH$$

由于水杨酸在酸存在下会发生缩聚反应(副反应),因此有少量聚合物产生,反应式为

$$C_6H_4(OH)COOH \xrightarrow{H^+} \sim\!O{-}C_6H_4{-}CO{-}O{-}C_6H_4{-}CO{-}O{-}C_6H_4{-}CO{-}O\!\sim$$

产物阿司匹林由于分子中具有一个羧基,因此可以与碱反应生成盐,从而溶于水,而副产物无羧基,因此本实验后处理时用饱和碳酸氢钠水溶液进行处理,副产物不溶解,通过过滤即可分离。分离后的乙酰水杨酸钠盐水溶液通过盐酸酸化,即可得到产物阿司匹林。

三、实验步骤

在 50 mL 干燥的圆底烧瓶中放置 2 g(0.015 mol)干燥的水杨酸和 5 mL(0.053 mol)乙酸酐[1],然后加 5～7 滴浓硫酸,充分振摇使固体全部溶解。在水浴上加热回流,保持瓶内温度在 85～90 ℃,维持 20 min,同时振摇[2]。慢慢滴入 3～5 mL 冰水,此时反应放热,甚至沸腾。反应平稳后,再加入 40 mL 水,用冰水浴冷却 15 min,并用玻璃棒不停搅拌,使结晶完全析出。抽滤,用少量冰水洗涤两次,得阿司匹林粗产物,干燥后约 1.5 g。

将阿司匹林的粗产物移至另一锥形瓶中,加入 25 mL 饱和 $NaHCO_3$ 溶液,搅拌,直至无 CO_2 气泡产生。抽滤,用少量水洗涤,将洗涤液与滤液合并,弃去滤渣。

先在烧杯中放大约 5 mL 浓盐酸,加入 10 mL 水,配好溶液,再将上述滤液倒入烧杯中,阿司匹林复沉淀析出,冰水冷却令结晶完全析出,抽滤,冷水洗涤,压干滤饼,干燥。

此产品可用乙醇-水进行重结晶[3],乙酰水杨酸为白色针状结晶,熔点为 134～136 ℃[4]。

本实验约需 4 h。

四、注释

[1] 乙酸酐应当是新蒸的,收集 139～140 ℃的馏分。

[2] 反应温度不宜过高。也可控制浴温在 85～90 ℃,维持 10 min,温度过高将增加副产物的生成量,如水杨酰水杨酸酯、乙酰水杨酰水杨酸酯。

[3] 重结晶时,其溶液不应加热过久,也不宜用高沸点溶剂,否则会造成乙酰水杨酸的部分分解。

[4] 乙酰水杨酸受热易分解,因此熔点不是很明显,其分解温度为 128～135 ℃,熔点为 134～136 ℃。在测熔点时,可先将热载体加热到 120 ℃左右,然后放入试样测定。

五、思考题

(1) 在制备阿司匹林时加入浓硫酸的目的是什么?可以用其他浓酸代替吗?

(2) 如果有一瓶阿司匹林已变质,你能否通过闻气味的办法来鉴别?

(3) 反应中有哪些副产物?应如何除去?

4.23 乙酰乙酸乙酯的制备

一、实验目的

(1) 了解乙酰乙酸乙酯的制备原理和方法。

(2) 掌握无水操作及减压蒸馏操作。

二、实验原理

含 α-活泼氢的酯在强碱性试剂(如 $NaOC_2H_5$、$NaNH_2$、NaH 或三苯甲基钠)存在下,能与另一分子酯发生 Claisen 酯缩合反应,生成 β-羰基酸酯。乙酰乙酸乙酯就是通过这一反应制备的。

$$2CH_3\overset{\overset{\displaystyle O}{\|}}{C}OC_2H_5 \xrightleftharpoons{CH_3CH_2ONa} CH_3\overset{\overset{\displaystyle O}{\|}}{C}—CH_2—\overset{\overset{\displaystyle O}{\|}}{C}—OC_2H_5$$

通常以酯及金属钠为原料,并以过量的酯作为溶剂,利用酯中含有的微量醇与金属钠反应来生成醇钠。随着反应的进行,由于醇的不断生成,反应能不断地进行下去,直至金属钠消耗完毕。

但作为原料的酯中含醇量过高又会影响到产品的得率,故一般要求酯中含醇量在 3%以下。

所制得的乙酰乙酸乙酯是一个酮式和烯醇式混合物,在室温下含有 93%的酮式及 7%的烯醇式。反应需连续进行,若间隔时间太久,两种形式之间会发生脱乙醇的缩合反应,生成“去水乙酸”,从而使产率降低。

H₃C, O—H, C₂H₅—O, O, OC₂H₅, H, CH₃, O, O → H₃C, O, O, CH₃, O, O + $2C_2H_5OH$

三、实验步骤

在 50 mL 干燥的圆底烧瓶中加入 0.9 g(约 0.04 mol)已清除表面氧化膜的金属钠和 5 mL 干燥的二甲苯，装上回流冷凝管，加热使钠全部熔融。拆去冷凝管，立即用磨口玻璃塞塞紧圆底烧瓶，将圆底烧瓶包在毛巾中用力振摇，得细粒状钠珠。随着二甲苯逐渐冷却，钠珠迅速固化。

稍经放置，钠珠沉于瓶底，将二甲苯倾倒到二甲苯回收瓶中(切勿倒入水槽或废物缸，以免着火)。迅速向圆底烧瓶中加入 10 mL(约 0.1 mol)精制过的乙酸乙酯[1]，迅速装上回流冷凝管，并在其顶端装上氯化钙干燥管。反应随即开始，并有氢气泡逸出，反应液处于微沸状态。当反应很慢时，可稍加温热。若反应过于剧烈，则用冷水稍微冷却一下。

待反应不再激烈后，将反应瓶置于石棉网上小火加热，保持微沸状态，直至所有金属钠全部作用完为止[2]。反应约需 2.0 h。此时生成的乙酰乙酸乙酯钠盐为橘红色透明溶液(有时析出黄白色沉淀)[3]。

待反应物稍冷后，将圆底烧瓶取下，在摇荡下加入 50%乙酸溶液，直到反应液呈弱酸性(pH=5～6，约需 8 mL)[4]。此时，所有的固体物质均已溶解。

将溶液转移到分液漏斗中，加入等体积的饱和氯化钠溶液，用力摇振片刻。静置后，乙酰乙酸乙酯分层析出。分出上层粗产物，用无水硫酸钠干燥后滤入蒸馏瓶，并用少量乙酸乙酯洗涤干燥剂，一并转入蒸馏瓶中。

先在沸水浴上蒸去未作用的乙酸乙酯，当馏出液的温度升至 95 ℃时停止蒸馏。然后将剩余液进行减压蒸馏[5]。减压蒸馏时须缓慢加热，待残留的低沸点物质蒸出后，再升高温度，收集 54～55 ℃/931 Pa(7 mmHg)的馏分，即为乙酰乙酸乙酯。产量约 1.8 g(产率约 35%)。

纯乙酰乙酸乙酯的沸点为 180.4 ℃(同时分解)，n_D^{20} 为 1.4199。

本实验约需 6 h。

四、注释

[1] 乙酸乙酯的精制：在分液漏斗中，将普通乙酸乙酯与等体积饱和氯化钙溶液合并，剧烈振荡，洗去其中所含的部分乙醇。经这样洗涤 2～3 次后的酯层用高温烘焙过的无水碳酸钾进行干燥，最后经蒸馏截取 76～78 ℃的馏分，即可符合要求(含醇量 1%～3%)。如果是分析纯的乙酸乙酯，则可直接使用。

[2] 一般要求金属钠全部消耗掉，但极少量未反应的金属钠并不妨碍进一步操作。

[3] 这种黄白色固体为部分析出的乙酰乙酸乙酯钠盐。

[4] 由于乙酰乙酸乙酯中亚甲基上氢活性很强，即相应的酸性比醇要大，故在醇钠存在时，乙酰乙酸乙酯将转化为钠盐，这也就是反应结束时实际得到的产物。当用

50%乙酸溶液处理此钠盐时,就能使其转化为乙酰乙酸乙酯。当溶液已呈弱酸性,而尚有少量固体未溶解时,可加入少量水使其溶解。要注意避免加入过量的乙酸,否则会增加酯在水层中的溶解度而降低产率。另外,当酸度过高时,会促进副产物"去水乙酸"的生成,因而降低产率。

[5] 乙酰乙酸乙酯在常压蒸馏下很易分解,生成"去水乙酸",这样会影响产率,故采用减压蒸馏。"去水乙酸"通常溶解于酯内,随着过量的乙酸乙酯的蒸出,特别是最后减压蒸馏时随着部分乙酰乙酸乙酯的蒸出,"去水乙酸"就呈棕黄色固体析出。

五、思考题

(1) 哪些物质可作为 Claisen 酯缩合反应的催化剂?本实验为什么可以用金属钠代替?为什么计算产率时要以金属钠为基准?

(2) 本实验中加入 50%乙酸溶液和饱和氯化钠溶液有何作用?

(3) 如何用实验证明常温下得到的乙酰乙酸乙酯是两种互变异构体的平衡混合物?

4.24　黄芩素的制备

一、实验目的

(1) 学习以强酸催化黄芩苷水解制备黄芩素的原理和方法。

(2) 巩固回流、减压过滤等操作。

二、实验原理

黄芩素是中药黄芩的有效成分之一,具有抗免疫缺陷病毒、抗肿瘤、抗氧化和清除自由基等药理活性。黄芩中黄芩素的含量很低,直接提取高纯度黄芩素难度较大。而黄芩苷是黄芩的主要有效成分,易于提取,利用黄芩苷作为原料制备黄芩素可有效降低生产成本。

利用黄芩苷在强酸、加热条件下不稳定,易水解生成黄芩素和葡萄糖醛酸的性质来制备黄芩素。反应式如下:

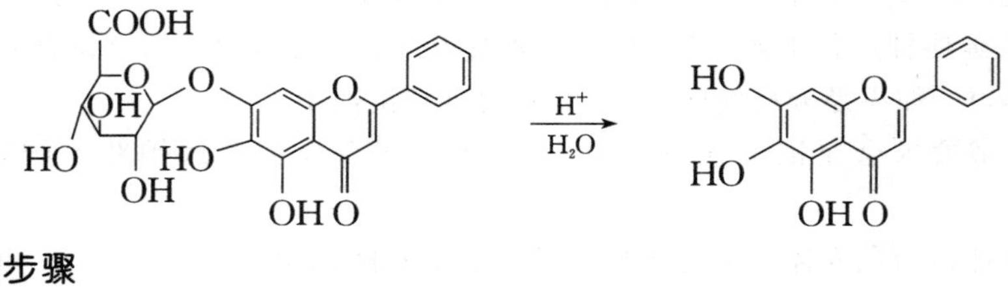

三、实验步骤

称取黄芩苷 2.0 g 于 100 mL 圆底烧瓶中,加入 4 mL 浓盐酸、50 mL 无水乙醇,在搅拌下加热回流 2 h。采用薄层色谱法跟踪反应进程。反应结束后，将反应液冷却至室温，再将其倒入 100 mL 冰水中，黄芩素立即析出。抽滤，用无水乙醇洗涤滤饼 2～3 次，将滤饼在真空干燥箱干燥[1]。产量约 1.0 g(产率约 82%)，黄芩苷熔点为 264 ℃。

本实验约需 3 h。

四、注释

[1] 如果想得到纯度更高的产品，需要进一步通过聚酰胺柱层析提纯。

五、思考题

(1) 为什么使用聚酰胺柱层析而不是硅胶柱层析提纯黄芩素？

(2) 用什么方法可以从黄芩中提取原料黄芩苷？

4.25　乌洛托品的制备

一、实验目的

(1) 掌握乌洛托品的制备原理与实验方法。

(2) 熟练掌握重结晶等基本操作。

二、实验原理

六亚甲基四胺又名乌洛托品，为无色晶体或白色粉末，易溶于水，难溶于乙醇和乙醚，遇酸易分解，在 263 ℃开始升华并部分分解。乌洛托品可由甲醛和氨经一步缩合反应而制得，其反应式为

$$6\mathrm{HCHO} + 4\mathrm{NH_3} \xrightarrow{\triangle} (\mathrm{CH_2})_6\mathrm{N_4} + 6\mathrm{H_2O}$$

甲醛　　氨　　乌洛托品

由于甲醛和氨均有很好的反应活性，反应不需催化剂，在加热条件下即可快速进行。久存的甲醛通常含有一些杂质，会使反应液产生沉淀，应该在反应中过滤以免影响产品质量。乌洛托品的水溶性大，为了提高收率，可以直接将溶液蒸发至干，得到粉末状产品。若要提高产物纯度，产物浓缩液可经多次冷冻结晶制取产品。

三、实验步骤

量取 20 mL 甲醛溶液(37%～40%)放入 100 mL 烧杯中，在搅拌下将 16 mL 氨水(25%～28%)慢慢滴入[1]，加完后再搅拌 15～20 min。

将反应液加热至 40 ℃左右，持续 10 min。若有沉淀出现，应立即趁热过滤，除去不溶物。将装有反应液的烧杯放在搅拌加热器上浓缩，至余下的液体体积为原来的一半时停止加热。静置冷却，待晶状产物析出，抽滤得乌洛托品[2]。

将滤液继续蒸发至干，得到白色粉状粗产物，然后用适量的水或含水的乙醇重结晶。纯品为白色晶体，熔点为 128～130 ℃。

本实验约需 3 h。

四、注释

[1] 反应操作应该在通风橱内进行。

[2] 这一步得到的乌洛托品不需重结晶，但应避免与氧化剂、酸类接触。

五、思考题

(1) 简述重结晶的原理及具体操作步骤。

(2) 简述合成乌洛托品的反应原理。

4.26 香料洋茉莉醇的合成

一、实验目的

(1) 掌握由 Cannizzaro 反应制备洋茉莉醇的原理和方法。

(2) 熟练掌握洗涤、蒸馏及重结晶等纯化技术。

(3) 掌握低沸点、易燃有机溶剂的蒸馏操作。

二、实验原理

芳醛和其他无 α-H 原子的醛在浓的强碱溶液作用下，发生 Cannizzaro 反应，一分子醛被氧化成羧酸(在碱性溶液中成为羧酸盐)，另一分子醛则被还原成醇。

本实验是应用 Cannizzaro 反应，以洋茉莉醛(3,4-亚甲二氧基苯甲醛)和甲醛为反应物，在浓 KOH 作用下生成洋茉莉醇。反应式为

$$\text{(3,4-亚甲二氧基苯)-CHO} + \text{HCHO} \xrightarrow[C_2H_5OH,\triangle]{\text{KOH}} \text{(3,4-亚甲二氧基苯)-}CH_2OH + \text{HCOONa}$$

三、实验步骤

将 50 mL 三口烧瓶安装在磁力搅拌器上。在反应瓶内加入 3.5 g KOH 和 7.5 mL 乙醇，装上回流冷凝管，启动搅拌并加热使 KOH 溶解。然后在小锥形瓶中称取3.0 g (0.02 mol)洋茉莉醛，加入 5 mL 乙醇并用水浴温热溶解，再加入 2.5 mL(0.03 mol)

35%甲醛[1]，温热溶解后倒入三口烧瓶中。控制水浴温度在 65～70 ℃，搅拌下反应 0.5～1.5 h[2]。

反应完毕后取下回流冷凝管，将回流装置改成蒸馏装置，用水浴加热回收乙醇约 7 mL。在瓶内反应物中加入 25 mL 水，倒入分液漏斗分出有机层。水层用乙醚萃取两次，每次 5 mL，乙醚萃取液并入有机层，用 7 mL 水洗涤一次。有机层加适量无水硫酸镁干燥。过滤至蒸馏烧瓶，先蒸去乙醚[3]，然后用水泵减压蒸去残留的乙醚，再用油泵减压蒸馏，收集 160～165 ℃/2 kPa(15 mmHg)的馏分[4]，得到 1.9～2.1 g 洋茉莉醇，产率为 62%～69%。或将蒸去乙醇后的粗产物冷却结晶，再用石油醚重结晶，得到白色的晶体。

本实验约需 5 h。

四、注释

[1] 将洋茉莉醛溶于乙醇后，再加甲醛，否则洋茉莉醛很难溶解。

[2] 反应物要充分混合，否则对产率的影响很大。

[3] 蒸馏乙醚时，实验室内严禁明火。

[4] 如用减压蒸馏方法纯化洋茉莉醇，应注意洋茉莉醇为熔点较低的固体，减压蒸馏时，容易在冷凝管中析出，需用电吹风加热空气冷凝管使洋茉莉醇熔化，确保减压蒸馏顺利进行。

五、思考题

(1) 本实验中减压蒸馏的目的是什么？

(2) Cannizzaro 反应适合哪些醛类进行制备反应？对碱的浓度有何要求？

(3) 该反应有哪些副反应？对产品的纯度有何影响？

4.27 洗涤剂硫酸月桂酯钠的制备

一、实验目的

(1) 掌握高级醇硫酸酯盐型阴离子表面活性剂的合成原理和合成方法。

(2) 熟悉气体吸收装置。

二、实验原理

硫酸月桂酯钠又称十二烷基硫酸钠(sodium dodecyl sulfate，简称 SDS)是重要的脂肪醇硫酸酯盐型阴离子表面活性剂，易溶于水，有特殊气味，无毒；它的泡沫性能、去污力、乳化力都比较好，能被生物降解；耐碱、耐硬水，但在强酸性溶液中易发生水解,稳定性较磺酸盐差;可做牙膏起泡剂、洗涤剂、高分子合成用乳化剂、纺织助剂及其他工业助剂。

硫酸月桂酯钠可由月桂醇与氯磺酸作用后经中和而制得,其反应式如下:

$$C_{12}H_{25}OH + ClSO_3H \longrightarrow C_{12}H_{25}OSO_3H + HCl\uparrow$$

$$C_{12}H_{25}OSO_3H + NaOH \longrightarrow C_{12}H_{25}OSO_3Na + H_2O$$

三、实验内容

在装有搅拌器、温度计、滴液漏斗和气体吸收装置的 100 mL 干燥三口烧瓶中,加入 5.2 g(0.028 mol)月桂醇,控温 25 ℃。在充分搅拌下,用滴液漏斗慢慢滴加 4 mL(0.031 mol,相对密度为 1.77)氯磺酸[1],约 7 min 滴完,滴加时温度不要超过 30 ℃[2]。加完氯磺酸后,于 30 ℃反应 2 h,反应中产生的氯化氢气体用 5%NaOH 溶液吸收。

反应结束后,将反应混合物缓慢倒入 50 mL 盛有 10 g 碎冰的烧杯中,并充分搅拌。然后在搅拌下滴加 30%NaOH 溶液至 pH 值为 7～8.5。再用 20 mL 正丁醇分三次萃取,在分液漏斗中分出水层,将正丁醇层进行蒸发,蒸发正丁醇后得到的白色残余物即为硫酸月桂酯钠。

本实验约需 4 h。

四、注释

[1] 氯磺酸为强腐蚀性酸,使用时要戴好橡胶手套,在通风橱内量取。此外,氯磺酸遇水会分解,故所用玻璃仪器必须干燥。

[2] 上述反应体系比较黏稠,产生的氯化氢气体使反应混合物中存在大量泡沫。控制好氯磺酸滴加速度,勿使物料溢出。

五、思考题

(1) 表面活性剂有哪些类型和作用?十二烷基硫酸钠属于何种类型的表面活性剂?

(2) 如何防止实验过程中泡沫过多带来的影响?

4.28 邻磺酰苯甲酰亚胺(糖精)的合成

一、实验目的

(1) 了解甜味剂的有关知识和生产方法,掌握实验室制备糖精的原理和方法。

(2) 巩固减压过滤、减压蒸馏等基本操作。

二、实验原理

糖精为白色结晶性粉末，难溶于水，其钠盐易溶于水，对热稳定，是最古老的合成甜味剂，其甜度为蔗糖的300～500倍。糖精主要用做食品添加剂、饲料添加剂，也可以作为肥料等。糖精是最早应用的人工合成非营养型甜味剂。它具有热量低、不为人体所吸收以及可随大小便一起自动排出等特点，应用于肥胖病、高血脂、糖尿病和龋齿等病症的治疗。

氯磺酸和甲苯在聚氯乙烯多乙烯树脂(PVC-PP)催化下，于0 ℃下进行氯磺化反应，生成邻、对位甲苯磺酰氯。分离出邻甲苯磺酰氯并用其与氨水反应，生成邻甲苯磺酰胺。邻甲苯磺酰胺再与$KMnO_4$进行氧化反应，其产物与NaOH反应生成糖精钠盐。然后用浓盐酸酸化，得不溶性糖精。有关反应如下。

(1) 氯磺化反应：

$$C_6H_5CH_3 + ClSO_3H \xrightarrow[0\ ℃]{\text{PVC-PP 催化剂}} o\text{-}CH_3C_6H_4SO_2Cl$$

(2) 氨化反应：

$$o\text{-}CH_3C_6H_4SO_2Cl + NH_3 \cdot H_2O \longrightarrow o\text{-}CH_3C_6H_4SO_2NH_2$$

(3) 氧化、酸化反应：

$$o\text{-}CH_3C_6H_4SO_2NH_2 + KMnO_4 + NaOH \longrightarrow C_6H_4(CO)(SO_2)NNa \xrightarrow{HCl} C_6H_4(CO)(SO_2)NH$$

三、实验步骤

1. 邻甲苯磺酰氯的合成

在装有温度计、滴液漏斗、回流冷凝管及氯化氢气体吸收装置的50 mL三口烧瓶中，加入3.0 g PVC-PP树脂和16.6 mL(0.25 mol)氯磺酸[1]，并置反应瓶于冰浴中冷却至0 ℃。在磁力搅拌下，自滴液漏斗向反应瓶中滴加10.6 mL(0.1 mol)甲苯，滴速以保持反应温度不超过5 ℃为宜(温度过高，会使反应生成的甲苯磺酰氯发生水解)。控制滴速，充分搅拌，大约15 min滴加完毕，继续在室温下搅拌1 h。然后在35～40 ℃水浴下加热搅拌，直至不再有氯化氢气体放出为止[2]。

等反应液冷却至室温后，在通风橱内边搅拌边将反应液倒入装有50 g冰水混合物(其中冰与水的质量比为2∶1)的烧杯中，再用冰水洗涤反应瓶，洗涤液并入烧杯(用冰水洗的目的是利用氯磺酸遇水分解这一性质分解过量的氯磺酸)。过滤除去催化剂,将滤液置于 $CaCl_2$ 冰盐浴中,冷却过夜。冷冻后,对甲苯磺酰氯呈白色片状结晶从混合物中析出,抽滤,用少量冷水洗涤滤饼,滤饼为对甲苯磺酰氯粗品。将滤液转入分液漏斗,静置、分层,得淡黄色油状液体,即邻甲苯磺酰氯粗品。用 30 mL 氯仿将邻甲苯磺酰氯溶解,萃取、水洗后,分出有机相,并用无水硫酸钠干燥 1 h。过滤,将滤液蒸去溶剂后,进行减压蒸馏,收集 126 ℃/1.3 kPa 馏分,即为精制的邻甲苯磺酰氯,约 9 g。

2. 邻甲苯磺酰胺的制备

在 50 mL 三口烧瓶中加入 10.5 mL 浓氨水(市售 14.5 mol/L),将上述制得的邻甲苯磺酰氯转移至滴液漏斗中,加热并控制温度在 40 ℃,滴加邻甲苯磺酰氯并不断搅拌,反应 2 h,生成邻甲苯磺酰胺。

3. 糖精的制备

在 250 mL 三口烧瓶中加入上述制得的邻甲苯磺酰胺和 100 mL 水,瓶口装上回流冷凝管,加热至沸。在搅拌下分批加入 9.0 g 高锰酸钾,每次加料不宜多,整个加料过程约需 30 min,继续煮沸至回流液不再有明显油珠。然后在其中加入 1.3 g NaOH,继续搅拌加热 20 min。过滤,滤饼用热水洗涤两次。合并滤液,冷却至室温,然后加入浓盐酸酸化至 pH 值为 5,得不溶性糖精。糖精的熔点为 228 ℃。

本实验约需 10 h。

四、注释

[1] 氯磺酸遇水会分解,故所用玻璃仪器必须干燥。氯磺酸为强腐蚀性酸,取用时要戴好橡胶手套,在通风橱内量取。同时注意滴加速度,注意温度变化,做好控温措施。

[2] 反应温度对氯磺化反应影响很大,过高和过低都会导致邻甲苯磺酰氯产率下降。反应温度不宜超过 45 ℃。

五、思考题

(1) 常见甜味剂有哪些类型及应用?

(2) 氯磺化的原理是什么?该反应如何保证邻甲苯磺酰氯的纯度使反应顺利进行?

4.29 葡萄糖酸锌的制备

一、实验目的

(1) 了解锌的生物意义和葡萄糖酸锌的制备方法。

(2) 巩固蒸发、浓缩、过滤、重结晶等基本操作。

二、实验原理

锌是人体必需的微量元素之一,人体一切器官中都含有锌。锌具有多种生物作用，存在于众多的酶系中，如碳酸酐酶、呼吸酶、乳酸脱氢酶、超氧化物歧化酶、碱性磷酸酶、DNA 和 RNA 聚合酶等，为核酸、蛋白质、碳水化合物的合成和维生素 A 的利用所必需的元素。锌具有增进人体免疫力、促进生长发育和改善味觉的作用。锌缺乏时出现味觉、嗅觉差，厌食，生长与智力发育低于正常水平。

葡萄糖酸锌为补锌药，具有见效快、吸收率高、副作用小等优点，主要用于儿童及老年、妊娠妇女因缺锌引起的生长发育迟缓、营养不良、厌食症、复发性口腔溃疡、皮肤痤疮等症。

过去常用硫酸锌作添加剂，但对人体肠胃道有刺激作用，且吸收率低，而以葡萄糖酸锌作添加剂，则见效快，吸收率高，副作用小，使用方便。葡萄糖酸锌是目前首选的补锌药和营养强化剂，特别适合作为儿童食品、糖果、乳制品的添加剂。

葡萄糖酸锌由葡萄糖酸钙直接与锌的氧化物或盐制得。本实验采用葡萄糖酸钙与等物质的量的硫酸锌直接反应制得。其反应式如下：

$$[CH_2OH(CHOH)_4COO]_2Ca + ZnSO_4 \longrightarrow [CH_2OH(CHOH)_4COO]_2Zn + CaSO_4\downarrow$$

过滤除去 $CaSO_4$ 沉淀，溶液经浓缩可得无色或白色葡萄糖酸锌结晶。葡萄糖酸锌无味，易溶于水，极难溶于乙醇。

三、实验步骤

1. 粗品的制备

量取 80 mL 蒸馏水，置于烧杯中，加热至 80～90 ℃，加入 13.4 g $ZnSO_4 \cdot 7H_2O$ 并使其完全溶解，将烧杯放在 90 ℃的恒温水浴中，再逐渐加入 20 g 葡萄糖酸钙，并不断搅拌。在 90 ℃水浴上保温 20 min 后趁热抽滤[1]，滤液移至蒸发皿中并在沸水浴上浓缩至黏稠状（体积约为 20 mL，如浓缩液有沉淀，须过滤掉）。滤液冷至室温，加 20 mL95%乙醇并不断搅拌，此时有大量的胶状葡萄糖酸锌析出。充分搅拌后，用倾析法去除乙醇液。再在沉淀上加 20 mL95%乙醇，充分搅拌后，沉淀慢慢转变成晶体状，抽滤至干[2]，即得粗品（母液回收）。

2. 精制

将粗品加 20 mL 水，加热、搅拌至溶解，趁热抽滤，滤液冷至室温，加 20 mL95%乙醇，充分搅拌，结晶析出后，抽滤至干，即得精品，在 50 ℃下烘干。

本实验约需 5 h。

四、注释

[1] 为防止提前结晶造成产品损失，溶液一定要趁热抽滤，抽滤速度要快。如有晶体在滤纸上析出，应用热溶剂洗涤。

[2] 抽滤时，用乙醇冲洗蒸发皿和润洗晶体。

五、思考题

(1) 如果选用葡萄糖酸为原料,以下四种含锌化合物中应选择哪种?为什么?

A. ZnO　B. $ZnCl_2$　C. $ZnCO_3$　D. $Zn(CH_3COO)_2$

(2) 如果布氏漏斗中滤纸大小不合适,抽滤时会出现什么问题?

4.30 肥皂的制备

一、实验目的

(1) 了解油脂的皂化原理。

(2) 熟悉加热回流反应和减压过滤的操作。

二、实验原理

油脂是高级脂肪酸甘油酯的混合物,属于酯类,因此在酸、碱或酶催化下,油脂会发生水解反应,水解为甘油和相应的高级脂肪酸。在碱性条件下水解比较完全,生成的高级脂肪酸的钠盐是肥皂的主要成分,故把油脂的碱性水解称为皂化。由于油脂不溶于水,在皂化反应中与氢氧化钠溶液接触不好,反应很慢,加入乙醇可以增加油脂与碱溶液的混溶性,使其形成均匀的溶液,从而加快皂化反应的进行。完全皂化 1 g 油脂所需的氢氧化钾的质量(mg)称为油脂的皂化值,皂化值是表示油脂质量及油脂特点的一个重要参数。同种油脂,其纯度越高,皂化值越大;油脂分子中所含碳链越长,皂化值越小。一般油脂的皂化值在 200 mg(KOH)/g 左右。

油脂皂化后不溶于饱和食盐水,通过盐析可以将皂化反应产生的高级脂肪酸钠盐与甘油进行分离。工业上制造肥皂就是利用这个原理,生成的高级脂肪酸钠经过压滤制成肥皂,滤液经过蒸馏获得甘油。

三、实验步骤

量取 5 mL 花生油[1]倒入 50 mL 圆底烧瓶中,再加入 6 mL 无水乙醇和 10 mL 30%氢氧化钠溶液,投入几粒沸石。连接好球形冷凝管,接通冷凝水和电热套电源,加热回流 30 min。检测是否皂化完全(用吸管吸取 2 滴试样放入试管中,加入 2 mL 水,加热振荡,若试样完全溶解,没有油滴,表示皂化完全,否则应继续加热直至皂化完全)。

皂化完全后,将稍微冷却的皂化液[2]迅速倒入盛有 30 mL 饱和食盐水的烧杯中,边倒边缓慢搅拌,会有固体浮于液体表面。冷却到室温后,抽滤,滤渣即为肥皂,记录肥皂的状态和颜色。

本实验约需 3 h。

四、注释

[1] 所需的花生油由花生油的提取实验中获得。

[2] 反应液不能冷却至室温,否则不容易从圆底烧瓶中倒出。

五、思考题

(1) 油脂皂化反应中,氢氧化钠和乙醇各起什么作用?

(2) 如何检验油脂的皂化作用是否完全?

第5章 多步合成与综合实验

5.1 磺胺类药物的合成

磺胺类药物是含磺胺基团的合成抗菌药物的总称，能抑制多种细菌和少数病毒的生长和繁殖，用于防治多种病菌感染。磺胺类药物曾在保障人类生命健康方面发挥过重要作用，在抗生素问世后，虽然失去了原来作为普遍使用的抗菌剂的重要性，但在某些治疗中仍然应用。磺胺类药物的一般结构为

$$H_2N-C_6H_4-SO_2NHR$$

由于磺酰氨基上氮原子的取代基不同而形成不同的磺胺药物。虽然合成的磺胺衍生物多达一千种以上，但真正显示抗菌性的只有为数不多的十多种。本实验将合成最简单的磺胺。

$$C_6H_5NO_2 \xrightarrow[H^+]{Fe} C_6H_5NH_2 \xrightarrow[Zn]{CH_3COOH} C_6H_5NHCOCH_3 \xrightarrow{ClSO_3H} p\text{-}CH_3CONHC_6H_4SO_2Cl$$

$$\xrightarrow{NH_3 \cdot H_2O} p\text{-}CH_3CONHC_6H_4SO_2NH_2 \xrightarrow[\triangle]{H_3^+O} \xrightarrow{Na_2CO_3} p\text{-}H_2NC_6H_4SO_2NH_2$$

5.1.1 苯胺的制备

一、实验目的

（1）掌握酸性介质中金属还原硝基化合物的操作方法。

（2）巩固水蒸气蒸馏操作。

二、实验原理

芳香硝基化合物的还原是制备芳胺的主要方法，实验室常用的方法是在酸性溶液中用金属进行化学还原，工业上最实用和经济的方法是催化氢化。常用的还原体系有铁-盐酸、铁-乙酸、锡-盐酸等，根据反应物和产物的性质，可以选择合适的

还原剂和溶剂介质。用锡-盐酸作还原剂时，反应速率较快，产率较高，不需用电动搅拌，但锡价格较贵。用铁-盐酸作还原剂时，反应时间较长，但成本低，酸的用量仅为理论量的 1/40，如用乙酸代替盐酸，还原时间显著缩短。本实验介绍下面两种方法。

铁-乙酸法：$4C_6H_5NO_2+9Fe+4H_2O \xrightarrow{H^+} 4C_6H_5NH_2+3Fe_3O_4$

锡-盐酸法：$2C_6H_5NO_2+3Sn+14HCl \longrightarrow (C_6H_5NH_3)_2^{2+}SnCl_6^{2-}+4H_2O+2SnCl_4$

$(C_6H_5NH_3)_2^{2+}SnCl_6^{2-}+8NaOH \longrightarrow 2C_6H_5NH_2+Na_2SnO_3+6NaCl+5H_2O$

三、实验步骤

方法一　铁-乙酸法

在 100 mL 圆底烧瓶中，放置 10 g 铁粉、10 mL 水及 0.5 mL 冰乙酸，充分混合后，装上回流冷凝管，用小火加热煮沸约 5 min。稍冷后，从冷凝管顶端分批加入 5.3 mL 硝基苯，每次加完后要用力振摇，使反应物充分混合。由于反应放热，每次加入硝基苯时，均有一阵猛烈的反应发生。加完后，将反应物加热回流 1 h，并不时摇动，使反应完全[1]，此时，冷凝管回流液应不再呈黄色。将反应瓶改为水蒸气蒸馏装置，进行水蒸气蒸馏至馏出液变清，将馏出液转入分液漏斗，分出有机层，水层用 NaCl（需 3～5 g）饱和后[2]，用乙醚萃取两次，每次 5 mL。合并苯胺层和醚萃取液，用粒状氢氧化钠干燥[3]。

将干燥后的苯胺醚溶液用分液漏斗分批加入 25 mL 干燥的蒸馏烧瓶中，先在水浴上蒸去乙醚，残留物用空气冷凝管蒸馏，收集 180～185 ℃的馏分[4]，产量为 3.0～3.4 g（产率为 64%～69%）。

纯苯胺的沸点为 184.1 ℃，折射率 n_D^{20} 为 1.5863。

方法二　锡-盐酸法

在 100 mL 圆底烧瓶中，放置 9 g 锡粒、4 mL 硝基苯，装上回流冷凝管，量取 20 mL 浓盐酸，分数次从冷凝管口加入烧瓶内并不断摇动反应混合物。当反应太激烈，瓶内混合物沸腾时，将圆底烧瓶浸于冷水中片刻，使反应缓和。当所有的盐酸加完后，将烧瓶置于沸水浴中加热 30 min，使反应趋于完全，然后将反应物冷却至室温，在摇动下慢慢加入 50%氢氧化钠溶液使反应物呈碱性。然后将反应瓶改为水蒸气蒸馏装置，进行水蒸气蒸馏直到蒸出澄清液为止，将馏出液放入分液漏斗中，分出粗苯胺。水层用 NaCl（需 3～5 g）饱和后，用乙醚萃取两次，每次 10 mL。合并苯胺层和醚萃取液，用粒状氢氧化钠干燥。

将干燥后的苯胺醚溶液用分液漏斗分批加入 50 mL 干燥的蒸馏烧瓶中，先在水浴上蒸去乙醚，残留物用空气冷凝管蒸馏，收集 180～185 ℃的馏分，产量为 2.3～2.5 g。

本实验约需 5 h。

四、注释

[1] 硝基苯为黄色油状物,如果回流液中黄色油状物消失而转变成乳白色油珠(由游离苯胺引起),表示反应已经完成。

[2] 在 20 ℃时,每 100 mL 水可溶解 3.4 g 苯胺。为了减少苯胺损失,根据盐析原理,加入精盐使馏出液饱和,原来溶于水中的绝大部分苯胺就成油状物析出。

[3] 由于氯化钙能与苯胺形成分子化合物,因此用无水硫酸钠、氢氧化钠或无水碳酸钠作干燥剂。

[4] 纯苯胺为无色液体,但在空气中由于氧化而呈淡黄色,加入少许锌粉重新蒸馏,可去掉颜色。

五、思考题

(1) 方法一中,如果以盐酸代替乙酸,则反应后要加入饱和碳酸钠至溶液呈碱性后,才进行水蒸气蒸馏,这是为什么?用乙酸为何不进行中和?

(2) 本实验为何选择用水蒸气蒸馏法把苯胺从反应混合物中分离出来?

(3) 如果最后制得的苯胺中含有硝基苯,应如何加以分离提纯?

5.1.2 乙酰苯胺的制备

一、实验目的

(1) 熟悉乙酰化反应的原理及方法。

(2) 掌握热过滤和减压过滤的操作方法。

(3) 掌握固体有机化合物提纯的方法——重结晶。

二、实验原理

胺的乙酰化可以用冰乙酸作乙酰化试剂,也可以用乙酸酐或乙酰氯作乙酰化试剂。其反应活性次序为:乙酰氯>乙酸酐>冰乙酸。

对于苯胺的乙酰化,如果采用乙酰氯作为乙酰化试剂,反应比较剧烈,同时释放出来的 HCl 会使一部分苯胺转变为苯胺盐酸盐,从而使产率降低。如果采用乙酸酐作乙酰化试剂,反应平稳,收率较高。但是当用游离胺与纯乙酸酐进行酰化时,常伴有二乙酰胺($PhN(COCH_3)_2$)副产物生成。同时,由于一分子乙酸酐只能利用其中一个乙酰基,从原子经济的角度来看并不“经济”。相比较而言,冰乙酸价格便宜,试剂易得,采用冰乙酸作乙酰化试剂最经济,只是需要较长的反应时间,适合于较大规模的制备。

本实验采用乙酸与苯胺作用,在锌粉存在下制备乙酰苯胺,其反应式如下:

$$PhNH_2 + CH_3COOH \overset{\triangle}{\rightleftharpoons} PhNHCOCH_3 + H_2O$$

游离胺能参与许多反应，易被氧化，这对于芳胺在进行其他反应时会产生影响。芳胺经乙酰化后，碱性减弱，参与这些典型反应的倾向减小，也难以氧化；芳胺酰化后，芳环上亲电取代反应的活性也降低。事实上，乙酰苯胺可以进行多种反应，而其氨基因受乙酰基保护不发生任何变化。而且乙酰苯胺在经过一系列反应后，通过酸或碱催化水解，氨基又可以重新产生。因此，乙酰化反应常用于芳胺的氨基保护。

三、实验步骤

用 25 mL 圆底烧瓶安装成简单的分馏装置。向反应瓶中加入 2.5 mL 新蒸的苯胺[1]、3.7 mL 冰乙酸以及少许锌粉(约 0.05 g)[2]，摇匀，加 2～3 粒沸石，小火加热，保持反应液微沸约 15 min，逐渐升高温度，使柱顶温度维持在 100～105 ℃。反应1 h 后可适当将柱顶温度升至 110 ℃，蒸出大部分水和剩余的乙酸，当温度出现波动时，可认为反应结束。趁热将反应液倒入盛有 40 mL 冷水的烧杯中，即有白色固体析出，稍加搅拌、冷却，抽滤，即得粗产品。

将粗产品转入烧杯中，加 40 mL 水，加热煮沸使其全溶。如仍有未溶的乙酰苯胺油珠，需加少量水，直到全溶。此时，再加水 5 mL，以免热过滤时析出结晶，造成损失。将热乙酰苯胺水溶液稍冷却，加一角匙活性炭[3]，再重新煮沸，并使溶液继续沸腾约 5 min。趁热将乙酰苯胺溶液用保温漏斗过滤，滤液冷却，乙酰苯胺结晶析出，抽滤，用少量水洗涤晶体，干燥后可得纯品[4]，产量为 2.0～2.5 g。

本实验约需 4 h。

四、注释

[1] 苯胺久置后颜色变深有杂质，会影响乙酰苯胺的质量，故最好采用新蒸的无色或淡黄色的苯胺。

[2] 加入锌粉的目的是防止苯胺在反应中被氧化。但锌粉加入量不可过多，否则不仅消耗乙酸(生成乙酸锌)，还会在后处理时因乙酸锌水解生成难溶于水的$Zn(OH)_2$而难以从乙酰苯胺中分离出去。锌粉加入适量时，反应液呈淡黄色或接近无色。

[3] 不要将活性炭加入沸腾的溶液中，否则，沸腾的滤液会溢出容器。加活性炭时一定要停止加热，并适当降低溶液的温度。

[4] 如颜色较深，再重结晶一次。

五、思考题

(1) 本实验采取什么措施来提高产率？

(2) 常用的乙酰化试剂有哪些？请比较它们的乙酰化能力。

5.1.3 对氨基苯磺酰胺(磺胺)的制备

一、实验目的

(1) 了解氯磺化反应的原理及操作方法。

(2) 了解氨基的保护与原理。

二、实验原理

$$CH_3CONH\text{—}C_6H_4 + 2ClSO_3H \longrightarrow CH_3CONH\text{—}C_6H_4\text{—}SO_2Cl + H_2SO_4 + HCl$$

$$CH_3CONH\text{—}C_6H_4\text{—}SO_2Cl + 2NH_4OH \longrightarrow CH_3CONH\text{—}C_6H_4\text{—}SO_2NH_2 + NH_4Cl + 2H_2O$$

$$CH_3CONH\text{—}C_6H_4\text{—}SO_2NH_2 + HCl + H_2O \longrightarrow HCl \cdot NH_2\text{—}C_6H_4\text{—}SO_2NH_2 + CH_3COOH$$

$$2HCl \cdot NH_2\text{—}C_6H_4\text{—}SO_2NH_2 + Na_2CO_3 \longrightarrow 2NH_2\text{—}C_6H_4\text{—}SO_2NH_2 + 2NaCl + H_2O + CO_2\uparrow$$

三、实验步骤

1. 对乙酰氨基苯磺酰氯的制备

在干燥的 50 mL 三角烧瓶中,放入 2.5 g 干燥的乙酰苯胺,在石棉网上用小火加热使之熔化。若瓶壁上有少量凝结的水珠出现,则用干净的滤纸擦干。冷却使熔化物凝结成块,将三角烧瓶置于冷水浴中充分冷却后,一次迅速加入 6.5 mL 氯磺酸[1],并立即塞上预先配好的带有氯化氢吸收装置的塞子,反应很快发生,轻轻摇动三角烧瓶以使反应物充分接触,保持反应温度在 15 ℃以下[2]。当大部分固体已经溶解时,将三角烧瓶在水浴上温热至 60～70 ℃,待固体全部消失后,再温热约 10 min 至不再有氯化氢气体产生为止。将反应瓶在冷水浴中充分冷却。然后放至通风橱中,在强烈搅拌下,将反应液以细流慢慢倒入盛有 40～50 g 碎冰的大烧杯中[3]。用少量冷水洗涤反应瓶,洗涤液也倒入烧杯中,搅拌数分钟后,出现白色固体,尽量将大块压碎使其呈细粒状。抽滤,用少量冷水洗涤,压干,粗产品不必干燥或提纯,但须很快进行下一步反应,因粗产品在酸性条件下不稳定,易分解[4]。纯对乙酰氨基苯磺酰氯是无色针状晶体,熔点为 149 ℃。

2. 对乙酰氨基苯磺酰胺的制备

将上述粗产物放入 50 mL 烧杯中,于通风橱内,在不断搅拌下慢慢加入 15 mL 浓氨水[5],此时产生白色糊状物。加完后,继续搅拌 15 min。然后加入 10 mL 水,在石棉网上搅拌下小火加热 10 min 以除去多余的氨[6]。冷却,抽滤,用冷水洗涤,抽干,得到粗对乙酰氨基苯磺酰胺,不必精制,即可进行下面的水解实验。

纯对乙酰氨基苯磺酰胺为无色针状晶体，熔点为 219～220 ℃。

3. 对氨基苯磺酰胺的制备

将上述粗产物放入 50 mL 圆底烧瓶中，加入 10 mL 10%盐酸，投入沸石后装上回流冷凝管，然后在石棉网上用小火加热回流，待全部产品溶解后(约 0.5 h)[7]，冷却至室温(若溶液呈黄色，则加入少量活性炭，煮沸、过滤、冷却)。若有固体析出，则测一下溶液的酸碱性，不呈酸性时酌情加盐酸，并继续加热回流约 15 min，过滤。将溶液或滤液倒入烧杯中，在不断搅拌下慢慢加入碳酸钠固体(约 3 g)至 pH 值为 7～8[8]。此时有固体析出，冷却后抽滤，用少量水洗涤、压干。粗产品可用水[9]重结晶。

产量约 2 g，纯对氨基苯磺酰胺为白色叶片状晶体，熔点为 165～166 ℃。

本实验约需 8 h。

四、注释

[1] 氯磺酸有很强的腐蚀性，勿接触衣服与皮肤。氯磺酸若与水接触则发生激烈的分解，使用时小心。若氯磺酸不纯或呈棕黑色，则用标准接口玻璃仪器蒸馏精制，收集 154～158 ℃的无色蒸馏液供实验用。

[2] 反应太激烈，会导致局部过热因而发生副反应，所以防止局部过热是做好本实验的关键。若反应太激烈，可先将三角烧瓶置于冰水中冷却，然后滴加氯磺酸溶液。

[3] 这步是关键，一定要慢，搅拌充分。

[4] 粗制的对乙酰氨基苯磺酰氯放久会分解失效，若将它溶解在苯和丙酮混合液中，除去水分，然后将溶液浓缩，对乙酰氨基苯磺酰氯结晶析出、过滤、晾干，这样就可以久置而不分解。

[5] 对乙酰氨基苯磺酰胺粗产品中含有游离酸根，所以氨水的用量要超过理论量，使反应液呈碱性。

[6] 对乙酰氨基苯磺酰胺可溶于过量的浓氨水中，若冷却后结晶析出不多，可加入稀硫酸至刚果红试纸变色，则对乙酰氨基苯磺酰胺几乎全部沉淀析出。

[7] 对乙酰氨基苯磺酰胺在稀盐酸中水解成对氨基苯磺酰胺，后者能与过量的盐酸作用形成水溶性的盐酸盐，所以反应完全后应当没有固体物质，否则继续加热回流。

[8] 用碱中和滤液中的盐酸，使对氨基苯磺酰胺析出。但对氨基苯磺酰胺能溶于强酸或强碱中，故中和时必须注意控制 pH 值。

$$^{+}NH_3-C_6H_4-SO_2NH_2 \underset{H^+}{\overset{OH^-}{\rightleftharpoons}} NH_2-C_6H_4-SO_2NH_2 \underset{H^+}{\overset{OH^-}{\rightleftharpoons}} NH_2-C_6H_4-SO_2NHNa$$

[9] 对氨基苯磺酰胺在丙酮、热乙醇或沸水中易溶，在冷水或冷乙醇中的溶解度很小，所以可用水或乙醇作溶剂进行重结晶。

五、思考题

(1) 为什么苯胺要乙酰化后再氯磺化？能否直接氯磺化？

(2) 试比较苯磺酰氯与苯甲酰氯水解反应的难易。

(3) 为什么对氨基苯磺酰胺可溶于过量的碱液中？

5.2 除草剂2,4-二氯苯氧乙酸的合成

苯氧乙酸可用于合成染料、药物、杀虫剂，还可以用做植物生长调节剂，可用于合成增长灵对碘苯氧乙酸。制备苯氧乙酸的方法很多，包括超声波辐射法、相转移催化法等，本实验采用经典的方法合成。

$$ClCH_2COOH \xrightarrow{Na_2CO_3} ClCH_2COONa \xrightarrow[NaOH]{C_6H_5OH} C_6H_5OCH_2COONa \xrightarrow{HCl}$$

$$C_6H_5OCH_2COOH \xrightarrow[FeCl_3]{HCl+H_2O_2} 4\text{-}Cl\text{-}C_6H_4OCH_2COOH \xrightarrow[H^+]{NaOCl} 2,4\text{-}Cl_2C_6H_3OCH_2COOH$$

通过苯氧乙酸的氯化，可得到对氯苯氧乙酸和2,4-二氯苯氧乙酸。前者又称为防落素，可以减少农作物落花落果；后者又名除莠剂，可选择性地除掉杂草。两者都是植物生长调节剂。

5.2.1 苯氧乙酸的制备

一、实验目的

(1) 学习 Williamson 制醚法的原理及实验方法。

(2) 掌握电动搅拌装置的安装及使用。

二、实验原理

本实验用酚钠和氯乙酸在碱中通过 Williamson 合成法制得苯氧乙酸。其反应式如下：

$$C_6H_5OH + NaOH \longrightarrow C_6H_5ONa + H_2O$$

$$2ClCH_2COOH + Na_2CO_3 \longrightarrow 2ClCH_2COONa + CO_2\uparrow + H_2O$$

$$C_6H_5ONa + ClCH_2COONa \longrightarrow C_6H_5OCH_2COONa + NaCl$$

$$C_6H_5OCH_2COONa + HCl \longrightarrow C_6H_5OCH_2COOH + NaCl$$

三、实验步骤

在装有搅拌器、回流冷凝管和滴液漏斗的 100 mL 三口烧瓶中，加入 1.9 g $ClCH_2COOH$和 2.5 mL15％NaCl 溶液[1]，在搅拌下慢慢滴加饱和碳酸钠溶液[2]（约 3.5 mL)，至溶液 pH 值为 7～8，加入速度以反应混合物温度不超过 40 ℃为宜[3]。然后加入 1.3 g 苯酚，搅拌下（无须加热），再慢慢滴加 35％氢氧化钠溶液至反应混合物 pH 值为 12。将反应物在沸水浴中加热约 0.5 h。反应过程中 pH 值会下降，应补加氢氧化钠溶液，保持 pH 值为 12，在沸水浴中再继续加热 15 min。反应完毕，将反应混合物趁热倒入 100 mL 烧杯中，用 15 mL 水分几次冲洗烧瓶后倒入烧杯中，搅拌，加入浓盐酸至 pH＝1～2。在冰水浴中冷却，析出晶体，过滤，用冷水洗涤粗产品 2～3 次。抽干后，将粗品倒入 100 mL 烧杯中，加入 15 mL 水，用 20％碳酸钠溶液溶解，加入 5 mL 乙醚[4]，摇荡，静置分层，除去乙醚层。水相用 20％盐酸酸化至 pH＝1～2，在通风口抽除乙醚后，直火加热，使晶体溶解，补加 10 mL 水，使油状物全部溶解后，室温放置冷却，抽滤，用少量冷水洗涤滤饼两次，在 60～65 ℃下干燥后称重，产量为 1.7～2 g。纯苯氧乙酸的熔点为 98～99 ℃。

本实验约需 4 h。

四、注释

[1] 加 NaCl 溶液有利于抑制氯乙酸水解。

[2] 为防止氯乙酸水解，先用饱和碳酸钠溶液使之成盐，并且加碱的速度要慢。

[3] 中和反应温度超过 40 ℃时，氯乙酸易发生水解。

[4] 目的是除去苯酚。

五、思考题

（1）以酚钠和一氯乙酸作原料制醚时，为什么要先使一氯乙酸成盐？可否用苯酚和一氯乙酸直接反应制备醚？

（2）用碳酸钠中和一氯乙酸时为何要加 NaCl 溶液？

（3）在苯氧乙酸合成过程中，为何 pH 值会发生变化？以 pH 7～8 作为反应终点的依据是什么？

5.2.2 对氯苯氧乙酸的制备

一、实验目的

（1）复习芳环上的氯化反应。

（2）掌握固体酸性产品的纯化方法。

二、实验原理

在三氯化铁的催化下,苯氧乙酸发生苯环上的氯化反应,生成对氯苯氧乙酸。芳环上的卤化是最重要的芳环亲电取代反应之一,本实验通过浓盐酸加过氧化氢氯化,避免了直接使用氯气带来的危险和不便。其反应式如下:

$$2HCl + H_2O_2 \longrightarrow Cl_2 + 2H_2O$$

$$C_6H_5OCH_2COOH + Cl_2 \xrightarrow{FeCl_3} p\text{-}ClC_6H_4OCH_2COOH + HCl$$

三、实验步骤

在装有搅拌器、回流冷凝管和滴液漏斗的 100 mL 三口烧瓶中加入 1.5 g 苯氧乙酸粗品和 5 mL 冰乙酸,在搅拌下水浴加热到 55 ℃,加入 10 mg $FeCl_3$和 5 mL 浓盐酸[1]。在浴温升至 60~70 ℃时,在 10 min 内慢慢滴加 1.5 mL 33% H_2O_2溶液。滴完后,保温 20 min,有部分固体析出。升温重新溶解固体,慢慢冷却,结晶,抽滤,粗产物用水洗涤三次。粗品用乙醇-水(1∶3)重结晶,干燥后产量约 1.5 g。纯对氯苯氧乙酸的熔点为 158~159 ℃。

本实验约需 3 h。

四、注释

[1] 开始滴加浓盐酸时,可能有 $Fe(OH)_3$ 沉淀产生,不断搅拌后沉淀又会溶解。盐酸不能过量太多,否则产品会生成鎓盐而溶于水。

五、思考题

(1) 以苯氧乙酸为原料,如何制备对溴苯氧乙酸?能用本法制备对碘苯氧乙酸吗?为什么?

(2) 本实验所用的三氯化铁能用铁屑代替吗?为什么?

5.2.3　2,4-二氯苯氧乙酸的合成

一、实验目的

(1) 了解 2,4-二氯苯氧乙酸的应用价值。

(2) 巩固重结晶、抽滤等基本操作。

二、实验原理

次氯酸钠在酸性介质中会生成 H_2O^+Cl 和 Cl_2O,它们也是良好的氯化试剂,可

对芳环进行氯化。

$$H^+ + NaOCl \longrightarrow HOCl + Na^+$$

$$HOCl + H^+ \rightleftharpoons H_2O^+Cl$$

$$2HOCl \rightleftharpoons Cl_2O + H_2O$$

$$\text{4-Cl-C}_6\text{H}_4\text{-OCH}_2\text{COOH} \xrightarrow[\text{或 } Cl_2O]{H_2O^+Cl} \text{2,4-Cl}_2\text{-C}_6\text{H}_3\text{-OCH}_2\text{COOH}$$

三、实验步骤

在 100 mL 锥形瓶中，加入 1 g 干燥的对氯苯氧乙酸和 12 mL 冰乙酸，搅拌使固体溶解。将锥形瓶置于冰浴中冷却，在摇荡下分批加入 19 mL 5%NaOCl 溶液[1]，然后将锥形瓶从冰浴中取出，待反应物温度升至室温后再保持 5 min。此时反应液颜色变深。向锥形瓶中加入 50 mL 水，并用 6 mol/L 盐酸酸化至刚果红试纸变蓝，接着用乙醚(每次 25 mL)萃取两次。合并醚萃取液，在分液漏斗中用 15 mL 水洗涤后，再用 10%Na_2CO_3溶液萃取醚层[2]。将碱性萃取液移至烧杯中，加 25 mL 水后，用浓盐酸酸化至刚果红试纸变蓝，此时析出 2,4-二氯苯氧乙酸晶体。经过冷却、抽滤，并用冷水洗涤 2～3 次，干燥后产量约 0.7 g。粗品用四氯化碳重结晶，即得精品 2,4-二氯苯氧乙酸。纯 2,4-二氯苯氧乙酸的熔点为 138 ℃。

本实验约需 4 h。

四、注释

[1] 若次氯酸钠过量，则产率会降低。也可直接用市售洗涤漂白剂，不过由于所含次氯酸钠不稳定，因此常会影响反应。

[2] 小心，有二氧化碳气体逸出！

五、思考题

试写出其他合成 2,4-二氯苯氧乙酸的方法。

5.3 己内酰胺的制备

己内酰胺在液态下为无色，在固态下为白色(片状)，手触有润滑感，并有特殊的气味，具有吸湿性，易溶于水和苯等，受热起聚合反应，遇火能燃烧。己内酰胺主要用于生产聚酰胺-6(尼龙-6)。聚酰胺-6 又可加工为民用丝、工业丝、工程塑料等。

己内酰胺的合成，先由环己醇氧化得到环己酮：

$$\text{C}_6\text{H}_{11}\text{OH} + NaOCl \longrightarrow \text{C}_6\text{H}_{10}(\text{H})\text{-O-Cl} \xrightarrow{H_2O} H_3O^+ + \text{C}_6\text{H}_{10}\text{=O} + Cl^-$$

环己酮与羟胺反应生成环己酮肟。环己酮肟在酸性催化剂(如硫酸、五氯化磷)作用下,发生 Beckmann 重排,生成己内酰胺:

$$\text{环己酮} + NH_2OH \longrightarrow \text{1-羟基-1-羟氨基环己烷(OH, NHOH)} \longrightarrow \text{环己酮肟(=N-OH)} \xrightarrow[H^+]{\text{重排}} \text{(HO-C=N 环)} \longrightarrow \text{己内酰胺(O=C-NH)}$$

5.3.1 环己酮的制备

一、实验目的

(1) 掌握用环己醇制备环己酮的原理和方法。

(2) 掌握高、低沸点蒸馏操作。

二、实验原理

醇的氧化是制备醛、酮的重要方法之一,六价铬是将伯醇、仲醇氧化成相应醛、酮的最重要和最常用的试剂,氧化反应可在酸性、碱性或中性条件下进行。但铬酸和它的盐价格较贵,且会污染环境,用次氯酸钠或漂白粉来氧化醇则可避免这些缺点,产率也较高。

$$C_6H_{11}-OH + NaOCl \longrightarrow C_6H_{10}=O + H_2O + NaCl$$

三、实验操作

在装有滴液漏斗、温度计、磁力搅拌装置和回流冷凝管的 100 mL 三口烧瓶中,依次加入 2.6 mL 环己醇(2.5 g,25 mmol)和 12.5 mL 冰乙酸,并在冷凝管上口接一装有粒状碳酸氢钠的干燥管[1]。在搅拌和冰水冷却下,将 19 mL 次氯酸钠溶液[2](约 1.8 mol/L)通过滴液漏斗逐滴加入反应瓶中,控制滴加速度使反应温度保持在 30~35 ℃,加完后继续搅拌 5~6 min,观察反应混合物是否呈黄绿色,或用 KI-淀粉试纸检查[3]。如果反应混合物不呈黄绿色,继续滴加直至使 KI-淀粉试纸变蓝。然后加入 3 mL 次氯酸钠溶液使过量。在室温下继续搅拌30 min,然后滴加饱和亚硫酸氢钠溶液(1~3 mL)使反应混合物变为无色,此时用 KI-淀粉试纸检验,试纸不变色。

把反应装置改为蒸馏装置,加入 15 mL 水和几粒沸石,蒸馏收集 100 ℃以前的馏分[4],直至馏出液无油珠滴出为止。在搅拌下,分批向馏出液中加入无水碳酸钠,直至无气体产生、反应液呈中性为止,再加入精制氯化钠(约 2.5 g),搅拌 15 min,使溶液饱和[5]。用分液漏斗分出环己酮放入 50 mL 锥形瓶中，水层用 12.5 mL 甲基叔丁基醚萃取，醚层与环己酮合并，用无水硫酸镁干燥。滤出硫酸镁后，蒸馏回收甲基叔丁基醚，再收集 150～155 ℃的馏分。产量为 1.5～1.7 g(产率为 61%～69%)。

纯环己酮的沸点为 155 ℃，n_D^{20} 为 1.4507。

本实验约需 4 h。

四、注释

[1] 碳酸氢钠用来吸收可能放出的氯气。

[2] 在通风橱中转移次氯酸钠溶液。

[3] 用玻璃棒或滴管蘸少许反应混合物，点到 KI-淀粉试纸上。如果立即出现蓝色，表明有过量的次氯酸钠存在。

[4] 环己酮-水共沸点为 95 ℃，温度低于 100 ℃时馏出来的主要是环己酮、水和少量乙酸。

[5] 31 ℃时环己酮在水中的溶解度为 2.4 g/(100 mL)。加入精制氯化钠是为了降低环己酮的溶解度并有利于环己酮的分层。

五、思考题

(1) 除了用固体碳酸氢钠吸收氯气以外，还有什么办法可以吸收氯气？

(2) 环己醇用铬酸和次氯酸钠氧化得到环己酮，用高锰酸钾氧化则得到己二酸，为什么？

5.3.2　环己酮肟的制备

一、实验目的

(1) 掌握实验室制备环己酮肟的原理和方法。

(2) 巩固抽滤操作。

二、实验原理

环己酮与盐酸羟胺反应可生成环己酮肟，其反应式如下：

$$\text{C}_6\text{H}_{10}\text{=O} + \text{NH}_2\text{OH} \cdot \text{HCl} \longrightarrow \text{C}_6\text{H}_{10}\text{=NOH} + \text{H}_2\text{O}$$

三、实验操作

在 100 mL 锥形瓶中加入 1.0 g 盐酸羟胺、1.5 g 结晶乙酸钠和 3 mL 水，摇动使其溶解。分批加入 1.0 mL 环己酮，边加边摇动锥形瓶。加完后，为使反应进行完全，用橡皮塞塞紧瓶口，用力振荡约 5 min，即可得粉末状环己酮肟[1]。把锥形瓶放入冰水浴中冷却。粗产物在布氏漏斗上抽滤,用少量水洗涤,尽量挤出水分[2]。取出滤饼,放在空气中晾干。产物可直接用来做 Beckmann 重排实验。产量约1.0 g。

纯环己酮肟为无色棱柱晶体,熔点为 90 ℃。

本实验约需 2 h。

四、注释

[1] 振荡要剧烈,如环己酮肟呈白色小球状,说明反应还未完全,还需振荡,直至呈粉状。

[2] 产品最好先在滤纸上挤压,然后置于空气中晾干,否则不易干燥。

五、思考题

(1) 制备环己酮肟时,加入乙酸钠的目的是什么?

(2) 制备环己酮肟时,为什么把反应混合物先放到冰水浴中冷却后再过滤?

(3) 在环己酮肟的制备实验中,粗产物抽滤后,用少量水洗涤除去什么杂质?用水量的多少对实验结果有什么影响?

5.3.3 己内酰胺的制备

一、实验目的

(1) 掌握实验室以 Beckmann 反应制备己内酰胺的原理和方法。

(2) 掌握环己酮肟发生 Beckmann 重排的历程。

(3) 巩固低温操作、干燥和减压蒸馏等基本操作。

二、实验原理

肟在酸性催化剂(如硫酸、五氯化磷)作用下,发生分子内重排生成酰胺的反应称为 Beckmann 重排。此反应是通过缺电子的氮原子进行的。

$$\mathrm{RR'C{=}\ddot{N}{-}OH} \xrightarrow{H^+} \mathrm{RR'C{=}\ddot{N}{-}\overset{+}{O}H_2} \xrightarrow{-H_2O} \mathrm{R'\overset{+}{C}{=}\ddot{N}R} \xrightarrow[-H^+]{H_2O} \mathrm{HO(R')C{=}\ddot{N}R} \rightleftharpoons \mathrm{O{=}C(R'){-}N(R)H}$$

现已确定,肟的重排是羟基反位的烃基发生了迁移,迁移与离去基团的离去是协同进行的。

在本实验中,环己酮肟在浓硫酸作用下发生 Beckmann 重排得到己内酰胺。

$$\text{环己酮肟 }(\mathrm{C_6H_{10}{=}NOH}) \xrightarrow{85\%\,H_2SO_4} \text{己内酰胺 }(\text{环内 }\mathrm{N{-}H},\ \mathrm{C{=}O})$$

三、实验步骤

在100 mL烧杯[1]中放入1.0 g环己酮肟(8.5 mmol)和2.0 mL85%硫酸。将一支250 ℃温度计和一根玻璃棒用橡皮圈捆绑在一起当做搅拌棒进行搅拌,使两物质充分混合。在石棉网上用小火加热烧杯,当开始出现气泡时[2](约在120 ℃),立即移去灯焰。此时发生强烈的放热反应,在几秒钟内即完成,形成棕色略稠液体。待冷却后将此溶液倒入100 mL三口烧瓶中。三口烧瓶安装有机械搅拌器、温度计和恒压滴液漏斗[3]。用冰水浴冷却三口烧瓶,当反应温度下降到0~5 ℃时,从滴液漏斗缓慢地滴加约12 mL20%氨水[4],直至溶液呈弱碱性。将反应物转移至分液漏斗中,三口烧瓶用5 mL水洗涤,洗液并入产物[5]。分出有机层,水层用二氯甲烷[6]萃取两次,每次用5 mL。合并有机层,并用等体积的水洗涤两次,分去水层。有机层用无水硫酸镁干燥后,在热水浴上蒸出二氯甲烷。将残余液转移到50 mL克氏蒸馏烧瓶内,用真空蒸馏法提纯。先用水泵减压蒸馏,除去残余的二氯甲烷,然后用油泵减压蒸馏。为了防止己内酰胺在冷凝管内凝结,可将作为接收器的圆底烧瓶与克氏蒸馏烧瓶的支管直接相连,省去冷凝管。用油浴加热,收集137~140 ℃/1600 Pa(12 mmHg)的馏分,产量约0.5 g。

己内酰胺为白色小叶状晶体,熔点为69~71 ℃。

本实验约需6 h。

四、注释

[1] Beckmann重排反应激烈,故使用烧杯以利于散热。

[2] 加硫酸时必须小心,边加热边搅拌时也必须小心。

[3] 反应体系必须与大气相通。可以采取各种措施:在固定温度计的橡皮塞上刻一直的沟槽;用恒压滴液漏斗;用二口连接管。

[4] 开始加氨水时要缓慢滴加。中和反应温度控制在10 ℃以下,避免在较高温度下己内酰胺发生水解。

[5] 用氨水中和后有白色硫酸铵固体析出,加入5 mL水可洗下烧瓶中残余物并溶解此固体。

[6] 也可用氯仿。

五、思考题

(1) 为什么用冰水浴冷却三口烧瓶使温度降至0~5 ℃时才缓慢滴加氨水?

(2) 加入氨水的目的是什么?

(3) 为什么用二氯甲烷萃取滤液?

5.4　安息香缩合及安息香的转化

安息香缩合及安息香的转化是由酶催化反应、金属氢化物还原反应、氧化反应、重排反应和 α-羟基羧酸脱水生成交酯等不同类型的反应组合在一起，这些反应在有机合成中具有一定的代表性，形成了多步合成的综合性实验。

安息香的辅酶合成法中使用了酶作为催化剂，酶是生物细胞所产生的有机催化剂，生物细胞新陈代谢的大部分化学变化都是在各种酶的参与和控制下协调进行的，酶催化反应是当今有机化学研究中的热点问题。实验中采用辅酶维生素 B_1 代替剧毒化学试剂氰化钠或氰化钾作为安息香缩合的催化剂，符合绿色化学的要求。安息香氧化合成二苯乙二酮，可选用合适的氧化剂（如浓硝酸、三氯化铁、乙酸铜等）来进行氧化。二苯乙二酮在氢氧化钾介质中发生重排生成二苯乙醇酸，二苯乙二酮在硼氢化钠作用下进行选择性还原，可生成内消旋-1,2-二苯基乙-1,2-二醇。二苯乙醇酸在对甲基苯磺酸作用下发生分子间的相互脱水，生成交酯。

5.4.1　安息香的辅酶合成

一、实验目的

（1）理解安息香缩合反应的基本原理。

（2）掌握以维生素 B_1 为催化剂合成安息香的实验方法。

（3）练习和巩固冰水浴控温、水浴加热回流、重结晶、抽滤等基本操作。

二、实验原理

芳香醛在氰化钠（钾）作用下，分子间发生缩合生成 α-羟酮，称为安息香缩合反应。氰离子几乎是专一的催化剂。反应共同使用的溶剂是醇的水溶液。使用氰化四丁基铵作催化剂，则反应可在水中顺利进行。安息香缩合最典型、最简单的例子是苯甲醛的缩合反应。

$$2\,C_6H_5-CHO \xrightarrow[C_2H_5OH,\,H_2O,\,\triangle]{KCN} C_6H_5-\underset{OH}{CH}-\overset{O}{\overset{\|}{C}}-C_6H_5$$

这是一个碳负离子对羰基的亲核加成反应，氰化钠（钾）是反应的催化剂，其机理如下：

$$C_6H_5-\overset{O}{\overset{\|}{C}}-H + CN^- \rightleftharpoons C_6H_5-\underset{CN}{\underset{|}{\overset{O^-}{\overset{|}{C}}}}-H \rightleftharpoons C_6H_5-\underset{CN}{\underset{|}{\overset{OH}{\overset{|}{C^-}}}} \xrightleftharpoons{C_6H_5CH=O}$$

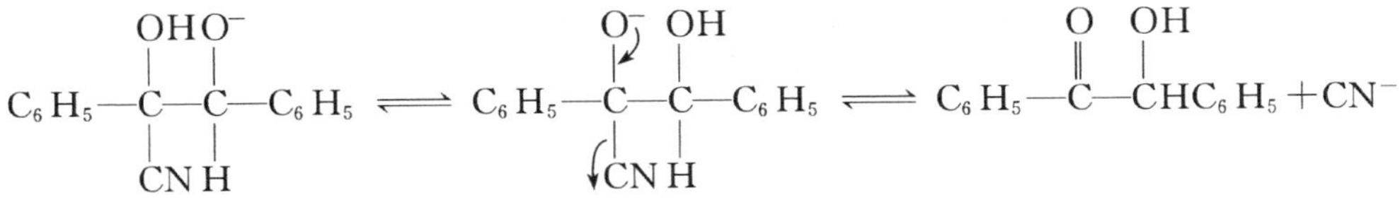

除氰离子外，噻唑生成的季铵盐也可对安息香缩合起催化作用，如用有生物活性的维生素 B_1 的盐酸盐代替氰化物催化安息香缩合反应，反应条件温和、无毒且产率高。

维生素 B_1 又称为硫胺素或噻胺(thiamine)，它是一种生物辅酶，在生化过程中主要是对 α-酮酸的脱羧和生成偶姻(α-羟基酮)等三种酶促反应发挥辅酶的作用。其结构如下：

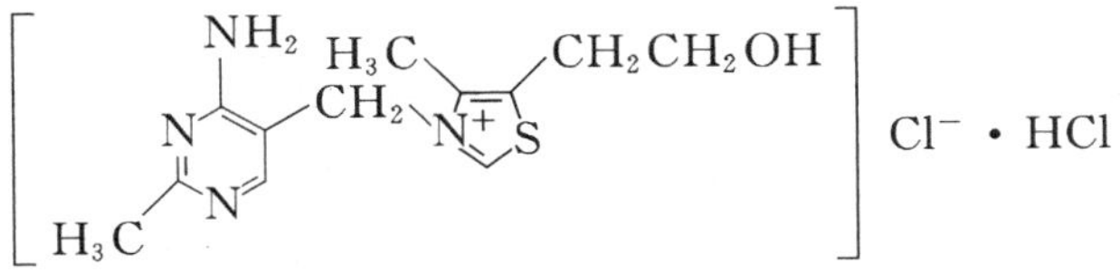

从化学反应角度来看，硫胺素分子中最主要的部分是噻唑环。噻唑环 C(2)上的质子由于受氮和硫原子的影响，具有明显的酸性，在碱的作用下质子容易被除去，产生的碳负离子作为催化反应中心，发生亲核加成生成烯醇加合物，再进行亲核加成得到辅酶加合物，最后是辅酶复原，生成安息香，其机理如下：

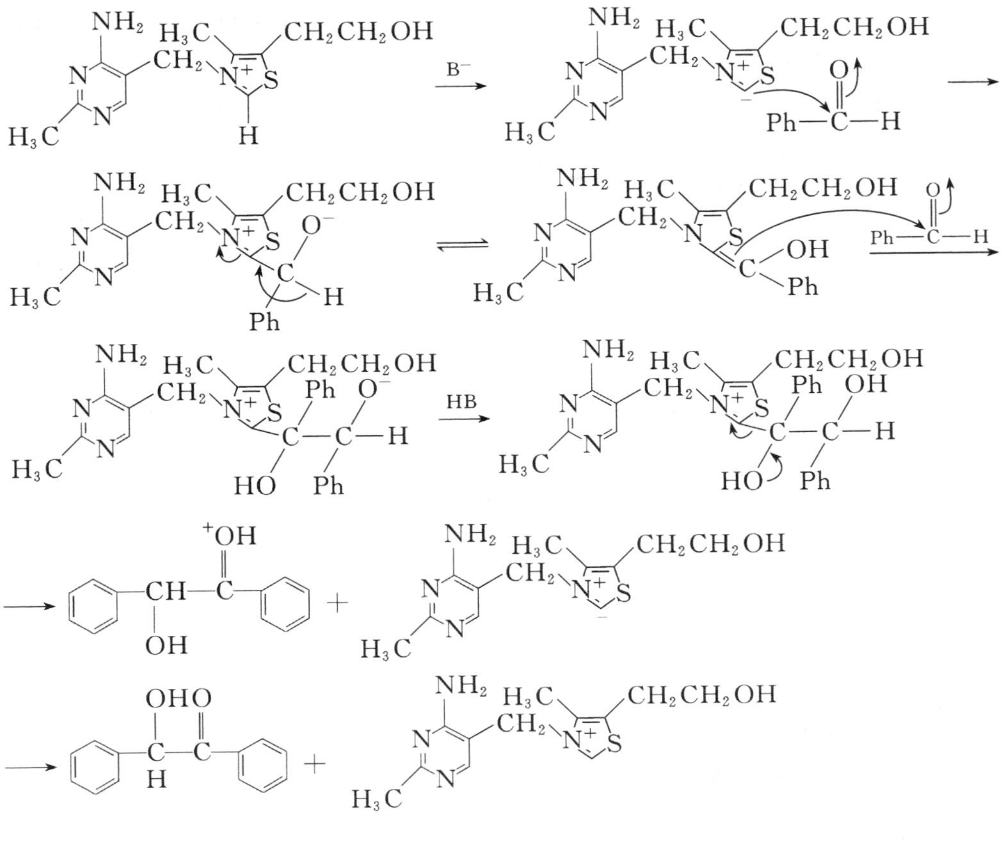

其他取代芳醛如对甲基苯甲醛、对甲氧基苯甲醛和呋喃甲醛等,也可以发生类似的缩合,生成相应的对称性二芳基羟乙酮。

三、实验步骤

在 50 mL 圆底烧瓶中加入 0.9 g 维生素 B_1、2 mL 蒸馏水和 7.5 mL95%乙醇,在冰水浴冷却下缓慢滴加 2.5 mL10%氢氧化钠溶液[1],约 5 min 加完。此时溶液呈黄色,保持溶液的 pH 值为 9~10[2],必要时可补加氢氧化钠溶液,量取5 mL 苯甲醛加入反应瓶中,装上水浴加热回流装置,加 2~3 粒沸石,使水浴温度保持在 60~75 ℃[3],加热 70 min 后停止,得到橘黄或橘红色的均相溶液。将反应瓶静置冷却,析出浅黄色固体,放入冰水中继续冷却,抽滤,得浅黄色固体,用少量冰水洗涤固体,干燥,称重。粗产物可用 95%乙醇重结晶,必要时可加入少量活性炭脱色,得到精制的安息香,产量约 3 g(产率约 60%)。纯的安息香为白色针状晶体,熔点为 135.1~136.0 ℃。

本实验约需 4 h。

四、注释

[1] 维生素 B_1 在酸性介质中稳定存在,易吸收水分,在水溶液中易被空气氧化,且在滴加氢氧化钠溶液时,维生素 B_1 和氢氧化钠溶液都需要冷却,防止在氢氧化钠溶液中维生素 B_1 噻唑环开环失效。

[2] pH 值是实验成败的关键,太高或太低均影响收率,氢氧化钠溶液用滴管加入反应液中,同时检测溶液的 pH 值,使其在 9~10 范围内。

[3] 反应开始时溶液不能沸腾,温度不能超过 78 ℃,反应后期可适当升温到 80~82 ℃,缓慢加热,若温度太高则维生素 B_1 会分解。

五、思考题

(1) 为什么要向维生素 B_1 溶液中加入氢氧化钠?

(2) 为什么加入苯甲醛前,反应液的 pH 值要保持在 9~10? 溶液 pH 值过低有什么不好?

(3) 安息香缩合、羟醛缩合和歧化反应有什么不同?

5.4.2 二苯乙二酮的制备

一、实验目的

(1) 学习合成二苯乙二酮的原理和方法。

(2) 练习和巩固回流、重结晶等基本操作。

二、实验原理

二苯乙二酮是合成杀虫剂的中间体，它对紫外线敏化的范围在 480 nm 以下，可用于厚膜树脂的固化，适于制作食品包装用的印刷油墨等。安息香经过氧化剂氧化就可生成二苯乙二酮。

国外最早采用浓硝酸作氧化剂，但在反应中有二氧化氮气体产生，会对环境造成污染。以后又开发出较温和的氧化剂，如三氯化铁、乙酸铜、重铬酸锌等，选用三氯化铁或乙酸铜作为氧化剂比较理想，对环境不造成污染。

$$C_6H_5-CH(OH)-C(=O)-C_6H_5 \xrightarrow[CH_3COOH]{Fe^{3+}} C_6H_5-C(=O)-C(=O)-C_6H_5$$

$$C_6H_5-CH(OH)-C(=O)-C_6H_5 \xrightarrow[NH_4NO_3]{Cu(CH_3COO)_2} C_6H_5-C(=O)-C(=O)-C_6H_5$$

三、实验步骤

方法一　三氧化铁-乙酸法

在 100 mL 三口平底烧瓶中加入 10 mL 冰乙酸、5 mL 水和 9.0 g $FeCl_3 \cdot 6H_2O$，安装回流装置，开动磁力搅拌器搅拌，在电热套中缓慢加热至沸。停止加热，待沸腾平息后，加入 2.12 g 安息香[1]，继续加热回流 1 h。加入 50 mL 水煮沸后，用冰水充分冷却反应液[2]，有黄色固体析出。抽滤，并用冷水洗涤固体三次。干燥，粗产品称重，为 1.9～2.0 g，产率为 90%～95%。粗产品用 95%乙醇重结晶，可得淡黄色结晶，纯的二苯乙二酮为黄色针状晶体，熔点为 94～95 ℃。

方法二　乙酸铜-硝酸铵法

在 50 mL 单口圆底烧瓶中加入 4.3 g 安息香、12.5 mL 冰乙酸、2 g 粉末状的硝酸铵和 2 mL 2%乙酸铜溶液[3]，加 2～3 粒沸石，装上回流装置，在石棉网上缓慢加热，并随时摇荡。当反应物逐渐溶解后，开始有氮气产生，继续回流 1.5 h，使其充分反应。将反应物冷却至 50～60 ℃，在搅拌下倾入 20 mL 的冰水中，充分冷却[2]，析出二苯乙二酮结晶。抽滤，用冷水淋洗三次，干燥，得粗产品。产品足够纯净时就可以直接进行下一步的反应。可用 95%乙醇进行重结晶。粗产品干燥后为 3～3.4 g，纯的二苯乙二酮为黄色针状晶体，熔点为 94～95 ℃。

方法三　三氯化铁-乙酸铜法

在 50 mL 圆底烧瓶中加入 2.12 g 安息香、14 mL 冰乙酸、0.8 g 粉状的硝酸铵、1 g $FeCl_3 \cdot 6H_2O$ 和 2.0 mL 2%乙酸铜溶液，加入几粒沸石，装上回流冷凝器，加热并摇荡，当反应物溶解后，继续回流 45～60 min。将反应混合物冷却至 50～60 ℃，在搅拌下倾入 20 mL 冰水中，析出二苯乙二酮结晶。抽滤，用冷水充分洗涤，尽量压干，粗产物干燥后为 1.9～2.0 g(产率可高达 98%)。再用 10～15 mL 95%乙醇重结晶，纯二苯乙二酮为黄色针状晶体，熔点为 94～95 ℃。

本实验约需 3 h。

四、注释

[1] 在加入二苯羟乙酮时，应缓慢加入，不能过猛，否则会发生暴沸。

[2] 一定要冷却充分，以减少损失。

[3] 2%乙酸铜溶液的配制方法：将 2.5 g 一水合硫酸铜溶解于 100 mL10%乙酸溶液中，搅拌后，过滤除去碱式铜盐的沉淀。

五、思考题

(1) 方法一中为什么要进行第二次加水，即“加入 50 mL 水煮沸”？

(2) 方法二中为什么要“倾入 20 mL 的冰水中”？

(3) 氧化安息香合成二苯乙二酮的氧化剂还有哪些？简单评价各氧化剂的优劣。

5.4.3　二苯乙醇酸的制备

一、实验目的

(1) 掌握由二苯乙二酮重排制备二苯乙醇酸的原理和方法。

(2) 练习和巩固加热回流、重结晶、脱色等基本操作。

(3) 理解二苯乙二酮在氢氧化钾溶液中重排反应的机理。

二、实验原理

将二苯乙二酮的氢氧化钾溶液加热回流，通过 α-二酮的重排，生成二苯乙醇酸盐，称为二苯乙醇酸重排。其反应机理如下：

$$C_6H_5-\overset{O}{\overset{\|}{C}}-\overset{O}{\overset{\|}{C}}-C_6H_5 \underset{}{\overset{OH^-}{\rightleftharpoons}} C_6H_5-\overset{O}{\overset{\|}{C}}-\underset{OH}{\underset{|}{\overset{O^-}{\overset{|}{C}}}}-C_6H_5 \longrightarrow C_6H_5-\underset{C_6H_5}{\underset{|}{\overset{O^-}{\overset{|}{C}}}}-\overset{O}{\overset{\|}{C}}-OH \rightleftharpoons$$

$$\longrightarrow C_6H_5-\underset{C_6H_5}{\underset{|}{\overset{HO}{\overset{|}{C}}}}-\overset{O}{\overset{\|}{C}}-O^- \xrightarrow{H_3O^+} C_6H_5-\underset{C_6H_5}{\underset{|}{\overset{OH}{\overset{|}{C}}}}-\overset{O}{\overset{\|}{C}}-OH$$

形成稳定的羧酸盐是反应的推动力，一旦生成羧酸盐，经酸化后即产生二苯乙醇酸。这一重排可普遍用于将芳香族 α-二酮转化为芳香族 α-羟基酸，某些脂肪酸族 α-二酮也可以发生类似的反应。

二苯乙醇酸也可直接由安息香与碱性溴酸钾溶液一步反应来制备，得到高纯度的产物。

$$C_6H_5-CH(OH)-C(=O)-C_6H_5 \xrightarrow[NaOH\text{-}H_2O]{NaBrO_3} (C_6H_5)_2C(OH)-C(=O)-\overset{-}{O}\overset{+}{K} \xrightarrow{H_3O^+} (C_6H_5)_2C(OH)-C(=O)-OH$$

三、实验步骤

方法一　二苯乙二酮-氢氧化钾法

在 50 mL 圆底烧瓶中加入 2.5 g 氢氧化钾[1]，再加入 5 mL 水溶解。将 2.5 g 二苯乙二酮溶解于 7.5 mL 95%乙醇，再加入圆底烧瓶中，充分混合均匀后，装上回流冷凝管，安装成水浴加热回流装置，在水浴上回流 15 min，此期间溶液由蓝色变为棕色。然后将反应混合物转移到小烧杯中，在冰水中放置约 1 h，直至析出二苯乙醇酸钾盐的晶体。抽滤，并用少量冷乙醇洗涤晶体。将过滤出来的钾盐溶于 70 mL 水中，用滴管滴加 2～3 滴浓盐酸，少量未反应的二苯乙二酮成为胶体悬浮物，加入少量活性炭并搅拌 5 min[2]，然后用折叠滤纸过滤。滤液用 5%盐酸酸化至刚果红试纸变蓝[3]（需 20～25 mL），即有二苯乙醇酸晶体析出，用冰水充分冷却后使结晶完全。抽滤，用冷水洗涤三次以除去结晶体中的无机盐。粗产品干燥后称重，约 1.9 g，可用水重结晶，二苯乙醇酸的产量约为 1.6 g，纯的二苯乙醇酸为无色晶体，其熔点为 148～149 ℃。

方法二　安息香-溴酸钠法

在一小蒸发皿中放置 2.8 g 氢氧化钠和 0.6 g 溴酸钠，加入 6 mL 水进行溶解。将蒸发皿置于热水浴上，加热至 85～90 ℃，在搅拌下分批加入 2.15 g 安息香，加完后保持此温度[4]并不断地搅拌，中间需要补充少量水，以防止反应物变稠结块，直至取少量反应混合物于试管中，加水后几乎完全溶解为止。反应需 1～1.5 h。用 25 mL水稀释反应混合物，置于冰水浴中冷却后滤去不溶物，副产物为二苯甲醇。滤液在充分搅拌下，慢慢加入 40%硫酸到恰好不释放溴为止（需 6～7 mL），用冰水冷却，抽滤析出的二苯乙醇酸晶体，用少量冷水洗涤三次，干燥，得粗产物（1.5～1.8 g），可用水进行重结晶，纯的二苯乙醇酸为无色晶体，其熔点为 148～149 ℃。

本实验约需 3 h。

四、注释

[1] 氢氧化钾的浓度对反应有影响，如浓度太低或使用氢氧化钠将会影响到反

应的进程,所以在称量和量取试剂时都要细致、准确。

[2] 活性炭使用前要活化,活性炭的用量不超过溶液总质量的 5%。

[3] 滤液用 5%盐酸酸化,要注意终点的确定,因酸度直接影响产物的结晶。

[4] 反应混合物温度切勿超过 90 ℃,反应温度过高易导致二苯乙醇酸分解脱羧,增加副产物二苯甲醇。

五、思考题

(1) 方法一中除去少量未反应的二苯乙二酮胶体悬浮物还有其他方法吗?

(2) 用 5%盐酸酸化时为什么要用刚果红试纸进行检测?

(3) 如果二苯乙二酮用甲醇钠在甲醇溶液中处理,经酸化后应得到什么产物?写出产物的结构和反应机理。

5.4.4 二苯乙醇酸交酯的制备

一、实验目的

(1) 掌握二苯乙醇酸交酯的实验室制备原理和方法。

(2) 练习和巩固加热回流、分水器使用、重结晶、分液漏斗使用等基本操作。

二、实验原理

在酸存在下,两分子二苯乙醇酸间的羧基与羟基相互酯化脱水而生成交酯,具有类似于 α-羟基羧酸的性质。其反应过程如下:

$$2\,\mathrm{Ph_2C(OH)\!-\!C(=O)\!-\!OH} \xrightarrow[-2H_2O]{TsOH} \text{(Ph)}_2\text{-1,4-dioxane-2,5-dione, (Ph)}_2$$

反应中生成水,抑制交酯的生成,因此采用分水器使反应生成的水从反应体系中分离出去,促使反应平衡向生成交酯的方向移动,提高产率。

三、实验步骤

在 50 mL 干燥的圆底烧瓶中放入 1.2 g 二苯乙醇酸、0.2 g 对甲基苯磺酸和 10 mL 无水二甲苯[1]。充分摇匀后装上分水器,分水器中加无水二甲苯,分水器上端接回流冷凝管,通冷却水。电热套中加热回流,反应中生成的水不断地被分水器分出来,反应进行 2 h,此时分水器中的少量水使二甲苯变混浊[2]。反应液冷却后加入 10 mL10%碳酸钾溶液,中和对甲基苯磺酸和未反应完的原料,用分液漏斗分去水层。二甲苯溶液用石油醚(30～60 ℃)稀释至结晶完全析出,约用石油醚 15 mL[3]。过滤,滤饼用少量石油醚淋洗,收集滤饼并干燥,得二苯乙醇酸交酯的粗产物。粗产物用丙酮-水重结晶,得产品约 0.7 g,其熔点为 195～196 ℃。

本实验约需 3 h。

四、注释

[1] 反应中所用器皿和试剂都必须进行干燥处理。

[2] 二甲苯在反应中既是溶剂,又是将反应生成的水带出来的一种试剂。

[3] 加入石油醚使二苯乙醇酸交酯在二甲苯中的溶解度降低,使二苯乙醇酸交酯完全析出来。

五、思考题

(1) 酯化反应通常可以在什么样的酸催化下进行?

(2) 如反应中所用器皿和试剂都没有进行干燥处理,会对反应有什么影响?

(3) 加入 10%碳酸钾溶液的目的是什么?

5.4.5　内消旋-1,2-二苯基乙-1,2-二醇的制备

一、实验目的

(1) 学习用金属氢化物还原法还原羰基的实验原理和操作方法。

(2) 巩固抽滤、重结晶等基本操作。

二、实验原理

二苯基羟乙酮还原可能得到两种异构体产物,以硼氢化钠作为还原剂,是一个立体选择性反应,主要生成内消旋-1,2-二苯基乙-1,2-二醇(也称为氢化苯偶姻)。

$$C_6H_5-\overset{O}{\overset{\|}{C}}-\overset{OH}{\overset{|}{CH}}-C_6H_5 \xrightarrow{NaBH_4} \begin{array}{c} H \\ Ph-\!\!\!+\!\!\!-OH \\ Ph-\!\!\!+\!\!\!-OH \\ H \end{array}$$

内消旋-1,2-二苯基乙-1,2-二醇是重要的医药、材料和化工中间体,可用于配制光敏胶和光固化涂料。

三、实验步骤

在 50 mL 锥形瓶中加入 1.0 g 二苯基羟乙酮和 10 mL 95%乙醇,冰水浴冷却反应液 10 min 后[1],在磁力搅拌下分批加入 0.2 g 硼氢化钠[2],如果在瓶口上沾有少

量硼氢化钠固体,可以用 5 mL 95%乙醇冲洗到反应瓶中,然后在室温下继续搅拌 30 min。把反应瓶置于冰水浴中,在搅拌下加入 20 mL 水,分解过量的硼氢化钠,再滴入 0.5 mL 18%盐酸。静置到结晶全部析出。抽滤,滤饼用 5 mL 水分两次洗涤后,抽干水分,干燥后可得白色晶体,粗产物约为 0.9 g。精制时可用丙酮-石油醚进行重结晶,内消旋-1,2-二苯基乙-1,2-二醇的熔点为 135~136 ℃。

本实验约需 3 h。

四、注释

[1] 冰水浴的冰要砸碎,应像雪花一样,才能起到冷却效果。

[2] 加入硼氢化钠时用纸条送到瓶内,尽可能不沾在锥形瓶口上。

五、思考题

(1) 硼氢化钠分解结束后,为什么还要加入 0.5 mL 18%盐酸?

(2) 以硼氢化钠为还原剂进行还原时,为什么要用冰水浴冷却反应液?温度升高会对产物有何影响?

5.5 局部麻醉剂苯佐卡因的制备

对氨基苯甲酸乙酯俗称为苯佐卡因(benzocaine),可用做局部麻醉剂(local anesthetics)或止痛剂(painkiller)。最早的局部麻醉剂是从南美洲野生的古柯灌木植物的叶子中提取出来的一种生物碱——古柯生物碱,又叫可卡因(cocaine)。1862 年 Niemann 首次分离出纯古柯碱,并发现古柯碱有苦味,且能使舌头产生麻木感。1880 年 von Anrep 发现皮下注射古柯碱后,可使皮肤麻木,连扎针也无感觉,进一步研究使人们逐渐认识到古柯碱的麻醉作用,并很快在牙科手术和外科手术中将其用做局部麻醉剂,但古柯碱有严重的副作用,如在眼科手术中会使瞳孔放大,容易上瘾,对中枢神经系统也有危险的作用等。在弄清了古柯碱的结构和药理作用之后,人们合成和试验了数百种局部麻醉剂,开始寻找它的代用品,多为羧酸酯类,这种合成品作用更强,副作用较小,较为安全,苯佐卡因就是其中之一。苯佐卡因和普鲁卡因是在 1904 年前后发现的两种,已经发现的有活性的这类药物均有以下共同的结构特征:分子的一端是芳环(A 部),另一端则是仲胺或叔胺(C 部),两个结构单元之间是 1~4 个原子的中间链(B 部)。苯环部分通常为芳香酸酯,它与麻醉剂在人体内的解毒有着密切的关系;氨基还有助于使此类化合物形成溶于水的盐酸盐以制成注射液。

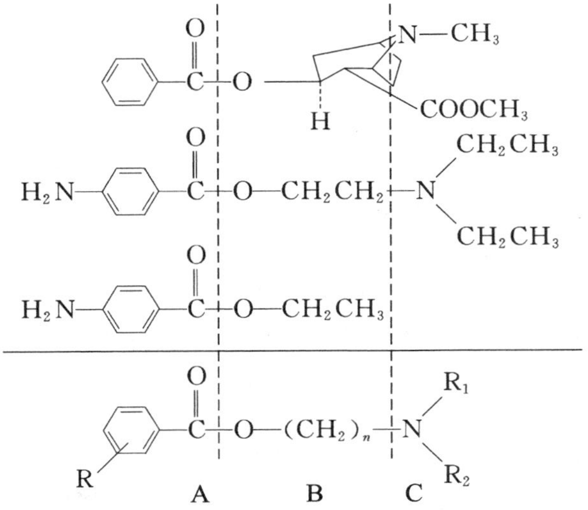

可卡因

普鲁卡因

苯佐卡因

羧酸酯类局部麻醉剂的通式

局部麻醉剂苯佐卡因是一种白色的晶体粉末，制成散剂或软膏用于疮面溃疡的止痛。苯佐卡因的合成通常由对硝基甲苯先被氧化成对硝基苯甲酸，再经乙酯化后还原而得。其反应过程如下：

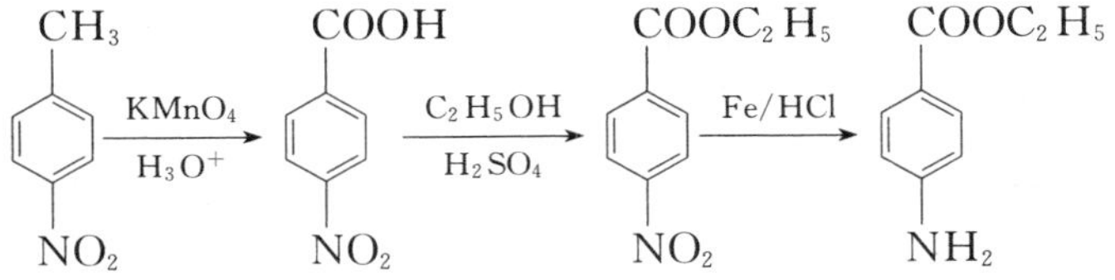

实验室合成苯佐卡因一般是用对甲基苯胺为原料，经过乙酰化、氧化、水解、酯化等一系列反应，虽然路线比以对硝基甲苯为原料长一些，但原料易得，操作方便，适合于实验室少量制备。其反应过程如下：

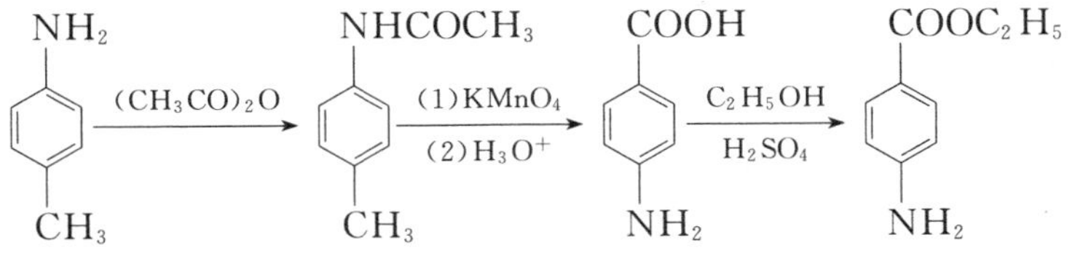

5.5.1　对氨基苯甲酸的制备

一、实验目的

(1) 理解以对甲基苯胺为原料，经乙酰化、氧化和酸性水解来制备对氨基苯甲酸的原理和方法。

(2) 练习和巩固加热回流、冰水浴冷却、重结晶、脱色、抽滤等基本操作。

二、实验原理

对氨基苯甲酸是一种双官能团化合物,简称为 PABA,是常见的化工原料、化学试剂、医药合成原料以及偶氮染料的中间体。对氨基苯甲酸也是机体细胞生长和分裂所必需的物质——叶酸的组成部分之一,在酵母、肝脏、麸皮、麦芽中含量较高。对氨基苯甲酸在二氢叶酸合成酶的催化下,与二氢蝶啶焦磷酸及谷氨酸或二氢蝶啶焦磷酸及对氨基苯甲酰谷氨酸合成二氢叶酸,二氢叶酸再在二氢叶酸还原酶的催化下被还原为四氢叶酸,四氢叶酸进一步合成得到辅酶 F,为细菌合成 DNA 碱基提供一个碳单位。细胞质中对氨基苯甲酸在葡萄糖醛酸基转移酶的催化下可逆转化为葡萄糖醛酸酯,因此植物中全部或大部分对氨基苯甲酸发生了酯化,这可能是植物对对氨基苯甲酸的一种储存和运输形式。

制备对氨基苯甲酸涉及三个反应:①将对甲基苯胺用乙酸酐处理转变为酰胺,这是制备酰胺常用的方法,目的是保护氨基,避免氨基在第二步中被高锰酸钾氧化;②将对甲基乙酰苯胺中的甲基用高锰酸钾氧化为羧基,氧化过程中,紫色的高锰酸盐被还原成棕色的二氧化锰沉淀,鉴于溶液中有氢氧根离子生成,要加入少量的硫酸镁作为缓冲剂,使溶液碱性不会变得太强而使酰氨基发生水解,反应产物是羧酸盐,经酸化后可使生成的羧酸从溶液中析出;③酰胺的水解,除去起保护作用的乙酰基,此反应在稀酸溶液中很容易进行。其反应过程如下:

$$p\text{-}CH_3C_6H_4NH_2 \xrightarrow[CH_3COONa]{(CH_3CO)_2O} p\text{-}CH_3C_6H_4NHCOCH_3 + CH_3COOH$$

$$p\text{-}CH_3C_6H_4NHCOCH_3 + KMnO_4 \longrightarrow p\text{-}CH_3CONHC_6H_4COOK + MnO_2 + H_2O + KOH$$

$$p\text{-}CH_3CONHC_6H_4COOK + H^+ \longrightarrow p\text{-}CH_3CONHC_6H_4COOH$$

$$p\text{-}CH_3CONHC_6H_4COOH + H_2O \xrightarrow[\triangle]{H^+} p\text{-}NH_2C_6H_4COOH + CH_3COOH$$

三、实验步骤

1. 对甲基乙酰苯胺的制备

在 250 mL 烧杯中加入 3.8 g 对甲基苯胺、88 mL 水和 3.8 mL 浓盐酸,必要时在水浴上温热搅拌促进溶解[1]。若溶液颜色较深,可加适量的活性炭脱色。将 6 g 三水合乙酸钠溶于 10 mL 水中配成乙酸钠溶液,必要时温热使所有的固体溶解。将脱色后的盐酸对甲基苯胺加热至 50 ℃,加入 4 mL 乙酸酐,并立即加入配制好的乙酸钠溶液,充分搅拌后将混合物置于冰水浴中冷却,析出对甲基乙酰苯胺的白色固体。抽滤,用少量冷水洗涤三次,干燥后称重,产量约 3.8 g。对甲基乙酰苯胺的熔点为 153～154 ℃。

2. 对乙酰氨基苯甲酸的制备

在 250 mL 烧杯中加入上述制得的对甲基乙酰苯胺(约 3.8 g)、10 g 七水合硫酸镁和 175 mL 水，将混合物在水浴上加热到 85 ℃左右。将 10.3 g 高锰酸钾溶于 35 mL沸水中配成高锰酸钾溶液。在充分搅拌下将热的高锰酸钾溶液在 15 min 内分批滴加到对甲基乙酰苯胺的混合物中，以免氧化剂局部浓度过高破坏产物。加完后继续在 85 ℃左右搅拌 15 min，使其充分反应。混合物变成深棕色，趁热抽滤除去二氧化锰沉淀，并用少量热水洗涤滤饼三次。若滤液呈紫色，可加入 2～3 mL 乙醇煮沸直至紫色消失，趁热将其用折叠滤纸再过滤一次。冷却无色滤液，加 20%硫酸酸化至溶液呈酸性，此时生成白色沉淀，抽滤，压干，干燥后得对乙酰氨基苯甲酸，产量为 2.5～3 g。对乙酰氨基苯甲酸的熔点为 250～252 ℃。湿产品可直接用于下一步合成。

3. 对氨基苯甲酸的制备

在 50 mL 圆底烧瓶中加入上述制得的对乙酰氨基苯甲酸，再加入 15 mL18%盐酸，放入 2～3 粒沸石，装上回流装置，加热缓缓回流 30 min，进行水解。反应结束后，趁热将反应液缓慢倾入盛有 15 mL 冷水的烧杯中，待溶液冷却至室温后，滴加 10%氨水进行中和，并不断地搅拌，使反应混合物对石蕊试纸恰呈碱性时为止，切勿使氨水过量。按每 30 mL 反应混合液加 1 mL 冰乙酸的比例添加冰乙酸，加入冰乙酸后充分搅拌，并置于冰浴中冷却、结晶，必要时用玻璃棒摩擦瓶壁或放入晶种引发结晶。抽滤收集产物[2]，干燥后以对甲基苯胺为基准计算产率，测定产物的熔点。对氨基苯甲酸的熔点为 186～187 ℃。

本实验约需 7 h。

四、注释

[1] 对甲基苯胺在水溶液中溶解度较小，加热促进其溶解。

[2] 对氨基苯甲酸不必重结晶，就可直接用于合成苯佐卡因。

五、思考题

(1) 对甲基苯胺用乙酸酐酰化的反应中为什么要加入乙酸钠？

(2) 对甲基乙酰苯胺用高锰酸钾氧化时，为什么加入硫酸镁晶体？

(3) 在氧化反应结束后，若滤液有色，需加入少量乙醇煮沸，发生了什么反应？

5.5.2　对氨基苯甲酸乙酯的制备、分析与鉴定

一、实验目的

(1) 学习制备对氨基苯甲酸乙酯的原理和方法。

(2) 练习加热回流、冰水浴冷却、分液漏斗使用、抽滤等基本操作。

二、实验原理

对氨基苯甲酸与乙醇在浓硫酸作用下进行酯化，生成对氨基苯甲酸乙酯，其反应

式如下:

$$\text{H}_2\text{N-C}_6\text{H}_4\text{-COOH} \xrightarrow[\text{H}_2\text{SO}_4(\text{浓})]{\text{C}_2\text{H}_5\text{OH}} \text{H}_2\text{N-C}_6\text{H}_4\text{-COOC}_2\text{H}_5$$

三、实验步骤

1. 苯佐卡因的制备

在 50 mL 圆底烧瓶中加入 1.0 g 对氨基苯甲酸、12.5 mL95%乙醇,旋摇圆底烧瓶使大部分固体溶解,将烧瓶置于冰水浴中充分冷却后,缓慢滴加 1 mL 浓硫酸,立即产生大量沉淀,安装回流装置,在水浴上加热回流 1 h,并不时摇荡,在回流过程中沉淀将逐渐消失。反应结束后将反应混合物转入烧杯中,冷却后分批加入 10%碳酸钠溶液[1],可观察到有气体逸出,并产生泡沫(发生了什么反应?),直至加入碳酸钠溶液后无明显气体释放时为止(约需 6 mL)。反应混合物接近中性时,检测溶液的 pH 值,再加入少量碳酸钠溶液至 pH 值为 9 左右,在此过程中会产生少量固体沉淀(生成了什么物质?)。将溶液倾滗到分液漏斗中,并用少量乙醚洗涤固体后一并转入分液漏斗中。向分液漏斗中加入乙醚萃取两次,每次用乙醚 10 mL。合并乙醚层,用无水硫酸镁干燥后[2],倒入 50 mL 圆底烧瓶中,进行水浴蒸馏[3],分别回收乙醚(34.6 ℃)和乙醇(70~78 ℃)[4]。再在烧瓶中加入 7 mL50%乙醇溶液和适量活性炭,加热回流 5 min,趁热抽滤除去活性炭,将滤液置于冰水中冷却结晶,抽滤,收集滤饼,干燥称重,产量约 0.5 g。测定熔点,纯对氨基苯甲酸乙酯的熔点为 89~90 ℃。

2. 产品分析与鉴定

1) 定性分析——高效液相色谱质谱联用

(1) 仪器:Acquity 超高效液相色谱仪;XEVO 三重四极杆质谱仪;Waters Micromass 四极杆飞行时间高分辨质谱仪;MassLynx 数据处理系统。

(2) 溶液配制:取少量制备的苯佐卡因,置于 2 mL 样品瓶,然后加甲醇至 1 mL,溶解、摇匀备用。

(3) 分析条件:

① 色谱条件:Waters Atlantis T3 柱(150 mm×2.1 mm,3 μL),流动相为甲醇-水。梯度洗脱:0~8 min,20%~95%甲醇;8~9 min,95%~20%甲醇;9~12 min,20%甲醇。流速 0.2 mL/min,柱温 30 ℃,样品室温度 20 ℃,进样量 5 μL。

② 三重四极杆质谱条件:电喷雾离子源;正离子扫描;毛细管电压 3.5 kV;射频透镜电压 0.5 V;离子源温度 150 ℃;去溶剂气温度 500 ℃;去溶剂气流量 800 L/h;锥孔气流量 50 L/h;光电倍增器电压 650 V;碰撞气体为氩气,碰撞气压 2.8×10^{-4} Pa。

(4) 结果分析:对色谱图中的色谱峰处理后进行谱图检索,打印质谱图和标准谱图检索结果；对苯佐卡因对应的质谱图进行谱图解析。

2）定性分析——红外光谱法

（1）仪器：Nicolet 5700 傅里叶变换红外光谱仪；KBr；红外干燥灯。

（2）样品测定：压片法。

取 2～3 mg 试样，置于干净的玛瑙研钵中，在红外干燥灯下研磨成细粉，再加入 200 mg 干燥的纯 KBr，研磨至两者完全混合均匀。取适量的混合样品，置于模具中，在油压机上压成透明薄片。用镊子取下试样薄片，放入红外光谱仪的样品室，先测空白背景，再将样品置于光路中，测量样品的红外光谱。扫谱结束后，取下薄片，将压片模具擦洗干净，置于干燥器中保存。

四、注释

[1] 加碳酸钠溶液中和时，不断地进行搅拌，并用 pH 试纸进行检测。

[2] 干燥时用无水硫酸镁或无水硫酸钠，不能用无水氯化钙。

[3] 蒸馏回收乙醚时必须用热水浴加热，注意将导气管接入下水道。

[4] 蒸馏接收馏出液时，可根据温度更换接收瓶，使乙醚和乙醇被分别收集。

五、思考题

（1）实验中加入浓硫酸的量远多于催化量，为什么？加入浓硫酸时产生的沉淀是什么物质？试解释。

（2）酯化反应结束后，为什么要用碳酸钠溶液调节溶液 pH 值至 9 左右，而不中和至 pH 值为 7 呢？

（3）实验中用碳酸钠溶液调节溶液 pH 值至 9 左右时，会有什么沉淀生成？

5.6　偶氮染料毛巾红的合成

偶氮染料是偶氮基两端连接芳香基的有机化合物，是在纺织品印染工艺中应用最广泛的一类合成染料，用于多种天然和合成纤维的染色和印花，也用于油漆、塑料、橡胶等的着色。1859 年 J. P. 格里斯发现了第一种重氮化合物，并制备出第一种偶氮染料——苯胺黄。偶氮染料按分子中所含偶氮基数目可分为单偶氮染料、双偶氮染料、三偶氮染料和多偶氮染料。单偶氮染料为 $Ar{-}N{=}N{-}Ar{-}OH(NH_2)$，双偶氮染料为 $Ar_1{-}N{=}N{-}Ar_2{-}N{=}N{-}Ar_3$，三偶氮染料为 $Ar_1{-}N{=}N{-}Ar_2{-}N{=}N{-}Ar_3{-}N{=}N{-}Ar_4$，其中的 Ar 为芳基。随着偶氮基数目的增加，染料的颜色加深。偶氮染料具有合成工艺简单、成本低、染色性能突出等优点，是现染料行业中品种数量最多的一种染料。

本实验将介绍 1-(4-硝基苯乙氮烯基)萘-2-酚的合成，它是一种红色偶氮染料，俗称毛巾红。其合成路线如下：

$$\text{C}_6\text{H}_5\text{NHCOCH}_3 \xrightarrow[\text{H}_2\text{SO}_4(\text{浓})]{\text{HNO}_3(\text{浓})} p\text{-NO}_2\text{C}_6\text{H}_4\text{NHCOCH}_3 \xrightarrow[(2)\text{NH}_3\cdot\text{H}_2\text{O}]{(1)\text{HCl},\text{H}_2\text{O}} p\text{-NO}_2\text{C}_6\text{H}_4\text{NH}_2$$

$$\xrightarrow[0\sim5\ ℃]{\text{NaNO}_2,\text{HCl}} p\text{-NO}_2\text{C}_6\text{H}_4\text{N}^+\equiv\text{NCl}^- \xrightarrow{\text{2-萘酚 (OH)}} \text{O}_2\text{N-C}_6\text{H}_4\text{-N=N-(2-HO-1-萘基)}$$

5.6.1　对硝基乙酰苯胺的合成

一、实验目的

(1) 学习制备对硝基乙酰苯胺的原理和方法。

(2) 练习和巩固冰水浴冷却、重结晶、抽滤等基本操作。

二、实验原理

以乙酰苯胺为原料，在浓硫酸和浓硝酸作用下，进行硝化反应，主要产物是对硝基乙酰苯胺，其反应式如下：

$$\text{C}_6\text{H}_5\text{NHCOCH}_3 \xrightarrow[\text{H}_2\text{SO}_4(\text{浓})]{\text{HNO}_3(\text{浓})} p\text{-NO}_2\text{C}_6\text{H}_4\text{NHCOCH}_3$$

三、实验步骤

在干燥的 50 mL 锥形瓶中放置 2.7 g 乙酰苯胺，加入 4.3 mL 冰乙酸，在电热套中加热至溶解，稍冷后用冰水浴冷却到 10 ℃左右，溶液变成黏稠状[1]。在另一干燥的 50 mL 锥形瓶中将 1.6 mL 浓硝酸和 2.2 mL 浓硫酸混合均匀，塞住瓶口，并冷却到 10～15 ℃，然后用滴管逐滴加入乙酰苯胺的乙酸溶液中，边滴加边摇匀，控制温度在 15～20 ℃[2]，5～8 min 加完，搅拌 5 min。从冰水浴中取出，室温下搅拌30 min，让其充分反应。在 100 mL 烧杯中放入 10 g 冰块和 35 mL 水，将反应物缓慢地倾入冰水中，并不断地搅拌，有大量的沉淀生成，冷却烧杯[3]，抽滤，滤饼用冷水淋洗三次。

将滤饼转移到 100 mL 烧杯中，加入 45 mL15％磷酸二氢钠溶液，搅拌成糊状，抽滤。用 15 mL 水分两次荡洗烧杯，一并进行抽滤，抽干后，用 15 mL 冷水分两次淋洗滤饼，抽干。将滤饼转移到表面皿上晾干，称重，产量约 2.6 g，计算产率。测定熔点，对硝基乙酰苯胺纯品为亮黄色柱状晶体，熔点为 213.5～215.1 ℃。

本实验约需 3 h。

四、注释

[1] 不用冰乙酸时，冷却后将在烧杯底部结成固体膜。

[2] 此时反应物的温度不能太高，不断地搅拌，防止局部过热。

[3] 要充分冷却烧杯外壁，让产物尽可能结晶析出。

五、思考题

(1) 氨基、硝基和乙酰氨基三种官能团对苯环的影响有什么差异？

(2) 对乙酰苯胺进行硝化时为什么要配成乙酸溶液才进行硝化？

(3) 为什么要将对硝基乙酰苯胺的粗产物分散到 15%磷酸二氢钠溶液中？

5.6.2　对硝基苯胺的合成

一、实验目的

(1) 学习制备对硝基苯胺的原理和方法。

(2) 练习和巩固加热回流、重结晶、抽滤等基本操作。

二、实验原理

对硝基乙酰苯胺在酸性介质中发生水解，酰胺键断裂，氨基被恢复出来，反应过程如下：

$$p\text{-}O_2N\text{-}C_6H_4\text{-}NHCOCH_3 \xrightarrow[H_2O]{HCl} p\text{-}O_2N\text{-}C_6H_4\text{-}NH_2$$

三、实验步骤

在 50 mL 圆底烧瓶中加入 2.3 g 对硝基乙酰苯胺，量取 10 mL1：1 的盐酸，加入 2～3 粒沸石，装上回流冷凝管，在电热套中缓慢加热回流 40 min。趁热将反应液倒入烧杯中，放冷至室温，有固体析出，再用浓氨水进行中和[1]，固体逐渐溶解，形成透明的橙红色溶液。继续加氨水，重新析出沉淀，至 pH 值为 8 时，充分冷却溶液使结晶完全析出，抽滤，用少量冷水淋洗三次，抽干，得到对硝基苯胺的粗产品。

将所得对硝基苯胺的粗产品转入 100 mL 圆底烧瓶中，加入 50 mL1：1 的水-乙醇溶液，装上回流冷凝管加热进行回流，至固体全部溶解。稍冷，加入 1.5 g 活性炭[2],重新加热回流 5 min,趁热抽滤,将所得热滤液尽可能迅速转移到干净的烧杯中,连同热浴一起缓缓冷却到室温,析出细长的亮黄色针状晶体,抽滤,用少量冷水淋洗三次,抽干,将滤饼转移到表面皿上晾干,称重,产量约 1.4 g,计算产率。测定熔点,对硝基苯胺纯品为黄色单斜针状晶体,熔点为 148～149 ℃。

本实验约需 3 h。

四、注释

[1] 还可以用氢氧化钠溶液来中和。

[2] 加入活性炭时,不能在溶液沸腾时加入,应将沸腾溶液稍冷后加入。溶液颜色很深时可将活性炭的用量放大,但不超过溶液总质量的 5%。

五、思考题

(1) 对硝基乙酰苯胺可进行酸性水解,还可以进行碱性水解,试比较这两种水解方法的差异。

(2) 活性炭脱色时应该注意些什么?

5.6.3 1-(4-硝基苯乙氮烯基)萘-2-酚的合成

一、实验目的

(1) 学习制备毛巾红的原理和方法。

(2) 理解重氮化反应和偶合反应的机理,练习和巩固重结晶、抽滤等基本操作。

二、实验原理

用亚硝酸钠和硫酸将对硝基苯胺进行重氮化,使生成的重氮盐在弱碱性(pH 8～10)条件下和萘-2-酚发生偶合反应,得到偶合产物 1-(4-硝基苯乙氮烯基)萘-2-酚,俗称毛巾红,它是一种红色染料。反应过程如下:

$$O_2N-C_6H_4-NH_2 + NaNO_2 + 2H_2SO_4 \xrightarrow{0\sim5\ ℃} [O_2N-C_6H_4-N\equiv N]^+ HSO_4^- + NaHSO_4 + 2H_2O$$

$$[O_2N-C_6H_4-N\equiv N]^+ HSO_4^- + \text{萘-2-酚} + 2NaOH \longrightarrow O_2N-C_6H_4-N=N-C_{10}H_6OH + Na_2SO_4 + H_2O$$

毛巾红

三、实验步骤

在 50 mL 烧杯中加入 10 mL 水，缓慢滴加 2.2 mL 浓硫酸，旋摇，冷却至室温后，加入 1.4 g 对硝基苯胺，电热套中加热溶解[1]。稍冷后移至冰浴中冷至 0～5 ℃，有晶体析出，呈悬浮状。将 0.7 g 亚硝酸钠溶于 2 mL 水，用滴管吸取，缓缓滴加到悬浮液中，同时旋摇烧杯，控制温度在 10 ℃以下。滴完后继续在冰浴中旋摇 10 min，用碘化钾-淀粉试纸检验，如发现有游离的亚硝酸存在，应加少许尿素除去，如无，在冰浴中存放待用[2]，形成重氮盐溶液。

将 1.44 g β-萘酚溶于 24 mL10％氢氧化钠溶液中，冷到 10 ℃，滴加到重氮盐溶液中。滴完后用刚果红试纸检验，应为蓝色[3]，如不为蓝色应滴加 50％硫酸溶液至呈蓝色，抽滤，干燥，称重，约为 2.7 g，粗品产率约为 91％。将粗品用甲苯重结晶(每克干燥的粗品需甲苯 30～40 mL)。1-(4-硝基苯乙氮烯基)萘-2-酚纯品为橙红色到棕红色的片状晶体[4]，其熔点为 256～257 ℃。

本实验约需 3 h。

四、注释

[1] 对硝基苯胺在水中，即使在酸性条件下溶解度也很小，需要加热促进溶解。

[2] 重氮盐在较高温度下会分解，必须存放在冰浴中。放置时间不可过长，应尽快用于下面的合成反应。

[3] 刚果红试纸变蓝的 pH 值为 3，此步溶液本身是红色的，在该酸度下 pH 试纸也是红色的，故不能用 pH 试纸检验。如无刚果红试纸，可暂不检验，待抽滤晶体后向滤液中滴加 0.5～1 mL 硫酸，摇匀，冷却，如有晶体析出，再次抽滤，合并粗产物。如无晶体析出，将其倒入废液缸。

[4] 已经制成的毛巾红染料不宜再用来染纤维，因为它与纤维不能牢固结合。如欲将纤维染色，可将纤维浸在第一步制得的重氮盐溶液中，然后加入萘-2-酚溶液，染料即在纤维间生成，可与纤维牢牢结合。

五、思考题

(1) 进行重氮化反应时应该注意些什么？

(2) 简述从对硝基苯胺制备毛巾红的反应机理。

5.7　对二叔丁基苯的制备

对二叔丁基苯是一种有机合成中间体，常采用苯和叔丁基氯反应来合成，属于向芳基上引入烷基的烷基化反应，是 Friedel-Crafts 反应的典型代表。

叔丁基氯是一种有机溶剂，也是有机合成的原料，可用于合成香料二甲苯麝香、合成农药及其他精细化工产品。叔丁基氯可通过叔丁醇和浓盐酸反应来制备。

5.7.1 叔丁基氯的制备

一、实验目的

(1) 学习由醇制备卤代烃的原理和方法。

(2) 练习分液漏斗的使用、萃取和蒸馏等基本操作。

二、实验原理

叔丁醇在无催化剂的条件下,室温时就能与氢卤酸进行反应,生成叔卤代烷。这是一个 S_N1 取代反应,其反应式如下:

$$(CH_3)_3COH + HCl(浓) \longrightarrow (CH_3)_3CCl + H_2O$$

三、实验步骤

在 50 mL 分液漏斗中加入 4 mL(3.1 g)叔丁醇[1]和 10.5 mL 浓盐酸。先不要塞住漏斗,轻轻旋摇 1 min,然后将分液漏斗塞紧,翻转后,摇荡 10～15 min[2]。注意应及时打开活塞排气,以免漏斗内压力过大,使反应物喷出来[3]。静置分层后分出有机相,依次用水、5%碳酸氢钠溶液、水各 5 mL 洗涤。用碳酸氢钠溶液洗涤时,要小心操作,注意及时排气[4]。将有机层转入小锥形瓶中,用无水氯化钙干燥后,滤入蒸馏瓶中,进行水浴蒸馏,接收瓶用冰水浴冷却,收集 50～51 ℃的馏分,产量为 2.5～3.0 g。叔丁基氯的沸点为 52 ℃。

本实验约需 2 h。

四、注释

[1] 叔丁醇的熔点为 25 ℃,如果为团状固体,需在温水中温热熔化后取用。

[2] 叔丁醇和浓盐酸混合后室温下就可以进行反应,反应速率较快,可在分液漏斗中振荡让其反应。

[3] 叔丁基氯的沸点低,在分液漏斗中振荡反应时可使分液漏斗内压力变大,一般是振荡 3～4 次,就要排气,以免使反应物喷出来。

[4] 用碳酸氢钠溶液振荡洗涤有机相时也要进行排气,碳酸氢钠溶液的浓度不能太高,且振荡洗涤的时间不能太长。

五、思考题

(1) 为什么制备叔丁基氯时要用碳酸氢钠溶液洗涤?洗涤粗产物时,如果碳酸氢钠溶液浓度过高、洗涤时间过长有什么不好?

(2) 蒸馏低沸点物质时应该注意些什么?

(3) 实验中未反应完的叔丁醇如何除去?

5.7.2 对二叔丁基苯的制备

一、实验目的

(1) 学习 Friedel-Crafts 烷基化反应,理解制备烷基苯的原理和方法。

(2) 巩固有害气体的吸收、重结晶、分液漏斗的使用和萃取等基本操作。

二、实验原理

Friedel-Crafts 烷基化反应是向芳香环上引入烃基最重要的方法之一,实验室通常是用芳烃和卤代烃在无水三氯化铝等 Lewis 酸催化下进行反应,苯与叔丁基氯在 Lewis 酸(无水三氯化铝)存在下发生 Friedel-Crafts 反应,生成对二叔丁基苯。

$$C_6H_6 + (CH_3)_3CCl \xrightarrow{AlCl_3} C_6H_5-C(CH_3)_3 \xrightarrow[(CH_3)_3CCl]{AlCl_3} (H_3C)_3C-C_6H_4-C(CH_3)_3$$

其反应机理如下:Lewis 酸(无水三氯化铝)首先与叔丁基氯作用,使卤代烷强烈极化,使氯原子和叔丁基碳之间键的结合力变弱,最后成为叔丁基碳正离子和 $AlCl_4^-$;叔丁基碳正离子作为亲电试剂进攻芳环,发生亲电取代反应。

其他许多 Lewis 酸催化剂也都可以使用,如 $FeCl_3$、$SbCl_3$、$SnCl_4$、BF_3、$ZnCl_2$ 等,这些 Lewis 酸都是非质子酸,即电子的承受体。

三、实验步骤

向装有温度计、机械搅拌装置和回流冷凝管(上端通过一个氯化钙干燥管并与吸收氯化氢气体的装置通过导管连接在一起)的干燥的 50 mL 三口圆底烧瓶中加入1.5 mL(约 0.017 mol)无水、无噻吩的苯[1]、5 mL(0.045 mol)叔丁基氯,将烧瓶用冰水冷却至 5 ℃以下,迅速称取、加入 0.4 g(0.003 mol)无水三氯化铝[2],在冰水浴中摇荡烧瓶,使反应液充分混合。开始反应时有气泡不断地冒出并放出氯化氢气体[3],不停地振荡并控制反应温度在 5~10 ℃,待无明显的氯化氢气体放出时去掉冰水浴,使反应液温度逐渐升到室温,加入 4 mL 冰水分解反应物,冷却后用 10 mL 乙醚分两次萃取反应产物,合并乙醚萃取液,用饱和氯化钠溶液洗涤乙醚萃取液一次[4],再用无水硫酸镁干燥。抽滤,在水浴上蒸馏回收乙醚,将残留液倾倒在表面皿上,置于通风橱中让溶剂挥发掉,得到白色结晶,产量为 1~1.5 g,产率为 46%,可用甲醇或乙醇重结晶纯化。对二叔丁基苯为白色结晶,其熔点为 77~78 ℃。

本实验约需 5 h。

四、注释

[1] 实验所用仪器和试剂均需要进行干燥处理。安装装置时要迅速,注意反应瓶内的反应物不要直接和空气接触。先安装好装置后再加试剂,无水三氯化铝最后迅速加入。

[2] 无水三氯化铝应为小颗粒或粗粉末,暴露在潮湿的空气里立即冒烟。

[3] 烃基化反应是放热反应,但它有一个诱导期,且易发生多取代和重排等副反应。

[4] 注意萃取和洗涤操作,尽量减少损失。

五、思考题

(1) 实验中烷基化反应为什么要控制在 5～10 ℃进行? 温度过高有什么影响?

(2) 简述制备对二叔丁基苯的反应机理。

(3) 叔丁基是邻、对位定位基,可本实验为什么只得到对二叔丁基苯一种产物? 如果苯过量较多,则产物为叔丁基苯。试解释。

5.8 乙酰水杨酸的合成及含量测定

一、实验目的

(1) 巩固溶液的配制等基本操作。

(2) 进一步熟悉高效液相色谱仪的使用。

二、实验原理

乙酰水杨酸是常用的解热镇痛药,其测定方法有酸碱滴定法、紫外分光光度法和高效液相色谱法等。本实验采用高效液相色谱法,以十八烷基硅烷键合硅胶为固定相,乙腈-四氢呋喃-冰乙酸-水(20∶5∶5∶70)为流动相,用紫外检测器检测(检测波长 276 nm),用外标法定量。

三、实验步骤

1. 乙酰水杨酸的制备

见实验 4.22。

2. 乙酰水杨酸含量的测定

1) 乙酰水杨酸标准溶液的配制

(1) 1%冰乙酸的甲醇溶液:取 2.5 mL 冰乙酸,置于 250 mL 容量瓶中,加甲醇至刻度。

(2) 2.00 mg/mL 乙酰水杨酸储备液:精密称取乙酰水杨酸标准品 50 mg,置于

25 mL 容量瓶中，加 1%冰乙酸的甲醇溶液并强烈振摇使乙酰水杨酸溶解，稀释至刻度，滤膜过滤。

(3) 乙酰水杨酸标准溶液：取 5 个干净的 50 mL 容量瓶，分别加入 2.00 mg/mL 乙酰水杨酸储备液 1.00 mL、2.00 mL、3.00 mL、4.00 mL、5.00 mL，再加入流动相稀释至刻度，振摇，得到浓度分别为 0.04 mg/mL、0.08 mg/mL、0.12 mg/mL、0.16 mg/mL、0.20 mg/mL 的乙酰水杨酸标准溶液。

2) 乙酰水杨酸待测溶液的配制

(1) 样品储备液：准确称取 50 mg 待测样品，研细，置于 25 mL 容量瓶中，加 1%冰乙酸的甲醇溶液并强烈振摇使试样溶解，稀释至刻度，滤膜过滤。

(2) 样品待测液：取 2.00 mL 样品储备液，加入 50 mL 容量瓶中，用流动相稀释至刻度，摇匀。

3) 色谱条件

色谱柱：十八烷基硅烷键合硅胶。进样量：20 μL。流动相：乙腈-四氢呋喃-冰乙酸-水(20∶5∶5∶70)。检测波长：276 nm。流速：1.0 mL/min。

4) 测定

分别精密量取标准溶液和样品待测液各 20 μL 注入高效液相色谱仪[1~5]，记录色谱图，用外标法测定。

5) 数据及结果处理

求样品中各组分的含量(应满足有效成分标示量的范围要求)。

四、注释

[1] 开机前先将流动相用 0.45 μm 滤膜过滤并用超声波脱气。

[2] 过滤时有时会出现流动相漏液现象。操作时，应先向滤瓶内倒入少量流动相，观察是否漏液，若未漏液，再向滤瓶中添加流动相并开始过滤。

[3] 超声波脱气时，瓶外液体的液面应高于瓶内流动相的液面，否则流动相内的气体可能无法排出，仍然残留在流动相内，以致开机排气时无气泡排出。

[4] 开机排气结束后，应先将流动相流量调小，再关闭排气阀，否则会导致柱压瞬间升高超过压力上限，致使泵停止工作。

[5] 冲洗色谱柱时，还可辅以不同比例的混合流动相冲洗色谱柱，以冲出不同极性的残留物质，但最后还是要用纯有机流动相冲洗色谱柱一段时间。

五、思考题

(1) 若在硫酸的存在下水杨酸与乙醇作用，将得到什么产物？写出反应方程式。

(2) 本实验中可产生什么副产物？

(3) 本实验是否可以用乙酸代替乙酸酐？

(4) 测定乙酰水杨酸含量的方法有哪些？

5.9 苯甲醛的制备、分析与鉴定

一、实验目的

(1) 掌握氯化铵-三氧化铬干反应法制备苯甲醛的原理和方法。

(2) 进一步熟悉红外光谱仪和气相色谱仪的使用。

二、实验原理

由醇制备醛类化合物需要合适的选择性氧化剂。选择性氧化领域发展很快,已经制得很多种具有良好选择性的氧化剂,其中铬类氧化剂占有很重要的地位。三氧化铬吡啶可以氧化醇制备醛酮类化合物,但是污染较大,吡啶气味大是明显的缺点;后来研制出以盐酸三甲胺、盐酸二甲胺等为配体的三氧化铬氧化剂,配体都较昂贵,限制了它们的应用。以廉价的氯化铵为配体的三氧化铬氧化剂,在同类氧化剂中具有价格优势。

本实验采用氯化铵为配体的三氧化铬氧化剂氧化苯甲醇来制备苯甲醛。反应式如下:

$$C_6H_5CH_2OH \xrightarrow{CrO_3, NH_4Cl} C_6H_5CHO$$

反应中有热量放出,而温度又是直接影响这类反应产率的一个重要因素。反应温度低,反应进行慢;反应温度过高,容易使反应物炭化。因此,需利用氧化剂的加入速度来控制反应温度。

本实验采用不加溶剂的干反应法来制备苯甲醛。不加溶剂的干反应法有如下特点:①不使用反应溶剂,降低了试剂的消耗量,而且免去了处理溶剂的实验步骤,减少环境污染;②干反应因为不用溶剂,是两种反应物直接接触反应。为了提高反应速率和反应产率,必须尽量增加两种反应物的接触机会,可采取一些措施,如把固体反应物尽可能地研细以增大反应物接触面积,或充分搅拌等,以使反应顺利地进行。

三、实验步骤

1. 苯甲醛的制备

(1) 氧化剂的制备:在盛有 10 mL 水的烧杯中加入 12 g(0.12 mol) 三氧化铬,加热至 70 ℃使其溶解后,慢慢加入 6.42 g (0.12 mol) 氯化铵,边加边搅拌,必要时水浴加热。待固体完全溶解后,冷却至室温,转入冰水中冷却结晶,抽滤。将母液蒸发掉 6~7 mL 水,再次冷却结晶,又得到一部分产物。合并产品,于 60 ℃烘干,颜色由橘红色变成红褐色即可,产量约 12 g。

(2) 苯甲醛的制备:在干燥的烧杯中,加入 10.8 g 苯甲醇。称取 11.5 g(0.075 mol)氯化铵-三氧化铬复合物，研碎后慢慢加入苯甲醇中，边加边用玻璃棒充分搅拌，开始时轻微放热，随着氧化剂的不断加入，反应温度越来越高，控制最高温度在 60 ℃左右[1]，反应物越来越稠，最后成为固体状[2]，放热逐渐减弱，温度降至室温，整个操作过程约需半小时。加入 30 mL 无水石油醚，充分搅拌后让其浸泡 15 min 左右，抽滤，滤渣用石油醚浸泡共两次（每次 10 mL），每次 5 min 即可，过滤后收集滤液，蒸出石油醚，得粗产品，继续蒸馏收集 178～180 ℃的馏分，得产品约 9 g，产率约 84%。苯甲醛折射率 $n_{D}^{20}=1.5455$。

2. 产品定性分析——红外光谱法

(1) 仪器：Nicolet 5700 傅里叶变换红外光谱仪、KBr 盐片、红外干燥灯。

(2) 样品测定：液膜法。

用脱脂棉球蘸丙酮将 KBr 盐片擦拭干净后，首先将未滴加样品的两片 KBr 盐片置于样品架上采集背景；取出后，将待测苯甲醛样品直接滴小半滴于干净的 KBr 盐片中央，盖上另外一片 KBr 盐片形成一薄层液膜，采集样品光谱即可。

(3) 结果分析：打印图谱，一张为检索对比图谱，查看检索结果；另外一张为标峰图谱，用于谱图解析。

(4) 注意事项：

① KBr 盐片易吸潮，故对待测样品必须进行干燥处理，操作过程中手不能直接触碰 KBr 盐片，且操作必须在红外干燥灯下进行。

② KBr 盐片为晶体，易碎，操作时不要用力过猛，防止 KBr 盐片破损。

③ 滴加样品到 KBr 盐片上时一定要控制好量，既要保证形成均匀液膜，又要求液膜薄。

3. 产品定量分析——气相色谱法

(1) 仪器：SCION 456 气相色谱仪（氢火焰离子化检测器）、PEG-20M 毛细管色谱柱、气相色谱微量进样器（1 μL）、电子分析天平。

(2) 溶液配制。

① 庚酸乙酯溶液和苯甲醛溶液：在两个 25 mL 容量瓶内分别滴入庚酸乙酯、苯甲醛 5～6 滴，然后用乙酸乙酯定容，配得庚酸乙酯溶液和苯甲醛溶液。

② 混合（庚酸乙酯＋苯甲醛）标准溶液：将 25 mL 容量瓶放入电子分析天平中，滴入内标物庚酸乙酯标准品 5～6 滴，准确称量并记录质量，再滴入苯甲醛标准品 5～6滴，准确称量并记录质量，最后用乙酸乙酯定容，配得混合标准溶液。

③ 待测产品溶液：将 25 mL 容量瓶放入电子分析天平中，滴入 5～6 滴内标物庚酸乙酯，准确称量并记录质量，再滴入 5～6 滴样品，准确称量并记录质量，最后用乙酸乙酯定容，配得待测产品溶液。

(3) 样品测定：用内标法定量分析产物中苯甲醛的含量。

分析条件：汽化温度 200 ℃，检测器温度 200 ℃，恒流速 3 mL/min，柱温 100 ℃，停留 1 min，然后以 20 ℃/min 升到 200 ℃，停留 1 min。进样量 0.2 μL。

(4) 定性分析:待仪器就绪基线平稳后,分别用气相色谱进样器进样 0.2 μL 庚酸乙酯溶液、苯甲醛溶液,记录庚酸乙酯、苯甲醛的保留时间。

f 值测定:待仪器就绪基线平稳后,进样 0.2 μL 混合标准溶液,记录混合标准溶液中庚酸乙酯和苯甲醛的保留时间和峰面积。

(5) 待测产品测定:待仪器就绪基线平稳后,进样 0.2 μL 待测产品溶液,记录庚酸乙酯和苯甲醛的保留时间和峰面积。

(6) 数据处理:

① 分析 f 值测定所得色谱图:根据庚酸乙酯和苯甲醛的保留时间及峰面积,计算苯甲醛的相对校正因子。

$$f=\frac{m_{苯甲醛标准}}{m_{内标标准}}\cdot\frac{A_{内标标准}}{A_{苯甲醛标准}}$$

② 分析待测产品色谱图:根据庚酸乙酯和苯甲醛的保留时间及峰面积,计算所配产品溶液中苯甲醛的含量和合成产品中苯甲醛的质量及质量分数。

$$w_{苯甲醛}=f\ \frac{m_{内标}}{m_{苯甲醛产品}}\cdot\frac{A_{苯甲醛}}{A_{内标}}\times100\%$$

(7) 注意事项:

① 样品称量要准确,且溶液必须混合均匀。

② f 值测定及样品测定,需平行测定三次且数值接近。

四、注释

[1] 氧化剂要分多次慢慢加入,反应温度低时,每次加入氧化剂的量稍多一些,两次加入的时间间隔短一些。反应温度高时相反。

[2] 此时也可以加入少量石油醚使搅拌更容易,对反应结果没有影响。

五、思考题

(1) 氯化铵-三氧化铬法比三氧化铬-吡啶法价格更低的原因是什么?

(2) 随着苯甲醛产品放置时间的延长,其气相色谱分析的纯度降低,为什么?此期间发生了什么变化?

5.10 丙-1,2-二醇缩苯甲醛的合成、分析与鉴定

一、实验目的

(1) 掌握离子交换树脂合成丙-1,2-二醇缩苯甲醛的原理和方法。

(2) 进一步熟悉气相色谱-质谱联用仪的使用。

二、实验原理

丙-1,2-二醇缩苯甲醛是具有新鲜果香气味的缩羰基化合物,近年来在日用香

精和食品香精中均有广泛应用，也可作为合成中间体和溶剂。传统的合成方法是以浓硫酸为催化剂，苯甲醛与丙-1，2-二醇为原料进行缩合反应而得。由于浓硫酸腐蚀设备，需碱洗、水洗过程，“三废”排放量大，且副反应多，产品色泽深，影响产品质量。随着人民生活水平的提高，对香精和食品的质量以及环境保护提出了越来越高的要求。因此，采用符合绿色化学要求的方法合成缩醛(酮)具有很强的实用价值。

本实验采用新型环境友好绿色催化剂强酸性阳离子交换树脂合成丙-1，2-二醇缩苯甲醛，不仅绿色环保，对设备腐蚀性小，而且催化剂易于分离，操作方便，并可以反复使用多次，降低催化剂成本。

CHO　+　HO　OH　CH_3　$\xrightarrow{\text{强酸性阳离子交换树脂}}$　O　O　—CH_3

三、实验步骤

1. 丙-1，2-二醇缩苯甲醛的合成

(1) 催化剂的处理：用 2 倍树脂体积的 10%氯化钠溶液浸泡树脂 1 天后，放尽氯化钠溶液(由实验教师预先完成)，取 5 g 树脂用水洗至水溶液无黄色为止；用 2 倍树脂体积的 2%氢氧化钠溶液浸泡树脂 30 min，放尽氢氧化钠溶液，用水洗至中性为止；用 2 倍树脂体积的 5%(质量分数)盐酸浸泡树脂 30 min，放尽盐酸溶液，用水洗至中性，60 ℃下烘干备用。

(2) 丙-1，2-二醇缩苯甲醛的合成：在装有温度计、搅拌器和分水器的三口烧瓶中，加入 5.3 g(0.050 mol)苯甲醛、4.9 g(0.065 mol)丙-1，2-二醇、1 g 经干燥处理的强酸性阳离子交换树脂和 25 mL 环己烷。在分水器中加入 5 mL 水，另取一定量环己烷注满分水器。安装好搅拌及回流冷凝装置后，加热至冷凝装置有回流现象且分水器中有水馏出，此时温度计显示约 83 ℃，有水析出时开始计时，反应约 2 h 后(一般无水馏出时反应即已进行完全)，停止加热，冷却至室温，滤出催化剂。将滤液常压蒸馏，回收带水剂环己烷及可能尚未完全反应的苯甲醛和丙-1，2-二醇，然后对反应烧瓶中剩余的溶液进行常压蒸馏，收集 216～220 ℃的馏分，称重并计算收率。丙-1，2-二醇缩苯甲醛为无色透明液体，具有果香味，沸点为 216～220 ℃，折射率 n_D^{20} = 1.5094。

2. 产品定性分析——气-质联用法[1]

(1) 仪器：GC-MS-QP2010 岛津气相色谱-质谱联用仪、Rtx-5ms(长 30 m，膜厚 0.25 μm，内径 0.25 mm)。

(2) 溶液配制：用 1 μL 微量进样针取 0.2 μL 合成产物到 2 mL 样品瓶，然后加甲醇到 1 mL，摇匀备用。

(3) 分析条件:

① GC:柱箱温度为 80 ℃。进样温度:200 ℃。进样模式:分流。流量控制模式:线速度。压力:61.0 kPa。总流量:70.4 mL/min。柱流量:0.95 mL/min。线速度:35.9 cm/min。吹扫流量:3.0 mL/min。分流比:70.0。程序升温模式:柱温 80 ℃,停留 1 min,然后以 10 ℃/min 升到 170 ℃。

② MS:离子源温度 210 ℃;接口温度 230 ℃。

(4) 定性分析:等待仪器稳定后,对样品溶液进行 GC-MS 分析。

(5) 结果分析:对色谱图中的色谱峰处理后进行谱图检索,打印质谱图和标准谱图检索结果;对丙-1,2-二醇缩苯甲醛对应的质谱图进行谱图解析。

四、注释

[1] 也可以用红外光谱法检测产物中是否还有醛的 C═O 和醇的 O—H 伸缩振动吸收峰,或者用气相色谱法或紫外分光光度法测定产物的含量。

五、思考题

(1) 查阅强酸性阳离子交换树脂结构,分析该催化剂为何可以反复使用。

(2) 浓硫酸法为什么会排放大量废酸水和废碱水?

5.11 扑热息痛的合成、分析与鉴定

一、实验目的

(1) 掌握扑热息痛的合成原理及方法。

(2) 进一步熟悉紫外光谱仪的使用。

二、实验原理

扑热息痛(paracetamol)又称潘那度尔(panadol),其化学名为对乙酰氨基苯酚,分子式为 $p\text{-}CH_3CONHC_6H_4OH$,是常用的非抗炎类解热镇痛药,解热作用与阿司匹林相似,镇痛作用较小,无抗炎抗风湿作用,是乙酰苯胺类药物中最好的品种,特别适合于不能应用羧酸类药物的病人。另外,扑热息痛还是合成解热镇痛药物非那西丁(phenacetin)的重要中间体。

扑热息痛的合成路线较多,本实验选用苯酚为原料,经如下步骤合成:

$$C_6H_5OH \xrightarrow{NaNO_2/H_2SO_4} p\text{-}HOC_6H_4NO \xrightarrow[H_2SO_4]{Na_2S} p\text{-}HOC_6H_4NH_2 \xrightarrow{Ac_2O} p\text{-}HOC_6H_4NHCOCH_3$$

三、实验步骤

1. 扑热息痛的合成

(1) 对亚硝基苯酚的制备：在 250 mL 三口烧瓶中加入 11 g(0.12 mol)苯酚和 20 mL水，待溶解后加入 12.4 g 亚硝酸钠和 60 mL 水，三口烧瓶的一口装上温度计，一口装上盛有 25 mL 40%硫酸的滴液漏斗，漏斗柄末端伸入液面下[1]，中间口装上电动搅拌器。开动搅拌器，待亚硝酸钠溶解后，将反应瓶浸入冰盐水中冷却。保持反应温度约−5 ℃。在搅拌下待反应瓶中有均匀悬浮絮状物析出后开始加酸[2]，控制加酸速度[3]，使其不要有黄烟(NO、NO_2)发生。最初 6 min 加入总酸量(25 mL)的一半，后 12 min 加入余下的一半。反应温度控制在−4～0 ℃。加酸毕，pH≈1.5，继续搅拌[4]90 min 以上，静置约 20 min，控制温度在 0～4 ℃，结晶，抽滤，用冰水洗去余酸，得黄色至橙红色粉末或短针状亚硝基酚[5]约 22 g(含水质量，纯产品约 11 g，产率为 80%～85%)。

(2) 对氨基苯酚的制备：在 250 mL 三口烧瓶中加入约 9.3 g 硫化钠(亚硝基酚与硫化钠物质的量之比为 1∶1.23)和 21.4 mL 水(质量为硫化钠的 2.3 倍)，搅拌溶解后冷却至 40 ℃。在搅拌下将亚硝基酚分批加入三口烧瓶中，反应液需冷却，保持温度在 40～48 ℃[6]。全部亚硝基酚约在 5 min 内加完，再继续搅拌约 15 min，这时反应温度显著下降[7]，反应液呈棕黑色，还原反应即完成。加水稀释至原体积的 4～5 倍，继续搅拌，并加入 20%硫酸(冰水冷却使温度不超过 40 ℃)至液面起泡，pH=9 稳定不变[8]。加入活性炭少许，搅匀，并加热至沸，然后趁热抽滤，滤液冷却结晶，再抽滤挤干，得浅黄色或蒜黄色的细粒状结晶对氨基苯酚(8.3～10 g)，产率为 73%～81%。

(3) 扑热息痛的制备：将上步产品对氨基苯酚重新加入 100 mL 圆底烧瓶中，加入 3 倍质量的水，使对氨基苯酚悬浮于水中，再加入约 9.3 g(8.8 mL)乙酸酐(对氨基苯酚与乙酸酐物质的量之比为 1∶1.3)。装上冷凝管，搅拌下用水浴加热回流混合物，10 min 后对氨基苯酚全部溶解。再将反应物冷却，析出扑热息痛，抽滤，用少许冷水洗涤，产品用热水重结晶。产量约 9.2 g，产率约 87%。

2. 产品分析与鉴定

采用紫外光谱法进行定性分析。

(1) 仪器：UV-2600 岛津紫外光谱仪。

(2) 溶液配制：先用小钥匙分别取极少量对氨基苯酚标准品、对乙酰氨基酚标准品和合成产物，分别置于 25 mL 比色管中并用 1 mL 无水乙醇溶解，再用 0.1 mol/L 氢氧化钠溶液稀释至刻度，配得对氨基苯酚标准溶液、对乙酰氨基酚标准溶液和合成产物待测液。

(3) 样品测定：以 0.1 mol/L 氢氧化钠溶液做参比，分别测定对氨基苯酚标准溶液、对乙酰氨基酚标准溶液和合成产物待测液的紫外光谱。

(4) 结果分析：打印谱图，将合成产物谱图和对氨基苯酚及对乙酰氨基酚标准谱图进行对照,分析实验结果。

四、注释

[1] 滴液漏斗柄末端须伸入液面下,否则大量亚硝酸分解而产生 NO、NO_2。

[2] 苯酚的分散是亚硝化反应的关键,必须待酚的絮状结晶析出并均匀悬浮于液体后方能开始加酸。

[3] 加酸速度是影响反应产率及产物质量的关键因素之一,过快会产生大量的 NO、NO_2,过慢会影响亚硝基酚的质量和产率。

[4] 加完酚以后继续搅拌的目的是使酚反应完全,静置的目的是使亚硝基酚的结晶完全,以提高产率和质量。

[5] 亚硝基酚极易氧化,暴露于空气中会因氧化发热变质,甚至燃烧,故结晶抽滤压干后立即用于下一步。若要短时间保存必须低温冷冻。

[6] 还原时温度低于 30 ℃则反应过慢,高于 48 ℃则亚硝基在未被还原时即分解,影响产率和质量。

[7] 稀硫酸浓度过高,未冷却或中和温度高于 50 ℃,则未接近终点即有大量硫化氢生成,同时产生胶体硫,影响过滤和产品质量。

[8] 严格掌握加酸终点 pH=9,若加酸过多至 pH=7~8,应加碱调回 pH=9,否则升温后硫代硫酸钠水解,会产生大量硫化氢,析出胶体硫,造成过滤困难并给产品带来硫黄杂质。

五、思考题

(1) 亚硝基酚易氧化,其氧化后的产物是什么?写出反应方程式。

(2) 在加酸调节对氨基苯酚反应体系 pH 值时,为什么硫酸浓度不宜过高而且反应温度要低于 40 ℃?写出反应式。

(3) 假如要制备扑热息痛 20 g,算出苯酚原料的需用量。

5.12 非那西丁的制备及含量测定

一、实验目的

(1) 学习非那西丁制备的原理与方法。

(2) 进一步熟悉高效液相色谱仪的使用。

二、实验原理

非那西丁(phenacetin,*p*-acetophenetidine),又叫非那西汀,化学名对乙氧基-N-乙酰苯胺、4-乙氧基-N-乙酰苯胺、对乙酰氨基苯乙醚,分子式为 $C_{10}H_{13}NO_2$,在室温下是白色、有光泽的鳞片状结晶或白色结晶性粉末，熔点为137～138 ℃，沸点为132 ℃/4 mmHg，难溶于水，溶于乙醇、丙酮、乙酸、吡啶、氯仿等有机溶剂。

非那西丁由Morse于1878年最先合成，1887年在美国上市，是市场上第一种合成解热镇痛药，常用于治疗头痛、发热、神经痛等。但1953年发生的非那西丁致严重肾损害事件引起人们对该药安全性的关注，而1970年出现的非那西丁致尿道癌事件使其安全性进一步受到质疑。由于非那西丁的毒性和副作用较大，该药已停止单独使用。目前，非那西丁主要用于和阿司匹林及咖啡因配伍，制成复方制剂APC，用于解热镇痛。非那西丁还是重要的有机合成原料及药物中间体，在有机合成及药品生产和新药研发上具有重要意义。

对乙酰氨基酚进行烷基化即可制得非那西丁。

$$\text{HO-C}_6\text{H}_4\text{-NHCOCH}_3 \xrightarrow[\text{C}_2\text{H}_5\text{OH}]{\text{KOH, C}_2\text{H}_5\text{Br}} \text{C}_2\text{H}_5\text{O-C}_6\text{H}_4\text{-NHCOCH}_3$$

三、实验步骤

1. 非那西丁的制备

在圆底烧瓶中，加入1.52 g对乙酰氨基酚、15 mL无水乙醇和0.56 g研细的KOH，室温下搅拌溶解后，加入1.64 g溴乙烷。安装球形冷凝管，升温回流1～1.5 h后，将反应液冷却至0～5 ℃，然后倒入盛有30 mL 5% NaOH溶液[1]的烧杯中，析出白色晶体，抽滤。

在烧杯中，用适量的沸水溶解非那西丁粗品，慢慢冷却。当晶体开始析出时，将烧杯浸入冰水浴中冷却15～20 min，待结晶完全，抽滤得非那西丁产品，干燥，称重并计算产率。

收率约80%，非那西丁的熔点为120～122 ℃。

2. 产品分析与鉴定

用高效液相色谱法进行定量分析。

(1) 仪器：LC-20AT高效液相色谱仪(紫外光度检测器)。

(2) 定量方法：用外标法定量分析非那西丁含量。

(3) 溶液配制：

① 标准储备液：在50 mL烧杯内准确称取0.1 g非那西丁标准品，用甲醇溶解后转移到100 mL容量瓶内定容，配得1000 μg/mL非那西丁标准储备液，备用。

② 系列标准溶液：将上述标准储备液用2‰乙酸水溶液稀释，配得非那西丁含量为25 μg/mL、50 μg/mL、100 μg/mL、200 μg/mL、400 μg/mL的系列标准溶液，备用。

③ 待测产品溶液:在 50 mL 烧杯内准确称取 0.01 g 左右的合成产品,用少量甲醇溶解后,转移至 100 mL 容量瓶中,用 2‰乙酸水溶液定容后摇匀备用。

(4) 分析条件:

色谱柱:C_{18}柱(4.6 mm×150 mm,5 μm)。流动相:甲醇-乙酸水溶液(55∶45)。紫外检测波长:254 nm。流速:1 mL/min。柱温:40 ℃。

(5) 样品测定:

① 标准溶液色谱分析:等待仪器稳定后,用液相微量进样器吸取约 60 μL 标准溶液依次进样,对系列标准溶液进行色谱分析。

② 产品溶液色谱分析:等待仪器稳定后,用液相微量进样器吸取约 60 μL 产品溶液进样,对产品溶液进行色谱分析。

(6) 数据处理:

① 根据系列标准溶液色谱数据,绘制非那西丁“浓度-峰面积”标准工作曲线,得到线性回归方程及相关系数。

② 根据产品溶液中非那西丁的峰面积值计算产品溶液中非那西丁的浓度,最后求出产品纯度。

四、注释

[1] 5%NaOH 溶液可洗涤未反应的原料对乙酰氨基酚。

五、思考题

制备实验中,除了无水乙醇,还可使用哪些物质作为溶剂?

5.13 单月桂酸甘油酯的合成与含量测定

一、实验目的

(1) 学习脂肪酶 Novozym 435 催化合成单月桂酸甘油酯的原理与方法。

(2) 进一步熟悉高效液相色谱仪的使用。

二、实验原理

生物酶催化技术是生物有机化学的热点内容之一。生物酶催化的有机化学反应具有更好的反应选择性、更温和的反应条件、更加绿色环保等优点,因而得到了快速的发展,在有机合成中获得了广泛的应用。Novozym 435 是目前已广泛使用的工业脂肪酶,这一类酶能够催化酯的合成、水解、醇解及转酯化反应,已被应用于食品、医药卫生、有机合成和生物能源等领域。

单月桂酸甘油酯是一种非离子型表面活性剂,有着良好的乳化性能,在 pH4~8 的范围内有抑菌活性,对艾滋病病毒也具有一定抗性。按照相关标准,单月桂酸甘油酯含量达到 70%时可以用于化妆品行业,90%以上的高含量产品可以作为防腐剂和乳化剂应用于食品、药品等行业。

月桂酸和甘油直接酯化,是合成单月桂酸甘油酯的方法之一。该反应是可逆反应,传统直接酯化法生成较多的双月桂酸甘油酯(简称双酯)等副产物,主产物含量不高,难以用重结晶方法获得合格的产品。反应式如下:

$$HOCH_2CH(OH)CH_2OH + C_{11}H_{23}COOH \rightleftharpoons C_{11}H_{23}COOCH_2CH(OH)CH_2OH + C_{11}H_{23}COOCH_2CH(OH)CH_2OOCC_{11}H_{23}$$

甘油　　月桂酸　　单月桂酸甘油酯　　双月桂酸甘油酯

传统方法可采用的催化剂有对甲苯磺酸、硫酸、磷酸、磷钨酸、固体超强酸 Nafion-H、$NaHSO_4$ 等。普遍存在的缺点是:反应温度较高;反应的选择性低,主产物含量低,需进行分子蒸馏才能获得 90%以上高含量产品,高温下产生的微量杂质使产品色泽较深并有焦煳味;分离提纯中产生大量废水,不符合绿色环保的理念。

生物酶催化的有机化学反应中,反应的底物首先与酶以非化学键的方式结合,酶分子中的催化基团再来完成反应,然后产物与酶脱离。酶分子结合部位的化学基团及酶分子空腔结构等因素影响酶与不同反应底物的结合能力,因此酶对于底物的结合不是随机的,而是有选择性的,最终反应结果就有更好的化学选择性。如果有适当的脂肪酶,使单酯与酶的结合能力低于甘油与酶的结合能力,进一步酯化产生的双酯量就会低于传统的普通酸催化剂。采用 Novozym 435 催化剂,刚好能够满足这样的反应选择性要求。

三、实验步骤

1. 单月桂酸甘油酯的合成

(1) 在 25 mL 圆底烧瓶中,加入 2.0 g(0.010 mol)月桂酸、3.2 g(0.035 mol)甘油、4.0 mL 叔丁醇和 0.10 g 脂肪酶 Novozym 435[1],在 52 ℃水浴中加热,搅拌反应 80～90 min 后停止加热。

(2) 在反应液中加入 2 mL 叔丁醇,抽滤,再用叔丁醇洗涤两次(每次 1 mL)后,回收脂肪酶。在滤液中加入 4 mL 水和 30 mL 石油醚,充分振荡,静置,分去水层,再用水洗涤两次(每次 1.5 mL)后,用无水硫酸镁干燥,过滤,70 ℃下减压蒸馏[2],蒸去其中的叔丁醇、石油醚,得到单月桂酸甘油酯粗品(约 2.3 g)。在粗品中加入 5 mL 石油醚[3],70 ℃水浴加热,搅拌溶解,在室温下放置 5 min 后,放入冰盐浴中冷却 10 min,抽滤,并用 1.5 mL 冷却的石油醚对产品洗涤,抽干,得产品 1.30～1.45 g,产率 47%～53%,含量 90%以上。

2. 产品分析与鉴定

用高效液相色谱法进行定量分析。

(1) 仪器:LC-20AT 高效液相色谱仪(示差检测器)、C_{18}色谱柱(4.6 mm×150 mm,5 μm)、20 μL 定量环、100 μL 液相微量进样器、电子分析天平、抽滤装置。

(2) 定量方法:用外标法定量分析单月桂酸甘油酯含量。

(3) 溶液配制:

① 标准储备液:准确称取 0.1 g 单月桂酸甘油酯标准品,在 50 mL 烧杯内用体积比为 1∶1 的乙腈-丙酮混合溶液溶解后,转移到 50 mL 容量瓶内定容,配得 1000 μg/mL 单月桂酸甘油酯标准储备液,备用。

② 系列标准溶液:将上述标准储备液用体积比为 1∶1 的乙腈-丙酮混合溶液稀释,配得单月桂酸甘油酯含量为 25 μg/mL、50 μg/mL、100 μg/mL、200 μg/mL、400 μg/mL 的系列标准溶液,备用。

③ 待测产品溶液:准确称取 0.01 g 左右的合成产品,在 50 mL 烧杯内用少量体积比为 1∶1 的乙腈-丙酮混合溶液溶解后,转移至 50 mL 容量瓶中,定容后摇匀备用。

(4) 分析条件:

流动相:乙腈-丙酮(1∶1)。流速:0.5 mL/min。色谱柱:C_{18}柱(4.6 mm×150 mm,5 μm)。柱温:40 ℃。

(5) 样品测定:

① 标准溶液色谱分析:等待仪器稳定后,用液相微量进样器吸取约 60 μL 标准溶液依次进样,对系列标准溶液进行色谱分析。

② 产品溶液色谱分析:等待仪器稳定后,用液相微量进样器吸取约 60 μL 产品溶液进样,对产品溶液进行色谱分析。

(6) 数据处理:

① 根据系列标准溶液色谱数据,绘制单月桂酸甘油酯"浓度-峰面积"标准工作曲线,得到线性回归方程及相关系数。

② 根据产品溶液中单月桂酸甘油酯的峰面积值计算产品溶液中单月桂酸甘油酯的浓度,最后求出产品纯度。

四、注释

[1] 脂肪酶 Novozym 435 在 0~20 ℃下可保存一年。如果在振荡器内反应,脂肪酶 Novozym 435 可多次重复使用。

[2] 滤液各组分中,甘油沸点较高,不能通过蒸馏除去;残留的甘油在后续重结晶时不能除去,影响产品质量。

[3] 重结晶溶剂用量关系到最终产品的含量和产量。当石油醚用量较少时,重结晶并不能除去大部分月桂酸和二月桂酸甘油酯;而增加石油醚用量至 5 mL 左右时,即可除去较多月桂酸和二月桂酸甘油酯,同时也能使单月桂酸甘油酯损失较小,只经过一次洗涤即可使产品中单月桂酸甘油酯含量达 90%。

五、思考题

（1）酶是如何固定化的？酶固定化后有什么好处？

（2）对于该反应，酶催化法与传统的直接酯化法相比较有哪些改进？

5.14　α-呋喃丙烯酸的合成及含量测定

一、实验目的

（1）掌握由糠醛制备 α-呋喃丙烯酸的原理与方法。

（2）巩固溶液的配制与滴定等基本操作。

二、实验原理

α-呋喃丙烯酸（α-furanacrylic acid），化学品名为 3-(2-呋喃基)丙-2-烯酸，分子式为 $C_7H_6O_3$，相对分子质量为 138.12，白色粉末或针状结晶，见光后颜色变深，从黄色到咖啡色，熔点为 142～144 ℃，沸点为 286 ℃，112 ℃时可在高真空中升华；微溶于水，可溶于乙醇、乙醚、苯和乙酸等，不溶于二硫化碳和石油醚中，能随水蒸气挥发。α-呋喃丙烯酸是重要的有机合成中间体，可用来制备庚酮二酸、庚二酸、乙烯呋喃及其酯类，在医药工业上用于合成防治血吸虫病药呋喃丙胺，其衍生物酯类是重要的香料，广泛用于食品、化妆品和香精中。

α-呋喃丙烯酸可用 Perkin 反应来制备，催化剂通常是相应酸酐的羧酸盐（钠或钾盐），也可以用碳酸钾或叔胺。

$$\text{(呋喃环)}-CHO + (CH_3CO)_2O \xrightarrow{K_2CO_3} \xrightarrow{H^+} \text{(呋喃环)}-\underset{H}{C}=CHCOOH$$

三、实验步骤

1. α-呋喃丙烯酸的制备

在 100 mL 圆底烧瓶中，依次加入 5 mL 新蒸的呋喃甲醛[1]、14 mL 新蒸的乙酸酐和 6 g 无水碳酸钾，装上空气冷凝管和干燥管[2]，磁力搅拌加热回流 1.5 h，注意平稳回流[3]，防止严重焦化。反应结束后，搅拌下趁热将反应物倒入盛有 80 mL 蒸馏水的烧杯中，用固体碳酸钠中和 α-呋喃丙烯酸，调至弱碱性，加入少量活性炭后煮沸 5～10 min，趁热过滤。滤液在冰水浴中边搅拌边滴加 20％盐酸至 pH 值约为 3（或使刚果红试纸变蓝），使 α-呋喃丙烯酸完全析出，抽滤[4]，用少量蒸馏水洗涤两次。粗产品用适量乙醇水溶液（1∶3）重结晶，抽滤，洗涤，尽量抽干。将产品移到贴有标签的表面皿上，在红外灯下烘干（需要 3～5 min）[5]。将产品用研钵研细，装入称量瓶中供纯度测定用。

2. α-呋喃丙烯酸的含量测定

1) 0.1 mol/L NaOH 标准溶液的标定

用减量法准确称取 0.2～0.3 g 邻苯二甲酸氢钾基准物质两份,分别放入两个 250 mL 锥形瓶中,加入 20～30 mL 去离子水使之溶解(必要时可加热),加入 2～3 滴酚酞指示剂,用 0.1 mol/L NaOH 标准溶液滴定至呈微红色,半分钟内不退色,即为终点。计算每次标定的 NaOH 标准溶液的浓度、平均浓度及相对偏差。

2) α-呋喃丙烯酸产品含量的测定

准确称取产品 0.27～0.35 g 两份,用 20～30 mL 乙醇水溶液(1∶1)溶解,加入 2～3 滴酚酞指示剂,用 0.1 mol/L NaOH 标准溶液滴定至呈微红色,半分钟内不退色,即为终点。平行测定两次,计算每次所测样品中 α-呋喃丙烯酸的质量分数、平均值及相对偏差。

四、注释

[1] 呋喃甲醛存放过久会被氧化聚合,变成棕黑色,甚至黑色,因此使用前需蒸馏提纯,收集 155～162 ℃的馏分。但最好在减压下以氮气鼓泡蒸馏,收集 54～55 ℃/17 mmHg 的馏分。若呋喃甲醛为淡红色透明液,可以不经处理,直接使用。

[2] 因乙酸酐易水解,所用玻璃仪器需充分干燥。

[3] 反应开始时,加热速度不宜太快,防止产生的泡沫冲出烧瓶(由于逸出二氧化碳,最初有泡沫出现)。

[4] 在减压过滤较强酸性溶液时,为防止穿滤,最好使用两层滤纸。

[5] 把样品在红外灯下干燥好后,马上置于干燥器中冷却至室温再称量。

五、思考题

(1) 设计一套合成(*E*)-3-苯基丙烯酸的合成路线及实验方案。

(2) 长时间加热有机物时,为防止产品焦化严重,应该采取哪些措施?

第6章　特殊技术与合成

6.1　有机电解合成

有机电解合成是利用电解反应来合成有机化合物。有机电解合成技术以其无污染、节能、转化率高、产物分离简单等优点，日益为化学、化工界所重视。

1849年，柯尔贝(Kolbe)发现了阳极偶合反应，他在电解脂肪酸盐时得到偶联产物，此反应就是著名的Kolbe反应。虽然早在170多年前，人们就发现电解技术可以用来合成有机化合物，但是长期以来，有机电解合成的研究主要限于实验室，直到20世纪60年代，才出现转机。1961年，美国化学家贝泽(M. M. Baizer)成功地用电解技术合成制造尼龙-66的中间体——己二腈，电极反应式为

$$2CH_2{=}CHCN + 2H_2O + 2e \longrightarrow NC(CH_2)_4CN + 2OH^-$$

1965年，美国孟山都公司(Monsanto Co.)采用该技术建成1.2万吨/年规模的己二腈电解合成厂，没过多久，生产规模扩大到15万吨/年。几乎就在同一时期，美国纳尔科化学公司(Nalco Chemical Co.)也采用电解技术合成出汽油抗震剂——四乙基铅，并建成1.3万吨/年规模的四乙基铅电解合成厂。从此，有机电解合成研究便进入一个崭新的历史发展时期，英国、德国及日本相继建成己二腈电解合成工厂，许多国家的化工企业先后利用电解技术开发出许多有机产品合成新工艺。例如，由萘电解合成萘-2-酚、由水杨酸电解合成水杨醛、由硝基苯电解合成对氨基酚、由对硝基苯甲酸电解合成对氨基苯甲酸等，至今已投产的有机电解合成产品已愈百种。近30年来，我国化学工作者也利用电解技术开发出10余种有机电解合成产品，如L-半胱氨酸、二茂铁、对氟苯甲醛、对甲基苯甲醛等。由于应用有机电解合成技术进行有机反应，条件温和、易于控制，而且在反应中所消耗的试剂主要是干净的“电子试剂”，在保护环境、建立绿色家园的呼声越来越高涨的今天，有机电解合成方法也就越来越受到青睐。

6.1.1　碘仿的制备

一、实验目的

(1) 了解电化学方法在有机合成上的应用。

(2) 初步掌握进行电化学有机合成的基本操作。

二、实验原理

电化学有机合成就是利用电解来合成有机化合物。它具有转化率高、产物分离简单、对环境污染少等优点。电化学反应分为阳极氧化和阴极还原两大类，根据反应的过程可分为直接法和间接法。

本实验用电解碘化钾和丙酮水溶液来合成碘仿。其原理如下：电解液中的碘离子在阳极被氧化成碘，碘在碱性介质中生成次碘酸根(IO^-)，次碘酸根与丙酮反应生成碘仿。反应式如下。

阴极： $2H^+ + 2e \longrightarrow H_2$

阳极： $2I^- - 2e \longrightarrow I_2$

$I_2 + 2OH^- \rightleftharpoons IO^- + I^- + H_2O$

$CH_3COCH_3 + 3IO^- \longrightarrow CHI_3\downarrow + CH_3COO^- + 2OH^-$

副反应： $3IO^- \longrightarrow IO_3^- + 2I^-$

由于电解液是水溶液，水可作为阴极的质子源，本反应中间体或产物都不会被阴极还原，因此两极之间不需要隔膜，这样电解槽就简单多了。

三、实验步骤

用1只150 mL小烧杯作电解槽，用4根1号电池碳棒作电极[1]，两两并联分别作为阴极和阳极，把它们垂直固定在有机玻璃板或硬纸板上，两极间距约3 mm，再盖在烧杯上[2]。石墨棒下端距杯底1～1.5 cm，以便于磁力搅拌。选用0～12 V可调的稳压电源作为电解电源，接好电解装置，如图6-1、图6-2所示。

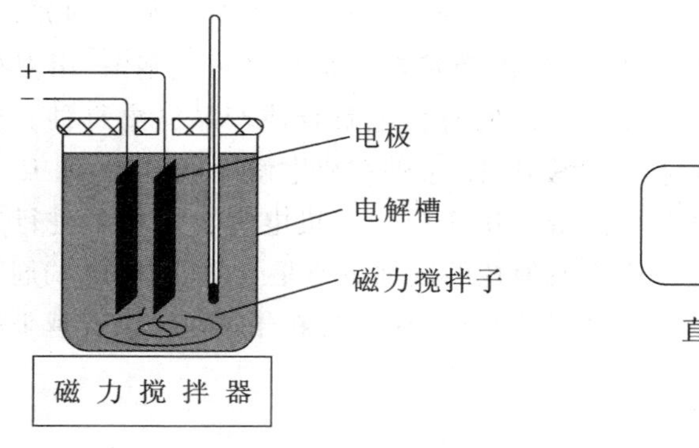

图6-1 电解槽示意图

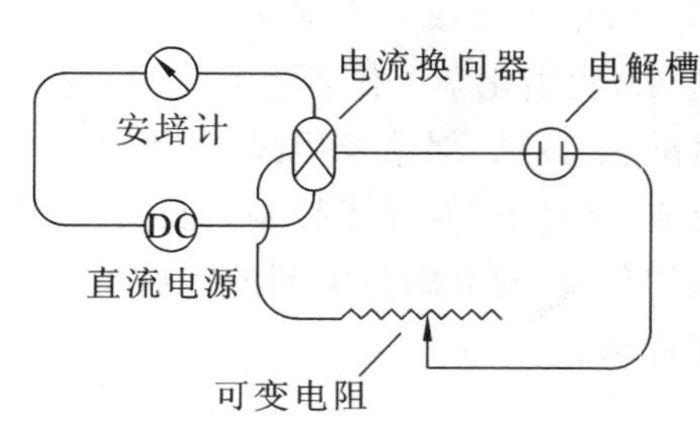

图6-2 电解反应线路图

在烧杯中加100 mL水、3.3 g KI和1.0 mL丙酮。开动磁力搅拌器[3]使KI溶解，接通电源，将电流调至1 A[4]并尽量保持恒定，这时电解槽阳极周围会有晶体——碘仿析出[5]。在电解过程中，电极表面会逐渐蒙上一层不溶性产物，使电解电流降低。这时，可以通过换向器改变电流方向(约15 min改变一次)，使电解电流保持恒定。在室温下电解 1 h，切断电源，停止反应，再搅拌 1～2 min，然后抽滤，滤饼用少量水洗涤两次，在空气中自然干燥后，即得粗产品。粗产品用乙醇重结晶后得到纯品，产品经晾干后，称重、测熔点，计算产率。

纯碘仿为黄色晶体，熔点为 119 ℃，能升华，不溶于水。

本实验约需 4 h。

四、注释

[1] 将旧的 1 号电池的石墨棒拆出来做电极。也可用其他石墨棒，其表面积越大，反应速率越快。

[2] 阴、阳两极间距离近，可减小电解槽间的电解压，但两极又不可接触(短路)。

[3] 也可采取人工搅拌，但搅拌时要避免两个电极碰在一起，可用 1 个半圆形玻璃搅拌圈，将阳极(或阴极)插入其中，反应时，上下拉动搅拌圈，可达到搅拌目的。

[4] 电合成要求保持适当的电流密度。若电极表面积比 2 根 1 号电池石墨棒的表面积大或小，控制的电流也应相应变动。

[5] 纯净的碘仿为黄色晶体，但用石墨作电极时，析出的晶体呈灰绿色，需要精制。

五、思考题

(1) 本电解实验过程中，为什么电解液的 pH 值会逐渐增大？

(2) 除用重结晶法提纯碘仿外，还可用什么方法提纯？

6.1.2　二十六烷的制备

一、实验目的

(1) 了解 Kolbe 电解反应的原理。

(2) 初步掌握进行电化学有机合成的基本操作。

二、实验原理

在 Kolbe 阳极偶合反应中，一般用水或甲醇作溶剂，在水中电解时，宜采用高浓度羧酸溶液，并掺入少量钠盐，反应温度保持在室温，以铂为电极，在高电流密度下进行反应。由于甲醇是良好的有机溶剂，对于许多有机酸而言，甲醇是比较适合的溶剂。在以甲醇为溶剂的电解反应中，通常将羧酸溶于含有一定量甲酸钠的甲醇中，在铂箔电极间电解。电解时，羧酸根趋至阳极，在那里放出二氧化碳，发生烷基偶联反应。钠离子在阴极还原后，再与溶剂反应生成甲醇钠，使电极反应继续进行，直至原料全部参与反应。产物分子中的碳原子数正好是原来脂肪酸分子中烷基碳原子数的两倍。本实验就是利用 Kolbe 反应原理来制取二十六烷。其反应式如下：

$$2CH_3(CH_2)_{12}COO^- \xrightarrow{-2e} CH_3(CH_2)_{24}CH_3 + 2CO_2 \uparrow$$

三、实验步骤

取 0.1 g 金属钠，溶于 45 mL 甲醇中，并将此溶液倒入圆柱形电解槽中（也可用 100 mL 烧杯代替）。再加入 5 g 十四酸，待其溶解后，插入铂箔电极，其电极的面积约为 3 cm×2 cm，两极间距可保持在 3 mm 左右[1]。电极经过可变电阻、电流换向器及安培计与 0～12 V 直流电源[2]相连接，参见图 6-2。

开启搅拌器，接通电源，将电流调至 1 A，并注意随时调整，尽量保持恒定。在电解过程中，电极表面会逐渐蒙上一层不溶性沉积物，使电流降低。此时，可使用电流换向器改变电流的方向（约 15 min 换向一次）。在电解过程中，电解槽外用冷水浴冷却，使反应温度保持在 25 ℃左右。当电解液呈微碱性（pH 7.5～8，可用精密 pH 试纸检测）时，关闭电源，用几滴乙酸中和电解槽内反应物，然后在减压下蒸出大部分溶剂。

将剩余物倒入水中，用乙醚萃取三次（10 mL×3），合并萃取液，并依次用 5%氢氧化钠溶液和水洗涤[3]，经硫酸镁干燥后，蒸出溶剂。剩余物用石油醚重结晶，干燥，称重并测熔点，计算产率。

二十六烷的熔点为 57～58 ℃。

本实验约需 4 h。

四、注释

[1] 为了减少电流通过介质所造成的损失，两电极应尽可能地靠近，但又不能碰到一起，以防短路。

[2] 如果使用交流电，可用整流器整流。

[3] 如果反应不完全，用碱液洗涤时，会有十四酸钠析出，过滤除去即可。

五、思考题

(1) 本电解反应为什么以电解液呈微碱性作为反应的终点？

(2) 电解反应结束后，先蒸出溶剂，接着进行萃取、碱洗、水洗等操作，目的是什么？

(3) 洗涤过程中遇到乳化现象时如何处理？

6.2　有机光化学合成

绝大多数的有机化学反应在进行时需要提供能量，即使放热反应也是如此，否则无法克服活化能垒，保持一定的反应速率。常用的能量是热量，而光化学反应主要靠反应体系吸收光能。

早在 1843 年，Drape 就发现氢气与氯气可发生光化学反应。1908 年 Ciamician 利用地中海地区的强烈的阳光进行各种化合物光化学反应的研究，只是当时对反应产物的结构还不能鉴定。到 20 世纪 60 年代前期，已经有大量的有机光化学反应被发现；20 世纪 60 年代后期，随着量子化学在有机化学中的应用和物理测试手段的突破（主要是激光技术与电子技术），光化学开始飞速发展。

光化学反应与热化学反应的主要区别有两点：①热化学反应是分子基态时的反应，反应物分子没有选择性地被活化，而光化学反应中，光能的吸收具有严格的选择性，一定波长的光只能激发特定结构的分子；②光化学反应中分子所吸收的光能远超过一般热化学反应可以得到的能量，因此有些加热难以进行的反应，可以通过光化学反应进行。另外，光是一种非常特殊的生态学上清洁的“试剂”；光化学反应条件一般要比热化学反应温和；有机化合物在进行光化学反应时，不需要进行基团保护；在常规合成中，可通过插入一步光化学反应大大缩短合成路线。因此，光化学在合成化学中，特别是在天然产物、医药、香料等精细有机合成中具有特别重要的意义。

通常能引起化学反应的光为紫外光和可见光，其波长范围为 200～700 nm。能发生光化学反应的物质一般具有不饱和键，如烯烃、醛、酮等。

紫外光和可见光对有机分子的照射可以引起分子中电子的跃迁，即将原来在成键轨道或非键轨道上的电子激发到能级更高的反键轨道上，从而使原来的基态分子变成激发态分子。

如果一个分子中所有的电子都是配对的，这个分子是没有磁矩的，它在磁场中只有一种状态，称为单线态（singlet，简记 S）；如果分子中有两个自旋平行的不成对电子，就会产生磁矩，在磁场中可以有三种状态，故称为三线态（triplet，简记 T）。绝大多数有机分子在基态时是单线态（基态单线态记为 S_0），当吸收一定波长的光而受激发时，由于电子跃迁过程中电子自旋方向不变，因此总是产生激发单线态（分子的这个第一激发态记为 S_1）。但是激发单线态很不稳定，很快会发生激发电子自旋方向的倒转，变成热力学上比较稳定的三线态（激发三线态记为 T_1），由激发单线态向三线态转化的过程称为系间窜跃（inter system crossing，简记 ISC）。激发的单线态 S_1 可通过发出荧光释放出原来所吸收的光子能量，从而恢复到基态 S_0，如图 6-3 所示。

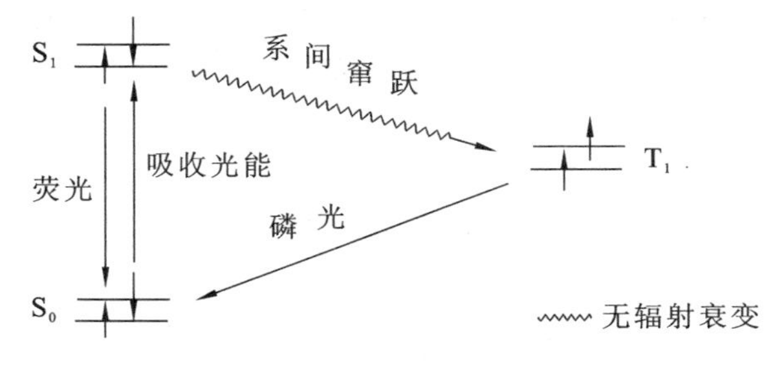

图 6-3　光能转换示意图

三线态 T_1 可通过发出磷光(波长较荧光要长)恢复到基态,也可通过无辐射跃迁,放出能量,返回基态。这两种途径都涉及自旋方向的转变,因而比较困难,需要一定的时间,故三线态比单线态的寿命要长。许多光化学反应都是当反应物分子处于激发三线态时发生的,因此,三线态在光化学中特别重要。例如,二苯甲酮的光化学还原反应就属于此类。不过,也有的光化学反应发生在激发单线态。

6.2.1 苯频哪醇和苯频哪酮的制备

一、实验目的

(1) 学习光化学合成的基本原理,初步掌握光化学合成实验技术。

(2) 巩固有机溶剂重结晶的基本操作,掌握苯频哪醇和苯频哪酮的合成方法。

二、实验原理

1. 频哪醇的合成

频哪醇(又称片呐醇)是有机合成中的重要中间体,广泛用于农药、医药等精细化工产品的合成,尤其是不对称的频哪醇是天然产物合成的重要中间体。

频哪醇的制备通常采用羰基化合物的还原偶联,其中又可分为光化学还原偶联、电化学还原偶联和金属试剂(或金属配合物)还原偶联三种。

(1) 光化学还原偶联:

$$\mathrm{PhC(=O)Ph} + \mathrm{(CH_3)_2CHOH} \xrightarrow{h\nu} \mathrm{Ph{-}C(OH)(Ph){-}C(OH)(Ph){-}Ph} + \mathrm{CH_3C(=O)CH_3}$$

当二苯甲酮的羰基受光激发后,会发生两种不同的跃迁,即 $n \to \pi^*$ 和 $\pi \to \pi^*$ 跃迁,因 $n \to \pi^*$ 比 $\pi \to \pi^*$ 跃迁能量低得多,故羰基化合物的光化学反应多是由 $n \to \pi^*$ 跃迁引起的。

实验证明,二苯甲酮的光化学反应是二苯甲酮的 $n \to \pi^*$ 三线态(T_1)的反应。当二苯甲酮受光激发,原子中非键轨道上的 n 电子发生 $n \to \pi^*$ 跃迁,使羰基呈现双游离基性质。这种活泼的双游离基很容易从溶剂分子(如异丙醇)中获取一个氢原子,形成单游离基,一旦两个单游离基相遇,便会偶联成为苯频哪醇。反应机理如下:

$$\mathrm{Ph{-}C(=O){-}Ph} \xrightarrow{h\nu} \left[\mathrm{Ph{-}\dot{C}(O^{\cdot}){-}Ph}\right](S_1)$$

$$\mathrm{Ph{-}\dot{C}(O^{\cdot}){-}Ph} \xrightarrow{\mathrm{ISC}} \left[\mathrm{Ph{-}\dot{C}(O^{\cdot}){-}Ph}\right](T_1)$$

$$[\mathrm{Ph{-}\dot{C}(O^{\cdot}){-}Ph}](T_1) + \mathrm{(CH_3)_2CH{-}OH} \longrightarrow \mathrm{Ph{-}\dot{C}(OH){-}Ph} + \mathrm{(CH_3)_2\dot{C}{-}OH}$$

$$\mathrm{(CH_3)_2\dot{C}{-}OH} + \mathrm{Ph{-}C({=}O){-}Ph} \longrightarrow \mathrm{Ph{-}\dot{C}(OH){-}Ph} + \mathrm{(CH_3)_2C{=}O}$$

$$2\,\mathrm{Ph{-}\dot{C}(OH){-}Ph} \longrightarrow \mathrm{Ph{-}C(OH)(Ph){-}C(OH)(Ph){-}Ph}$$

(2) 金属试剂还原偶联：

$$2\,\mathrm{(C_6H_5)_2C{=}O} \xrightarrow{\mathrm{Mg, I_2}} \mathrm{(C_6H_5)_2C{-}O \atop (C_6H_5)_2C{-}O}\!\!>\!\mathrm{Mg} \xrightarrow{\mathrm{H_2O}} \mathrm{(C_6H_5)_2C(OH){-}C(OH)(C_6H_5)_2}$$

2. 频哪酮的合成

$$\mathrm{(C_6H_5)_2C(OH){-}C(OH)(C_6H_5)_2} \xrightarrow{\mathrm{H^+}} \mathrm{(C_6H_5)_2C(OH){-}C(C_6H_5)_2{-}{}^{+}OH_2} \xrightarrow{-\mathrm{H_2O}} \mathrm{(C_6H_5)_2C(OH){-}C^{+}(C_6H_5)_2} \longrightarrow$$

$$\mathrm{C_6H_5{-}C^{+}(OH){-}C(C_6H_5)_3} \xrightarrow{-\mathrm{H^+}} \mathrm{(C_6H_5)_3C{-}C({=}O){-}C_6H_5}$$

三、实验步骤

1. 频哪醇的合成

方法一　光化学法合成苯频哪醇

在 10 mL 试管中加入 0.5 g 二苯甲酮(0.0025 mol)和 3 mL 异丙醇，在温水浴(约 40 ℃)中加热，使二苯甲酮溶解。向试管中滴加一滴冰乙酸，充分摇荡后，再补加异丙醇至试管口，以使反应尽量在无空气条件下进行。用玻璃塞[1]将试管塞住，置试管于烧杯中,并放在光照良好的窗台上,光照一周至试管内有大量白色晶体析出。经过滤干燥后得苯频哪醇粗产物,粗产物可用冰乙酸作溶剂进行重结晶,干燥后,称重。

方法二　超声“一锅法”合成苯频哪醇[2]

将0.6 g镁屑、8 mL乙醚、10 mL苯、2.5 g碘及2.8 g二苯酮依次加入锥形瓶中[3],启动超声波清洗器(Branson-CQX超声波清洗器,500 W,25 kHz,上海Branson超声波仪器厂),将反应瓶置于清洗槽能量最高点,使反应瓶中的液面略低于清洗槽中的水面,于25～27 ℃反应30 min,溶液颜色先变浅,后变为深红色,停止反应。待过量的镁屑沉降后,过滤除去镁屑(实验后回收镁屑,洗净烘干,重约0.2 g),向溶液中加入适量的3 mol/L盐酸及少许亚硫酸氢钠[4],充分振荡,分解苯频哪醇的镁盐。除去水层,有机层经水洗后蒸去3/4溶剂,冰水浴中冷却,析出苯频哪醇结晶。抽滤后用3 mL冷乙醇加10 mL石油醚配成的混合液将产品洗至无色,干燥后得白色晶体,产率为60%～80%。

2. 频哪酮的合成

将粗产物加入10 mL圆底烧瓶中,并加入适量的冰乙酸及1～2粒细小的碘晶体。加入沸石,回流1～2 min,使晶体完全溶解成红色溶液,继续回流5 min。冷却,加5 mL 95%乙醇稀释,抽滤,收集固体产物。用95%乙醇洗涤两次,晾干后称重。

本实验约需5 h。

注释

[1] 磨口塞必须用聚四氟乙烯生料带包裹,以防磨口连接处黏结,无法拆卸。

[2] 边延江,吴博,张德军,等. 超声“一锅法”合成苯频哪醇[J]. 化学教育,2004,(4):56。

[3] 本实验所用仪器和试剂(包括溶剂)必须干燥。

[4] 加入亚硫酸氢钠的目的是除去游离的碘,实验中可稍微多一些,半药匙即可。

思考题

(1) 在频哪醇合成实验中,如果反应前没有滴加冰乙酸,这会对实验结果有何影响?

(2) 简述碘在频哪醇重排反应中的作用。

6.2.2　鲁米诺的制备和鲁米诺的化学发光

一、实验目的

(1) 学习芳烃硝化反应的基本理论和硝化方法,加深对芳烃亲电取代反应的理解，进一步掌握重结晶操作技术。

（2）了解鲁米诺化学发光原理。

二、实验原理

3-硝基邻苯二甲酸(3-nitrophthalic acid)是制备化学发光剂鲁米诺的原料，经脱水后得到的3-硝基邻苯二甲酸酐可用于有机合成和醇类测定。邻苯二甲酸酐经直接硝化，既可获得3-硝基邻苯二甲酸，同时也会得到4-硝基邻苯二甲酸。在3-硝基邻苯二甲酸分子中，硝基对邻位羧基影响很大，它和羧酸会形成分子内氢键，加上相邻二羧基之间存在的分子内氢键，对整个羧酸分子的解离产生显著的抑制作用，从而导致其水溶性下降。在4-硝基邻苯二甲酸中，硝基与羧酸之间难以形成分子内氢键，因而，它在水中的解离度相对要大一些，水溶性也好一些。邻苯二甲酸酐硝化后产生的异构体正是利用它们在水溶性上的差异加以分离的。其反应式如下：

发烟 HNO_3，浓 H_2SO_4

$+NH_2NH_2$　$\triangle$，$-H_2O$　　$Na_2S_2O_4$

许多化学反应都是以热的形式释放能量，也有一些化学反应主要是以光的形式释放能量，鲁米诺(luminol)在碱性条件下与氧分子的作用就是一个典型的化学发光例子。一般认为，鲁米诺在碱性溶液中转变为二价负离子，后者与氧分子反应生成一种过氧化物，过氧化物不稳定而发生分解，导致形成一种具有发光性能的电子激发态中间体。其过程如下：

鲁米诺 —OH^-→ 二价负离子 —O_2→ 过氧化物 —分解，$-N_2$→ 三线态二价负离子

—系间窜跃→ 单线态二价负离子 —放出荧光→ 基态二价负离子

现已证实,发光体是3-氨基邻苯二甲酸盐二价负离子的激发单线态。当激发单线态返回至基态时,就会产生荧光。激发态中间体也可将能量传递至激发态能量较低的受体分子,受激发的受体分子再通过发出荧光释放能量恢复到基态。不同受体分子的激发态能量的差异使其发出的荧光各不相同,这些现象在本实验中可观察得到。

三、实验步骤

1. 3-硝基邻苯二甲酸的合成

在100 mL三口烧瓶上,配置磁力搅拌器、温度计、冷凝管和滴液漏斗,加12 mL浓硫酸和12 g邻苯二甲酸酐。加热并开动搅拌器,当反应混合物温度升至80 ℃时停止加热。将10 mL发烟硝酸自滴液漏斗慢慢滴入烧瓶中,滴加速度以维持反应混合物温度在100～110 ℃为宜[1]。

加完硝酸后,继续加热并搅拌1 h,温度控制在100 ℃。然后,让反应液冷却。在通风橱中将反应液慢慢倒入盛有40 mL冷水的烧杯中[2]。当有固体析出时,倾去酸液,再向烧杯中加入10 mL水,用玻璃棒充分搅拌,使副产物4-硝基邻苯二甲酸溶于水。过滤,收集固体,即得到3-硝基邻苯二甲酸粗产物[3]。

3-硝基邻苯二甲酸粗产物可用水重结晶,在重结晶时,每克粗产物约需2.3 mL的水。产物熔点为215～218 ℃。

2. 鲁米诺的合成

将1.3 g 3-硝基邻苯二甲酸和2 mL10%水合肼置于100 mL二口烧瓶中,加热溶解[4]。然后加入4 mL二缩三乙二醇,将二口烧瓶固定在铁架台上,加入沸石,插入温度计,用导管将烧瓶通过安全瓶与水泵相连。打开水泵,加热烧瓶,瓶内反应物剧烈沸腾,蒸出的水蒸气由导管抽走。大约5 min后,温度快速升至200 ℃以上。继续加热,使反应温度维持在210～220 ℃约2 min。打开安全瓶上的活塞,使反应体系与大气相通,停止加热和抽气[5]。让反应物冷却至100 ℃,加入20 mL热水(加热后再冷却,所获粗产物容易过滤),进一步冷却至室温,过滤,收集浅黄色晶体,即得到5-硝基邻苯二甲酰肼中间体,中间体不需要干燥即可用于下一步的反应。

将5-硝基邻苯二甲酰肼中间体转入烧杯中,加入6.5 mL 10%氢氧化钠溶液,用玻璃棒搅拌使固体溶解。加入4 g二水合连二亚硫酸钠,然后加热至沸并不断搅拌,保持沸腾5 min。稍冷却,加入2.6 mL冰乙酸,继而在冷水浴中冷却至室温,有大量浅黄色晶体析出。抽滤,水洗三次,再抽干,收集终产物5-硝基邻苯二甲酰肼(鲁米诺)。取少许样品,干燥后测定熔点(熔点为319～320 ℃)。

3. 发光反应

在250 mL锥形瓶中,依次加入15 g氢氧化钾、25 mL二甲亚砜和0.2 g未经干燥的鲁米诺,盖上瓶塞,然后剧烈摇荡,使溶液与空气充分接触。此时,在暗处就能观察到从锥形瓶中发出的微弱蓝色荧光。继续摇荡并不时地打开瓶塞,让新鲜空气进入瓶内，瓶中的荧光会变得越来越亮。

若将不同荧光染料(1～5 mg)分别溶于 2～3 mL 水中，并加入鲁米诺二甲亚砜溶液中，盖上瓶塞，用力摇动，在暗室里可以观察到不同颜色的荧光。部分结果见表 6-1。

表 6-1　鲁米诺与不同荧光染料呈现的颜色

所加荧光材料	—	荧光素	二氯荧光素	若丹明 B	9-氨基吖啶	曙红
呈现的颜色	蓝白	黄绿	黄橙	绿	蓝绿	橙红

本实验约需 8 h。

四、注释

[1] 发烟硝酸是强腐蚀性试剂，应在通风橱中小心量取。若不慎溅到手上，可用水冲洗。

[2] 在将反应物倒入水中的过程中，会有有毒的一氧化氮气体逸出，操作时应在通风橱中进行。

[3] 洗涤液和母液合并后，经蒸发浓缩，可获得 4-硝基邻苯二甲酸。不过浓缩时要小心，当溶液变浓时，物质发生炭化。或者用乙醚对经过初步浓缩后的合并液进行萃取，然后蒸去乙醚，即可得到 4-硝基邻苯二甲酸，熔点为 165 ℃。

[4] 水合肼极毒并具有强腐蚀性，应避免与皮肤接触。

[5] 停止加热前，一定要先打开安全瓶上的活塞，使反应体系与大气相通，否则容易发生倒吸。

五、思考题

(1) 与氯苯硝化相比，邻苯二甲酸酐的硝化条件有什么不同？为什么？

(2) 为什么 4-硝基邻苯二甲酸在水中的溶解性要比 3-硝基邻苯二甲酸强？

(3) 鲁米诺化学发光的原理是什么？

(4) 本实验中在做鲁米诺发光演示时，为什么要不时打开瓶盖并剧烈摇荡？

6.2.3　偶氮苯的光化异构化及异构体的分离

一、实验目的

(1) 了解偶氮苯的制备及光学异构的原理。

(2) 掌握薄层色谱分离异构体的方法。

二、实验原理

偶氮苯有顺、反两种异构体，通常制得的是较为稳定的反式异构体。反式偶氮苯在光的照射下能吸收紫外光形成活化分子。活化分子失去过量的能量回到顺式或反式基态,得到顺式和反式异构体。

$$C_6H_5-N=N-C_6H_5 \xrightarrow{h\nu} \text{活化分子} \longrightarrow \underset{\text{顺式}}{C_6H_5-N=N-C_6H_5} + \underset{\text{反式}}{C_6H_5-N=N-C_6H_5}$$

生成的混合物的组成与所使用的光的波长有关。当用波长为 365 nm 的紫外光照射偶氮苯的苯溶液时,生成物中 90%以上为热力学不稳定的顺式异构体;若在日光照射下,则顺式异构体仅稍多于反式异构体。反式偶氮苯的偶极矩为 0,顺式偶氮苯的偶极矩为 3.0 D。两者极性不同,可借薄层色谱把它们分离开,分别测定它们的 R_f 值。

三、实验步骤

1. 光化异构化

取 0.1 g 偶氮苯,溶于 5 mL 左右的苯中,将溶液分成两等份,分别装于两支试管中,其中一支试管用黑纸包好放在阴暗处,另一支则放在阳光下照射 1 h,或用波长为 365 nm 的紫外光照射 0.5 h。

2. 异构体的分离——薄层色谱法

用毛细管分别取上述两支试管中的溶液点在薄层色谱上。用 1∶3 的苯-环己烷溶液作展开剂[1],在层析缸中展开,计算顺式、反式异构体的 R_f 值。

本实验约需 5 h。

四、注释

[1] 也可用 1,2-二氯乙烷作展开剂。

五、思考题

(1) 在一定的操作条件下,为什么可利用 R_f 值来鉴定化合物?

(2) 在混合物薄层色谱中,如何判定各组分在薄层上的位置?

6.3 相转移催化合成

在有机合成中,通常均相反应容易进行,非均相反应难以发生。例如,在有机相与水相或无机盐共存的多相体系中,反应就十分困难。1951 年,M. J. Jarrousse 发现环己醇或苯乙腈在两相体系中进行烷基化时,季铵盐具有明显的催化作用。1965 年,M. Makosza 等人对季铵盐催化下的烷基化反应作了系统的研究,人们这才认识到,季铵盐具有一种奇特的性质,它能够使水相中的反应物转移到有机相中,从而加速反应，提高产率。后来，具有季铵盐这类性质的化合物就被称为相转移催化剂(phase transfer catalyst，缩写为PTC)。以卤代烷与氰化钠在季铵盐催化下的反应为例，其催化作用原理如下：

$$
\begin{array}{lccc}
\text{水 相} & Q^+X^- + Na^+CN^- & \rightleftharpoons & Q^+CN^- + Na^+X^- \\
 & \uparrow & & \downarrow \\
\text{有机相} & Q^+X^- + R\text{—}CN & \longleftarrow & Q^+CN^- + RX
\end{array}
$$

其中，Q^+为季铵盐阳离子，X^-为阴离子，Q^+X^-为季铵盐。

季铵盐阳离子Q^+既有亲油性，又具亲水性。当Q^+进入水相时，在水中与氰化钠交换阴离子，然后该交换了阴离子的催化剂Q^+CN^-以离子对形式转移到有机相中，即油溶性的催化剂的阳离子Q^+把阴离子CN^-带入有机相中，此阴离子在有机相中溶剂化程度大为减小，因而反应活性很高，能迅速地和底物(RX)发生反应。随后，催化剂阳离子带着阴离子X^-返回水相，如此连续不断地来回穿过界面转送阴离子，从而加速反应进程。

与传统方法相比，相转移催化合成法具有许多优点：能够加快反应速率，简化操作过程，降低反应温度，改变反应的选择性，抑制副反应而提高产率。

目前常用的相转移催化剂有三类：盐类、冠醚类和非环多醚类。

以季铵盐为代表的盐类化合物，价廉无毒，是上述三类相转移催化剂中应用最广泛的一种。在这类催化剂中，阳离子Q^+的体积要适中。若Q^+的体积太大，就会降低它在水中的溶解度；若Q^+的体积太小，它在水中的溶解度会增大，但在有机相中的溶解性差，这样会影响到相转移催化作用。通常，季铵盐分子中每个烷基的碳原子数为2～12。

冠醚的相转移催化作用是由于它对金属离子具有配位作用，同时自身又具有亲油性。它可以使无机化合物，如KOH、$KMnO_4$等溶解在有机溶剂中，因而增强其阴离子在非极性溶剂中的反应活性。不过，由于冠醚价格较贵、毒性较高，因而其应用受到一定的限制。

非环多醚类相转移催化剂的作用机理与冠醚类似。例如聚乙二醇(PEG)，当其呈弯曲状时，形如冠醚，对一些金属离子也具有一定的配位能力。一般相对分子质量在400～600的聚乙二醇，其弯曲结构的孔径大小适中，对金属离子的配位能力较强，相转移催化效果较好。

6.3.1 三乙基苄基氯化铵的制备

一、实验目的

(1) 学习相转移催化反应的基本原理。

(2) 了解相转移催化剂的应用及制备方法。

二、实验原理

常见的相转移催化剂有：季铵盐类，如三乙基苄基氯化铵、四丁基溴化铵等；冠醚类，如18-冠-6、二环己基-18-冠-6等。其他的相转移催化剂有开链聚醚，如聚乙二醇、聚乙醇醚等。本实验合成一种相转移催化剂三乙基苄基氯化铵，准备用于相转移催化反应实验。反应式：

$$C_6H_5—CH_2Cl + N(C_2H_5)_3 \longrightarrow C_6H_5—CH_2\overset{+}{N}(C_2H_5)_3Cl^-$$

三、实验步骤

在干燥的50 mL三口烧瓶上安装搅拌器[1]、温度计、回流冷凝管，将3.5 mL(0.025 mol)三乙胺[2]、2.8 mL(0.025 mol)氯化苄[3]、10 mL 1,2-二氯乙烷加入三口烧瓶中，用加热套加热，开动搅拌器，加热回流1.5 h。期间间歇振荡反应瓶。反应完毕，将反应液冷却，即析出白色晶体。抽滤，将滤饼压干，然后在红外灯下干燥，将烘干后的产品保存在装有无水氯化钙和石蜡的干燥器中备用[4]。滤液倒入指定的回收瓶中。产物产量约为5.0 g。

本实验约3 h。

四、注释

[1] 本实验若有条件用机械搅拌装置进行，则反应效果更好。

[2] 三乙胺有毒，有强刺激性，故取样及反应都应在通风橱中进行。

[3] 久置的氯化苄常伴有苄醇和水，因此应当采用新蒸馏过的氯化苄。

[4] 产品为季铵盐类化合物，极易在空气中受潮分解，需隔绝空气保存。另外，干燥器中放石蜡以吸收产物中残余的烃类溶剂。

五、思考题

以季铵盐为相转移催化剂的催化反应原理是什么？

6.3.2 (±)-苯乙醇酸的合成及拆分

一、实验目的

(1) 了解(±)-苯乙醇酸的制备原理和方法。

(2) 学习相转移催化合成的基本原理和技术。

(3) 巩固萃取及重结晶操作技术。

(4) 了解酸性外消旋体的拆分原理和实验方法。

二、实验原理

苯乙醇酸(俗称扁桃酸(mandelic acid),又称苦杏仁酸)可作医药中间体,用于合成环扁桃酸酯、扁桃酸乌洛托品及阿托品类解痛剂,也可用做测定铜和锆的试剂。

卡宾(H_2C:)是非常活泼的反应中间体,价电子层只有6个电子,是一种强的亲电试剂。卡宾的特征反应有碳氢键间的插入反应及对C═C和C≡C键的加成反应,形成三元环状化合物,二氯卡宾(Cl_2C:)也可对碳氧双键加成。产生二卤代卡宾的经典方法之一是由强碱(如叔丁醇钾)与卤仿反应,这种方法要求严格的无水操作,因而不是一种方便的方法。在相转移催化剂存在下,在水相-有机相体系中可以方便地产生二卤代卡宾,并进行烯烃的环丙烷化反应。这种方法不需要使用强碱和无水条件,实验操作很方便,同时还可缩短反应时间,提高产率。

本实验利用三乙基苄基氯化铵作为相转移催化剂,将苯甲醛、氯仿和氢氧化钠在同一反应器中进行混合,通过卡宾加成反应直接生成目标产物。反应式为

$$HCCl_3 + NaOH \longrightarrow Cl_2C: + NaCl + H_2O$$

$$C_6H_5CHO \xrightarrow{Cl_2C:} \text{2,2-二氯-3-苯基环氧乙烷} \xrightarrow{\text{重排}} C_6H_5CHClCOCl$$

$$\xrightarrow{OH^-} \xrightarrow{H^+} C_6H_5CH(OH)COOH$$

反应中三乙基苄基氯化铵作为相转移催化剂,其催化机理如下:

水相 $Q^+Cl^- + Na^+OH^- \rightleftharpoons Q^+OH^- + Na^+Cl^-$

$\downarrow$

$Q^+OH^- + CHCl_3$

$\downarrow$

有机相 $Q^+Cl^- + Cl_2C: \longleftarrow Q^+CCl_3^- + H_2O$

(Q^+Cl^- 由有机相返回水相)

$Cl_2C: \xrightarrow{C_6H_5CHO}$ 2,2-二氯-3-苯基环氧乙烷

需要指出的是,用化学方法合成的苯乙醇酸是外消旋体,只有通过手性拆分才能获得对映异构体。由于(±)-苯乙醇酸是酸性外消旋体,故可以用碱性旋光体作拆分剂,一般用(－)-麻黄碱。拆分时,(±)-苯乙醇酸与(－)-麻黄碱反应形成两种非对映异构的盐,进而可以利用其物理性质(如溶解度)的差异对其进行分离。

三、实验步骤

1. (±)-苯乙醇酸的合成

在100 mL三口烧瓶上配置搅拌器、冷凝管、滴液漏斗和温度计。依次加入5.1 mL苯甲醛、8 mL氯仿和0.5 g三乙基苄基氯化铵,水浴加热并搅拌[1]。当温度升至56 ℃时,开始自滴液漏斗中加入17.5 mL 30%氢氧化钠溶液,滴加过程中保持反应温度在60～65 ℃,约10 min滴毕,继续搅拌40 min,反应温度控制在65～70 ℃。反应完毕后,用50 mL水将反应物稀释并转入150 mL分液漏斗中,用乙醚连续萃取两次(15 mL×2),合并醚层,用50%硫酸酸化水相至pH值为2～3,再用乙醚萃取两次(20 mL×2),合并所有醚层并用无水硫酸镁干燥,水浴下蒸去乙醚,即得苯乙醇酸粗品。将粗品置于25 mL烧瓶中,加入少量甲苯[2],回流。沸腾后补充甲苯至晶体完全溶解,趁热过滤,静置母液,待晶体析出后过滤。(±)-苯乙醇酸的熔点为120～122 ℃。

2. (±)-苯乙醇酸的拆分

称取2 g市售盐酸麻黄碱,用10 mL水溶解,过滤后在滤液中加入0.5 g氢氧化钠,使溶液呈碱性。然后用乙醚对其萃取三次(10 mL×3),醚层用无水硫酸钠干燥,蒸去溶剂,即得(－)-麻黄碱。

在50 mL圆底烧瓶中加入2.5 mL无水乙醚、1.5 g(±)-苯乙醇酸,使其溶解。缓慢加入(－)-麻黄碱乙醇溶液(1.5 g麻黄碱与10 mL乙醇配成),在85～90 ℃水浴中回流1 h。回流结束后,冷却混合物至室温,再用冰浴冷却使晶体析出。析出晶体为(－)-麻黄碱-(－)-苯乙醇酸盐,(－)-麻黄碱-(＋)-苯乙醇酸盐仍留在乙醇中。过滤即可将其分离。

(－)-麻黄碱-(－)-苯乙醇酸盐粗品用2 mL无水乙醇重结晶,可得白色粒状晶体,熔点为166～168 ℃。将晶体溶于10 mL水中,滴加约0.5 mL浓盐酸使溶液呈酸性,用乙醚对其萃取三次(5 mL×3),合并醚层并用无水硫酸钠干燥,蒸去有机溶剂后即得(－)-苯乙醇酸。熔点为131～133 ℃,α_D^{20}为－153°。

将(－)-麻黄碱-(＋)-苯乙醇酸盐的乙醇溶液加热除去有机溶剂,用10 mL水溶解残余物,再滴加浓盐酸约0.5 mL使固体全部溶解,用乙醚对其萃取三次(5 mL×3),合并醚层并用无水硫酸钠干燥,蒸去有机溶剂后即得(＋)-苯乙醇酸。熔点为131～134 ℃,α_D^{20}为＋154°。

本实验约需10 h。

四、注释

[1] 此反应是两相反应，剧烈搅拌反应混合物，有利于加速反应。

[2] 重结晶时，甲苯的用量为 3～4 mL。

五、思考题

(1) 以季铵盐为相转移催化剂的催化反应原理是什么？

(2) 本实验中若不加季铵盐，会产生什么后果？

(3) 反应结束后，为什么要先用水稀释，后用乙醚萃取？

(4) 反应液经酸化后为什么再次用乙醚萃取？

6.3.3　2,4-二硝基苯磺酸钠的合成

一、实验目的

(1) 学习相转移催化合成的基本原理。

(2) 掌握聚乙二醇类催化剂在非均相反应中的作用机理和实验技术。

二、实验原理

2,4-二硝基苯磺酸钠是制备酸性染料和活性染料的重要中间体。以 2,4-二硝基氯苯为原料，在氯化镁催化下与亚硫酸氢钠反应可以制得 2,4-二硝基苯磺酸钠。不过，由于这个反应是在非均相条件下进行，反应时间较长，收率较低，一般只有50%～60%。本实验以聚乙二醇(PEG)-400 为相转移催化剂，可以使 2,4-二硝基氯苯的磺化反应收率提高至 70%～87%。

反应式如下：

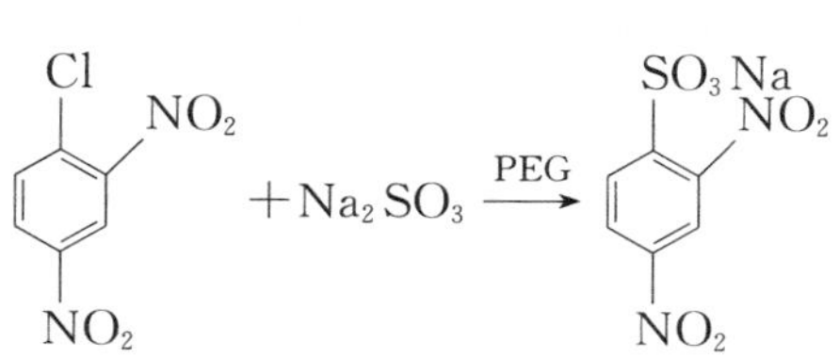

Cl　NO_2　NO_2

$$+Na_2SO_3 \xrightarrow{PEG}$$

SO_3Na　NO_2　NO_2

三、实验步骤

在 100 mL 三口烧瓶上，装配磁力搅拌器、冷凝管、滴液漏斗和温度计。向瓶中加入 3.5 g 2,4-二硝基氯苯[1]、12.5 mL 水、0.2 g PEG-400[2]和 0.8 g 碳酸氢钠。加热至 60 ℃，搅拌 10 min。然后在搅拌下自滴液漏斗向反应液中滴加 17.5 mL16%亚硫酸钠溶液。大约 10 min 滴加完毕，在 60～65 ℃下，继续搅拌 1.5 h。

将反应液倒入烧杯,加入 7.5 g 氯化钠,搅拌至氯化钠全部溶解,静置冷却至室温,析出黄色晶体,抽滤后干燥,即得 2,4-二硝基苯磺酸钠粗品。

粗产物中含有少量氯化钠,可用乙醇重结晶除去,干燥后称重,计算产率。

本实验约需 4 h。

四、注释

[1] 2,4-二硝基氯苯有毒,应避免直接触及皮肤。

[2] 也可以用 TEBAC 替代 PEG-400 作相转移催化剂,其催化效能差不多。不过用 PEG-400 要经济一些。

五、思考题

(1) 简述以聚乙二醇作催化剂的相转移催化反应原理。

(2) 聚乙二醇相对分子质量的大小与相转移催化反应性能有什么关系?

6.4 微波技术在化学合成中的应用

一、微波辐射与加热

微波辐射区位于电磁光谱中红外线辐射区与无线电辐射区之间,其波长一般在 1 mm~1 m,相应的频率在 0.3~300 GHz。一般来说,为了避免干扰,工业和家用的用于加热的微波装置的波长一般控制在 12.2 cm,频率控制在 2.450(±0.050) GHz。微波技术早已应用于无机化学,但直到 20 世纪 80 年代中期才应用于有机化学,其发展缓慢主要是由于这种技术缺乏可控制性、可重复性,安全因素以及人们对微波介电加热本质的了解不足等。

一般来说,大多数的有机反应需要用传统的加热装置加热,如油浴、沙浴、电热套等。然而,这些加热方式都很慢,并且会在样品中出现温度梯度。另外,局部温度过高会导致产物、底物和试剂发生分解。相对而言,用微波介电加热时,微波能量可以从距离反应容器很远的能量源直接作用于反应物。微波辐射可以通过容器壁只对反应物和溶剂加热,而不对反应容器本身加热。在加压条件下,可以使溶剂的温度迅速上升到其常压下沸点之上。

二、微波技术在有机合成中的发展

最近 30 年里,微波辅助的有机合成得到了广泛发展,人们研究了微波辅助的几乎所有类型的有机化学反应。研究表明,微波可以加速许多有机反应,甚至可以使某些在传统加热条件下不发生的反应得以实现。目前,微波化学的研究重点已经从早期的探讨、尝试不同类型反应转向研究微波作用的本质和微波技术在高效合成的应用上。一方面,化学家和微电子学家已经开始关注在微波辅助的有机化学反应中微波作用的本质，即是否存在特殊的“微波效应”（也称“非热效应”）的研究；另一方面，化学家已经将微波技术在有机合成应用中的研究重点转移到对反应选择性的影响上。

三、微波技术在有机合成中的应用

实验室里的微波反应一般是在经过改装后的家用微波炉里进行的，反应器一般采用不吸收微波的玻璃或聚四氟乙烯材料。对于无挥发性的反应体系，可置于微波炉中的敞口器皿中反应，但这种技术的缺点是反应不易控制，温度高时，液体可能溢出。对于挥发性不大的反应体系，可用密闭技术，将反应物放入聚四氟乙烯容器中，密封后放入微波炉进行反应，Gedye 等人就是利用此手段进行了苯甲酰胺的水解、甲苯氧化、苯甲酸酯化等反应。微波常压合成技术的出现大大推动了有机合成化学的发展，与此同时，英国科学家 Villemin 发明了微波干法合成技术，台湾大学 Chen 等建立了连续微波合成技术，这些技术的发展使有机合成的范围扩大了许多。除了选用适当的反应器外，还必须选用适当的反应介质。为了使体系能很好地吸收微波能量，一般选用水为溶剂，这样可使成本和污染大大降低。对不溶于水的物质可用低沸点的醇、酮和酯为溶剂，也可用高沸点的极性溶剂 DMF 等。

微波辐射下的有机反应速率比传统的加热方法快数倍、数十倍甚至上千倍，且具有操作方便、产率高及产物易纯化等优点，目前研究过并取得了明显加速效果的有机合成反应有 Diels-Alder 反应、Knoevenagel 反应、Perkin 反应、Reformatsky 反应、Dickmann 反应、Witting 反应、羟醛缩合、酯化、重排、取代、烷基化、开环、消除、成环、水解、氧化、加成、聚合、脱羧、脱保护、自由基反应等，几乎涉及有机合成反应的各个领域。尽管微波辐射加速有机化学反应的机理仍然没有完全搞清楚，但微波能加速几乎所有有机反应的速率和提高反应的产率已成为事实。因此随着对这一课题研究的不断深入，必将展现出它广阔的应用前景。

6.4.1　微波辐射合成对氨基苯磺酸

一、实验目的

（1）了解微波辐射下合成对氨基苯磺酸的原理和方法。

（2）掌握微波加热进行实验操作的技术。

二、实验原理

室温下芳香胺与浓硫酸混合生成 N-磺基化合物，然后加热转化为对氨基苯磺酸。在常法下加热反应需要几小时，而用微波 10 min 左右便能完成。反应式如下：

$$NH_2-C_6H_5 \xrightarrow{H_2SO_4} C_6H_5-\overset{+}{N}H_2SO_3^- \xrightarrow[\triangle]{MW} NH_2-C_6H_4-SO_3H$$

三、实验步骤

在 25 mL 圆底烧瓶中放入 2.8 g 新蒸苯胺,加入 1.6 mL 浓硫酸[1],并不断振摇。加完酸后将圆底烧瓶放入微波炉内,装上空气冷凝管(见图 6-4),同时在微波炉内放入盛有 100 mL 水的烧杯[2],选择微波炉功率为 240 W,持续回流 10 min。关闭微波炉,稍冷[3]后取出 1～2 滴反应混合物,倒入 2 mL10% NaOH 溶液中。若得澄清的溶液,则认为反应完全,否则需继续加热。

反应完毕后,将反应液在不断搅拌下小心地趁热倒入盛有 20 mL 冷水或碎冰的烧杯中。此时灰白色对氨基苯磺酸析出,冷却后抽滤,用少量水洗涤,然后用活性炭脱色,热水重结晶,可得到含两结晶水的对氨基苯磺酸,产量约为 4 g。

本实验约需 4 h。

图 6-4 微波辐射合成对氨基苯磺酸装置

四、注释

[1] 由于加浓硫酸时,H_2SO_4与苯胺激烈反应生成苯胺硫酸盐,因此先要滴加,当加至生成盐不能振摇时才可分批加入。

[2] 用烧杯装 100 mL 水置于微波炉中,可以分散微波能量,从而防止反应中因火力过猛而发生炭化。

[3] 稍冷可以使未反应的苯胺冷凝下来,以免苯胺受热挥发而造成损失和中毒。

五、思考题

(1) 磺化反应的机理是怎样的? 经历的中间产物是什么?

(2) 为什么微波辐射可以加速反应?

(3) 制备对氨基苯磺酸的意义何在?

6.4.2　微波辐射合成己二酸二乙酯

一、实验目的

(1) 了解合成己二酸二乙酯的原理和方法。

(2) 掌握微波法合成己二酸二乙酯的实验操作技术。

二、实验原理

己二酸二乙酯是无色油状液体，主要用做溶剂和有机合成中间体，还可用于日用化学工业和食品工业中。目前工业上大多采用以硫酸为催化剂的合成方法，但该法存在产品质量差、设备腐蚀严重、后处理复杂、污染环境、反应时间长等缺点。本实验以对甲苯磺酸为催化剂，在微波辐射下无溶剂合成己二酸二乙酯。反应式如下：

$$\begin{matrix} CH_2CH_2COOH \\ | \\ CH_2CH_2COOH \end{matrix} + 2CH_3CH_2OH \xrightarrow[\text{微波加热}]{\text{对甲苯磺酸}} \begin{matrix} CH_2CH_2COOC_2H_5 \\ | \\ CH_2CH_2COOC_2H_5 \end{matrix} + H_2O$$

三、实验步骤

称取 2.96 g(20 mmol)己二酸和 0.06 g(0.35 mmol)对甲苯磺酸，置于研钵中，研细混合均匀后，转移到 100 mL 圆底烧瓶中。加入 9.75 mL(160 mmol)乙醇，充分振摇后放入微波炉中，加上回流装置，调节微波功率为 595 W，微波加热约 10 min。

用普通蒸馏装置回收过量的乙醇，剩余物冷却后用水洗涤至中性，分液除去对甲苯磺酸。改用减压蒸馏装置，粗酯经减压蒸馏提纯，舍弃前馏分，收集 128～130 ℃/1.5 kPa 的馏分，得目标产品己二酸二乙酯[1]，称重[2]。

测产品折射率并进行 IR 分析[3]。

本实验约需 5 h。

四、注释

[1] 己二酸二乙酯为无色油状液体，沸点为 128～130 ℃/1.5 kPa，折射率为 1.4270。

[2] 该实验条件下目标产物产率约为 85%。

[3] 己二酸二乙酯的 IR 数据：3008 cm^{-1}、2960 cm^{-1}，C—H 伸缩；1733 cm^{-1}，C═O 伸缩；1685 cm^{-1}，C═C 伸缩；1375 cm^{-1}，C—H 弯曲；1186 cm^{-1}，C—O 伸缩。

五、思考题

(1) 由己二酸和乙醇制备己二酸二乙酯时通常用何物质作催化剂？以对甲苯磺酸为催化剂有何优点？

(2) 合成己二酸二乙酯有何意义?

(3) 本实验中若不用微波辐射,反应的时间会怎样?

6.4.3 微波辐射合成苯并咪唑-2-硫

一、实验目的

(1) 了解苯并咪唑-2-硫的合成原理和方法。

(2) 掌握微波法合成苯并咪唑-2-硫的实验操作技术。

二、实验原理

苯并咪唑及其衍生物具有广泛的生物活性,在高性能复合材料、电子化学品、金属防腐剂、感光材料、生物、医药等诸多领域显示出独特的性能。传统合成方法通常需要较高的压力或较长的反应时间,本实验用多聚磷酸(PPA)作催化剂,在无溶剂、微波辐射下合成苯并咪唑-2-硫。其反应式如下:

NH_2 / NH_2 + S / H_2N NH_2 $\xrightarrow[\text{回流}]{\text{PPA}}$ H / N / N / H =S

三、实验步骤

在 150 mL 烧杯中加入 10 mmol 邻苯二胺、20 mmol 硫脲,然后加入 7 mL 多聚磷酸,搅匀后放入微波炉内,先在 126 W 微波功率下照射 2 min,待反应物充分溶解后,再间歇式照射 1～3 次(2 min/次)[1],冷却至室温。

将冷却后的反应液倾入 20 mL 冰水中,用 NaOH 溶液调节至 pH=10,抽滤,洗涤,干燥,用 70%乙醇重结晶,得目标产物,称重。

测产品熔点[2]并进行 IR 分析[3]。

本实验约需 4 h。

四、注释

[1] 在本实验条件下,最佳照射时间约为 6 min,实验产率约为 43%。

[2] 苯并咪唑-2-硫的熔点为 308～310 ℃。

[3] 苯并咪唑-2-硫的 IR 数据:3144.18 cm^{-1}和 3106 cm^{-1},强尖峰,N—H 伸缩;1675 cm^{-1},N—H 弯曲;1624.10 cm^{-1}、1512.72 cm^{-1}、1461.67 cm^{-1},苯环骨架伸缩;1266 cm^{-1},C—N 伸缩;1178.59 cm^{-1},C═S 伸缩;737.72 cm^{-1},苯二邻代物;658.83 cm^{-1},═C—H 面外弯曲。

五、思考题

（1）制备苯并咪唑-2-硫的意义何在？

（2）若不用微波辐射，则合成苯并咪唑-2-硫的条件如何？

6.5　超声波辐射合成技术

20 世纪 80 年代以来，超声波辐射在有机化学合成中的应用研究迅速发展，超声波作为一种新的能量形式用于有机化学反应，已广泛用于取代、氧化、还原、缩合、水解等反应，几乎涉及有机反应的各个领域。据研究认为超声波催化促进有机化学反应，是由于液体反应物在超声波作用下，产生无数微小空腔，空腔内产生瞬时的高温高压而使反应速率加快，而且空腔内外压力悬殊，致使空腔迅速塌陷、破裂，产生极大的冲击力，起到激烈搅拌的作用，使反应物充分接触，从而提高反应效率。

与传统的合成方法相比，超声波辐射具有反应条件温和、反应时间短、产率高等特点，超声波能加速均相反应，也能加速非均相反应，特别是对金属参与下的异相反应影响更为显著。

6.5.1　超声波辐射合成三苯甲醇

一、实验目的

（1）学习用超声波辐射法进行有机合成的原理，掌握利用超声波辐射法合成 Grignard 试剂及三苯甲醇的方法。

（2）了解 Grignard 试剂的制备、应用和 Grignard 反应进行的条件。

（3）掌握磁力搅拌器的使用方法，巩固回流、萃取、蒸馏（包括低沸点物的蒸馏）、重结晶等基本操作。

二、实验原理

超声波作用对 Grignard 反应有很好的促进作用，原因主要在于：①超声空化产生的冲击波和微射流造成了固体颗粒间的相互碰撞，从而改变了颗粒的表面和表面形态，使金属表面蚀变，氧化层脱落，使之保持较高的活性；②空化作用可以使金属粒度减小，促进反应的进行；③超声空化使金属有机化合物的金属与配体结合的键被破坏，形成更高活性的物质。

三苯甲醇是一种重要的化工原料和医药中间体，可用于合成三苯甲基醚、三苯基氯甲烷。三苯甲醇的合成主要是通过苯基溴化镁 Grignard 试剂与羰基化合物（如二苯甲酮或苯甲酸乙酯）反应，然后经水解而制得的。由于 Grignard 试剂的制备条件较为严格，既要保证反应体系无水，又要保证镁条表面清洁，往往造成实验失败概率较高。本实验采用超声波辐射合成技术,利用不经任何处理的无水乙醚做溶剂,制备了苯基溴化镁 Grignard 试剂,并通过不同的羰基化合物(二苯甲酮和苯甲酸乙酯)制备了三苯甲醇。该合成方法与经典方法相比较,具有反应条件温和、不需绝对无水溶剂、反应时间短、操作简便等优点。其反应式如下:

$$PhBr \xrightarrow[\text{超声波辐射}]{Mg,(CH_3CH_2)_2O} PhMgBr \xrightarrow[\text{超声波辐射}]{PhCOPh} Ph_3COMgBr \xrightarrow{H_3O^+} Ph_3COH$$

三、实验步骤

1. 苯基溴化镁的制备

在 250 mL 三口烧瓶上安装回流冷凝管和恒压滴液漏斗,置于超声波清洗器中,清洗槽中加水。三口烧瓶内加入 0.7 g 镁屑和 5 mL 无水乙醚(新开瓶的),再自恒压滴液漏斗先滴入 2.7 mL 溴苯和 10 mL 无水乙醚的混合液约 1 mL[1]。超声波辐射作用 1～2 min,然后停止超声波辐射[2],向反应瓶内加入一小粒碘晶体,反应即被引发,液体沸腾,碘的颜色逐渐消失。当反应缓慢时,开始滴加溴苯和无水乙醚的混合液,并适当间歇式进行超声波辐射作用[3],滴加完混合液体后(约 40 min),再继续超声波辐射作用 5 min 左右,以使反应完全。这样即得到了灰白色的苯基溴化镁 Grignard 试剂。

2. 二苯甲酮与苯基溴化镁的反应

向 Grignard 试剂的反应液中滴加 4.5 g 二苯甲酮和 13 mL 无水乙醚的混合液,在此期间,进行间歇式超声波辐射作用,并不时地补加无水乙醚溶剂。滴加完毕,再继续超声波辐射作用 10 min 左右,以使反应完全。(注:进行以上超声波辐射作用时,清洗器中水温不得超过 25 ℃。)

撤去超声波清洗器,并将反应瓶置于冰水浴中,在电动搅拌下,滴加 20%硫酸溶液,使加成物分解成三苯甲醇。然后分出醚层,水浴蒸馏,蒸去溶剂乙醚,剩余物中加入 10 mL 石油醚(90～120 ℃),电动搅拌约 10 min,此过程中有白色晶体析出。抽滤收集粗产品。用石油醚(90～120 ℃)-95%乙醇重结晶后,冷却、抽滤、干燥、称重,测熔点、红外光谱,计算产率。

本实验约需 5 h。

四、注释

[1] 实验中所用的无水乙醚无须特殊处理,采用新开瓶的无水乙醚即可满足制备 Grignard 试剂的要求。实验中所用仪器必须充分干燥。

[2] 保持卤代烃在反应液中局部高浓度,有利于引发反应,因而在反应初期不用超声波辐射振荡。但是,如果整个反应过程中保持高浓度卤代烃,则容易发生偶联副反应,反应式为

$$RMgBr + RBr \longrightarrow R{-}R + MgBr_2$$

因此,反应开始后要保持超声波间歇式辐射,卤代烃的滴加速度也不宜过快。

[3] 超声波辐射作用的过程中，清洗器中水温不得超过 25 ℃，否则超声空化效应减弱，产率降低，并且乙醚也易挥发。

五、思考题

(1) 超声波辐射对 Grignard 反应有很好的促进作用，主要原因是什么？

(2) 实验中为什么向三口烧瓶中加入少量的碘？

(3) 超声波辐射法合成三苯甲醇与其他方法相比有何优点？

6.5.2 超声波辐射合成肉桂酸甲酯

一、实验目的

(1) 了解肉桂酸甲酯的合成原理和方法。

(2) 掌握超声波辐射法合成肉桂酸甲酯的实验操作技术。

二、实验原理

肉桂酸甲酯学名为3-苯丙烯酸甲酯，具樱桃和香酯般香气；用于香料工业作定香剂，常用于调配康乃馨、樱桃、草莓和葡萄等东方型花香香精，用于肥皂、洗涤剂，也用于风味剂和糕点；作为有机合成中间体，主要用于医药工业。目前它的合成方法有无机酸(如盐酸、硫酸)催化酯化法、有机酸催化酯化法、多相催化酯化法和高压微波合成法。无机酸催化酯化法存在副反应多、反应时间长、产品收率低、设备腐蚀严重、后处理产生废水等缺点；多相催化酯化法反应时间长，产品收率不高(72%～87%)；有机酸催化酯化法反应时间短，产品收率高，但成本高；高压微波合成法虽然能克服前三种方法的缺点，但是难以实现工业化生产。本实验采用超声波辐射合成技术，可以克服上述方法的缺点。

反应式如下：

$$C_6H_5CH{=}CHCOOH + CH_3OH \xrightarrow[\text{超声波辐射，60 ℃}]{NaHSO_4 \cdot H_2O} C_6H_5CH{=}CHCOOCH_3 + H_2O$$

三、实验步骤

将 3.0 g 肉桂酸、6.4 mL 甲醇、0.4 g $NaHSO_4 \cdot H_2O$ 加入 100 mL 圆底烧瓶中，装上回流冷凝管，放入超声波清洗槽中，圆底烧瓶底部位于扬声器正上方约 5 cm 处，清洗槽水面高于烧瓶中反应物液面 2 cm。调超声波功率为 120 W，在 60 ℃下超声波辐射 150 min，取出冷却。

加入乙醚溶解反应物和产物，再依次用水、10%碳酸钠溶液和水进行洗涤，醚层经无水氯化钙干燥后水浴回收乙醚，残留物冷却得产品[1]，称重，计算产率[2]。

本实验约需 4 h。

四、注释

[1] 肉桂酸甲酯为白色至淡黄色晶体或无色至淡黄色液体,熔点为 34～38 ℃,沸点为 260～262 ℃,n_D^{20}为 1.5670,溶于乙醇、乙醚、甘油、丙二醇、大多数非挥发性油和矿物油,不溶于水。

[2] 本实验条件下,产品收率约为 96.3%。由肉桂酸与甲醇酯化、不用超声波辐射,将肉桂酸、甲醇和硫酸的混合物加热回流,反应需 5 h,收率为 70%。

五、思考题

(1) 超声波催化促进有机化学反应的原理是什么?

(2) 超声波辐射法合成肉桂酸甲酯与其他方法相比有何优点?

6.6 高压反应

大多数有机化学反应可在常压下进行,但对于有气体参与的反应如催化氢化等,常需要加压条件。增加反应物气体压力,使反应物浓度提高,从而加快化学反应的速率。现以催化氢化为例,介绍高压反应的步骤和方法。

催化氢化是重要的有机合成单元操作之一,在高压条件下氢化反应更加顺利。由于氢气价廉,且加氢反应结束后一般只需将催化剂除去、蒸去溶剂,即可获得产物,因此,高压催化氢化技术得到较为广泛的应用。然而许多高压反应需要在 0.4～10 MPa下进行,对反应装置有较高要求,需要耐高压反应釜,另外,储存氢气的钢瓶压力也很高,氢气充足时压力可达 14 MPa,且氢气与空气混合后易燃易爆,高压反应技术的应用也受到一定程度的限制。

高压氢化的操作并不复杂,但由于存在着火和爆炸的不安全因素,这就要求操作者实验时小心谨慎、一丝不苟,严格按照操作规范进行。下面就高压氢化实验操作给出几点提示。

(1) 预算氢气量　可由下式近似估算高压釜内氢化开始时与氢化结束时氢气的压力差(参考值):

$$\Delta p = nR\,\frac{273+t}{V}$$

式中:n 为反应所需氢气的物质的量(mol);V 为高压釜体积减去氢化液体积后的实际空间(m^3);t 为氢化室的温度(℃);$R=8.314$ J/(mol · K)。读取压力数据时,高压釜反应起始温度与氢化终了温度相同。

(2) 装样　打开高压釜(注意各螺栓顺序),将待氢化的溶液倾入釜内,其体积不超过釜容积的二分之一,然后加入催化剂。如果催化剂是瑞尼 Ni,应用小药匙将其含乙醇的湿粉从瓶中掏出，立即加入釜内(瑞尼 Ni 活性高，干燥时会自燃)。加毕，将高压釜与其盖的接合处擦净。关上高压釜盖，按原螺栓顺序，用专用扳手对称地、均匀地将螺栓拧紧。

(3) 检漏　关闭高压釜进气阀和出气阀，将高压氢气导管的接头拧在高压釜进气阀上，慢慢打开氢气钢瓶上的阀门(注意通风)，然后慢慢拧开高压进气阀，当压力表读数升至 1～1.5 MPa 时，将阀门关闭，并徐徐拧松放气阀将气放出去。然后拧紧放气阀，再重复灌放气操作两次，使高压釜内的空气基本排除。再将氢气充至所需压力，拧紧进气阀，并关闭氢气钢瓶上的阀。检漏时，观察压力表读数在 20 min 内是否下降，或用氢气检测器或肥皂水检验高压釜导气管各接头处是否漏气。若发现有漏气现象，应找清原因，直至不再漏气。

(4) 反应　打开搅拌开关和加热开关，边搅拌边加热，注意高压釜压力表读数的变化。当读数与吸氢的估算值相等，且在一定时间内压力不再下降时，则可认为反应完毕。切断加热电源，停止搅拌，让高压釜自行冷却至室温。

(5) 开釜取样　待高压釜冷却至室温，缓慢拧开放气阀，将残余氢气缓慢放出，直至釜内压力与外界压力相等。然后将高压釜的螺栓按拧紧的顺序用专用扳手拧松，把盖子移开，倒出反应混合物。如果所用催化剂为瑞尼 Ni，在取出后不让其在空气中干燥(防止其自燃)。

(6) 清洗　取出反应物后，将高压釜及时清洗。

6.6.1　间氨基苯磺酸的合成

一、实验目的

(1) 了解合成间氨基苯磺酸的原理和方法。

(2) 掌握高压下合成间氨基苯磺酸的实验操作技术。

二、实验原理

间氨基苯磺酸是一种常用的染料中间体，可用于合成偶氮染料和硫化染料，也可以用于制取间氨基苯酚和香草醛等。工业上常以间硝基苯磺酸钠盐为原料，用铁屑作还原剂，经还原、酸化制得间氨基苯磺酸。该法生产过程中产生大量铁泥，污染严重。本实验采用高压催化氢化法合成间氨基苯磺酸。其反应式如下：

$$m\text{-}O_2N\text{-}C_6H_4\text{-}SO_3Na + 3H_2 \xrightarrow[\text{6 MPa}]{\text{镍催化剂}} m\text{-}H_2N\text{-}C_6H_4\text{-}SO_3Na + H_2O$$

$$m\text{-}H_2NC_6H_4SO_3Na + HCl \longrightarrow m\text{-}H_2NC_6H_4SO_3H + NaCl$$

三、实验步骤

1. 镍催化剂的制备

将 22 g 六水合硫酸镍置于 250 mL 烧杯中，加入 75 mL 水，搅拌使其溶解。然后将硫酸镍水溶液加热至 60 ℃，搅拌下缓缓加入 70%碳酸钠水溶液，有绿色碳酸镍生成，继续加热搅拌，使其反应完全。过滤，用水洗至中性，将所得碳酸镍固体置于烘箱中，110 ℃下干燥。

将 14.7 mL 50%甲酸溶液倒入 100 mL 瓷蒸发皿中，加热至 80 ℃，搅拌下将制得的碳酸镍分批少量地加入蒸发皿，碳酸镍溶解并逸出二氧化碳。待碳酸镍完全溶解后，冷却溶液，滤出析出的甲酸镍晶体，于 110 ℃下干燥后在研钵中研碎。

置 9 g 液体石蜡和 9 g 固体石蜡于 100 mL 圆底烧瓶中，在沙浴上加热，待石蜡熔化后，向圆底烧瓶中添加 9 g 粉末状甲酸镍，搅拌均匀。将圆底烧瓶与水泵连接，在 170～180 ℃/2.7～4 kPa(20～30 mmHg)条件下蒸去水分。然后连接真空泵，将浴温提高到 240～250 ℃，让反应物在 2 kPa(15 mmHg)下加热 4 h。反应物变黑，其中有气体逸出。

将制得的反应物倾至表面皿，冷却后除去石蜡，将黑色的催化剂研碎后储存于瓶中。临用前将催化剂置于布氏漏斗上，依次分别用热水、无水乙醇洗涤两遍，然后用石油醚洗去残余的石蜡，晾干后得到不自燃的黑色粉末状镍催化剂。

反应在 pH=5、4～6 MPa(40～60 atm)、95～105 ℃条件下进行时，催化剂效果最佳。

2. 间氨基苯磺酸的制备

将 22.5 g 间硝基苯磺酸投入 500 mL 高压釜中，并加入 3 g 乙酸钠及 1 mL 冰乙酸，再加入 250 mL 蒸馏水使其全部溶解。此时溶液的 pH 值约为 5。向溶液中加入 5 g 催化剂，盖好高压釜。用氢气置换出其中的空气[1]，然后充氢气至 6 MPa(60 atm)。

开启搅拌器，加热至 95～105 ℃。随着反应的进行，反应体系的压力会不断下降。此时需不断地补加氢气，使其压力保持在 6 MPa。当吸氢停止后，停止搅拌。高压釜冷却至室温后，慢慢放出剩余的氢气。打开高压釜，从中倾出反应的物质，滤去催化剂后，将滤液在小火上蒸发至 70 mL，所得溶液用酸酸化，在冰箱中放置一夜，过滤得间氨基苯磺酸结晶[2]，干燥，称量。

本实验约需 8 h。

四、注释

[1] 为安全起见,氢化时周围不可有明火。

[2] 间氨基苯磺酸为无色片状晶体,无熔点,灼热时分解。

五、思考题

(1) 高压技术主要用于哪些有机化学反应?

(2) 在高压加氢反应过程中,如何判断反应终点?

6.6.2 对硝基苯酚的合成

一、实验目的

(1) 了解合成对硝基苯酚的原理和方法。

(2) 掌握高压下合成对硝基苯酚的实验操作技术。

二、实验原理

对硝基苯酚是合成农药、医药、染料等精细化学品的中间体,一般由对硝基氯苯水解制得。氯苯水解制备苯酚的反应,由于氯苯分子中的氯原子与苯环之间存在p-π共轭,C—Cl键键能较高,在水解反应过程中需要较高的活化能,在通常条件下不易发生。而在高压条件、用铜做催化剂时,可以使氯苯在氢氧化钠水溶液中水解生成酚钠,再经酸化生成苯酚。不过,对硝基氯苯分子中,由于$—NO_2$强吸电效应的影响,氯原子要比氯苯中活泼,因而水解反应相对容易。其反应式如下:

$$O_2N-C_6H_4-Cl+2NaOH \xrightarrow[0.8\ MPa]{160\ ℃} O_2N-C_6H_4-ONa+NaCl+H_2O$$

$$O_2N-C_6H_4-ONa+HCl \longrightarrow O_2N-C_6H_4-OH+NaCl$$

三、实验步骤

依次将21 g对硝基氯苯和180 mL 5%氢氧化钠水溶液装入500 mL高压釜中,擦净高压釜口并盖严。边搅拌,边加热,在1 h内使釜温升至160 ℃[1],釜内压力升至0.8 MPa,搅拌下保温3 h。

停止反应,待釜体温度降至60 ℃,打开高压釜,将反应液倒入500 mL烧杯中,反应液冷却至室温,有晶体析出。析出的晶体用饱和氯化钠溶液洗涤后,再溶入200 mL热水中。经水蒸气蒸馏,蒸去未反应完全的对硝基氯苯。蒸馏瓶中的剩余液经过滤后,趁热用浓盐酸酸化至pH=3。酸化液冷却至室温,得对硝基苯酚晶体。

过滤、水洗、晾干、称重[2]。

本实验约需 6 h。

四、注释

[1] 高压釜温度升至 150 ℃时即可停止加热,因余热传导会使反应温度升至 160 ℃。

[2] 对硝基苯酚为浅黄色或无色晶体,熔点为 114～116 ℃,常温下微溶于水。

五、思考题

(1) 比较氯苯和对硝基氯苯水解反应的难易。

(2) 本实验是采用什么措施来增大反应体系压力的?

第7章　有机化合物性质实验

7.1　甲烷的制备和烷烃的性质

一、实验目的

学习甲烷的实验室制法，验证烷烃的性质。

二、实验原理

甲烷的实验室制法是用乙酸钠与碱石灰作用而得。其反应式为

$$CH_3\overset{\overset{\displaystyle O}{\|}}{C}—ONa + NaOH \xrightarrow[\triangle]{CaO} CH_4\uparrow + Na_2CO_3$$

烷烃性质比较稳定，在一般条件下，与其他物质不起反应。但在适当条件下也能发生一些反应。

三、实验步骤

1. 甲烷的制备

将 5 g 无水乙酸钠[1]和 3 g 碱石灰[2]以及 2 g 粒状氢氧化钠[3]放在研钵中研细，混匀，立即装入硬质的干燥试管(25 mm×100 mm)中，从底部往外铺。塞上配好的带有导气管的橡皮塞，把试管斜置使管口稍低于管底(为什么?)。导气管伸入装有 10 mL 浓硫酸的具支试管中。先用小火徐徐均匀加热整支试管，再强热靠近试管口的反应物，使该处的反应物反应后，逐渐将火焰往试管底部移动[4]。估计空气排尽后，用排水集气法收集 3 支试管(10 mm×80 mm)的甲烷。

2. 性质实验

(1) 卤代反应：在两支装有甲烷气体的试管中，各加入 0.5 mL 1%溴的 CCl_4 溶液，用软木塞塞紧，其中一支用黑布或黑纸包裹好，振荡，放在实验柜内，另一支试管则放在阳光(或日光灯)下，光照 15～20 min。试比较这两支试管中液体的颜色。有什么变化？为什么?

(2) 高锰酸钾实验：向第三支装有甲烷的试管中加入 1 mL 0.1%高锰酸钾溶液和 2 mL 10%硫酸，混匀，振荡，观察颜色有什么变化。这说明什么问题?

(3) 取 0.5 mL 石油醚或液体石蜡，照(1)和(2)两项所列步骤进行烷烃性质的实验。观察，有什么结果?

本实验约需 3 h。

四、注释

[1] 市售无水乙酸钠使用前应在 105 ℃烘箱中烘去水分。

[2] 碱石灰由氢氧化钠与生石灰共热得到。使用前烘干，再与无水乙酸钠混合。

[3] 使用时适当添加些苛性钠混合研细可加快反应速率。

[4] 若先在试管底部加热，后及管口，则生成的甲烷气体会冲散反应物。

五、思考题

(1) 制备甲烷时为什么要用硬质干燥的试管？

(2) 进行酸性高锰酸钾溶液实验的目的是什么？实验中往往会出现紫色消失的现象，这是什么原因造成的？

(3) 制备无水乙酸钠时应注意什么问题？

(4) 烷烃与高锰酸钾溶液、溴的 CCl_4 溶液有无反应？在光照下能否与 Br_2 或 Cl_2 发生反应？请用自由基反应历程来解释。

7.2　不饱和烃的制备和性质

一、实验目的

学习乙炔的实验室制法，验证不饱和烃的性质。

二、实验原理

CaC_2(电石)与水作用可制备乙炔，其反应式为

$$CaC_2 + 2H_2O \longrightarrow HC{\equiv}CH + Ca(OH)_2$$

烯烃、炔烃分子中分别具有双键、三键，易发生加成反应、氧化反应等。

三、实验步骤

1. 环己烯的性质

(1) 在试管中加入 2～3 滴环己烯和 0.5 mL CCl_4，振荡，观察现象。

(2) 在试管中加入 2～3 滴环己烯、0.5 mL 0.1%高锰酸钾溶液和 0.5 mL 10%硫酸，振荡，观察现象。

2. 乙炔的制备

在 250 mL 干燥的蒸馏烧瓶底部平铺少许干净的河沙，沿瓶壁小心放入 10 g CaC_2，装上一个盛有 50 mL 饱和氯化钠溶液的恒压滴液漏斗，蒸馏烧瓶的侧管连接盛有饱和硫酸铜溶液的洗气瓶[1]。小心地打开恒压滴液漏斗活塞，使饱和氯化钠溶

液慢慢滴入蒸馏烧瓶中，便有乙炔生成，注意控制乙炔生成的速度。待空气排尽后，收集乙炔气体于试管中，进行性质实验。

3. 乙炔的性质

(1) 与卤素反应　将乙炔气体通入盛有 1 mL 1%溴的 CCl_4 溶液试管中，观察现象，写出反应式。

(2) 氧化　将乙炔气体通入盛有 1 mL 0.1%高锰酸钾溶液和 0.5 mL 10%硫酸的试管中，观察现象，写出反应式。

(3) 乙炔银的生成　取 0.5 mL 5%硝酸银溶液，加入 2 滴 10%氢氧化钠溶液，再滴加 2%氨水，边滴边摇，直到生成的沉淀恰好溶解，得到澄清的硝酸银氨溶液[2]。通入乙炔气体，观察现象。

(4) 乙炔铜的生成　将乙炔气体通入氯化亚铜氨溶液中，观察现象。

本实验约需 3 h。

四、注释

[1] CaC_2 中常含有 CaS、Ca_3P_2 等杂质，它们与 H_2O 作用，产生 H_2S、PH_3 等气体，使乙炔具有恶臭气味。产生的 H_2S 能分别与 $AgNO_3$、CuCl 生成黑色的 AgS 沉淀和棕黑色的 Cu_2S 沉淀，影响实验结果，故用饱和硫酸铜溶液除去这些杂质。

[2] 硝酸银氨溶液久置后会析出爆炸性黑色沉淀物 Ag_3N，应当使用时才配制。

五、思考题

(1) 写出环己烯分别与溴、酸性高锰酸钾溶液作用的反应式。

(2) 由块状 CaC_2 制取乙炔时，所得乙炔可能含有哪些杂质？在实验中是如何除去这些杂质的？如果使用粉末状的 CaC_2 能否制得乙炔？

7.3　芳烃的性质

一、实验目的

(1) 验证芳烃的化学性质，重点掌握芳烃亲电取代反应的实验条件。

(2) 加深对芳烃芳香性的理解。

(3) 掌握芳烃的鉴别方法。

二、实验原理

芳烃具有芳香性，一般情况下难以发生加成和氧化反应，容易发生苯环上的取代反应，取代产物仍保持苯环的稳定结构。当苯环上连有活化定位基时，芳烃发生亲电取代反应的活性将增强；当苯环上连有钝化定位基时，亲电取代反应的活性将减弱。

对于苯环侧链含有 α-H 的芳烃来说，还易于发生侧链的氧化反应和 α-H 的卤代反应。

三、实验步骤

1. 与高锰酸钾溶液的作用[1]

在两支试管中分别加入 0.5 mL 苯、环己烯，再各加入 0.2 mL 0.2%高锰酸钾溶液和 0.5 mL 25%硫酸，充分振荡，观察颜色变化。若无变化，可将试管置于 70 ℃水浴中加热后再作观察。试解释实验现象，写出有关反应式。

2. 与溴的加成

在两支试管中分别加入 0.5 mL 苯、环己烯，再各加入 0.2 mL 2%溴的 CCl_4 溶液，振荡后观察现象。若无变化，可水浴加热，观察溴水颜色是否退去，写出有关反应式。

3. 芳环的取代

1）溴代

在干燥试管里加入 2 mL 苯[2]、5 滴 10%溴的 CCl_4 溶液，振荡试管，水浴加热使其微沸。将湿润的蓝色石蕊试纸置于试管口，观察有何变化。

另取干燥试管，同上加入苯、溴，并加入少量新铁屑，同法操作，观察石蕊试纸颜色的变化。反应结束后，将反应液倒入盛有 10 mL 水的小烧杯中，用玻璃棒搅拌，静置观察。再往小烧杯里滴加 10%氢氧化钠溶液，边加边搅拌，同时观察有机层的颜色变化，并作出解释。

由上述两个实验，可得出什么结论？

2）磺化[3]

在三支试管中分别加入 1.5 mL 苯、甲苯和二甲苯，再各加入 3 mL 浓硫酸，振荡混匀，试管口用插有玻管的胶塞塞住。将试管置于 70 ℃水浴中加热，随时振荡，观察有无分层现象。将上述溶液慢慢倒入盛水的小烧杯中，再观察有无分层现象，为什么？

3）硝化[4]

在干燥的试管中加入 1.5 mL 浓硝酸、2 mL 浓硫酸，混匀后用冷水冷至室温，分成两份，分别逐滴加入 1 mL 苯、甲苯，注意边滴加边摇晃。滴加完毕，将试管置于 50～60 ℃水浴中加热 7 min，然后将反应液倒入盛水的小烧杯中，搅拌、静置，观察实验现象。

4. 芳环侧链的反应

1）高锰酸钾溶液的氧化

分别取 0.5 mL 甲苯、二甲苯，操作过程同步骤 1，观察高锰酸钾溶液的紫色是否退去，并与步骤 1 的现象进行比较。

2）α-H 的溴代

在两支试管中分别加入 0.5 mL 甲苯、二甲苯，再分别加入 5 滴 3%溴的 CCl_4 溶液，振荡试管，用黑纸或黑色塑料袋包住整支试管，试管口放置湿润的蓝色石蕊试纸，避光反应 7～8 min 后，观察现象。去掉遮光物，光照下反应数分钟，再观察实验现象，并作出解释。

5. 芳烃的甲醛-硫酸显色实验[5]

在三支试管中分别滴入 2 滴苯、2 滴甲苯和 30 mg 萘，再各加入 1 mL 非芳烃溶剂。混匀后，分别取此三种溶液 1～2 滴滴于白色点滴板中，再各加 1 滴甲醛-硫酸显色试剂，观察颜色变化。

本实验约需 4 h。

四、注释

[1] 苯加高锰酸钾有时也会退色，可能是因为苯中含少量甲苯。除此以外，水浴温度过高、加热时间过长也会使高锰酸钾分解而退色。

[2] 苯在使用前最好用无水氯化钙干燥，然后过滤。

[3] 苯、甲苯都能进行磺化反应，其中苯较难进行，须用发烟硫酸，甲苯用浓硫酸即能进行。生成的产物磺酸与硫酸一样为强酸，且易溶于水。

[4] 进行苯的硝化反应时要注意控制反应温度不高于 60 ℃。温度过高时，硝酸会发生分解，苯也会部分挥发，不利于反应的进行。芳烃的硝基化合物均有毒，应尽量避免直接接触。

[5] 甲醛-硫酸显色试剂的配法：将 1 滴福尔马林滴入 1 mL 浓硫酸中，振摇混匀即可。苯、甲苯遇甲醛-硫酸试剂显红色，固体萘遇甲醛-硫酸试剂显蓝绿色。该显色反应用到非芳烃溶剂，主要指四氯化碳、环己烷、己烷等。

五、思考题

(1) 结合本实验内容，说明苯和甲苯溴代的条件有何不同，以及各是什么类型的反应。

(2) 乙苯在光照或高温下加溴、铁粉存在下加溴，主要生成什么产物？

(3) 用化学方法区别下列化合物：甲苯、环己烯、环己烷。

(4) 除甲醛-硫酸显色反应外，芳烃还有什么显色反应？

7.4　醇和酚的性质

一、实验目的

(1) 加深对醇、酚化学性质的认识，比较醇、酚化学性质上的差异。

(2) 掌握醇、酚的主要鉴别方法。

二、实验原理

醇和酚的官能团均为羟基(—OH)，故醇与酚具有一些类似的化学性质，如都有一定的酸性,都可以发生氧化反应,均可成酯、成醚等。醇羟基连在饱和碳原子上,而酚羟基连在不饱和的芳环上,结构不同,故性质又会有明显不同。醇可以发生亲核取代反应,比如与卢卡斯试剂反应,可以发生分子内脱水和分子间脱水。邻多元醇还具有一些特殊的性质,如能与新制备的氢氧化铜发生配位反应,生成绛蓝色溶液,该反应可用于邻二醇的鉴别。酚的化学性质除了基于官能团酚羟基以外,还和芳环有关。酚羟基的引入使得酚芳环发生亲电取代反应的活性大大增强,酚羟基还能与三氯化铁溶液发生特征性显色反应,也可用于酚的鉴别。

三、实验步骤

1. 醇、酚的酸性实验

(1) 指示剂实验　在三支试管中均加入 1 mL 蒸馏水、1 滴酚酞指示剂和 1 滴 5%氢氧化钠溶液,此时溶液均呈红色。再在三支试管中分别逐滴加入乙醇、苯酚饱和水溶液和冰乙酸,观察溶液颜色的变化,由此可得出什么结论?

(2) 与碱的作用　在试管中加入 3~4 mL 蒸馏水和适量苯酚晶体[1],得到苯酚-水混浊液。将此混浊液一分为二,分置于两支试管中。在第一支试管中逐滴加入 5%氢氧化钠溶液,边加边振荡,溶液会变清亮,接着再滴加 4 mol/L 盐酸,溶液重新变混浊,试述变化的原因。在另一支试管中,逐滴加入 5%碳酸氢钠溶液,观察溶液是否变澄清。写出有关的反应式。

2. 醇、酚的氧化反应

在四支试管中均加入 0.5 mL 1%重铬酸钾溶液、1 滴浓硫酸,摇匀,再分别加入 5~6 滴乙醇、异丙醇、叔丁醇、苯酚饱和水溶液,充分振荡,观察溶液颜色的变化。若无变化,在水浴上温热几分钟,再作观察。

3. 卢卡斯实验[2]

在三支干燥的试管中分别加入 6 滴正丁醇、仲丁醇、叔丁醇,再加入 2 mL 卢卡斯试剂[3],用塞子塞住管口,充分振荡后置于 30 ℃水浴中温热,注意观察,并记录反应液变混浊及出现分层的时间。

4. 多元醇与氢氧化铜的反应

在三支试管中均加入 0.5 mL 5%硫酸铜溶液、3 mL 5%氢氧化钠溶液,观察现象。再分别加入 5 滴乙醇、乙二醇、丙三醇,边加边振荡,观察有何变化。

5. 酚的显色反应[4]

在三支试管中分别加入 5 滴苯酚、间苯二酚和对苯二酚的饱和水溶液,再加入 3 mL 蒸馏水,混合均匀后加入 3~4 滴 1%三氯化铁溶液,观察颜色变化。

6. 苯酚的溴代

在试管中加入 2 滴苯酚饱和水溶液、2 mL 蒸馏水,混合均匀,然后逐滴加入饱和溴水,观察变化[5],并说明原因。

本实验约需 4 h。

四、注释

[1] 苯酚对皮肤有强腐蚀性，沾到皮肤上可用酒精洗涤。苯酚微溶于水，15 ℃时溶解度为 8.2 g/100 mL，25 ℃时溶解度为 9.3 g/100 mL。

[2] 本实验只适用于含 3～6 个碳原子的伯、仲、叔醇的鉴别。C_6以上的醇不溶于卢卡斯试剂，故不论反应快慢，与试剂混合后都立即出现混浊；碳原子个数少的甲醇、乙醇，反应后生成挥发性气体，难以看到混浊和分层。该实验成功的关键在于尽可能地保持盐酸浓度。

[3] 卢卡斯试剂的配制：无水氯化锌经熔融、冷却、捣碎处理，称取 34 g，加到事先用冰水浴冷却的 23 mL 浓盐酸中，搅拌促其溶解。此试剂一般是临用时配制。

[4] 一般烯醇类化合物都能与三氯化铁发生配位显色反应。但需注意的是，邻羟基苯甲酸（即水杨酸）有此颜色反应，但其同分异构体间、对羟基苯甲酸均无此反应，大多数硝基酚类也与三氯化铁不产生颜色反应。

[5] 苯酚与溴水作用，生成微溶于水的 2,4,6-三溴苯酚白色沉淀。若溴水过量，该物质会继续和溴水反应，生成浅黄色的 2,4,4,6-四溴环己二烯酮沉淀，故本实验中要控制好溴水的用量。

五、思考题

（1）试述卢卡斯实验鉴别伯、仲、叔醇的应用范围及原因。

（2）结合苯酚与三氯化铁反应的方程式分析，在已显色的苯酚和三氯化铁的混合体系中，分别滴加盐酸和氢氧化钠溶液，会有什么变化？

（3）本实验是向苯酚溶液中滴加饱和溴水，生成白色沉淀。能否往饱和溴水中滴加苯酚溶液？为什么？

7.5　醛和酮的性质

一、实验目的

（1）验证醛、酮的化学性质，比较二者性质上的异同。

（2）掌握鉴别醛、酮的主要化学方法。

二、实验原理

醛、酮的官能团相同，均为羰基，故都能发生亲核加成反应，可以和 2,4-二硝基苯肼先加成再消除，生成具有固定熔点的有颜色的苯腙，部分醛、酮还可以与饱和亚硫酸氢钠加成，生成不溶于水的白色沉淀，得到的产物经适当处理又可转化成原来的醛、酮，常应用这些反应来分离、提纯和鉴别醛、酮。受吸电子羰基的影响，醛、酮的

α-H呈现一定的活泼性,可以发生卤代反应、缩合反应等。乙醛、甲基酮还有这两类化合物相对应的醇在碱性条件下,可以发生碘仿反应。亲核加成反应和α-H的反应是醛、酮的两类特征反应。醛、酮最大的区别在于对氧化剂的敏感性不同,醛可被弱氧化剂氧化,而酮的氧化则需要强氧化剂;醛可与希夫(Schiff)试剂发生颜色反应,而酮一般不能,这些反应可用来区别醛与酮。

三、实验步骤

1. 2,4-二硝基苯肼实验

在五支试管中各加入 1 mL 2,4-二硝基苯肼试剂[1],再分别加入 2 滴乙醛、丙酮、苯甲醛、苯乙酮、环己酮,微微振荡,静置片刻,观察生成晶体的颜色。

2. 饱和亚硫酸氢钠实验

在六支干燥的试管中各加入 1 mL 新配制的饱和亚硫酸氢钠溶液[2],再分别逐滴加入 10 滴丁醛、苯甲醛、丙酮、戊-3-酮、苯乙酮和环己酮,边滴加边用力振摇试管,之后将试管置于冰水浴中冷却,并用玻璃棒摩擦试管内壁,注意观察有无晶体析出。

对于有晶体析出的试管,慢慢倾出上层清液,保留底部晶体。将其分成两组,一组加入 3 mL 10%碳酸钠溶液,另一组加入 3 mL 10%盐酸,混匀后置于低于 50 ℃的水浴中加热,观察有何现象发生。

3. 碘仿实验[3]

在六支试管中分别加入 5 滴乙醛、丁醛、丙酮、环己酮、乙醇、异丙醇,再各加入 2 mL 蒸馏水、1 mL 碘试剂,振荡混匀,然后逐滴加入 5%氢氧化钠溶液至反应液呈淡黄色,观察有无黄色沉淀生成。将无沉淀生成或生成乳浊液的试管置于温水浴中加热几分钟,再观察现象。

4. 托伦试剂[4]对醛的氧化

在五支洁净[5]的试管中各加入 2 mL 2%硝酸银溶液,逐滴加入浓度为 2%的氨水,边滴边摇晃,至生成的沉淀恰好溶解,此即托伦试剂。再分别加入 2 滴甲醛、乙醛、苯甲醛、丙酮、苯乙酮,混合均匀,静置、观察。若无变化,可将试管置于 50~60 ℃水浴中温热,注意观察银镜的生成。实验完毕,试管里的反应液用大量水冲入废液桶,试管内壁的银镜用硝酸溶解回收。

5. 本尼迪特(Benedict)试剂[6]对醛的氧化

在三支试管中各加入 3 mL 本尼迪特试剂,再分别加入 4 滴乙醛、苯甲醛、丙酮,用力混匀。将试管置于沸水浴中加热(注意不要置于冷水或温水浴中逐步升温至沸),10~15 min 后观察反应现象[7]。

6. 希夫试剂[8]与醛的作用

在五支试管中各加入 1 mL 新配制的希夫试剂,再分别加入 3 滴甲醛、乙醛、丙酮、环己酮、苯乙酮,振荡后静置数分钟,观察溶液颜色的变化。在有颜色变化的试管中，逐滴加入浓硫酸，边加边振荡，观察颜色是否退去。

7. 未知物的鉴别

现有 5 瓶无标签试剂，已知有甲醛、乙醛、苯甲醛、丙酮和戊-3-酮。试根据醛、酮的性质设计合适鉴别方案，对 5 瓶试剂加以鉴别，并将结果报告给实验指导老师。

本实验约需 4 h。

四、注释

[1] 2,4-二硝基苯肼试剂的配制：用 15 mL 浓硫酸溶解 3 g 2,4-二硝基苯肼，所得溶液缓慢倒入 70 mL 95%乙醇中，用蒸馏水稀释至 100 mL，如有沉淀，应过滤后使用。该试剂与醛、酮发生缩合反应，析出的结晶一般为黄色、橙色或橙红色。

[2] 饱和亚硫酸氢钠溶液的配制(传统方法)：先配制 40%亚硫酸氢钠水溶液，然后在每 100 mL 40%亚硫酸氢钠水溶液中，加 25 mL 不含醛的无水乙醇，溶液呈透明清亮状。有文献报道，加乙醇后会析出部分亚硫酸氢钠，使其浓度减小，不再“饱和”，故建议现用现配，直接溶解亚硫酸氢钠固体至饱和即可，不再添加无水乙醇。

[3] 碘仿实验中碘试剂的配制：将 20 g 碘化钾溶于 80 mL 蒸馏水中，然后加入 10 g 研细的碘粉，搅动使其全溶，呈深红色。该实验切忌氢氧化钠过量，碱若过量，会使生成的碘仿分解，而看不到沉淀析出。

$$CHI_3 + NaOH \xrightarrow{\triangle} HCOONa + NaI + H_2O$$

[4] 托伦试剂的配制有加碱(指氢氧化钠)和不加碱两种方法。加碱法配制的托伦试剂较不加碱法配制的托伦试剂银镜出现快，现象明显，但其空白实验有时也会出现阳性结果，故本实验采用不加碱法配制托伦试剂，结果更为可靠。

[5] 托伦试剂对醛的氧化反应，又叫银镜反应。银镜反应成功的关键之一就是试管要洁净。新试管可以直接拿来使用，用过的试管要用硝酸、水、10%热氢氧化钠溶液洗涤，再用自来水、蒸馏水冲洗干净。

[6] 本尼迪特试剂是改良的费林(Fehling)试剂，其稳定性更高，该试剂更多用于还原性糖的鉴别。配制方法：将 4.3 g 五水硫酸铜溶于 25 mL 热水中，待冷却后用水稀释至 40 mL。另将 43 g 柠檬酸钠及 25 g 无水碳酸钠溶于 150 mL 水中，加热溶解，待溶液冷却后，加到上面所配的硫酸铜溶液中，加水稀释至 250 mL，溶液若不澄清可过滤。

[7] 本尼迪特试剂氧化脂肪族醛，生成氧化亚铜沉淀。该沉淀的颜色主要取决于沉淀颗粒的大小，红色、黄色、黄绿色都应为阳性反应，其中红色沉淀的颗粒直径最大，并非化学成分有差异。

[8] 希夫试剂的配制：把 0.2 g 碱性品红研细，溶于含 2 mL 浓盐酸的 200 mL 蒸馏水中，再加入 2 g 亚硫酸氢钠固体，搅拌、静置，直到红色退去。该试剂与醛反应，生成紫红色产物，甲醛的产物遇酸不退色，其他醛的产物遇酸退色；丙酮在本实验中

可能发生颜色反应,其他酮一般不反应,故希夫试剂是区分醛与酮、甲醛与其他醛的一种较好试剂。

五、思考题

(1) 要想做好银镜反应,应注意哪些问题?
(2) 除乙醛和甲基酮外,什么结构的化合物也能发生碘仿反应?为什么?
(3) 简述本尼迪特试剂和费林试剂组成上的差异及二者的应用。

7.6　卤代烃的性质

一、实验目的

(1) 进一步认识不同烃基结构对反应速率的影响。
(2) 认识不同卤原子对反应速率的影响。

二、实验原理

卤代烃的主要化学性质是可以发生取代反应和消除反应。卤代烃的化学性质取决于卤原子的种类和烃基的结构。一般认为,卤代烃与硝酸银的醇溶液的反应是按 S_N1 历程进行的。决定 S_N1 反应速率的是碳正离子形成的一步。形成的碳正离子越稳定,卤代烷的 S_N1 反应速率越快,即卤代烷的反应活性顺序是 $3°>2°>1°$。在烷基结构相同时,不同的卤素表现不同的活泼性,其活泼性顺序为 RI>RBr>RCl>RF。乙烯型的卤代烃都很稳定,即使加热也不与硝酸银的醇溶液作用;烯丙型卤代烃非常活泼,室温下就能与硝酸银的醇溶液作用;孤立型不饱和卤代烃跟卤代烷的活性顺序一致。卤代烃与碘化钠的丙酮溶液的反应,一般认为是按 S_N2 历程进行的。在 S_N2 反应中,影响卤代烷活性的因素主要为空间位阻,故卤代烷的反应活性顺序变成 $1°>2°>3°$;因电子离域作用的影响,烯丙型卤代烃也是非常活泼的,而乙烯型的卤代烃一般难以发生 S_N2 反应。另外,卤代烃与碱溶液共热,可以发生消除反应,分子中脱去卤化氢形成双键。卤代烃消除反应的活性顺序也是 $3°>2°>1°$。

三、实验步骤

1. 与硝酸银的作用

1) 不同烃基结构的反应

取三支干燥的试管,各加入 1 mL 饱和硝酸银的乙醇溶液[1]。然后分别加入 2～3 滴 1-氯丁烷、2-氯丁烷和 2-氯-2-甲基丙烷,摇动试管,观察有无沉淀析出。如 10 min 后仍无沉淀析出,可于水浴中加热煮沸后再观察。根据生成卤化银沉淀的速度排列各卤代烃的反应活性顺序[2],并写出反应式。

另用1-溴丁烷、溴化苄和溴苯做同样实验，结果如何？写出反应式。

2）不同卤原子的反应

取三支干燥的试管，并分别加入1 mL饱和硝酸银的乙醇溶液，然后分别加入2～3滴1-氯丁烷、1-溴丁烷和1-碘丁烷，如前操作方法观察生成的速度，记录活泼性顺序[3]。

2. 与碘化钠的丙酮溶液反应

在五支干燥的试管中各加入2 mL 15%碘化钠的丙酮溶液，然后分别加入2滴1-溴丁烷、2-溴丁烷、2-氯-2-甲基丙烷、烯丙基溴和溴苯，混匀。若无沉淀析出，可将试管置于50℃左右水浴中加热片刻，记下形成沉淀所需的时间。

本实验约需3 h。

四、注释

[1] 在室温下，硝酸银在无水乙醇中的溶解度为2.1 g/100 mL。由于卤代烃能溶于乙醇而不溶于水，因此用乙醇作溶剂能使反应处于均相，有利于反应的进行。

[2] 一般认为，卤代烃与硝酸银的乙醇溶液的反应是按S_N1历程进行的。决定S_N1反应速率的是碳正离子形成的一步。碳正离子稳定性的顺序和卤代烷发生S_N1反应的相对速率的顺序是一致的，即都是$3°>2°>1°$。

[3] 由于碳卤键的可极化性顺序为C—I> C—Br> C—Cl，因此，当卤原子不同时，卤代烃在取代反应中的活性顺序为RI>RBr>RCl。

五、思考题

(1) 根据实验结果解释，为什么与硝酸银的乙醇溶液作用，当卤原子相同时，不同卤代烷的活泼性是$3°>2°>1°$？在本实验用硝酸银的水溶液可以吗？

(2) 卤原子不同时，为什么发生取代反应的活性总是RI>RBr>RCl？

7.7　羧酸及其衍生物的性质

一、实验目的

验证羧酸及其衍生物的主要化学性质。

二、实验原理

羧酸最典型的化学性质是具有酸性，其酸性比碳酸强，故羧酸不仅溶于氢氧化钠溶液，而且溶于碳酸氢钠溶液。饱和一元羧酸中，甲酸酸性最强，而低级饱和二元羧酸的酸性又比一元羧酸强。羧酸能与碱作用成盐，与醇作用成酯。甲酸和草酸还具有较强的还原性，其中草酸能被高锰酸钾氧化，此反应可用于定量分析。

羧酸衍生物都含有酰基结构,具有相似的化学性质。在一定条件下,都能发生水解、醇解、氨解反应,其活泼性顺序为酰卤>酸酐>酯>酰胺。

三、实验步骤

1. 羧酸的性质

(1) 酸性实验　在三支试管中,分别加入 5 滴甲酸、5 滴乙酸和 0.2 g 草酸,再各加入 1 mL 蒸馏水,振摇使其溶解。然后用玻璃棒分别蘸取少许酸液,在同一条刚果红试纸[1]上画线。比较试纸颜色的变化和颜色的深浅,并比较三种酸的酸性强弱。

(2) 成盐反应　取 0.2 g 苯甲酸晶体,加入 1 mL 水,振摇后观察溶解情况。然后滴加几滴 20%氢氧化钠溶液,振摇后观察有什么变化。再滴加几滴 6 mol/L 盐酸,振摇后再观察现象。

(3) 加热分解反应　在三支带导管的试管中分别加入 1 mL 甲酸、1 mL 乙酸和 1 g 草酸,导管的末端分别伸入三支盛有 1～2 mL 石灰水的试管中,加热,当有连续气泡发生时观察现象。

(4) 成酯反应　在干燥试管中,加入 1 mL 无水乙醇和 1 mL 冰乙酸,并滴加 3 滴浓硫酸。摇匀后放入 70～80 ℃水浴中,加热 10 min(也可直接在火上加热,微沸 2～3 min)。放置冷却后,再滴加约 3 mL 饱和碳酸钠溶液,中和反应液至出现明显分层,并可闻到特殊香味。

(5) 氧化反应　在三支试管中分别放置 0.5 mL 甲酸、0.5 mL 乙酸以及由 0.2 g 草酸和 1 mL 水配成的溶液,然后各加入 1 mL 3 mol/L 硫酸和 2～3 mL 0.5%高锰酸钾溶液,加热至沸腾,观察现象,比较反应速率。

(6) 甲酸的还原性(银镜反应)　准备三支洁净试管,第一支试管中加入 1 mL 20%氢氧化钠溶液[2],并滴加 5～6 滴甲酸溶液。在第二支试管中,加入 1 mL 1∶1 氨水,并滴入 5～6 滴 5%硝酸银溶液。再取第三支洁净试管,将上述两种溶液一并倒入其中,并摇匀。若产生沉淀,则补加几滴氨水,直至沉淀刚好消失,形成无色透明溶液。然后,将试管放入 90～95 ℃水浴中,加热 10 min,观察银镜的析出。

2. 羧酸衍生物的性质

1) 水解反应

(1) 乙酰氯的水解。

在试管中加入 1 mL 蒸馏水,沿管壁慢慢滴加 3 滴乙酰氯,略微振摇试管,观察现象,用手摸试管底部有无放热。待试管冷却后,再滴加 1～2 滴 2%硝酸银溶液,观察溶液有何变化。

(2) 乙酸酐的水解。

在试管中加入 1 mL 水,并滴加 3 滴乙酸酐,由于它不溶于水,呈珠粒状沉于管底。再略微加热试管,这时乙酸酐的珠粒消失,并嗅到刺激性气味。说明乙酸酐受热发生水解,生成了乙酸。

（3）酯的水解。

在三支试管中，各加入 1 mL 乙酸乙酯和 1 mL 水。然后在第一支试管中，再加入 0.5 mL 3 mol/L 硫酸，在第二支试管中再加入 0.5 mL 20%氢氧化钠，将三支试管同时放入 70～80 ℃的水浴中，一边振摇，一边观察并比较酯层消失的快慢。

（4）酰胺的水解。

① 碱性水解：在试管中加入 0.2 g 乙酰胺和 2 mL 20%氢氧化钠溶液，小火加热至沸，嗅氨的气味并可在试管口用润湿的紫色石蕊试纸检验。

② 酸性水解：在试管中加入 0.2 g 乙酰胺和 2 mL 3 mol/L 硫酸，小火加热至沸，闻一闻有无乙酸的气味。冷却后加入 20%氢氧化钠溶液至碱性，再加热并嗅其气味（或用试纸检验）。

2）醇解反应

（1）乙酰氯的醇解。

在干燥的试管中加入 1 mL 无水乙醇，在冷却与振摇下沿试管壁慢慢滴入 1 mL 乙酰氯[3]。反应进行剧烈并放热，待试管冷却后，再慢慢加入约 3 mL 饱和碳酸钠溶液中和至出现明显的分层，并可闻到特殊香味。

（2）乙酸酐的醇解。

在干燥的试管中加入 1 mL 无水乙醇和 1 mL 乙酸酐，混匀后，再加 3～4 滴浓硫酸。振摇下在小火上微沸。放置冷却后，慢慢加入约 3 mL 饱和碳酸钠溶液中和至析出酯层，并可闻到特殊香味。

3）氨解反应

（1）乙酰氯的氨解。

在干燥试管中加入 0.5 mL 新蒸苯胺，再滴加 0.5 mL 乙酰氯，振摇后，用手摸试管底部有无放热。然后，再加入 2～3 mL 水，观察有无结晶析出。

（2）乙酸酐的氨解。

在干燥试管中加入 0.5 mL 新蒸苯胺，再滴加 0.5 mL 乙酸酐，振摇并用小火加热几分钟，冷却后，加入 2～3 mL 水，观察有无结晶析出。

本实验约需 4 h。

四、注释

[1] 刚果红试纸与弱酸作用呈棕黑色，与中强酸作用呈蓝黑色，与强酸作用呈稳定的蓝色。

刚果红：二苯基-4,4′-二(偶氮-2-)-1-氨基萘-4-磺酸钠

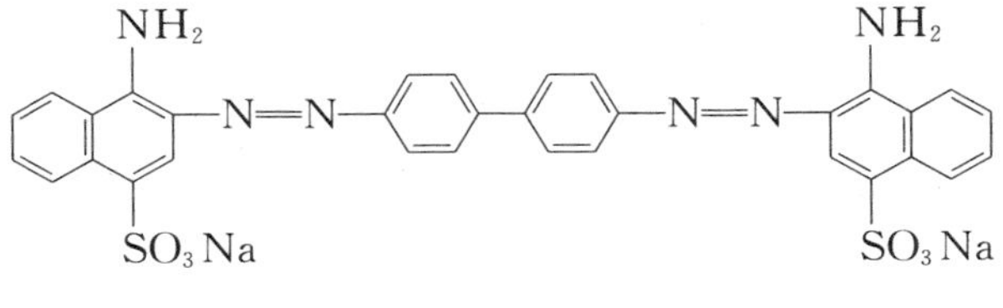

NH_2　NH_2

—N=N—（联苯）—N=N—

SO_3Na　SO_3Na

[2] 甲酸的酸性较强,假使直接加到弱碱性的银氨溶液中,银氨配离子将被破坏,析不出银镜,故需用碱液中和甲酸。

[3] 乙酰氯与醇反应十分剧烈,并有爆破声。滴加时要慢,一滴一滴加入,防止液体从试管内溅出。

五、思考题

(1) 在羧酸及其衍生物与乙醇的反应中,为什么在加入饱和碳酸钠溶液后,乙酸乙酯才分层浮在液面上?

(2) 为什么酯化反应中要加浓硫酸?为什么碱性介质能加速酯的水解反应?

(3) 甲酸具有还原性,能发生银镜反应。其他羧酸是否也有此性质?为什么?

(4) 根据实验结果,比较各种羧酸衍生物的化学活泼性。

7.8 糖类物质的性质

一、实验目的

(1) 熟悉某些糖类物质的鉴定方法。

(2) 加深对糖类物质的主要化学性质的理解。

二、实验原理

糖通常分为单糖、二糖和多糖,又可以分为还原糖和非还原糖。还原糖含有半缩醛(酮)的结构、醇羟基、醛基,在化学性质上具有醛的性质和醇的性质,能和费林试剂、本尼迪特试剂和托伦试剂发生反应;非还原糖不含有半缩醛(酮)的结构。

糖在浓无机酸(硫酸、盐酸)作用下,脱水生成糠醛及糠醛衍生物,后者能与 α-萘酚反应生成紫红色物质。还原性糖能与过量的苯肼作用生成脎,糖脎是不溶于水的黄色晶体。

三、实验步骤

1. Molish 实验——α-萘酚实验检出糖[1]

在六支试管中分别加入 1 mL 5%葡萄糖、果糖、麦芽糖、蔗糖、淀粉溶液和滤纸浆[2],再各滴入 2 滴 10% α-萘酚和 95%乙醇溶液(Molish 试剂)[3],将试管倾斜 45°,沿管壁慢慢加入 1 mL 浓硫酸,观察现象。若无颜色,可在水浴中加热,再观察[4]。

2. 间苯二酚实验[5]

在四支试管中各加入 2 mL 间苯二酚,再分别加入 1 mL 5%葡萄糖、果糖、麦芽糖和蔗糖溶液,混匀,沸水浴中加热 1~2 min,观察颜色有何变化。加热 20 min 后,再观察,并解释。

3. 本尼迪特试剂、托伦试剂检出还原糖

(1) 与本尼迪特试剂反应[6]：取六支试管，各加入 1 mL 本尼迪特试剂，微热至沸，再分别加入 5%葡萄糖、果糖、麦芽糖、蔗糖、乳糖和淀粉溶液，在沸水中加热 2～3 min，放冷，观察现象。

(2) 与托伦试剂反应[7]：取六支洁净的试管，各加入 1.5 mL 托伦试剂，再分别加入 0.5 mL 5%葡萄糖、果糖、麦芽糖、蔗糖、淀粉溶液和滤纸浆，在 60～80 ℃水浴中加热，观察并比较结果，试解释。

4. 糖脎的生成

取五支试管，各加入 2 mL 苯肼试剂[8]，再分别加入 5%葡萄糖、果糖、乳糖、麦芽糖和蔗糖溶液，沸水浴中加热，观察晶体形成及所需时间。

5. 糖类物质的水解

(1) 蔗糖的水解：在试管中加入 8 mL 5%蔗糖并滴加 2 滴浓盐酸，煮沸 3～5 min，冷却后，用 10%氢氧化钠溶液中和，用此水解液做本尼迪特实验。

(2) 淀粉水解和碘实验。

① 胶淀粉溶液的配制。将 7.5 mL 冷水和 0.5 g 淀粉充分混合，成为均匀的悬浮物，再倒入 67 mL 沸水中，继续加热 5 min，即可得到胶淀粉溶液。

② 碘实验：向 1 mL 胶淀粉中加入 9 mL 水，充分混合，向此稀溶液中加入 2 滴碘-碘化钾溶液，将其溶液稀释，至其蓝色很浅，加热，结果如何？放冷后，蓝色是否再现？试解释。

③ 淀粉用酸水解：在 100 mL 烧杯中，加入 30 mL 胶淀粉溶液、4～5 滴浓盐酸，水浴加热，每隔 5 min 从烧杯中取少量液体做碘实验，直至不发生碘反应为止。先用 10%氢氧化钠溶液中和，再用托伦试剂试验，观察，并解释。

④ 淀粉用酶水解：在洁净的 100 mL 三角烧瓶中，加入 30 mL 胶淀粉，加入 1～2 mL唾液并充分混合，在 38～40 ℃水浴加热 10 min，将其水溶液用本尼迪特试剂检验，有何现象？试解释。

6. 纤维素的性质实验

取一支大试管，加入 4 mL 硝酸，在振荡下小心加入 8 mL 浓硫酸，冷却，把一小团棉花用玻璃棒浸入此混酸中，在 60～70 ℃水浴中加热，充分硝化，5 min 后，挑出棉花，放在烧杯中充分洗涤数次，用水浴干燥，即得火药棉。

(1) 用坩埚钳夹取一块放在火焰上，是否立刻燃烧？另用一小块棉花点燃，燃烧有何不同？

(2) 把另一块火药棉放在干燥表面皿上，加 1～2 mL 乙醇-乙醚液(体积比为 1∶3)制成火胶棉，放到火焰上燃烧，比较燃烧速度。

本实验约需 5 h。

四、注释

[1] 在 Molish 实验中,由于反应极为灵敏,如果操作不慎,甚至将滤纸毛或碎片落于试管中,都会得到阳性结果。但阳性结果不一定都是糖,因此,不可在样品中混入纸屑等杂物。

[2] 如果实验是在同一时间进行,则注意试剂量要准确,并要同步进行。

[3] 添加 Molish 试剂时切记充分摇匀。

[4] 注意观察各管紫色环出现时间的先后、环的宽度、颜色的深浅,并做好记录。

[5] 间苯二酚溶液的配制:0.01 g 间苯二酚溶于 10 mL 浓盐酸和 10 mL 水中,混匀即成。

[6] 本尼迪特试剂的配制:在 400 mL 烧杯中加入 20 g 柠檬酸钠、11.5 g 无水碳酸钠和 100 mL 热水,搅拌使其溶解。在不断搅拌下,慢慢加入含 2 g 硫酸铜结晶的 20 mL 水溶液,此混合液应十分清澈,否则须过滤。

[7] 托伦试剂的配制:加 20 mL 5%硝酸银溶液于干净的试管内,加入 1 滴 10%氢氧化钠溶液,然后滴加 2%氨水,摇荡,直至沉淀刚好溶解。托伦试剂不宜久置,必须现用现配。

[8] 苯肼试剂的配制:溶解 4 mL 苯肼于 4 mL 冰乙酸和 36 mL 水中,加入 0.5 g 活性炭,过滤,装入有色瓶中储存备用。或溶解 5 g 苯肼盐酸盐于 160 mL 水中(必要时可微热助溶),加活性炭脱色,然后加入 9 g 结晶乙酸钠,搅拌溶解,储存在棕色瓶中备用。

五、思考题

(1) 糖类物质有哪些特性?

(2) 糖分子中的羟基、羰基与醇分子中的羟基、酮分子中的羰基有何联系与区别?

7.9　氨基酸和蛋白质的性质

一、实验目的

(1) 深入理解有关氨基酸和蛋白质性质的理论知识。

(2) 验证氨基酸和蛋白质某些重要化学性质。

(3) 掌握鉴定氨基酸和蛋白质的方法。

二、实验原理

氨基酸分子中同时含有氨基和羧基,它具有氨基和羧基的典型性质;由于两个基团在分子内的相互影响,它具有一些特殊性质。氨基酸是两性化合物,具有等电点,能与茚三酮等试剂起颜色反应。

蛋白质是生物体尤其是动物体的基本组成物质，细胞内除水外，其余的物质中80%是蛋白质。蛋白质是多种 α-氨基酸的缩聚物，其水溶液具有胶体性质，加入无机盐，可使蛋白质盐析。蛋白质受热、受紫外线照射或与某些化学试剂作用会变性，从而失去生理功能。

蛋白质在酸或碱中加热水解，最后得到 α-氨基酸。蛋白质和氨基酸一样，能与茚三酮起显色反应，具有等电点，在等电点时其溶解度最小。蛋白质和多肽都能起二缩脲反应，绝大多数蛋白质能起蛋白黄反应，这些性质常被用来鉴别蛋白质。

三、实验步骤

1. 蛋白质的沉淀

1）可逆沉淀[1]

取 2 mL 清蛋白溶液，置于试管中，加入 2 mL 饱和硫酸铵溶液，将混合物振荡，溶液下层出现混浊或絮状沉淀。小心吸出上层清液，加入等体积水，振荡，观察沉淀是否溶解。

2）用重金属盐沉淀蛋白质[2]

取四支试管，各加 1 mL 清蛋白溶液，再分别滴加饱和硫酸铜、20%碱性乙酸铅、3%硝酸银、5%氯化汞溶液（小心有毒！），滴加试剂时，要一滴一滴地加入，同时振摇，观察有无蛋白质沉淀析出。

3）用生物碱试剂沉淀蛋白质[3]

取两支试管，各加 0.5 mL 清蛋白溶液，并滴加 1 滴 5%乙酸（弱酸环境有利于这个沉淀反应）。然后分别滴加饱和苦味酸溶液和饱和鞣酸溶液，直到沉淀产生为止。

2. 蛋白质和氨基酸的颜色反应

1）与茚三酮反应[4]

取四支试管，分别加入 1 mL 1%甘氨酸、1%酪氨酸、1%色氨酸和清蛋白溶液，再各滴加茚三酮试剂 2～3 滴，在沸水浴中加热约 10 min，观察现象。

2）黄蛋白反应（Pauly 反应）[5]

取五支试管，分别加入清蛋白溶液 1 mL、指甲少许、头发少许、1%色氨酸溶液 1 mL 和 1%酪氨酸溶液 1 mL，再各加入 1 mL 浓硝酸，观察各试管的现象。若反应较慢，可用微火加热，此时溶液或沉淀是否呈现黄色？有时由于煮沸使析出的沉淀水解，而使沉淀全部或部分溶解，溶液的黄色是否变化？放至室温，逐滴加入 10%氢氧化钠溶液至碱性，观察颜色变化。

3）蛋白质的二缩脲反应[6]

取 2 mL 清蛋白溶液置于试管中，加 2 mL 10%氢氧化钠溶液，再加 2 滴 1%硫酸铜溶液，观察现象。操作时加硫酸铜溶液不要过量。否则，生成蓝绿色的氢氧化铜沉淀，会掩蔽产生的紫色或红色，影响观察。

用1%甘氨酸溶液做对比实验,观察现象,说明原因。

4) 蛋白质与硝酸汞试剂的反应[7]

取2 mL清蛋白溶液,置于试管中,加硝酸汞试剂5～6滴,有何现象?小心加热,此时原先析出的白色絮状物聚成块状并显砖红色,有时溶液也呈红色。

用1%酪氨酸溶液重复此实验,有何现象?

3. 用碱分解蛋白质[8]

取1 mL清蛋白溶液,置于试管中,加2 mL 30%氢氧化钠溶液,煮沸2～3 min,析出沉淀,继续煮沸沉淀又溶解,放出氨气(可用湿润石蕊试纸于试管口处检验)。

将上面的热溶液加入1 mL 10%硝酸铅溶液,再次煮沸,生成白色氢氧化铅沉淀,继而沉淀溶解在过量的碱液中。继续煮沸,清亮的液体逐渐变成棕色,继而有棕黑色硫化铅沉淀产生。

4. 蛋白质的等电点和两性反应

取一支大试管,加入10滴酪蛋白乙酸钠溶液[9]和2滴0.1%溴甲酚绿指示剂[10],混合均匀,观察溶液的颜色。

在此溶液中慢慢地逐滴加入浓盐酸,边加边摇,直至有大量沉淀生成,此时溶液的pH值接近酪氨酸的等电点。观察溶液的颜色是否变化,继续滴加浓盐酸,观察溶液颜色有何变化。

慢慢滴入30%氢氧化钠溶液进行中和,边滴边摇,直至有大量沉淀产生为止,观察溶液颜色是否变化。继续滴加30%氢氧化钠溶液至沉淀溶解,有何现象发生?

四、注释

[1] 盐析是指一般蛋白质在高浓度盐溶液中溶解度下降,故向其溶液中加入中性盐(碱金属盐或铵盐)至一定浓度时,蛋白质即自溶液中沉淀析出的现象。盐析作用与两种因素有关:①蛋白质分子被浓盐脱去水化层;②分子所带电荷被中和。

蛋白质的盐析作用是可逆过程,用盐析方法沉淀蛋白质时,较少引起蛋白质变性,沉淀的蛋白质经透析或用水稀释又可溶解。

不同的蛋白质盐析所需中性盐浓度与蛋白质种类及pH值有关。相对分子质量大的蛋白质(如球蛋白)比相对分子质量小的蛋白质(如清蛋白)易于析出。球蛋白在半饱和硫酸铵溶液中即可析出,而清蛋白需在饱和硫酸铵溶液中才能析出。故可以用盐析的方法来分离蛋白质。

硫酸铵具有特别显著的盐析作用,不论在弱酸溶液中还是中性溶液中都能使蛋白质沉淀。其他的盐需要使溶液呈酸性才能盐析完全。

[2] 溶液pH值高于蛋白质等电点时,重金属盐类(如Pb^{2+}、Cu^{2+}、Hg^{2+}及Ag^{+})易与蛋白质结合成不溶性盐而沉淀,而且是不可逆过程。

重金属盐类沉淀蛋白质通常比较完全,重金属在很小浓度时就能沉淀蛋白质,故常用重金属盐除去液体中的蛋白质。但应注意,在使用某些重金属盐(如硫酸铜或乙酸铅)沉淀蛋白质时,不可过量,否则将引起沉淀再溶解,这是由于盐的离子被吸附在沉淀上使沉淀解胶。

[3] 生物碱是植物中具有显著生理作用的一类含氮的碱性物质。凡能使生物碱沉淀,或能与生物碱作用产生颜色反应的物质,称为生物碱试剂。如鞣酸、苦味酸和磷钨酸等。当蛋白质溶液 pH 值低于其等电点时,蛋白质为阳离子,能与生物碱试剂的阴离子结合成盐而沉淀。

[4] 茚三酮试剂的配制:取 1 g 茚三酮,溶于 50 mL 水中即得。配制后两天内用完,久置变质失效。

在弱酸条件下(pH5～7),蛋白质或氨基酸与茚三酮共热,可产生紫色缩合物,此反应为一切蛋白质和 α-氨基酸所共有(亚氨基酸如脯氨酸和羟脯氨酸产生黄色物质)。含有氨基的其他化合物亦可发生此反应。该反应十分灵敏,1∶1500000 浓度的氨基酸水溶液即能发生反应,是一种常用的氨基酸定量测定方法。

茚三酮水合物的组成如下:

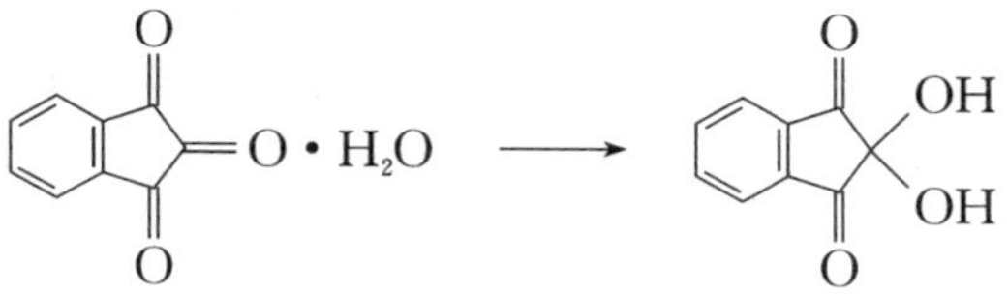

O　O　$=O \cdot H_2O$ ⟶ O　OH　OH　O

茚三酮与任何含有游离氨基的物质均可发生氧化还原反应:

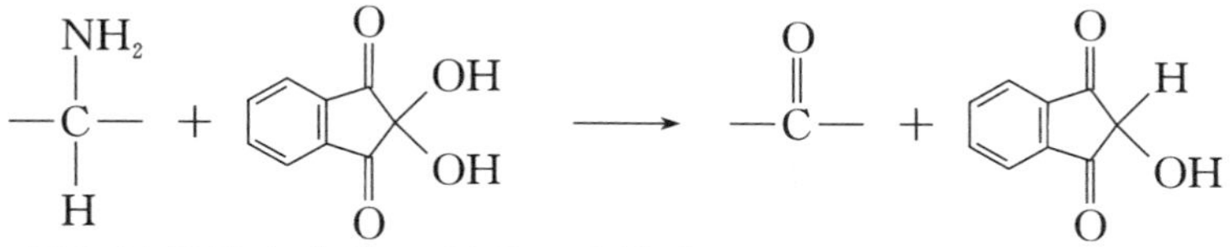

NH_2　—C—　H　+　O　OH　OH　O　⟶　O　—C—　+　O　H　OH　O

还原产物与氨和过量的水合茚三酮进一步缩合:

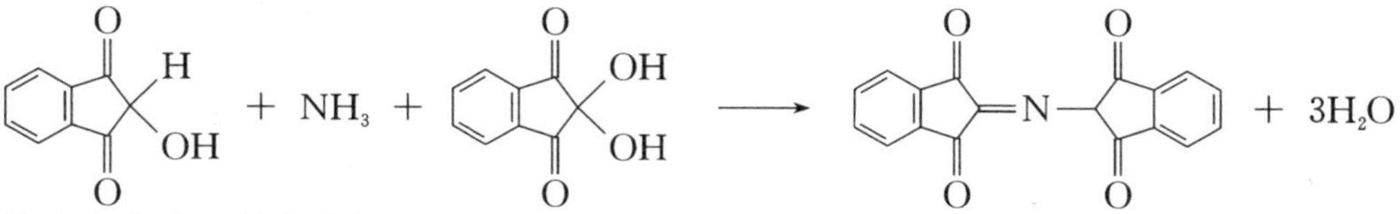

O　H　OH　O　+ NH_3 +　O　OH　OH　O　⟶　O　O　=N—　O　O　+ $3H_2O$

缩合产物为蓝紫色染料,它可经下列互变异构,再与氨形成烯醇式的铵盐,后者在溶液中解离出阴离子,能使反应液的颜色变深。

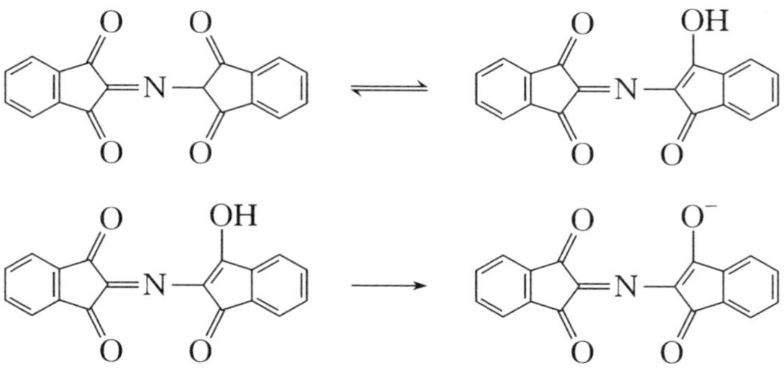

O　O　=N—　O　O　⇌　O　OH　=N—　O　O

O　OH　=N—　O　O　⟶　O　O^-　=N—　O　O

$$\text{(茚三酮-亚胺阴离子)} \underset{}{\overset{NH_4^+}{\rightleftharpoons}} \text{(铵盐, } O^- \to ONH_4\text{)}$$

含有游离氨基的蛋白质或其水解产物(脲、胨、肽)均有该颜色反应,α-氨基酸与茚三酮试剂也有显色反应,但其氧化还原反应中有脱羧作用伴随发生,这与蛋白质不同。

$$R-\underset{NH_2}{CH}-COOH + \text{(水合茚三酮)} \longrightarrow R-\underset{O}{\overset{\|}{C}}-H + NH_3\uparrow + CO_2\uparrow + \text{(还原茚三酮)}$$

[5] 在蛋白质分子中,具有芳香环的氨基酸(即 α-氨基-β-苯丙酸、酪氨酸、色氨酸等残基)上的苯环,经硝酸作用可生成黄色的多硝基化合物。在碱性溶液中变成橙色的硝醌衍生物,反应式为

$$\text{(酪氨酸残基)} \xrightarrow{HNO_3} \text{(硝基酪氨酸残基, } -N(\to O)=O\text{)} \xrightarrow{NaOH} \text{(} -N(\to O)-ONa\text{)} + H_2O$$

[6] 尿素加热至 180 ℃左右,生成双缩脲并放出一分子氨。双缩脲在碱性环境中能与 Cu^{2+} 结合生成紫红色化合物,此反应称为二缩脲反应。蛋白质或其水解中间物分子中有肽键,其结构与二缩脲相似,也能发生此反应。此反应可用于蛋白质的定性或定量测定。

$$(H_2N)_2C=O + (H_2N)_2C=O \xrightarrow[180\ ℃]{\triangle} H_2N\overset{O}{\overset{\|}{C}}NH\overset{O}{\overset{\|}{C}}NH_2 + NH_3\uparrow$$

$$H_2N-C(=O)-NH-C(=O)-NH_2 + Cu^{2+} \xrightarrow{OH^-} \text{(双缩脲-}Cu^{2+}\text{配合物)}$$

在蛋白质水解中间物中，二缩脲反应的颜色与肽键数目有关，见表 7-1。

表 7-1　蛋白质水解中间物的肽键数目与二缩脲反应的颜色

蛋白质水解中间物	肽键数目	所显颜色
缩二氨基酸	1	蓝色
缩三氨基酸	2	紫色
缩四氨基酸	3	红色

蛋白质在二缩脲反应中常显紫色，这显示缩三氨基酸的残基在蛋白质分子中较多。显色反应是由于生成了铜的配合物。

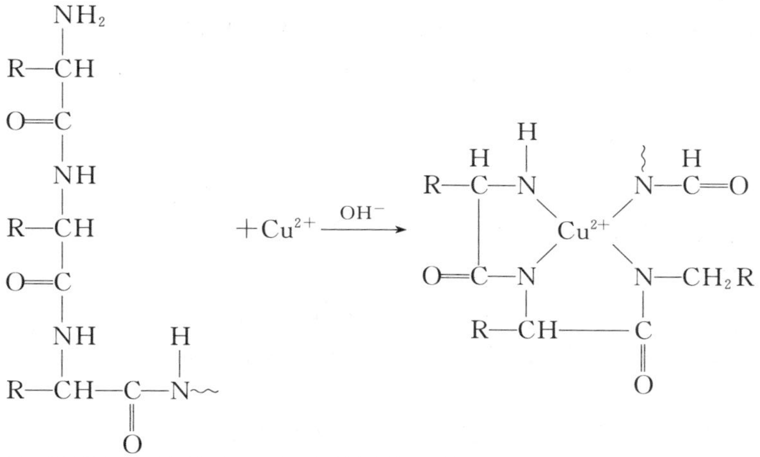

NH_2
R—CH
O═C
NH
R—CH
O═C
NH　H
R—CH—C(═O)—N~~

$+Cu^{2+} \xrightarrow{OH^-}$

H　H　H
R—C—N　N—C═O
Cu^{2+}
O═C—N　N—CH_2R
R—CH——C(═O)

具有下列类型的二酰胺也可以得到阳性结果：

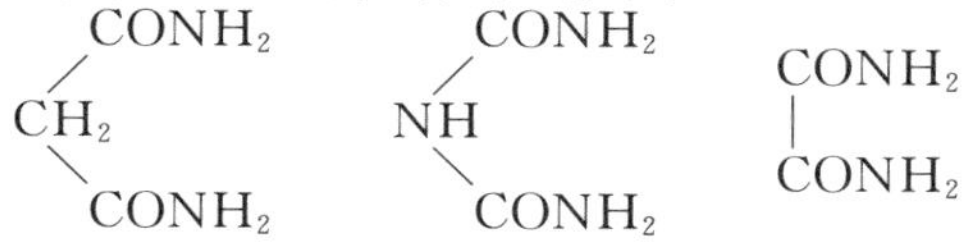

$CH_2(CONH_2)_2$　　$NH(CONH_2)_2$　　$CONH_2$—$CONH_2$

[7] 硝酸汞试剂也称 Millon 试剂。其配制方法：1 g 金属汞溶于 2 mL 浓硝酸中，用两倍体积的水稀释，放置过夜，过滤即得。它主要含有汞或亚汞的硝酸盐和亚硝酸盐，此外还含有过量的硝酸和少量的亚硝酸。

只有组成中含有酚羟基的蛋白质，才能与硝酸汞试剂作用而显砖红色。在氨基酸中只有酪氨酸含有酚羟基，所以凡能与硝酸汞试剂作用而显砖红色的蛋白质，其组成中必含有酪氨酸残基。

[8] 蛋白质分子中的胱氨酸与半胱氨酸很容易脱硫，在强碱作用下分解生成硫化物，再与乙酸铅反应生成硫化铅沉淀。加入浓盐酸，则放出硫化氢气体，具有恶臭，极易辨别。

$$\sim\sim\underset{\underset{CH_2SH}{|}}{\overset{\overset{H}{|}}{C}}\text{—CONH}\sim\sim + 2NaOH \longrightarrow \sim\sim\underset{\underset{CH_2OH}{|}}{\overset{\overset{H}{|}}{C}}\text{—CONH}\sim\sim + Na_2S + H_2O$$

$$Na_2S + Pb^{2+} \longrightarrow PbS\downarrow + 2Na^+$$

$$PbS + 2HCl \longrightarrow PbCl_2 + H_2S\uparrow$$

[9] 酪蛋白又称乳酪素或干酪素，为白色至淡黄色粉末，由于分子中含有磷酸基，故显弱酸性。它能溶于强碱和浓酸，几乎不溶于水。

酪蛋白乙酸钠溶液的配制方法：称取纯酪蛋白 0.25 g，放入烧杯中，加 30 mL 蒸馏水和 5 mL 4%氢氧化钠溶液，沸水浴，搅拌，然后用 1 mol/L 乙酸溶液调节至中性或近中性备用。

[10] 溴甲酚绿指示剂的配制方法：将 0.1 g 溴甲酚绿溶于 248.5 mL 水中，加入 1.45 mL 0.1 mol/L 氢氧化钠溶液。该指示剂的变色范围为 pH3.8～5.4，pH＜3.8 时为黄色，pH＞5.4 时为蓝色。

五、思考题

(1) 怎样区分蛋白质的可逆沉淀和不可逆沉淀？

(2) 与茚三酮发生显色反应，是否一定是同一色调？为什么？

(3) 是否可以利用茚三酮反应可靠地鉴定蛋白质的存在？

(4) 在蛋白质的二缩脲反应中，为什么要控制硫酸铜溶液的量？过量的硫酸铜会导致什么结果？

(5) 为什么鸡蛋清和豆浆可做铅或汞中毒的解毒剂？

第8章　研究创新实验

8.1　用橙子皮制作果冻的技术探究

一、实验目的

（1）学习从天然原料中提取水溶性物质的原理和方法。

（2）学习果冻制作工艺。

（3）学会查阅文献资料，设计实验方案，撰写研究报告。

二、实验原理

我国是柑橘种植大国，每年柑橘产量超过一千万吨。柑橘皮质量约占果实质量的1/4，大部分橘皮未做任何处理便丢弃，造成资源的极大浪费。柑橘皮是一种良好的果胶资源，果胶具有优良的胶凝性和乳化性，果胶多糖具有降血脂、消肿、解毒、止泻、止血、抗菌、抗辐射等作用，还是一种优良的药物制剂基质。自20世纪40年代以来，果胶广泛应用于食品工业、医药、化妆品、纺织、印染、冶金、烟草等领域。

果胶是一种亲水性植物胶，是植物细胞壁以及细胞间层的主要成分之一，由半乳糖醛酸和半乳糖醛酸甲酯组成，主要成分为半乳糖醛酸甲酯。果胶呈白色至黄褐色粉末状，无异味，原果胶不溶于水，但可以在酸、碱、盐、酶的作用下，加水分解转变成水溶性果胶。

从柑橘皮中提取的果胶是高酯化度的果胶，酯化度在70%以上，在食品工业中常用来制作果冻、果酱。果冻是以果胶、食糖和水等为原料，经过溶胶、调配、装模、冷却、脱模等工序加工而成的胶冻食品。

三、基本内容和要求

（1）学生通过查阅文献资料等方式拟订实验方案，与指导教师讨论实验方案的可行性后再开展实验。

（2）学生自拟的实验方案包括：

① 主要试剂及仪器。

② 实验内容：a. 果胶的提取（包括原材料预处理、提取方法及后处理）；b. 果冻的制作[1]。

（3）实验完成后，写出“橙子皮制作果冻技术”的可行性研究报告。

四、注释

[1] 果冻从制作后的冷却到完全成型需要较长的时间，通常可在 2 h 左右看到凝胶态基本形成，但如果要比较果冻的硬度和弹性，一般要 24 h 以后。

五、思考题

(1) 从柑橘皮中提取果胶时，为什么要加热使酶失活？

(2) 通过制作果冻，能否看出果胶质量的高低？应当做什么检验才能通过制作果冻来判断果胶质量？

8.2 全透明工艺皂的制备方法探究

一、实验目的

(1) 了解全透明工艺皂的性能、特点和用途。

(2) 熟悉全透明工艺皂配方中各种原料的作用。

(3) 掌握全透明工艺皂制备的方法和操作技巧。

(4) 学会查阅文献资料，设计实验方案，撰写研究报告。

二、实验原理

全透明工艺皂是肥皂中的一大种类，外观晶莹透明，起泡迅速，泡沫丰富，对皮肤刺激性低，用于清洁、滋润、保湿皮肤。随着人民生活水平的提高以及消费行为的个性化、时尚化，全透明工艺香皂已日益受到消费者的喜爱。特别是近几年，消费者的个性化洗涤习惯在悄然发生变化，绿色高效、安全环保、洗护合一的消费理念已成为人们的共识，而全透明皂恰恰顺应了人们的需求。

全透明工艺皂的制备方法主要有加入物法、脂肪酸复配法、氨基酸表面活性剂法和透明皂基法等。其中，脂肪酸复配法是选择 C_{12}～C_{18} 的多种脂肪酸作为原料以代替油脂，加适量碱中和，再加透明剂制得全透明工艺皂。它的优点是透明性好、皂化时间短、原料成品易控制、一次注模成型。

全透明工艺皂的制作是以十二烷基脂肪酸(月桂酸)、十四烷基脂肪酸(豆蔻酸)、十八烷基脂肪酸(硬脂酸)、蓖麻油[1](主要含蓖麻酸)等脂肪酸为原料，与氢氧化钠[2]溶液发生中和反应，反应式如下：

$$ROOH + NaOH \longrightarrow ROONa + H_2O$$

$$R = -C_{11}H_{23}, -C_{13}H_{27}, -C_{17}H_{35}, -C_5H_{10}CH(OH)CH_2CH{=}CH(CH_2)_7CH_3$$

在中和时加入乙醇，一方面可增加脂肪酸的溶解度，使反应快速完全；另一方面可有效提高透明度。还加入糖、多元醇、聚乙二醇[3]作为透明剂促使肥皂透明，这些物质又是很好的皮肤保湿剂。

三、基本内容和要求

（1）查阅相关文献资料，根据实验室的条件，拟订实验方案，并提前交予指导老师批阅。

（2）详细实验内容包括：①主要试剂及仪器（包括试剂配制方法）；②实验内容（含分析步骤）。

（3）按拟订方案进行实验，若实验中发现问题，应及时对实验方案进行修正。

（4）实验完成后写出详细、完整的研究报告。

四、注释

[1] 转移蓖麻油时，量筒内会有残留，可用大约 5 mL 的乙醇清洗量筒。

[2] 氢氧化钠的用量是根据各酸的皂化值计算而得的，用量过少肥皂中会有残留的脂肪酸，透明度降低，适当增加氢氧化钠用量将会使透明皂的去污能力提高，但对皮肤的刺激性也会随之加大。

[3] 按照量筒的标签一一对应使用。

8.3　不同功效雪花膏的制备

一、实验目的

（1）学习雪花膏的配制原理和各组分的作用。

（2）学习不同功能雪花膏的配制方法。

（3）学会查阅文献资料，设计实验方案，撰写研究报告。

二、实验原理

雪花膏是一种非油腻性的护肤化妆品，具有滋润皮肤和保护皮肤的作用。随着人民生活水平和审美标准的提高，雪花膏的应用越来越广泛，雪花膏新产品的研制也不断有报道，目前市面上出现很多将植物的提取物加入雪花膏中制成的具有特效的产品。例如：将薰衣草精油加入雪花膏中，可以消炎、促进皮肤再生、平衡皮肤分泌、修复皮肤晒伤或灼伤；将葡萄籽油加入雪花膏中，由于其自身亲肤性强，具有收敛性，不会使皮肤紧绷，还可祛斑、防皱；把白芷粉末加入雪花膏中，可以治疗黄褐斑；把何首乌提取物加入雪花膏中来防紫外线辐射伤害；把益智油加入雪花膏中以延缓皮肤的光老化作用等。

雪花膏是一种雪白、芳香的膏状乳剂类化妆品。乳剂是一种液体以极细小的液滴分散于另一种互不相溶的液体中所形成的多相分散体系。雪花膏涂在皮肤上，遇热容易消失，因此，被称为雪花膏。

雪花膏一般是以硬脂酸[1]和碱皂化生成的硬脂酸盐阴离子型乳化剂为基础的油/水型乳状体系,把雪花膏涂敷于皮肤上,水分[2]挥发后留下的硬脂酸、硬脂酸盐与吸水性的多元醇共同形成一个控制表皮水分蒸发的薄膜,它隔离了皮肤与空气,避免了在干燥环境中由于表皮水分蒸发过快而导致的皮肤干裂或粗糙。

三、基本内容和要求

(1) 该实验是根据不同功效制作雪花膏(薰衣草舒缓雪花膏、油茶籽油祛痘雪花膏、刺梨种子油雪花膏等),要求学生通过查阅文献资料等方式拟订实验方案,与指导教师讨论实验方案的可行性后再开展实验。

(2) 学生根据功效自拟的实验方案包括:

① 主要试剂及仪器。

② 实验内容:a. 精油提取;b. 精油雪花膏的制作;c. 性能测定(耐寒性、耐热性、吸湿性、再润湿性、pH 值)。

(3) 实验完成后,写出详细、完整的研究报告。

四、注释

[1] 使用工业一级硬脂酸,可使产品色泽和储存稳定性得到提高。

[2] 水质对雪花膏质量影响很大,应控制 pH=6.5~7.5,总硬度<100 mg/L,氯离子浓度<50 mg/L,铁离子浓度<0.3 mg/L。

五、思考题

(1) 实验中碱的类别、用量和温度对雪花膏制作有何影响?

(2) 配制雪花膏时,为什么必须在烧杯中将两种试剂分别配制好后再混合到一起?

8.4 有机玻璃艺术品的制作

一、实验目的

(1) 学习高分子材料合成的基本反应原理及方法。

(2) 学习有机玻璃的制备方法。

(3) 学会查阅文献资料,设计实验方案,撰写研究报告。

二、实验原理

生活中的有机玻璃板就是甲基丙烯酸甲酯通过本体聚合的方法制成的。聚甲基丙烯酸甲酯(PMMA)具有优良的光学性能,机械性能好,密度小,在航空、仪器、电器行业,以及日用品方面有着广泛的用途。

甲基丙烯酸单体在少量引发剂过氧化二苯甲酰作用下，或者在光、热等引发条件下发生聚合反应，简而言之，就是引发剂和聚合单体的“一锅煮”。用这种合成方法制备的均相聚合物具有纯度高、不需后处理的特点，且使用的设备简单，操作容易。缺点是聚合体系散热困难、易爆聚、易产生凝胶效应。常使用分段聚合的方法排除潜热防止爆聚。

先在反应容器中进行预聚合，后将聚合物浇铸到模具中进行后聚合成型。预聚合缩短了反应的诱导期，同时可减少聚合时的体积收缩。

三、基本内容和要求

(1) 学生通过查阅文献资料等方式拟订实验方案，与指导教师讨论实验方案的可行性后再开展实验。

(2) 学生自拟的实验方案包括：

① 主要试剂及仪器。

② 实验内容：a. 单体原料甲基丙烯酸甲酯的纯化[1]。b. 有机玻璃艺术品的制作：在完成预聚合[2]、将预聚体灌入试管中进行后聚合[3]前，可放入花草昆虫等颜色鲜艳、形状特别的标本。

(3) 实验完成后写出详细、完整的研究报告。

四、注释

[1] 甲基丙烯酸甲酯中通常加入了阻聚剂，一般为对苯二酚(沸点为(286±1) ℃)和叔丁基苯酚(沸点为(233.7±9.0) ℃)，在聚合反应前需要去除。

[2] 预聚合过程中要密切观察反应体系黏度的变化，当体系具有一定黏度，但仍能顺利流动，类似甘油状或稍黏些，转化率为 7%～10%时，结束预聚合。预聚合的时间在 1 h 左右。

[3] 将预聚液小心地倒入准备好的干燥的试管中，注意不要带入水珠；后聚合时，可在 50～60 ℃下使聚合物硬化后，再在 100 ℃烘箱中反应约 2 h，使聚合反应进行完全。

五、思考题

(1) 如果甲基丙烯酸甲酯试剂中不加入阻聚剂，随着试剂的放置会有什么反应发生？

(2) 放入花草昆虫或其他标本制作艺术品时要特别注意避免带入水分，这是为什么？

(3) 有机玻璃的聚合反应还有没有其他反应机理，以及相应的制备过程？

8.5 芹菜中芹菜素的提取

一、实验目的

(1) 学习从芹菜中提取芹菜素的原理及方法。

(2) 学会查阅文献资料,设计实验方案,撰写研究报告。

二、实验原理

芹菜为伞形科芹菜属草本植物,具有降血压、清热、止血、降脂、减肥等多种生理效用。研究发现,芹菜具有的大部分生理功效都与其含有的芹菜素(5,7,4′-三羟基黄酮)有关,芹菜素分子式为 $C_{15}H_{10}O_5$,相对分子质量为 270.25,为黄色针状晶体,熔点为 345~350 ℃,几乎不溶于水,部分溶于热乙醇,溶于稀氢氧化钾溶液。其结构式为

O OH

OH

HO

芹菜素属于黄酮类物质,目前黄酮类物质的提取方法主要有四种,分别是溶剂提取法、超声波(辅助)提取法、微波(辅助)提取法、超临界流体提取法。

三、基本内容和要求

(1) 学生通过查阅文献资料等方式拟订实验方案,与指导教师讨论实验方案的可行性后再开展实验。

(2) 学生自拟的实验方案包括:

① 主要试剂及仪器。

② 实验内容:a. 芹菜素的提取,包括原材料预处理、提取方法、提取实验条件;b. 用物理或化学方法对芹菜素进行分析与鉴定[1]。

(3) 实验完成后写出详细、完整的研究报告。

四、注释

[1] 可用光度法进行定量分析,测熔点进行鉴定。

8.6 黄芪中黄芪多糖的提取研究

一、实验目的

(1) 学习从黄芪中提取黄芪多糖的原理及方法。

（2）学会查阅文献资料，设计实验方案，撰写研究报告。

二、实验原理

黄芪为豆科植物，主根肥厚，具有补气固表、托毒排脓、利尿、生肌等功效，也用于治疗气虚乏力、久泻脱肛、自汗、肾炎水肿、子宫脱垂、糖尿病、疮疡溃破等病症。黄芪多糖（astragalus polysacharin，APS）是黄芪中最重要的天然有效成分，具有增强人体免疫功能、提高人体巨噬细胞活性、抗过氧化、抗菌、抗病毒及抗肿瘤、预防衰老及抗辐射、双向调节血糖等功效。黄芪多糖是一种混合物，其结构较为复杂，主要由葡萄糖、阿拉伯糖、半乳糖、甘露糖、果糖、木糖、葡萄糖醛酸和半乳糖醛酸等组成。黄芪多糖目前已作为免疫增强剂和抗病毒药物广泛应用于畜禽业中，而黄芪多糖相关制剂也已成为动物药业生产中首选的绿色兽药品种。因此，研究和开发新的黄芪多糖提取方法，对养殖业病毒性疾病的防治研究，以及黄芪多糖相关产品及产业的开发和发展均具有重要的意义。目前黄芪多糖有多种提取方法，分别是水提取法、醇提取法、微波提取法、超声波提取法、高压提取法、酶提取法、联合提取法等。

三、基本内容和要求

（1）学生选取某种产地的黄芪，通过查阅文献资料等方式拟订实验方案，与指导教师讨论实验方案的可行性后再开展实验。

（2）学生自拟的实验方案包括：

① 主要试剂及仪器。

② 实验内容：a. 黄芪多糖的提取，包括黄芪的预处理、提取方法、提取实验条件等；b. 黄芪多糖含量的测定；c. 利用紫外分光光度计、红外光谱仪及化学方法对黄芪多糖进行分析与鉴定。

（3）实验完成后写出详细、完整的研究报告。

8.7　偶氮染（颜）料的合成

一、实验目的

（1）了解偶氮染（颜）料的研究现状与发展。

（2）掌握偶氮染（颜）料的合成原理与方法。

（3）学会查阅文献资料，设计实验方案，撰写研究报告。

二、实验原理

五光十色的染料和颜料扮靓了色彩斑斓的世界，颜色与我们的生活息息相关。

天然纤维、化学纤维、塑料、橡胶、食品、药品、化妆品、油墨、陶瓷、玻璃、建材等的着色,需要合成数以万计的不同色泽的染(颜)料,以满足不同领域、不同层次的要求。目前,染料合成技术已由传统型向高技术的功能染料、符合欧洲认证的纺织品标准的绿色环保型染料的开发转化,使染料的应用进入高科技领域。

自 1856 年 Perkin 发现苯胺紫以来,现代合成染(颜)料工业经历了 160 多年,此间人们合成了几百万种有色化合物。随着时间的推移,约有 1.5 万种染(颜)料实现了工业规模生产。这些有色化合物按照其基本结构,可分为偶氮型、蒽醌型、醌亚胺型、芳甲烷型、杂环型、酞菁型、硫化及稠环酮类等。其中偶氮型染(颜)料是品种最多、产量最大的一类。

1859 年 J. P. 格里斯发现了第一种重氮化合物并制备了第一种偶氮染料——苯胺黄。偶氮染料包括酸性、碱性、直接、媒染、冰染、分散、活性染料以及有机颜料等。按分子中所含偶氮基数目可分为单偶氮、双偶氮、三偶氮和多偶氮染料,单偶氮染料 $ArN=NArOH(NH_2)$、双偶氮染料 $Ar_1N=NAr_2N=NAr_3$、三偶氮染料 $Ar_1N=NAr_2N=NAr_3N=NAr_4$。式中 Ar 为芳基,随着偶氮基数目的增加,染料的颜色加深。偶氮染料的特点是合成方法简便,化合物的结构变化多样,摩尔吸光系数较高,具有中等到高等的耐光和耐湿处理牢度。有少数偶氮结构的染料品种在分解过程中可能产生芳香胺致癌物质,属于欧盟禁用的,这些禁用的偶氮染料品种占全部偶氮染料的 5%左右。

偶氮染(颜)料是通过芳香重氮盐与芳香胺或酚偶合而制得的,其反应式为[1]

$$C_6H_5N_2^+ + C_6H_5G \longrightarrow C_6H_5\text{—}N{=}N\text{—}C_6H_4\text{—}G$$

$(G=OH, NH_2, NHR, NR_2)$

通过亲电或亲核反应还可以在芳环上引入取代基而获得不同的芳香族中间体作为重氮组分或偶合组分[2]进行合成反应。

三、基本内容和要求

(1) 学生通过查阅文献资料等方式拟订实验方案,与指导教师讨论实验方案的可行性后再开展实验。

(2) 学生自拟的实验方案包括:①主要试剂及仪器;②实验内容。

(3) 实验完成后写出详细、完整的研究报告。

四、注释

[1] 其中的苯环也可以为其他芳环。

[2] 偶合组分芳环上不能引入强吸电子基,也不能引入体积太大的基团,以免破

坏芳环与羟基或氨基的共平面性，因为偶合反应实为芳环上的亲电取代反应，而重氮盐是弱的亲电试剂。

8.8 Fischer 吲哚合成的研究

一、实验目的

（1）学习利用简单工业原料合成吲哚的原理与方法。

（2）学会查阅相关文献资料，设计合理的实验方案，撰写研究报告。

二、实验原理

吲哚(indole)骨架是自然界最广泛的一类非常重要的结构单元，广泛地存在于天然产物分子、香料和药物分子中。吲哚结构单元的进一步衍生，可以快速、高效地构建复杂的结构分子。例如，用于合成抗肿瘤活性分子长春胺、冠狗牙花定碱、老刺木胺、伏康京碱等，用于构建抗炎分子 Angustuline 分子，用于构建杀虫剂 Okaramine 家族分子等。长期以来，开发构建吲哚结构单元一直受化学家青睐。特别是近年来，利用绿色高效的合成手段构建吲哚结构受到化学家们的广泛关注，也取得了很大的进展。因此，学习吲哚的高效简便构建具有重要的意义。

费歇尔(Fischer)吲哚合成是常用的合成吲哚环系的方法，由赫尔曼·埃米尔·费歇尔在 1883 年提出，是一种简单、快速的由醛或酮和芳基联氨出发环化生成多取代吲哚的合成方法。反应中生成的苯腙在酸催化下加热重排，消除一分子氨得到 2-取代或 3-取代吲哚衍生物。在实际操作中，常可以用醛或酮与等当量的苯肼在酸中加热回流得到苯腙，其在酸催化下立即进行重排，消除氨而得到吲哚化合物。常用的催化剂有氯化锌、三氟化硼、多聚磷酸、乙酸、盐酸、三氟乙酸等。

主反应式：

$$PhNHNH_2 + R^1CH_2COR^2 \xrightarrow[\triangle]{H^+} \text{2-}R^2\text{-3-}R^1\text{-indole}$$

$R^1, R^2=H$

反应机理：首先是醛或酮与苯肼在酸催化下缩合生成苯腙，苯腙不需要分离立即在酸催化下异构化为烯胺，并发生一个[3,3]-σ 迁移反应生成相应的二亚胺。该亚胺芳构化后成环，得到一个缩醛胺。氨基经质子化，放出一分子氨气，并失去一个质子生成芳香性的吲哚环骨架。

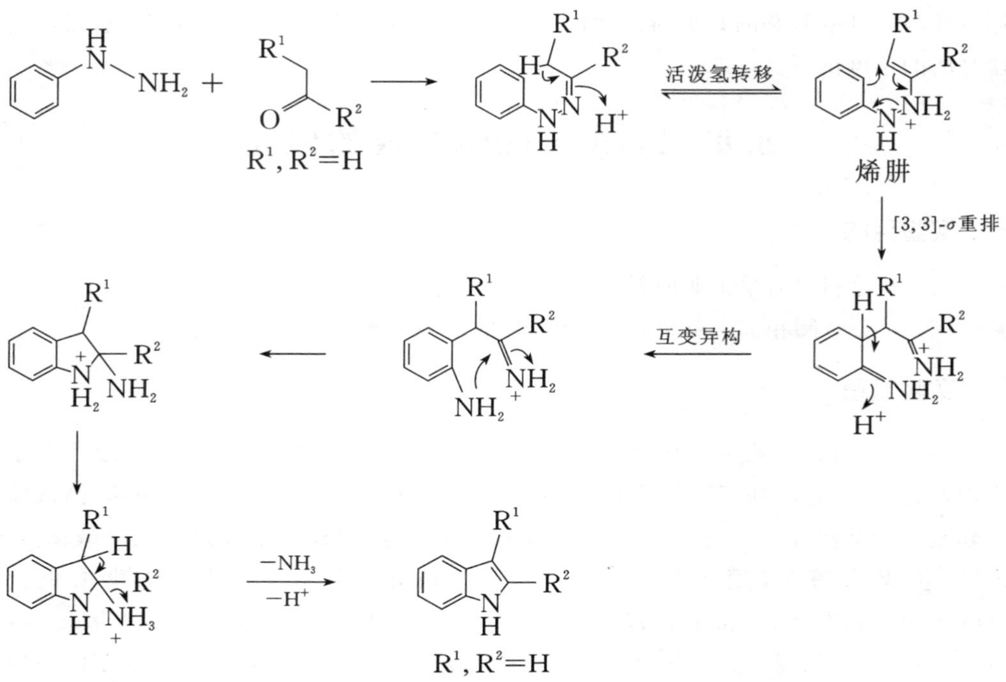

R¹, R²=H

活泼氢转移

烯肼

[3,3]-σ重排

互变异构

$-NH_3$

$-H^+$

R¹, R²=H

三、基本内容和要求

(1) 学生通过查阅文献资料,综合所学知识,选择合理方法,拟订实验方案,与指导教师讨论实验方案的可行性后再开展实验。

(2) 学生自拟的实验方案包括:

① 主要试剂及仪器。

② 实验内容:a. 酸催化剂的选择;b. 反应温度的筛选;c. 溶剂的筛选;d. 副产物的组分确定;e. 反应的检测(TLC);f. 产物纯化与表征(核磁共振、质谱等)。

(3) 实验完成后,写出详细、完整的研究报告。

8.9 1,2,3-三氮唑的合成方法研究

一、实验目的

(1) 学习从叠氮和炔类化合物出发制备1,2,3-三氮唑的原理与方法。

(2) 了解铜催化(CuAAC)反应的特点。

(3) 学会查阅文献资料,探究实验原理,设计实验方案,撰写研究报告。

二、实验原理

近年来,三唑类化合物的药用价值越来越受到关注,经常被作为有效官能团引入

多肽、DNA、RNA 和糖类化合物中。1,2,3-三唑类化合物因具有抗 HIV、抗菌、抗高血糖及抗痉挛等广谱生物活性而成为目前唑类化合物研究的热点。1,2,3-三唑环是 Michael 于 1893 年通过叠氮苯和二甲基二羧酸炔反应首次合成的，但直到 20 世纪 60 年代至 80 年代，由于 Huisgen 及其合作者对该类反应的机理和普遍性的透彻研究，该类反应才重新受到关注，而这类炔和叠氮的 1,3-环加成反应也成为现在制备三唑类衍生物的重要方法之一。直到 2001 年美国化学家 Sharp Less 提出点击化学的概念，才使得三唑类化合物真正引起人们的关注。点击化学突破了传统的复杂合成方法，其中最具代表性的是铜催化(CuAAC)反应。CuAAC 反应是有机叠氮化物和端基炔在一价铜离子的催化下进行的 1,3-偶极环加成反应，这类反应具有原料易得、条件温和、选择性高等特点，适用范围很广。

点击反应具有立体选择性、易于操作、反应溶剂易于除去等特点。有很多只生成单一产物的反应满足点击化学的条件，如环氧乙烷、杂氮环丙烷的亲核开环反应，非醛基羰基化合物反应(制备腙或杂环化合物)和碳碳双键、三键的反应等。叠氮-炔环加成满足点击化学的条件，单取代的炔和有机叠氮化合物一般比较廉价，易于合成，它们的环加成反应得到 1,2,3-三氮唑环。CuAAC 反应是最经典的点击反应，铜催化的叠氮-炔环加成比非催化的 1,3-偶极环加成反应速率大幅提高，在很宽的温度范围内都能反应，且对水不敏感，对很多官能团都有耐受度。活性铜(Ⅰ)催化剂可以直接用一价铜盐或通过抗坏血酸钠还原二价铜得到，反应中往往加入稍微过量的抗坏血酸钠以防止氧化偶联产物的生成。此外，Cu(Ⅱ)盐和铜的混合物也可以生成活性铜(Ⅰ)催化剂。

本设计实验要求学生参考文献方法，以 $CuSO_4 \cdot 5H_2O$ 为催化剂、水和四氢呋喃为溶剂，探究由叠氮亚甲基苯和苯乙炔出发高效合成 1,2,3-三氮唑环的最佳反应条件。

反应式：

$$PhCH_2N_3 + HC{\equiv}CPh \xrightarrow[(CH_3)_3COH,\ H_2O,\ THF]{CuSO_4\cdot 5H_2O,\ 抗坏血酸钠} \text{1-苄基-4-苯基-1,2,3-三氮唑}$$

三、基本内容和要求

(1) 通过查阅文献资料、总结现有的合成方法等设计出实验方案，与指导教师讨论实验方案的可行性后再开展实验。

(2) 学生自拟的实验方案包括：

① 主要试剂及仪器。

② 实验内容：a. 铜催化剂的选择；b. 反应溶剂的筛选；c. 反应温度的选择；d. 产物的分离与表征。

(3) 实验完成后，撰写完整的研究报告。

8.10 格氏试剂的制备及在 Kumada 偶联反应中的应用

一、实验目的

(1) 掌握格氏试剂的制备方法。

(2) 了解 Kumada 交叉偶联反应的特点。

(3) 学会查阅文献资料,探究实验原理,设计实验方案,撰写研究报告。

二、实验原理

20 世纪初格林尼亚发现了格氏试剂,格氏试剂的发现极大促进了有机合成的发展,从此有机合成在化学领域的影响颇深,也成为化学研究领域最有价值的方向之一。通常情况下各种卤代烃都能和有机镁之间产生化学反应形成格氏试剂,所以格氏试剂成为有机化学合成应用最广泛的试剂之一。格氏试剂遇水容易分解,因此在制备、保存、参与其他化学反应时都需要在无水、无氧环境下进行。格氏试剂可以与许多化学物质进行反应,它既是亲核试剂,又是碱性试剂。随着合成化学的发展,格氏试剂在合成有机化合物中的应用越来越广泛,种类越来越多。另一方面,交叉偶联反应是在金属催化剂催化下,RX(X 为卤素、三氟甲磺酸根、磷酸根等离去基团,R 为烯基、联烯基、烯丙基、苄基、炔基等)与金属试剂形成 C—C 键的反应,而 Kumada 反应属于镍催化的格氏试剂与卤代烃的交叉偶联反应。1960 年,Chat 和 Shaw 等发现,镍卤化物与格氏试剂能发生金属交换反应,生成二芳基镍。Kumada 偶联反应可以直接使用简便、经济的格氏试剂,因此被广泛用于苯乙烯衍生物的工业化生产,以及烷基取代芳烃衍生物的制备等方面。

首先,二价镍催化剂 L_2NiX_2 与格氏试剂发生金属交换反应,生成具有催化活性的二芳(烯)基镍配合物 L_2NiR_2;该配合物与卤代烃发生反应,生成一芳(烯)基镍配合物 $L_2NiR'X$,从而进入催化循环;$L_2NiR'X$ 与格氏试剂发生金属交换反应,并生成交叉的二芳(烯)基镍配合物 L_2NiRR';后者再与卤代烃配位,Ni 向 C—X 键反馈,促使二芳(烯)基镍配合物 L_2NiRR' 发生还原消除,获得反应产物 RR′,同时氧化加成插入 R′—X 中,回到一芳(烯)基镍配合物 $L_2NiR'X$,完成催化循环。

本设计实验要求学生参考文献方法制备格氏试剂,通过格氏试剂和 2-溴噻吩发生 Kumada 偶联反应制备烷基噻吩衍生物。

反应式:

$$\text{CH}_3(\text{CH}_2)_5\text{Br} \xrightarrow{\text{Mg, THF}} \text{CH}_3(\text{CH}_2)_5\text{MgBr} + \text{2-溴噻吩} \xrightarrow[\text{THF}]{\text{1,3-双(二苯基膦丙烷)二氯化镍}} \text{2-}C_6H_{13}\text{-噻吩}$$

反应机理:

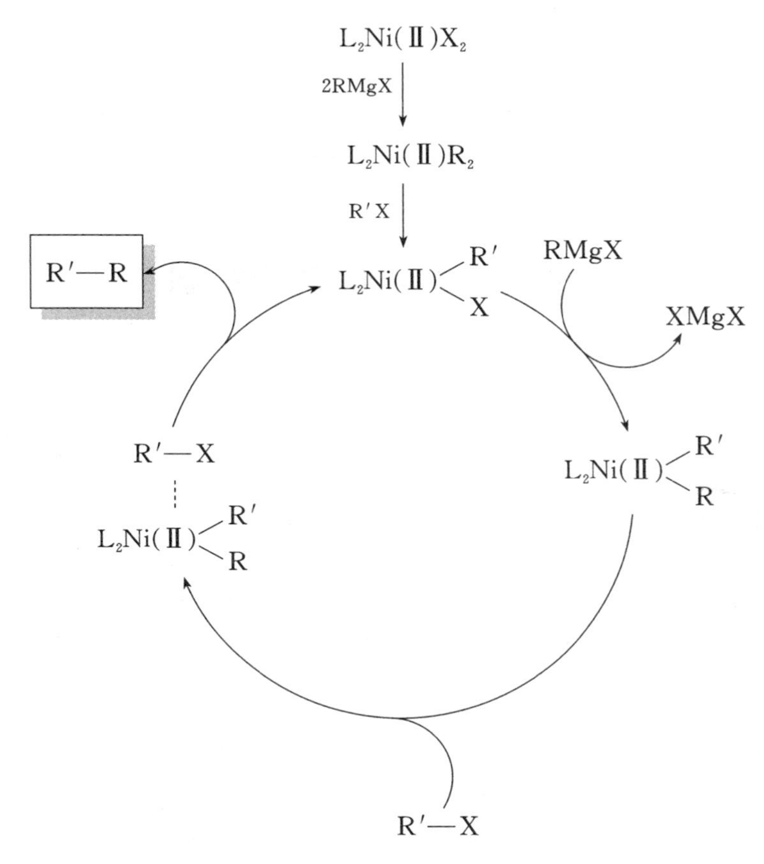

三、基本内容和要求

（1）通过查阅文献资料、总结实验方法设计出实验方案，与指导教师讨论实验方案的可行性后再开展相应实验。

（2）学生自拟的实验方案包括：

① 主要试剂及仪器。

② 实验内容：a. 格氏反应条件的控制；b. Kumada 偶联反应镍催化剂的选择；c. 反应温度的选择；d. 产物的分离与表征。

（3）实验完成后，撰写完整的研究报告。

附　　录

附录 A　常用试剂的配制

1. 2,4-二硝基苯肼溶液

Ⅰ.在 15 mL 浓硫酸中，溶解 3 g 2,4-二硝基苯肼。另在 70 mL95%乙醇里加 20 mL 水，然后把硫酸苯肼倒入稀乙醇溶液中，搅动混合均匀即成橙红色溶液(若有沉淀，应过滤)。

Ⅱ.将 1.2 g 2,4-二硝基苯肼溶于 50 mL30%高氯酸中，配好后贮于棕色瓶中，不易变质。

Ⅰ法配制的试剂，2,4-二硝基苯肼浓度较大，反应时沉淀多，便于观察。Ⅱ法配制的试剂由于高氯酸盐在水中溶解度很大，因此便于检验水中醛且较稳定，长期储存不易变质。

2. 卢卡斯(Lucas)试剂

将 34 g 无水氯化锌在蒸发皿中强热熔融，稍冷后放在干燥器中冷至室温。取出捣碎，溶于 23 mL 浓盐酸(相对密度为 1.187)中。配制时须加以搅动，并把容器放在冰水浴中冷却，以防氯化氢逸出。此试剂一般是临用时配制。

3. 托伦(Tollen)试剂

Ⅰ.取 0.5 mL10%硝酸银溶液于试管里，滴加氨水，开始出现黑色沉淀，再继续滴加氨水，边滴边摇动试管，滴到沉淀刚好溶解为止，得澄清的硝酸银氨水溶液，即托伦试剂。

Ⅱ.取一支干净试管，加入 1 mL5%硝酸银溶液，滴加 5%氢氧化钠溶液 2 滴，产生沉淀，然后滴加 5%氨水，边摇边滴加，直到沉淀消失为止，此为托伦试剂。

无论Ⅰ法还是Ⅱ法，氨的量不宜多，否则会影响试剂的灵敏度。Ⅰ法配制的托伦试剂较Ⅱ法的碱性弱，在进行糖类实验时，用Ⅰ法配制的试剂较好。

4. 西里瓦诺夫(Seliwanoff)试剂

将 0.05 g 间苯二酚溶于 50 mL 浓盐酸中，再用蒸馏水稀释至 100 mL。

5. 希夫(Schiff)试剂

在 100 mL 热水中溶解 0.2 g 品红盐酸盐，放置冷却后，加入 2 g 亚硫酸氢钠和 2 mL 浓盐酸，再用蒸馏水稀释至 200 mL。

或先配制 10 mL 二氧化硫的饱和水溶液，冷却后加入 0.2 g 品红盐酸盐，溶解后放置数小时使溶液变成无色或淡黄色，用蒸馏水稀释至 200 mL。

此外，也可将 0.5 g 品红盐酸盐溶于 100 mL 热水中，冷却后用二氧化硫气体饱和至粉红色消失，加入 0.5 g 活性炭，振荡过滤，再用蒸馏水稀释至 500 mL。

本试剂所用的品红是假洋红（para-rosaniline 或 para-fuchsin），此物与洋红（rosaniline 或 fuchsin）不同。Schiff 试剂应密封储存在冷暗处，倘若受热或见光，或露置于空气中过久，试剂中的二氧化硫易损失，结果又显桃红色。遇此情况，应再通入二氧化硫，使颜色消失后使用。但应指出，试剂中过量的二氧化硫越少，反应就越灵敏。

6. 0.1%茚三酮溶液

将 0.1 g 茚三酮溶于 124.9 mL95%乙醇中，用时新配。

7. 饱和亚硫酸氢钠溶液

先配制 40%亚硫酸氢钠水溶液，然后在每 100 mL 的 40%亚硫酸氢钠水溶液中，加不含醛的无水乙醇 25 mL，溶液呈透明清亮状。

由于亚硫酸氢钠久置后易失去二氧化硫而变质，因此上述溶液也可按下法配制：将研细的碳酸钠晶体（$Na_2CO_3 \cdot 10H_2O$）与水混合，水的用量以使粉末上只覆盖一薄层水为宜，然后在混合物中通入二氧化硫气体，至碳酸钠几乎完全溶解，或将二氧化硫通入 1 份碳酸钠与 3 份水的混合物中，至碳酸钠全部溶解为止，配制好后密封放置，但不可放置太久，最好是用时新配。

8. 饱和溴水

溶解 15 g 溴化钾于 100 mL 水中，加入 10 g 溴，振荡即成。

9. 莫利许（Molish）试剂

将 2 g α-萘酚溶于 20 mL95%乙醇中，用 95%乙醇稀释至 100 mL，贮于棕色瓶中，一般用前配制。

10. 盐酸苯肼-乙酸钠溶液

将 5 g 盐酸苯肼溶于 100 mL 水中，必要时可加微热助溶，如果溶液呈深色，加活性炭共热，过滤后加 9 g 乙酸钠晶体或用相同量的无水乙酸钠，搅拌使之溶解，贮于棕色瓶中。

11. 本尼迪特（Benedict）试剂

把 4.3 g 研细的硫酸铜溶于 25 mL 热水中，待冷却后用水稀释至 40 mL。另把 43 g 柠檬酸钠及 25 g 无水碳酸钠（若用有结晶水的碳酸钠，则取量应按比例计算）溶于 150 mL 水中，加热溶解，待溶液冷却后，再加入已配制的硫酸铜溶液，加水稀释至 250 mL，将试剂贮于试剂瓶中，瓶口用橡皮塞塞紧。

12. 淀粉-碘化钾试纸

取 3 g 可溶性淀粉，加入 25 mL 水，搅匀，倾入 225 mL 沸水中，再加入 1 g 碘化钾及 1 g 结晶硫酸钠，用水稀释到 500 mL，将滤纸片（条）浸渍，取出晾干，密封备用。

13. 蛋白质溶液

取新鲜鸡蛋清 50 mL，加蒸馏水至 100 mL，搅拌溶解。如果混浊，加入 5%氢氧化钠溶液至刚清亮为止。

14. 10%淀粉溶液

将 1 g 可溶性淀粉溶于 5 mL 冷蒸馏水中,用力搅成稀浆状,然后倒入 94 mL 沸水中,即得近于透明的胶体溶液,放冷使用。

15. β-萘酚碱溶液

取 4 g β-萘酚,溶于 40 mL5%氢氧化钠溶液中。

16. 费林(Fehling)试剂

费林试剂由费林试剂 A 和费林试剂 B 组成,使用时将两者等体积混合。

费林试剂 A:将 3.5 g 五结晶水的硫酸铜溶于 100 mL 水中,即得淡蓝色的费林试剂 A。

费林试剂 B:将 17 g 五结晶水的酒石酸钾钠溶于 20 mL 热水中,然后加入含有 5 g 氢氧化钠的水溶液 20 mL,稀释至 100 mL,即得无色清亮的费林试剂 B。

17. 碘溶液

Ⅰ.将 20 g 碘化钾溶于 100 mL 蒸馏水中,然后加入 10 g 研细的碘粉,搅动,使其全溶,成为深红色溶液。

Ⅱ.将 1 g 碘化钾溶于 100 mL 蒸馏水中,然后加入 0.5 g 碘,加热溶解,即得红色清亮溶液。

附录 B 乙醇溶液的相对密度和组成

乙醇含量(质量分数)/(%)	相对密度(d_4^{20})	乙醇含量(体积分数,20 ℃)/(%)	乙醇含量(质量分数)/(%)	相对密度(d_4^{20})	乙醇含量(体积分数,20 ℃)/(%)
5	0.98938	6.2	75	0.85564	81.3
10	0.98187	12.4	80	0.84344	85.5
15	0.97514	18.5	85	0.83095	89.5
20	0.96864	24.5	90	0.81797	93.3
25	0.96168	30.4	91	0.81529	94.0
30	0.95382	36.2	92	0.81257	94.7
35	0.94494	41.8	93	0.80983	95.4
40	0.93518	47.3	94	0.80705	96.1
45	0.92472	52.7	95	0.80424	96.8
50	0.91384	57.8	96	0.80138	97.5
55	0.90258	62.8	97	0.79846	98.1
60	0.89113	67.7	98	0.79547	98.8
65	0.87948	72.4	99	0.79243	99.4
70	0.86766	76.9	100	0.78934	100.0

附录C　常用有机溶剂在水中的溶解度

溶剂名称	温度/℃	在水中的溶解度	溶剂名称	温度/℃	在水中的溶解度
庚烷	15.5	0.005%	硝基苯	15	0.18%
二甲苯	20	0.011%	氯仿	20	0.81%
正己烷	15.5	0.014%	二氯乙烷	15	0.86%
甲苯	10	0.048%	正戊醇	20	2.6%
氯苯	30	0.049%	异戊醇	18	2.75%
四氯化碳	15	0.077%	正丁醇	20	7.81%
二硫化碳	15	0.12%	乙醚	15	7.83%
乙酸戊酯	20	0.17%	乙酸乙酯	15	8.30%
乙酸异戊酯	20	0.17%	异丁醇	20	8.50%
苯	20	0.175%			

附录D　常用有机溶剂的沸点及相对密度

溶剂名称	沸点/℃	d_4^{20}	溶剂名称	沸点/℃	d_4^{20}
甲醇	64.9	0.7914	苯	80.1	0.8786
乙醇	78.5	0.7893	甲苯	110.6	0.8669
乙醚	34.5	0.7138	二甲苯(o、m、p)	137～140	0.8611～0.8802
丙酮	56.2	0.7899	氯仿	61.7	1.4832
乙酸	117.9	1.0492	四氯化碳	76.5	1.5942
乙酸酐	139～141	1.0820	二硫化碳	46.2	1.263240
乙酸乙酯	77.1	0.9003	正丁醇	117.7	0.8089
二氧六环	101.5	1.0336	硝基苯	210.8	1.2037

附录 E　水蒸气压力表

t/ ℃	p/mmHg	t/ ℃	p/mmHg	t/ ℃	p/mmHg	t/ ℃	p/mmHg
0	4.579	15	12.788	30	31.824	85	433.600
1	4.926	16	13.634	31	33.695	90	525.760
2	5.294	17	14.530	32	35.663	91	546.050
3	5.685	18	15.477	33	37.729	92	566.990
4	6.101	19	16.477	34	39.898	93	588.600
5	6.543	20	17.535	35	42.175	94	610.900
6	7.013	21	18.650	40	55.324	95	633.900
7	7.513	22	19.827	45	71.880	96	657.620
8	8.045	23	21.068	50	92.510	97	682.070
9	8.609	24	22.377	55	118.040	98	707.270
10	9.209	25	23.756	60	149.380	99	733.240
11	9.844	26	25.209	65	187.540	100	760.000
12	10.518	27	26.739	70	283.700		
13	11.231	28	28.349	75	289.100		
14	11.987	29	30.043	80	355.100		

[注]数据的温度范围为 0～100 ℃，1 mmHg=133.322 Pa。

附录 F　有毒化学试剂及其毒性

1. 高毒性固体

很少量就能使人迅速中毒甚至致死。

名称	TLV/(mg/m³)	名称	TLV/(mg/m³)
三氧化锇	0.002	砷化合物	0.5(按 As 计)
汞化合物 (特别是烷基汞)	0.01	五氧化二钒	0.5
铊盐	0.1(按 Tl 计)	草酸和草酸盐	1
硒和硒化合物	0.2(按 Se 计)	无机氰化物	5(按 CN 计)

2. 毒性危险气体

名称	TLV/(μg/g)	名称	TLV/(μg/g)
氟	0.1	氟化氢	3
光气	0.1	二氧化氮	5
臭氧	0.1	硝酰氯	5
重氮甲烷	0.2	氰	10
磷化氢	0.3	氰化氢	10
三氟化硼	1	硫化氢	10
氯	1	一氧化碳	50

3. 毒性危险液体和刺激性物质

长期少量接触可能引起慢性中毒,其中许多物质的蒸气对眼睛和呼吸道有强刺激性。

名称	TLV/(μg/g)	名称	TLV/(μg/g)
羰基镍	0.001	硫酸二甲酯	1
异氰酸甲酯	0.02	硫酸二乙酯	1
丙烯醛	0.1	四溴乙烷	1
溴	0.1	烯丙醇	2
3-氯丙烯	1	2-丁烯醛	2
苯氯甲烷	1	氢氟酸	3
苯溴甲烷	1	四氯乙烷	5
三氯化硼	1	苯	10
三溴化硼	1	溴甲烷	15
2-氯乙醇	1	二硫化碳	20

4. 其他有害物质

(1) 许多溴代烷和氯代烷,以及甲烷和乙烷的多卤衍生物,特别是下列化合物:

名称	TLV/(μg/g)	名称	TLV/(μg/g)
溴仿	0.5	1,2-二溴乙烷	20
碘甲烷	5	1,2-二氯乙烷	50
四氯化碳	10	溴乙烷	200
氯仿	10	二氯甲烷	200

(2) 芳香胺和脂肪族胺类的低级脂肪族胺的蒸气有毒。全部芳香胺,包括它们的烷氧基、卤素、硝基取代物都有毒性。下面是一些具有代表性的例子:

名称	TLV	名称	TLV/(μg/g)
对苯二胺(及其异构体)	0.1 mg/m^3	苯胺	5
甲氧基苯胺	0.5 mg/m^3	邻甲苯胺(及其异构体)	5
对硝基苯胺(及其异构体)	1 μg/g	二甲胺	10
N-甲基苯胺	2 μg/g	乙胺	10
N,N-二甲基苯胺	5 μg/g	三乙胺	25

(3) 酚和芳香族硝基化合物。

名称	TLV/(mg/m^3)	名称	TLV/(μg/g)
苦味酸	0.1	硝基苯	1
二硝基苯酚、二硝基甲苯酚	0.2	苯酚	5
对硝基氯苯(及其异构体)	1	甲苯酚	5
间二硝基苯	1		

5. 致癌物质

下面列举一些已知的危险致癌物质。

(1) 芳香胺及其衍生物:联苯胺(及某些衍生物)、β-萘胺、二甲氨基偶氮苯、α-萘胺。

(2) N-亚硝基化合物:N-甲基-N-亚硝基苯胺、N-亚硝基二甲胺、N-甲基-N-亚硝基脲。

(3) 烷基化试剂:双(氯甲基)醚、硫酸二甲酯、氯甲基甲醚、碘甲烷、重氮甲烷、β-羟基丙酸内酯。

(4) 稠环芳烃:苯并[a]芘、二苯并[c,g]咔唑、二苯并[a,h]蒽、7,12-二甲基苯并[a]蒽。

(5) 含硫化合物:硫代乙酰胺(thioacetamide)、硫脲。

(6) 石棉粉尘。

6. 具有长期积累效应的毒物

这些物质进入人体后不易排出,在人体内累积,引起慢性中毒。这类物质主要包括:

(1) 苯;

(2) 铅化合物,特别是有机铅化合物;

(3) 汞和汞化合物,特别是二价汞盐和液态的有机汞化合物。

在使用以上各类有毒化学试剂时，都应采取妥善的防护措施。避免吸入其蒸气和粉尘，不要让它们接触皮肤。有毒气体和挥发性的有毒液体必须在效果良好的通风橱中操作。汞的表面应该用水掩盖，不可直接暴露在空气中。装有汞的仪器应放在一个搪瓷盘上，以防溅出的汞流失。溅洒汞的地方迅速撒上硫黄石灰糊。

附录G　常见二元共沸混合物

组分		共沸点/℃	共沸物质量组成	
A(沸点)	B(沸点)		A	B
水(100 ℃)	苯(80.6 ℃)	69.3	9%	91%
	甲苯(231.08 ℃)	84.1	19.6%	80.4%
	氯仿(61 ℃)	56.1	2.8%	97.2%
	乙醇(78.3 ℃)	78.2	4.5%	95.5%
	丁醇(117.8 ℃)	92.4	38%	62%
	异丁醇(108 ℃)	90.0	33.2%	66.8%
	仲丁醇(99.5 ℃)	88.5	32.1%	67.9%
	叔丁醇(82.8 ℃)	79.9	11.7%	88.3%
	烯丙醇(97.0 ℃)	88.2	27.1%	72.9%
	苄醇(205.2 ℃)	99.9	91%	9%
	乙醚(34.6 ℃)	110(最高)	79.76%	20.24%
	二氧六环(101.3 ℃)	87	20%	80%
	四氯化碳(76.8 ℃)	66	4.1%	95.9%
	丁醛(75.7 ℃)	68	6%	94%
	三聚乙醛(115 ℃)	91.4	30%	70%
	甲酸(100.8 ℃)	107.3(最高)	22.5%	77.5%
	乙酸乙酯(77.1 ℃)	70.4	8.2%	91.8%
	苯甲酸乙酯(212.4 ℃)	99.4	84%	16%

组分		共沸点/℃	共沸物质量组成	
A(沸点)	B(沸点)		A	B
乙醇(78.3 ℃)	苯(80.6 ℃)	68.2	32%	68%
	氯仿(61 ℃)	59.4	7%	93%
	四氯化碳(76.8 ℃)	64.9	16%	84%
	乙酸乙酯(77.1 ℃)	72	30%	70%
甲醇(64.7 ℃)	四氯化碳(76.8 ℃)	55.7	21%	79%
	苯(80.6 ℃)	58.3	39%	61%
乙酸乙酯(77.1 ℃)	四氯化碳(76.8 ℃)	74.8	43%	57%
	二硫化碳(46.3 ℃)	46.1	7.3%	92.7%
丙酮(56.5 ℃)	二硫化碳(46.3 ℃)	39.2	34%	66%
	氯仿(61 ℃)	65.5	20%	80%
	异丙醚(69 ℃)	54.2	61%	39%
己烷(69 ℃)	苯(80.6 ℃)	68.8	95%	5%
	氯仿(61 ℃)	60.0	28%	72%
环己烷(80.8 ℃)	苯(80.6 ℃)	77.8	45%	55%

附录H　常见三元共沸混合物

组分(沸点)			共沸物质量组成			共沸点/℃
A	B	C	A	B	C	
水(100 ℃)	乙醇(78.3 ℃)	乙酸乙酯(77.1 ℃)	7.8%	9.0%	83.2%	70.3
		四氯化碳(76.8 ℃)	4.3%	9.7%	86%	61.8
		苯(80.6 ℃)	7.4%	18.5%	74.1%	64.9
		环己烷(80.8 ℃)	7%	17%	76%	62.1
		氯仿(61 ℃)	3.5%	4.0%	92.5%	55.6
	正丁醇(117.8 ℃)	乙酸乙酯(77.1 ℃)	29%	8%	63%	90.7
	异丙醇(82.4 ℃)	苯(80.6 ℃)	7.5%	18.7%	73.8%	66.5
	二硫化碳(46.3 ℃)	丙酮(56.4 ℃)	0.81%	75.21%	23.98%	38.04

附录I　国际相对原子质量

(按元素符号字母顺序排列)

元素		相对原子质量	元素		相对原子质量	元素		相对原子质量	元素		相对原子质量
符号	名称		符号	名称		符号	名称		符号	名称	
Ac	锕	227.0278	Bk	锫	[247]	Cu	铜	63.546	H	氢	1.00794
Ag	银	107.8682	Br	溴	79.904	Dy	镝	162.50	He	氦	4.002602
Al	铝	26.981539	C	碳	12.011	Er	铒	167.26	Hf	铪	178.49
Am	镅	[243]	Ca	钙	40.078	Es	锿	[254]	Hg	汞	200.59
Ar	氩	39.948	Cd	镉	112.411	Eu	铕	151.965	Ho	钬	164.93032
As	砷	74.92159	Ce	铈	140.115	F	氟	18.9984032	I	碘	126.90447
At	砹	[209.9871]	Cf	锎	[251]	Fe	铁	55.845	In	铟	114.818
Au	金	196.96654	Cl	氯	35.4527	Fm	镄	[257]	Ir	铱	192.217
B	硼	10.811	Cm	锔	[247]	Fr	钫	[223.02]	K	钾	39.0983
Ba	钡	137.327	Co	钴	58.93320	Ga	镓	69.723	Kr	氪	83.80
Be	铍	9.012182	Cr	铬	51.9961	Gd	钆	157.25	La	镧	138.90547
Bi	铋	208.98037	Cs	铯	132.90543	Ge	锗	72.61	Li	锂	6.941

续表

元素		相对原子质量	元素		相对原子质量	元素		相对原子质量	元素		相对原子质量
符号	名称		符号	名称		符号	名称		符号	名称	
Lr	铹	[262]	O	氧	15.9994	Rh	铑	102.9055	Te	碲	127.60
Lu	镥	174.967	Os	锇	190.23	Rn	氡	[222.0176]	Th	钍	232.0381
Md	钔	[258]	P	磷	30.973762	Ru	钌	101.07	Ti	钛	47.867
Mg	镁	24.3050	Pa	镤	231.03588	S	硫	32.066	Tl	铊	204.3833
Mn	锰	54.93805	Pb	铅	207.2	Sb	锑	121.760	Tm	铥	168.93421
Mo	钼	95.94	Pd	钯	106.42	Sc	钪	44.95591	U	铀	238.0289
N	氮	14.00674	Pm	钷	[145]	Se	硒	78.96	V	钒	50.9415
Na	钠	22.989768	Po	钋	[208.9824]	Si	硅	28.0855	W	钨	183.84
Nb	铌	92.90638	Pr	镨	140.90765	Sm	钐	150.36	Xe	氙	131.29
Nd	钕	144.24	Pt	铂	195.08	Sn	锡	118.710	Y	钇	88.90585
Ne	氖	20.1797	Pu	钚	[244]	Sr	锶	87.62	Yb	镱	173.04
Ni	镍	58.6934	Ra	镭	226.0254	Ta	钽	180.9479	Zn	锌	65.39
No	锘	[259]	Rb	铷	85.4678	Tb	铽	158.92534	Zr	锆	91.224
Np	镎	237.0482	Re	铼	186.207	Tc	锝	98.9062			

附录J　常用酸碱的含量与相对密度

含量/(%)	相对密度(d_{20}^{20})						
	HCl	HNO_3	H_2SO_4	CH_3COOH	NaOH	KOH	NH_3
2	1.0098	1.0109	1.0134	1.0028	1.0225	1.0172	0.9913
4	1.0197	1.0220	1.0269	1.0056	1.0446	1.0348	0.9828
6	1.0296	1.0332	1.0404	1.0084	1.0667	1.0527	0.9747
8	1.0395	1.0446	1.0541	1.0111	1.0888	1.0709	0.9668
10	1.0494	1.0562	1.0680	1.0138	1.1109	1.0893	0.9592
12	1.0594	1.0679	1.0821	1.0165	1.1329	1.1079	0.9519
14	1.0695	1.0799	1.0966	1.0192	1.1550	1.1266	0.9447
16	1.0796	1.0921	1.1114	1.0218	1.1771	1.1456	0.9378
18	1.0898	1.1044	1.1265	1.0243	1.1993	1.1647	0.9310

续表

含量/(%)	相对密度(d_{20}^{20})						
	HCl	HNO_3	H_2SO_4	CH_3COOH	NaOH	KOH	NH_3
20	1.1000	1.1170	1.1418	1.0269	1.2214	1.1839	0.9245
22	1.1102	1.1297	1.1575	1.0293	1.2434	1.2035	0.9181
24	1.1205	1.1426	1.1735	1.0318	1.2653	1.2231	0.9118
26	1.1308	1.1557	1.1893	1.0341	1.2871	1.2430	0.9056
28	1.1411	1.1688	1.2052	1.0365	1.3087	1.2632	0.8996
30	1.1513	1.1822	1.2213	1.0388	1.3301	1.2836	0.8936
32	1.1614	1.1955	1.2375	1.0410	1.3512	1.3043	
34	1.1714	1.2090	1.2540	1.0431	1.3721	1.3254	
36	1.1812	1.2224	1.2707	1.0452	1.3926	1.3468	
38	1.1907	1.2357	1.2878	1.0473	1.4127	1.3685	
40	1.1999	1.2489	1.3051	1.0492	1.4324	1.3906	
50			1.3977	1.0581		1.5050	
60			1.5013	1.0648			
80			1.7303	1.0699			
98			1.8394	1.0557			
100				1.0496			

参考文献

[1] 王玉良,陈静蓉主编.有机化学实验[M].北京:科学出版社,2020.

[2] 林玉萍,万屏南编.有机化学实验[M].武汉:华中科技大学出版社,2020.

[3] 杨定乔主编.有机化学实验[M].北京:化学工业出版社,2011.

[4] 徐雅琴,杨玲,王春主编.有机化学实验[M].北京:化学工业出版社,2010.

[5] 焦家俊编著.有机化学实验[M].2版.上海:上海交通大学出版社,2010.

[6] 曾昭琼主编.有机化学实验[M].3版.北京:高等教育出版社,2000.

[7] 谷亨杰主编.有机化学实验[M].北京:高等教育出版社,1991.

[8] 曹渊,陈昌国主编.现代基础化学实验[M].重庆:重庆大学出版社,2010.

[9] 兰州大学,复旦大学化学系有机化学教研室编.有机化学实验[M].2版.北京:高等教育出版社,1994.

[10] 曾仁权,朱云云主编.基础化学实验[M].重庆:西南师范大学出版社,2008.

[11] 曾和平主编.有机化学实验[M].3版.北京:高等教育出版社,2000.

[12] 薛思佳,季萍,Larry Olson主编.有机化学实验:英-汉双语版[M].2版.北京:科学出版社,2007.